大專用書

商用微積分題解

何典恭　著

三民書局　印行

國家圖書館出版品預行編目資料

商用微積分題解 / 何典恭著. －－初版三刷. －－臺
北市；三民，民91
　　　面；　　公分
　　含索引
　　ISBN 957-14-1962-1　（平裝）

　　1.微積分題解

314.1　　　　　　　　　　　　　　　81004379

網路書店位址　http :// www. sanmin. com. tw

© 　商用微積分題解

著作人　何典恭
發行人　劉振強
著作財
產權人　三民書局股份有限公司
　　　　臺北市復興北路三八六號
發行所　三民書局股份有限公司
　　　　地址／臺北市復興北路三八六號
　　　　電話／二五○○六六○○
　　　　郵撥／○○○九九九八——五號
印刷所　三民書局股份有限公司
門市部　復北店／臺北市復興北路三八六號
　　　　重南店／臺北市重慶南路一段六十一號
初版一刷　中華民國八十二年一月
初版三刷　中華民國九十一年六月
編　號　S 31048
基本定價　陸　元
行政院新聞局登記證局版臺業字第○二○○號

ISBN　957-14-1962-1　（平裝）

商用微積分題解　目次

1-1

1. 設 $A=\{1,2\}$，$B=\{a,b,c\}$，$C=\{\{2\},1\}$，$D=\{1,2,a,B,C\}$，則下面各命題何者爲眞？

    (i) $2 \in C$　(ii) $B \in D$　(iii) $a \subset D$　(iv) $A \subset D$　(v) $A \in D$　(vi) $B \subset D$

    (vii) $C \subset D$　(viii) $A=C$　(ix) $A \cup D=D$　(x) $A \cap C \subset D$

解 命題爲眞者記爲 T，命題爲假者記爲 F：

(i) F，　(ii) T，　(iii) F，　(iv) T，　(v) F，　(vi) F，　(vii) F，

(viii) F，　(ix) T，　(x) T。

2. 設 $A=\{r,s,t,u,v,w\}$，$B=\{u,v,w,x,y,z\}$，$C=\{s,u,y,z\}$，$D=\{u,v\}$，$E=\{s,u\}$，$F=\{s\}$。X爲一未知集合，分別於下面(i)，(ii)，(iii)，(iv)各已知條件下，問 A,B,C,D,E,F 諸集合中，何者能爲 X？

    (i) $X \subset A$ 且 $X \subset B$　(ii) $X \not\subset B$ 但 $X \subset C$　(iii) $X \not\subset A$ 且 $X \not\subset C$

    (iv) $X \subset B$ 但 $X \not\subset C$

解 (i) D，　(ii) E，F，(iii) B，　(iv) B，D。

3. 設 $A=\{6n \mid n \in Z\}$，$B=\{3n \mid n \in Z\}$，證明：$A \subset B$。

證 設 $x \in A$，則 $x=6n$，$n \in Z$。故知 $x=3(2n)$，由於其中 $2n \in Z$，故知 $x \in B$，從而知 $A \subset B$。

4. 設 $A=\{2n \mid n \in Z\}$，$B=\{3n \mid n \in Z\}$，求 $A \cap B$。

解 令 $C=\{6k \mid k \in Z\}$。設 $x \in C$，則 $x=6k$，$k \in Z$。故 $x=2(3k)=3(2k)$，其中 $3k$，$2k \in Z$，故知 $x \in A$ 且 $x \in B$，即知 $x \in A \cap B$，故知 $C \subset A \cap B$；反之，若 $y \in A \cap B$，則 $y \in A$ 且 $y \in B$，即知存在 n，$m \in Z$，使 $y=2n=3m$。由於 2 不爲 3 的因數，故 2 必爲 m 的因數，即知 $m=2k$，$k \in Z$，故 $y=3m=6k \in C$，即知 $A \cap B \subset C$。由上知

$$A \cap B=C=\{6k \mid k \in Z\}$$

5. 設 $A=\{3m+5n \mid m,n \in Z\}$，證明：$A=Z$。（提示：$3 \cdot 2+5(-1)=1$）

證 顯然 $A \subset Z$。今因 $3 \cdot 2+5(-1)=1$，故知對任意 $k \in Z$ 而言，$k=(3 \cdot 2)k+(5(-1)k)=3(2k)+5(-k)$，其中 $2k$，$-k \in Z$，故知 $k \in A$，即知 $Z \subset A$，並從而知 $A=Z$。

6. 設 $n \in Z$，證明：n 爲偶數 $\Longleftrightarrow n^2$ 爲偶數。

證 （$\Rightarrow$）設 n 爲偶數，則可設 $n=2k$，$k \in Z$，而 $n^2=4k^2=2(2k^2)$，其中 $2k^2 \in Z$，故知 n^2 爲偶數。

（$\Leftarrow$）設 n^2 爲偶數，若 n 爲奇數，則可設 $n=2k+1$，$k \in Z$。故知

$$n^2=4k^2+4k+1=2(2k^2+2k)+1$$

其中 $2k^2 + 2k \in Z$，故知 n^2 爲奇數，與假設相違，從而知 n 爲偶數。

7. 利用數學歸納法證明：對任意 $n \in N$，皆有

(i) $1^2 + 2^2 + 3^2 + \cdots\cdots + n^2 = \dfrac{n(n+1)(2n+1)}{6}$

(ii) $1^3 + 2^3 + 3^3 + \cdots\cdots + n^3 = [\dfrac{n(n+1)}{2}]^2$

證 (i) 顯然 $n = 1$ 時，此式成立，因

$$\text{左式} = 1 = \frac{1(1+1)(2 \cdot 1 + 1)}{6} = \text{右式}$$

設 $n = k$ 時此式成立，即設

$$1^2 + 2^2 + 3^2 + \cdots\cdots + k^2 = \frac{k(k+1)(2k+1)}{6}$$

則知

$$1^2 + 2^2 + 3^2 + \cdots\cdots + k^2 + (k+1)^2$$

$$= \frac{k(k+1)(2k+1)}{6} + (k+1)^2$$

$$= (\frac{(k+1)}{6})(k(2k+1) + 6(k+1))$$

$$= (\frac{(k+1)}{6})(2k^2 + 7k + 6)$$

$$= (\frac{(k+1)}{6})((k+2)(2k+3))$$

$$= (\frac{(k+1)}{6})(((k+1)+1)(2(k+1)+1))$$

即知 $n = k+1$ 時此式成立。由數學歸納法的原理知

$$1^2 + 2^2 + 3^2 + \cdots\cdots + n^2 = \frac{n(n+1)(2n+1)}{6}$$

對任意 n 均成立。

(ii) 顯然 $n = 1$ 時，此式成立，因

$$\text{左式} = 1 = (\frac{1(1+1)}{2})^2 = \text{右式}$$

設 $n = k$ 時此式成立，即設

$$1^3 + 2^3 + 3^3 + \cdots\cdots + k^3 = (\frac{k(k+1)}{2})^2$$

則知

$$1^3 + 2^3 + 3^3 + \cdots + k^3 + (k+1)^3$$

$$= (\frac{k(k+1)}{2})^2 + (k+1)^3$$

$$= (\frac{(k+1)}{2})^2 (k^2 + 4(k+1))$$

$$= (\frac{(k+1)}{2})^2 (k^2 + 4k + 4)$$

$$= (\frac{(k+1)}{2})^2 (k+2)^2$$

$$= (\frac{(k+1)(k+2)}{2})^2$$

$$= (\frac{(k+1)((k+1)+1)}{2})^2$$

即知 $n = k + 1$ 時此式成立。由數學歸納法的原理知

$$1^3 + 2^3 + 3^3 + \cdots + n^3 = [\frac{n(n+1)}{2}]^2$$

對任意 n 均成立。

8. 設 x , $y \in Q$, 證明: $x + y$, $x - y$, xy 與 $\dfrac{x}{y}$ ($y \neq 0$) 皆爲有理數。

證 設 $x = \dfrac{p_1}{q_1}$, $y = \dfrac{p_2}{q_2}$, 其中 $p_1, p_2, q_1, q_2 \in Z$, $q_1, q_2 \neq 0$, 故知

$$x \pm y = \frac{p_1}{q_1} \pm \frac{p_2}{q_2} = \frac{p_1 q_2 \pm p_2 q_1}{q_1 q_2}$$

$$xy = \frac{p_1 p_2}{q_1 q_2}$$

由於 $p_1 q_2 \pm p_2 q_1$, $q_1 q_2$, $p_1 p_2 \in Z$, 故 $x \pm y$, $xy \in Q$；又若 $y \neq 0$, 則 $p_2 \neq 0$,

故

$$\frac{x}{y} = \frac{\dfrac{p_1}{q_1}}{\dfrac{p_2}{q_2}} = \frac{p_1}{q_1} \frac{q_2}{p_2} = \frac{p_1 q_2}{q_1 p_2}$$

由於 $p_1 q_2$, $q_1 p_2 \in Z$, 故 $\dfrac{x}{y} \in Q$ 。

9. 設 y 爲無理數 , $x \in Q$, $x \neq 0$, 證明: $x + y$, $x - y$, xy , $\dfrac{x}{y}$, $\dfrac{y}{x}$ 皆爲無理數。

證 若 $x \pm y$, xy , $\dfrac{x}{y}$, $\dfrac{y}{x} \in Q$, 則由上題知

$$y = (x + y) - x \ , \ y = x - (x - y) \ , \ y = \frac{xy}{x}, \ y = \frac{x}{\dfrac{x}{y}},$$

$$y = \left(\frac{y}{x}\right) x \in Q \ ,$$

與已知不符，故知 $x \pm y$ ，xy ，$\dfrac{x}{y}$ ，$\dfrac{y}{x}$ 為無理數。

10. 是否任二無理數的和、差、積、商均仍為無理數？何故？

解 不對，由第 15 題知 $\sqrt{2}$（滿足 $x^2 = 2$ 的數）不為無理數，但 $\sqrt{2} - \sqrt{2} = 0$ ，

$\sqrt{2}\,\sqrt{2} = 2$ ，$\dfrac{\sqrt{2}}{\sqrt{2}} = 1$ 皆為有理數。

11. 以實數線上的圖形表出下面各集合：
$$[\,3\,,\,5\,) \ , \ [\,-4\,,\,3\,] \ , \ \{\,5\,\} \ , \ \{\,-3\,,\,2\,\} \ , \ (-\infty\,,\,1\,) \cap [\,-3\,,\,\infty\,) \ ,$$
$$[\,-2\,,\,\infty\,) \cup (-\infty\,,\,1\,) \ 。$$

解

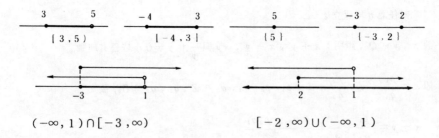

$$(-\infty\,,\,1\,) \cap [\,-3\,,\,\infty\,) \qquad\qquad [\,-2\,,\,\infty\,) \cup (-\infty\,,\,1\,)$$

12. 利用課文中所提實數次序關係的基本性質，證明定理 1-1 ～ 1-6。

定理 1-1 之證明：由加法律知
$$x < y \quad \Rightarrow \quad x + (-x-y) < y + (-x-y) \quad \Rightarrow \quad -y < -x$$
$$-y < -x \quad \Rightarrow \quad -y + (x+y) < -x + (x+y) \quad \Rightarrow \quad x < y$$

故知
$$x < y \iff -y < -x \ 。$$

定理 1-2 之證明：$a < 0 \quad \Rightarrow \quad -a > 0$ ，故由乘法律知
$$x < y \quad \Rightarrow \quad (-a)\,x < (-a)\,y \quad \Rightarrow \quad -(ax) < -(ay)$$
$$\Rightarrow \quad ax > ay$$

由第 13 題 (iii) 知 $a < 0 \quad \Rightarrow \quad \dfrac{1}{a} < 0$ ，故由上面知
$$ax > ay \quad \Rightarrow \quad \left(\frac{1}{a}\right)(ax) < \left(\frac{1}{a}\right)(ay) \quad \Rightarrow \quad x < y$$

即知，若 $a<0$，則

$$x<y \iff ax>ay \text{。}$$

定理 1-3 之證明：由加法律知

$$x<y \Rightarrow x+(-y)<y+(-y) \Rightarrow x-y<0$$

$$x-y<0 \Rightarrow (x-y)+y<0+y \Rightarrow x<y$$

故知

$$x<y \iff x-y<0 \text{。}$$

定理 1-4 之證明：由三一律知 $x \neq 0 \Rightarrow x>0$ 或 $x<0$，故

當 $x>0$ 時 $x \cdot x>x \cdot 0$ 即 $x^2>0$

當 $x<0$ 時 $x \cdot x>x \cdot 0$ 即 $x^2>0$

從而知

$$x \neq 0 \Rightarrow x^2>0 \text{。}$$

定理 1-5 之證明：設 $xy>0$。設 x，y 中有一為正一為負，可設 $x>0$，$y<0$，則 $xy<0$，而與假設相違，故知 $xy>0 \Rightarrow x$，y 皆為正，或 x，y 皆為負。反之，若 x，y 皆為正，則由乘法律知 $xy>0$；而若 x，y 皆為負，則由定理 1-2 知，亦是 $xy>0$。

定理 1-6 之證明：由加法律知

$$x<y，z<w \Rightarrow x+z<y+z，y+z<y+w$$

由遞移律知 $x+z<y+w$，而定理得證。

13. 設 x，$y \in R$，證明下面各題：

(i) $xy=0 \Rightarrow x=0$ 或 $y=0$ 　　　(ii) $x \leqq y$，$y \geqq x \Rightarrow x=y$

(iii) $x<0 \Rightarrow \dfrac{1}{x}<0$ 　　　(iv) $x<y<0 \Rightarrow \dfrac{1}{x}>\dfrac{1}{y}$

(v) 設 $x \geqq 0$，$y \geqq 0$ 則 $x<y \iff x^2<y^2$

(vi) $x^2+y^2=0 \Rightarrow x=0$ 且 $y=0$

證 (i) 若 $x \neq 0$，則

$$xy=0 \Rightarrow ((x^{-1})(xy))=((x^{-1})0) \Rightarrow y=0$$

故知 $xy=0 \Rightarrow x=0$ 或 $y=0$。

(ii) 由定義知 $x \leqq y \Rightarrow x<y$ 或 $x=y$。但由三一律知，若 $x<y$ 則 $x \neq y$ 且 $x \not> y$，與已知 $x \geqq y$ 不符，故知 $x=y$。

(iii) 若 $\dfrac{1}{x} \not< 0$，由於 $\dfrac{1}{x} \neq 0$，故 $\dfrac{1}{x}>0$，從而由 $x<0$ 及定理 1-2 知

$$\left(\dfrac{1}{x}\right)x<0 \cdot 1<0，$$

此與事實不符，故知 $x<0 \Rightarrow \dfrac{1}{x}<0$。

(iv) 由定理 1-5 及上面的（iii）知

$$x < y < 0 \quad \Rightarrow \quad xy > 0 \quad \Rightarrow \quad (xy)^{-1} > 0$$

由乘法律知

$$x < y \quad \Rightarrow \quad (x(xy)^{-1}) < (y(xy)^{-1}) \quad \Rightarrow \quad \frac{1}{y} < \frac{1}{x} \text{。}$$

(v) 因為

$$x^2 - y^2 = (x - y)(x + y)$$

由於 $x \geqq 0$，$y \geqq 0$ 故知 $x + y \geqq 0$。今 $x < y$，故 $y > 0$，且 $x + y > 0$，從而

知　$x < y \iff x - y < 0 \iff (x - y)(x + y) < 0$

$$\iff x^2 - y^2 < 0 \iff x^2 < y^2 \text{。}$$

(vi) 若 x，y 中有一不為 0，設其為 x。由定理 1-4 知，$x^2 > 0$，$y^2 \geqq 0$，故知 $x^2 +$ $y^2 > 0$，而與已知不符，從而知 $x^2 + y^2 = 0 \Rightarrow x = 0$ 且 $y = 0$。

14. 設 x，$y \in R$，且對任意 $\varepsilon > 0$ 而言，恒有 $x \leqq y + \varepsilon$，則 $x \leqq y$，試證之。

證　設 $x > y$，則 $x - y > 0$。令 $\varepsilon = \dfrac{x - y}{2} > 0$，則

$$y + \varepsilon = y + \frac{x - y}{2} = \frac{x + y}{2} < \frac{x + x}{2} = x$$

而與已知不符，故知 $x \leqq y$。

15. 證明：對任意 $x \in Q$ 而言，恒有 $x^2 \neq 2$。

證　設有有理數 $x = \dfrac{p}{q}$，（其中整數 p，q 無公因數）滿足 $x^2 = 2$，即

$$\frac{p^2}{q^2} = 2 \text{，} \qquad p^2 = 2q^2$$

故知 p^2 為偶數，由第 6 題知 p 為偶數，可設 $p = 2k$，其中 k 為整數，從而知

$$(2k)^2 = 2q^2 \text{，} \qquad 4k^2 = 2q^2 \text{，} \qquad q^2 = 2k^2$$

而知 q^2 為偶數，而知 q 為偶數。此結果與 p，q 無公因數的假設相違，由是知對任意 $x \in Q$ 而言，恒有 $x^2 \neq 2$。

1-2

1. 求 $\sqrt{16}$，$\sqrt{(-5)^2}$，$\sqrt{(-3)^4}$ 之值。

解　$\sqrt{16} = 4$，$\sqrt{(-5)^2} = 5$，$\sqrt{(-3)^4} = 9$。

2. 設 a，b 為正數，求 $\sqrt{a^2 + b^2 - 2ab}$，$\sqrt{a + b + 2\sqrt{ab}}$，$\sqrt{a + b - 2\sqrt{ab}}$。

解　$\sqrt{a^2 + b^2 - 2ab} = \sqrt{(a - b)^2} = |a - b|$，

$\sqrt{a + b + 2\sqrt{ab}} = \sqrt{(\sqrt{a} + \sqrt{b})^2} = \sqrt{a} + \sqrt{b}$，

$$\sqrt{a+b-2\sqrt{ab}} = \sqrt{(\sqrt{a}-\sqrt{b})^2} = |\sqrt{a}-\sqrt{b}| \,。$$

3. 設 x , $y \in R$, 證明：

(i) $|x-y| \leqq |x|+|y|$ (ii) $|x-y| \geqq ||x|-|y||$

(iii) $\sqrt{x^2+y^2} \leqq |x|+|y|$ (iv) $|xy| \leqq x^2+y^2$

證 (i) 對任意 x , $y \in R$ 而言，由三角形不等式知，恒有

$$|x-y| = |x+(-y)| \leqq |x|+|-y| = |x|+|y| \,。$$

(ii) 由三角形不等式知

$$|x| = |(x-y)+y| \leqq |x-y|+|y| \,,$$

$$|x|-|y| \leqq |x-y| \,,$$

同理可知

$$|y|-|x| \leqq |y-x| = |x-y| \,,$$

從而知

$$||x|-|y|| \leqq |x-y| \,。$$

(iii) 因為

$$(|x|+|y|)^2 = |x|^2+|y|^2+2|x||y| \geqq |x|^2+|y|^2 = x^2+y^2 \,,$$

因為 $|x|+|y|$ 及 $\sqrt{x^2+y^2} \geqq 0$, 由習題1-1第13題(v)知

$$\sqrt{x^2+y^2} \leqq |x|+|y| \,。$$

(iv) 對任意 x , $y \in R$ 而言，

$$0 \leqq (x-\frac{y}{2})^2 = x^2-xy+\frac{y^2}{4} \leqq x^2-xy+y^2 \,,$$

$$xy \leqq x^2+y^2 \,,$$

同理

$$-xy = (-x)y \leqq (-x)^2+y^2 = x^2+y^2 \,,$$

從而知

$$|xy| \leqq x^2+y^2 \,。$$

4. 證明定理 1-11 。

證 若 $x \geqq 0$, 則 $|x| = x$, 故 $-|x| = -x \leqq 0$, 從而得

$$-|x| = -x \leqq 0 \leqq x = |x| \,,$$

即得

$$-|x| \leqq x \leqq |x| \,;$$

若 $x < 0$, 則 $|x| = -x$, 故 $-|x| = x < 0$, 從而得

$$-|x| = x < 0 < -x = |x| \,,$$

即得

$$-|x| \leqq x \leqq |x| \,。$$

5. 指出下式的謬誤所在並給予正確求解：

$$\frac{2-4x}{2x+3} < 1 \iff (2-4x) < (2x+3)$$

$$\iff 6x > -1 \iff x > -\frac{1}{6} \text{ 。}$$

解 下式中除非 $2x+3 > 0$，否則

$$\frac{2-4x}{2x+3} < 1 \iff (2-4x) < (2x+3)$$

即爲錯誤。此題應求解如下：

$$\frac{2-4x}{2x+3} < 1 \iff (\frac{2-4x}{2x+3}) - 1 < 0$$

$$\iff \frac{-6x-1}{2x+3} < 0 \text{ ,}$$

$$\iff \frac{6x+1}{2x+3} > 0 \text{ ,}$$

$$\iff x < -\frac{3}{2} \text{ 或 } x > -\frac{1}{6} \text{ 。}$$

6. 解下面不等式：$(3x-2)^2(x+3)(4-3x) < 0$。

解 由下表知

所求的解集合爲

$$(-\infty, -3) \cup (\frac{4}{3}, \infty) \text{ 。}$$

7. 解下面不等式：$2x^3 + 3x^2 - 2x - 3 \leqq 0$。

解 因爲

$$2x^3 + 3x^2 - 2x - 3 \leqq 0 \iff x^2(2x+3) - (2x+3) \leqq 0$$

$$\iff (x^2-1)(2x+3) \leqq 0$$

$$\iff (x-1)(x+1)(2x+3) \leqq 0 \text{ ,}$$

由下表知

所求解集合爲

$$(-\infty, -\frac{3}{2}] \cup [-1, 1] \text{ 。}$$

8. 解下面不等式：$|2x-1|\leqq|x-2|$。

解 當 $x\geqq2$ 時，$|2x-1|\leqq|x-2|\iff 2x-1\leqq x-2\iff x\leqq-1$；

當 $\dfrac{1}{2}\leqq x<2$ 時，$|2x-1|\leqq|x-2|\iff 2x-1\leqq-(x-2)\iff 3x\leqq3$

$\iff x\leqq1$；

當 $x<\dfrac{1}{2}$ 時，$|2x-1|\leqq|x-2|\iff-(2x-1)\leqq-(x-2)\iff x\geqq-1$，

故知解集合為

$$([\,2\,,\infty)\cap(-\infty,-1\,])\cup([\dfrac{1}{2},2)\cap(-\infty,1\,])\cup((-\infty,\dfrac{1}{2})\cap[-1,\infty))$$

$$=[\dfrac{1}{2},1\,]\cup[-1,\dfrac{1}{2})=[-1,1\,]。$$

9. 解下面不等式：$|x-1|+|x+2|<2$。

解 由幾何意義知，此不等式的解，乃是數線上與 -2 及 1 二點距離之和小於 2 的點。因 -2 及 1 二點的距離為 3，故介於這二點之間的點與這二點距離之和恒為 3，而不介於這二點之間的點與這二點距離之和恒大於 3，從而知所予不等式無解，亦即其解集合為空集合。

10. 解下面不等式：$|x-3|+|x+1|\leqq4$。

解 由幾何意義知，此不等式的解，乃是數線上與 -1 及 3 二點距離之和不小於 4 的點。因 -1 及 3 二點的距離為 4，故介於這二點之間的點與這二點距離之和恒為 4，而不介這二點之間的點與這二點距離之和恒大於 4，從而知所予不等式的解集合為 $[-1,3\,]$。

11. 解下面不等式：$|2x-1|+|x+3|\geqq|3x+2|$。

解 I

當 $x\geqq\dfrac{1}{2}$ 時，$|2x-1|+|x+3|\geqq|3x+2|$

$\iff(2x-1)+(x+3)\geqq(3x+2)\iff x\in R$；

當 $-\dfrac{2}{3}\leqq x<\dfrac{1}{2}$ 時，$|2x-1|+|x+3|\geqq|3x+2|$

$\iff-(2x-1)+(x+3)\geqq(3x+2)\iff x\leqq\dfrac{1}{2}$；

當 $-3\leqq x<-\dfrac{2}{3}$ 時，$|2x-1|+|x+3|\geqq|3x+2|$

$\iff-(2x-1)+(x+3)\geqq-(3x+2)\iff x\geqq-3$；

當 $x<-3$ 時，$|2x-1|+|x+3|\geqq|3x+2|$

$\iff-(2x-1)-(x+3)\geqq-(3x+2)\iff x\in R$，故知解集合為

$$([\frac{1}{2},\infty)\cap R)\cup([-\frac{2}{3},\frac{1}{2})\cap(-\infty,\frac{1}{2}])\cup([-3,-\frac{2}{3})\cap[-3,\infty))$$

$$\cup((-\infty,-3))\cap R)=[\frac{1}{2},\infty)\cup[-\frac{2}{3},\frac{1}{2})\cup[-3,-\frac{2}{3})\cup(-\infty,-3)=R\text{。}$$

解Ⅱ 由三角形不等式知，對任何實數 x 而言，

$$|3x+2|=|(2x-1)+(x+3)|\leq|2x-1|+|x+3|,$$

故知解集合爲 R。

12. 解下面不等式：$|x^2-4|\geqq|x^2-9|$。

解 當 $x\geqq3$ 時，$|x^2-4|\geqq|x^2-9|\iff x^2-4\geqq x^2-9\iff x\in R$；

當 $2\leqq x<3$ 時，$|x^2-4|\geqq|x^2-9|\iff x^2-4\geqq-(x^2-9)$

$$\iff R-(-\sqrt{\frac{13}{2}},\sqrt{\frac{13}{2}})\text{；}$$

當 $-2\leqq x<2$ 時，$|x^2-4|\geqq|x^2-9|\iff-(x^2-4)\geqq-(x^2-9)$

$$\iff x\in\Phi\text{；}$$

當 $-3\leqq x<-2$ 時，$|x^2-4|\geqq|x^2-9|\iff(x^2-4)\geqq-(x^2-9)$

$$\iff R-(-\sqrt{\frac{13}{2}},\sqrt{\frac{13}{2}})\text{；}$$

當 $x<-3$ 時，$|x^2-4|\geqq|x^2-9|\iff x^2-4\geqq x^2-9\iff x\in R$，

故知解集合爲

$$[3,\infty)\cup[\sqrt{\frac{13}{2}},3)\cup\Phi\cup[-3,-\sqrt{\frac{13}{2}}]\cup(-\infty,-3)$$

$$=R-(-\sqrt{\frac{13}{2}},\sqrt{\frac{13}{2}})\text{。}$$

13. 解下面不等式：$\dfrac{2x+1}{x-1}\leqq2+\dfrac{x-1}{x}$。

解 易知

$$\frac{2x+1}{x-1}\leqq2+\frac{x-1}{x}$$

$$\iff\frac{2x+1}{x-1}-2-\frac{x-1}{x}\leqq0$$

$$\iff\frac{x(2x+1)-2x(x-1)-(x-1)^2}{x(x-1)}\leqq0$$

$$\iff\frac{-x^2+5x-1}{x(x-1)}\leqq0$$

$$\Leftrightarrow \frac{(x-\frac{5}{2})^2-\frac{21}{4}}{x(x-1)} \geqq 0$$

$$\Leftrightarrow \frac{(x-\frac{5}{2}-\frac{\sqrt{21}}{2})(x-\frac{5}{2}+\frac{\sqrt{21}}{2})}{x(x-1)} \geqq 0$$

$$\Leftrightarrow x \in (-\infty,0) \cup [\frac{5-\sqrt{21}}{2},1) \cup [\frac{5+\sqrt{21}}{2},\infty),$$

即知解集合為 $(-\infty,0) \cup [\frac{5-\sqrt{21}}{2},1) \cup [\frac{5+\sqrt{21}}{2},\infty)$。

14. 解下面不等式：$\dfrac{2}{x+1} < \dfrac{3}{2x-5}$。

解 易知

$$\frac{2}{x+1} < \frac{3}{2x-5}$$

$$\Leftrightarrow \frac{2}{x+1} - \frac{3}{2x-5} < 0$$

$$\Leftrightarrow \frac{2(2x-5)-3(x+1)}{(x+1)(2x-5)} < 0$$

$$\Leftrightarrow \frac{x-13}{(x+1)(2x-5)} < 0$$

$$\Leftrightarrow x \in (-\infty,-1) \cup (\frac{5}{2},13),$$

即知解集合為 $(-\infty,-1) \cup (\frac{5}{2},13)$。

15. 解下面不等式：$\dfrac{1}{x-1} < \dfrac{4}{x-2} \leqq \dfrac{3}{x+1}$。

解 $\dfrac{1}{x-1} < \dfrac{4}{x-2} \leqq \dfrac{3}{x+1}$

$$\Leftrightarrow \frac{1}{x-1} - \frac{4}{x-2} < 0 \text{ 且 } \frac{4}{x-2} - \frac{3}{x+1} \leqq 0$$

$$\Leftrightarrow \frac{(x-2)-4(x-1)}{(x-1)(x-2)} < 0$$

$$\text{且 } \frac{4(x+1)-3(x-2)}{(x-2)(x+1)} \leqq 0$$

$$\Longleftrightarrow \frac{-3x+2}{(x-1)(x-2)} < 0$$

$$且 \quad \frac{x+10}{(x-2)(x+1)} \leqq 0$$

$$\Longleftrightarrow x \in (\frac{2}{3}, 1) \cup (2, \infty) 且 x \in (-\infty, -10] \cup (-1, 2)$$

$$\Longleftrightarrow x \in (\frac{2}{3}, 1),$$

即知解集合為 $(\frac{2}{3}, 1)$。

16. 解下面不等式：$\dfrac{1}{x+1} \leqq \dfrac{2x+5}{x^2-1}$。

解 易知

$$\frac{1}{x+1} \leqq \frac{2x+5}{x^2-1}$$

$$\Longleftrightarrow \frac{1}{x+1} - \frac{2x+5}{x^2-1} \leqq 0$$

$$\Longleftrightarrow \frac{(x-1)-(2x+5)}{(x-1)(x+1)} \leqq 0$$

$$\Longleftrightarrow \frac{-x-6}{(x-1)(x+1)} \leqq 0$$

$$\Longleftrightarrow x \in [-6, -1) \cup (1, \infty),$$

即知解集合為 $[-6, -1) \cup (1, \infty)$。

17. 解下面不等式：$\dfrac{2x+1}{x-1} \leqq \dfrac{x+1}{x}$。

解 易知

$$\frac{2x+1}{x-1} \leqq \frac{x+1}{x}$$

$$\Longleftrightarrow \frac{2x+1}{x-1} - \frac{x+1}{x} \leqq 0$$

$$\Longleftrightarrow \frac{x(2x+1)-(x+1)(x-1)}{x(x-1)} \leqq 0$$

$$\Longleftrightarrow \frac{x^2+x+1}{(x-1)(x+1)} \leqq 0$$

$$\Longleftrightarrow x \in (-1, 1),$$

即知解集合爲（－1，1）。

18. 解下面不等式：$\dfrac{(x+2)(x-4)}{x(x-1)} \leqq 1$。

解 易知

$$\dfrac{(x+2)(x-4)}{x(x-1)} \leqq 1$$

$$\Longleftrightarrow \dfrac{(x+2)(x-4)}{x(x-1)} - 1 \leqq 0$$

$$\Longleftrightarrow \dfrac{(x+2)(x-4) - x(x-1)}{x(x-1)} \leqq 0$$

$$\Longleftrightarrow \dfrac{-x-8}{x(x-1)} \leqq 0$$

$$\Longleftrightarrow x \in [-8, 0) \cup (1, \infty),$$

即知解集合爲 $[-8, 0) \cup (1, \infty)$。

1-3

1. 人的生身母親是不是人的函數？

解 是的，因爲任何一個人，都有唯一的生身母親。

2. 考試的成績是不是準備考試所用時間的函數？

解 不是，因爲準備考試使用的時間確定時，考試的成績仍受許多因素的影響而有所不同。

3. 設 $f(x) = 4x^3 - x + 1$，$x \in \{0, 1, -1, 2\}$，求 $f(0)$，$f(-1)$，$f(2)$，$f(-3)$，及 ran f。

解 易知 $f(0) = 1$，$f(-1) = -2$，$f(2) = 31$，而 $f(-3)$ 無意義。又，
ran $f = \{f(0), f(-1), f(2), f(1)\} = \{1, -2, 31, 4\}$。

4. 設 $f(x)$ 定義如下，求 $f(0)$，$f(\dfrac{6}{9})$，$f(\sqrt{2})$，$f(\pi)$。

$$f(x) = \begin{cases} 0, & x \in \{0\} \cup (R-Q); \\ \dfrac{1}{p} & x = \dfrac{q}{p}，其 p，q 爲互質。 \end{cases}$$

解 $f(0) = 0$，$f(\dfrac{6}{9}) = f(\dfrac{2}{3}) = \dfrac{1}{3}$，$f(\sqrt{2}) = 0$，$f(\pi) = 0$。

5. 於下列各題中，求 dom f 及 ran f。

(i) $f(x) = |x|$ 　　　　　　　(ii) $f(x) = \dfrac{|x|}{x}$

$$(iii)\ f(x) = \begin{cases} 1\ , & x \in Q\ ; \\ \\ -1 & x \in R - Q\ 。 \end{cases} \qquad (iv)\ f(x) = \begin{cases} 2\ , & x < 3\ ; \\ 1 - x\ , & 3 \leqq x < 5\ ; \\ 7\ , & x = 5\ 。 \end{cases}$$

解 (i) 顯然 dom $f = R$, ran $f = [\,0\,,\infty\,)$ 。

(ii) 因為 $x = 0$ 時，無意義，故 dom $f = R - \{\,0\,\}$ ，而當 $x > 0$ 時， $f(x) = \dfrac{x}{x} = 1$ ；

當 $x < 0$ 時， $f(x) = -\dfrac{x}{x} = -1$ ，故 ran $f = \{\,1\,,-1\,\}$ 。

(iii) 顯知 dom $f = R$, ran $f = \{\,1\,,-1\,\}$ 。

(iv) dom $f = (\,-\infty\,,5\,]$ 。而對 $3 \leqq x < 5$ 而言，可知

$$-3 \geqq -x > -5\ ,\ -2 \geqq 1 - x > -4\ ,$$

故知　ran $f = (\,-4\,,-2\,] \cup \{\,2\,,7\,\}$ 。

6. 於下列各題中，求 dom f 。

(i) $f(x) = \dfrac{3}{2 - x^2}$

(ii) $f(x) = \dfrac{1}{1 + x^3}\ ,\ x \neq -1\ ;\ f(-1) = 0$

(iii) $f(x) = \dfrac{\sqrt{(1 - x)(2x + 3)}}{x}$

(iv) $f(x) = \dfrac{x + 4}{\sqrt{x^2 - x - 6}}$

解 (i) 易知 dom $f = \{\,x \mid 2 - x^2 \neq 0\,\} = R - \{\,-\sqrt{2}\,,\sqrt{2}\,\}$ 。

(ii) dom $f = R$

(iii) 由定義知

$$x \in \text{dom}\ f \iff (1 - x)(2x + 3) \geqq 0\ \text{且}\ x \neq 0\ ,$$

故知　dom $f = [\,-\dfrac{3}{2}\,,1\,] - \{\,0\,\}$ 。

(iv) 由定義知

$$x\ \text{dom}\ f \iff x^2 - x - 6 > 0 \iff (x + 2)(x - 3) > 0$$
$$\iff x \in (\,-\infty\,,-2\,) \cup (\,3\,,\infty\,)\ ,$$

故知　dom $f = (\,-\infty\,,-2\,) \cup (\,3\,,\infty\,)$ 。

7. 下列各題中二函數是否相等？何故？

(i) $f(x) = x^4 + 2\ ,\ x \in (\,-1\,,2\,)\ ;\ g(t) = t^4 + 2\ ,\ t \in (\,-2\,,3\,)$

(ii) $f(x) = \dfrac{|x|}{x}\ ;\ g(x) = \dfrac{\sqrt{x^2}}{x}$

(iii) $f(x) = |x^2|$, $x < 0$; $g(x) = -x|x|$, $x < 0$

(iv) $f(x) = \dfrac{x^2 - 5x + 6}{x - 3}$, $x \neq 3$; $f(3) = 1$; $g(x) = x - 2$

(v) $f(x) = \dfrac{x^2 - 1}{x - 1}$; $g(x) = x + 1$

(vi) $f(x) = \dfrac{x - 1}{\sqrt{x} + 1}$; $g(x) = \sqrt{x} - 1$

解 (i) 二函數不相等，因二者的定義域不相等。

(ii) 二函數相等，因為 $\sqrt{x^2} = |x|$ 。

(iii) 二函數相等，因為 $|x^2| = x^2$ ，而因 $-x|x| = -x(-x) = x^2$ ，故知二函數相等。

(iv) 當 $x \neq 3$ 時， $f(x) = \dfrac{x^2 - 5x + 6}{x - 3} = \dfrac{(x-3)(x-2)}{x - 3} = x - 2 = g(x)$ ，

又 $\qquad f(3) = 1 = g(3)$ ，

故知二函數相等。

(v) 二函數不相等。因二者的定義域不相等， f 的定義域為 $R - \{1\}$ ，而 g 的定義域為 R 。

(vi) 二者的定義域同為 $[\,0\,,\infty\,)$ ，而對定義域中的任意 x 而言，

$$f(x) = \frac{x - 1}{\sqrt{x} + 1} = \sqrt{x} - 1 = g(x) ,$$

故知二函數相等。

8. 設 $f(x) = \dfrac{1}{x^2}$ ，證明 f 有下界但無上界。

證 顯然 $f(x) = \dfrac{1}{x^2} \geq 0$ ，故 0 為 f 的一個下界。但對任意正數 M 而言，

$$0 < x < \frac{1}{\sqrt{M}} \Rightarrow x^2 < \frac{1}{M} \Rightarrow \frac{1}{x^2} > M ,$$

故知 f 無上界。

9. 設 $f(x) = |x|$ ，$g(x) = x|x|$ ，$h(x) = 1 - \dfrac{1}{x}$ ，求 $f \circ f$ ，$g \circ g$ ，$h \circ h$ ，

$f \circ g$ ，$g \circ f$ ，$h \circ h \circ h$ 。

解 $f \circ f(x) = f(f(x)) = |f(x)| = ||x|| = |x| = f(x)$ ，

$g \circ g(x) = g(g(x)) = g(x)|g(x)| = (x|x|)|x|x|| = x|x|^3$ ；

$h \circ h(x) = h(h(x)) = 1 - \dfrac{1}{h(x)} = 1 - \dfrac{1}{1 - \dfrac{1}{x}} = 1 - \dfrac{x}{x - 1}$

$$= -\frac{1}{x-1} ,$$

$$f \circ g\,(x) = f\,(\,g\,(x)\,) = |\,g\,(x)\,| = |\,x\,|\,x\,|\,| = |\,x\,|^2 ,$$

$$g \circ f\,(x) = g\,(\,f\,(x)\,) = f\,(x)\,|\,f\,(x)\,| = |\,x\,|\,|\,|\,x\,|\,| = |\,x\,|^2 ,$$

$$h \circ h \circ h\,(x) = h \circ h\,(\,h\,(x)\,) = -\frac{1}{h\,(x)-1} = -\frac{1}{\dfrac{1}{1-\dfrac{1}{x}}-1} = x \text{。}$$

10. 設 $f\,(x) = \dfrac{1}{x^2}$, $g\,(x) = \sqrt{x}$, 求 $f+g$, $f-g$, $f \cdot g$, $\dfrac{f}{g}$, $f \circ g$ 及 $g \circ f$, 須指明各函數的定義域。

解　$(\,f \pm g\,)\,(x) = f\,(x) \pm g\,(x) = \dfrac{1}{x^2} \pm \sqrt{x}$, $x > 0$;

$$(\,f \cdot g\,)\,(x) = f\,(x) \cdot g\,(x) = \frac{\sqrt{x}}{x^2} = x^{-\frac{3}{2}} , \quad x > 0 ;$$

$$\left(\frac{f}{g}\right)(x) = \frac{f\,(x)}{g\,(x)} = \sqrt{x}\,(x^2) = x^{\frac{5}{2}} , \quad x > 0 ;$$

$$f \circ g\,(x) = f\,(\,g\,(x)\,) = \frac{1}{(\,\sqrt{x}\,)^2} = \frac{1}{x} , \quad x > 0 ;$$

$$g \circ f\,(x) = g\,(\,f\,(x)\,) = \sqrt{\frac{1}{x^2}} = \frac{1}{|\,x\,|} = \frac{1}{x} , \quad x > 0 \text{。}$$

11. 設 $f\,(x) = \sqrt{x^2+1}$, 證明 :

　　(i) $f\,(x) + f\,(y) > f\,(x+y)$ 　　　(ii) $f\,(xy) \leqq f\,(x)\,f\,(y)$

證　(i) 因為

$$(\,f\,(x) + f\,(y)\,)^2 = f^2\,(x) + f^2\,(y) + 2 f\,(x)\,f\,(y)$$
$$= (\,x^2+1\,)\,(\,y^2+1\,) + 2\sqrt{x^2+1}\,\sqrt{y^2+1} ,$$
$$= x^2 y^2 + x^2 + y^2 + 1 + 2\sqrt{x^2+1}\,\sqrt{y^2+1} ,$$

$$f^2\,(x+y) = (x+y)^2 + 1 = x^2 + y^2 + 2xy + 1 ,$$

其中

$$2\sqrt{x^2+1}\,\sqrt{y^2+1} > 2\sqrt{x^2}\,\sqrt{y^2} = 2\,|\,xy\,| \geqq 2xy ,$$

故知

$$(\,f\,(x) + f\,(y)\,)^2 > f^2\,(x+y) ,$$

由於　$f\,(x) + f\,(y)$, $f\,(x+y) > 0$, 故

$$(\,f\,(x) + f\,(y)\,)^2 > f^2\,(x+y) \Rightarrow f\,(x) + f\,(y) > f\,(x+y) \text{。}$$

(ii) 仿上 , 由

$$f^2\,(xy) = x^2 y^2 + 1 \leqq x^2 y^2 + x^2 + y^2 + 1 = (\,x^2+1\,)\,(\,y^2+1\,)$$

$$= f^2(x) f^2(y),$$

故知 $f(xy) \leqq f(x) f(y)$。

12. 設 $f(xy) = f(x) + f(y)$，證明：

(i) 若 $0 \in \mathrm{dom} \ f$，則 $f(x) = 0$，對任一 $x \in \mathrm{dom} \ f$ 均成立。

(ii) 若 $0 \notin \mathrm{dom} \ f$，$\{1, -1\} \subset \mathrm{dom} \ f$，則 $f(1) = f(-1) = 0$。

(iii) 若 $\mathrm{dom} \ f = R - \{0\}$，則 $f(-x) = f(x)$，$x \in \mathrm{dom} \ f$。

(iv) 若 $0 \notin \mathrm{dom} \ f$，則 $f(\frac{1}{x}) = -f(x)$，$x, \frac{1}{x} \in \mathrm{dom} \ f$。

證 (i) 易知

$$f(xy) = f(x) + f(y) \ \Rightarrow \ f(0) = f(0 \cdot 0) = f(0) + f(0)$$
$$\Rightarrow \ f(0) = 0 \ ,$$

故得

$$f(0) = f(0 \cdot x) = f(0) + f(x) \ \Rightarrow \ f(x) = 0 \ 。$$

(ii) $f(xy) = f(x) + f(y) \ \Rightarrow \ f(1) = f(1 \cdot 1) = f(1) + f(1)$
$$\Rightarrow \ f(1) = 0 \ ,$$
$f(xy) = f(x) + f(y) \ \Rightarrow \ 0 = f(1) = f(-1 \cdot -1) = f(-1) + f(-1)$
$$\Rightarrow \ f(-1) = 0 \ ,$$

(iii) $f(xy) = f(x) + f(y) \ \Rightarrow \ f(-x) = f(-1 \cdot x) = f(-1) + f(x)$
$$= 0 + f(x) = f(x) \ ,$$

(iv) $f(xy) = f(x) + f(y) \ \Rightarrow \ 0 = f(1) = f(x \cdot \frac{1}{x}) = f(x) + f(\frac{1}{x})$

$$\Rightarrow \ f(\frac{1}{x}) = -f(x) \ 。$$

13. 設 $f(x) = \begin{cases} 2x+1, & x < 1 ; \\ x^2, & x \geqq 1。 \end{cases}$ $g(x) = \begin{cases} x-5, & x < 1 ; \\ x-4, & x \geqq 1。 \end{cases}$

求 $f+g$，$f \cdot g$，$f \circ g$。

解 $(f+g)(x) = f(x) + g(x) = \begin{cases} 3x-4, & x < 1 ; \\ x^2+x-4, & x \geqq 1。 \end{cases}$

$(f \cdot g)(x) = f(x) \cdot g(x) = \begin{cases} 2x^2-9x-5, & x < 1 ; \\ x^3-4x^2, & x \geqq 1。 \end{cases}$

因為 $(f \circ g)(x) = f(g(x))$，故當 $x < 1$ 時，$g(x) = x-5 < -4 < 1$，從而

$$(f \circ g)(x) = f(g(x)) = 2g(x) + 1 = 2(x-5) + 1 = 2x-9 ;$$

而當 $x \geqq 1$ 時，$g(x) = x-4 \geqq -3$。我們須將 $g(x)$ 的範圍加以探討：

由於此時

$$g(x) \geqq 1 \iff x-4 \geqq 1 \iff x \geqq 5 ,$$

而知於 $x \geqq 5$ 時,

$$(f \circ g)(x) = f(g(x)) = g^2(x) = (x-4)^2 \ ;$$

並知於 $1 \leqq x < 5$ 時, $g(x) = x - 4 < 1$, 從而

$$(f \circ g)(x) = f(g(x)) = 2g(x) + 1 = 2(x-4) + 1 = 2x - 7 \ ;$$

綜上知

$$(f \circ g)(x) = f(g(x)) = \begin{cases} 2x-9, & x < 1 \ ; \\ 2x-7, & 1 \leqq x < 5 \ ; \\ (x-4)^2, & x \geqq 5 \ 。 \end{cases}$$

1-4

1. 坐標平面上, 一點和原點的距離是不是這點坐標的函數?

解 是的, 若一點的坐標為 (x, y), 則這點和原點的距離為 $D(x, y) = \sqrt{x^2 + y^2}$。

2. 坐標平面上, 一點的橫坐標是不是這點和原點間之距離的函數?

解 不是, 因為一點和原點的距離確定時, 這點卻無法確定。譬如, 和原點距離為 1 的點有無限多, 即在以原點為圓心的單位圓上的所有點, 這些點的橫坐標即無法確定。

於下面各題中, 對圖形上之點 (x, y) 而言, 是否可定出 y 為 x 之函數或 x 為 y 之函數? 試分別說明之 (3~6)。

3.

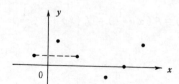

4.

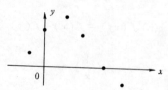

5.

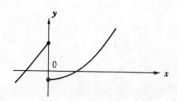

6.

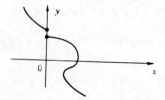

3.解 此題中, y 可視為 x 之函數, 但 x 無法視為 y 之函數。

4.解 此題中, y 可視為 x 之函數, x 也可視為 y 之函數。

5.解 此題中, y 可視為 x 之函數, 但 x 無法視為 y 之函數。

6.解 此題中, y 不可視為 x 之函數, 但 x 可視為 y 之函數。

7. 下圖為函數 f 之圖形，求 $f(x)$，並求 $f(-2)$，$f(1)$，$f(8)$。

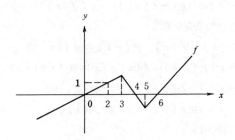

解 在區間 $(-\infty, 3]$ 上，函數圖形為直線的一部份，此線經過 $(0,0)$ 和 $(2,1)$ 二點。

由兩點式知此直線的方程式為 $y = (\frac{1}{2}) x$，其上橫坐標為 3 的點為 $(3, \frac{3}{2})$。在

區間 $[3,5]$ 上，函數圖形為直線的一部份，此線經過 $(3, \frac{3}{2})$ 和 $(4,0)$ 二點。由

兩點式知此直線的方程式為 $y = (-\frac{3}{2})(x-4)$，其上橫坐標為 5 的點為 $(5, -\frac{3}{2})$。

在區間 $(5, \infty)$ 上，函數圖形為直線的一部份，此線經過 $(5, -\frac{3}{2})$ 和 $(6,0)$ 二

點。由兩點式知此直線的方程式為 $y = (\frac{3}{2})(x-6)$。綜上知

$$f(x) = \begin{cases} (\frac{1}{2}) x, & x \in (-\infty, 3]; \\ (-\frac{3}{2})(x-4), & x \in (3, 5]; \\ (\frac{3}{2})(x-6), & x \in (5, \infty). \end{cases}$$

從而知 $f(-2) = -1$，$f(1) = \frac{1}{2}$，$f(8) = 3$。

8. 設 f 為一實函數，且 $\text{dom } f = R$。若 $f(-x) = f(x)$，$x \in \text{dom } f$，則稱 f 為偶

函數；若 $f(-x) = -f(x)$，$x \in \text{dom } f$，則稱 f 為奇函數。於下面各題條件下，

問 $f \cdot g$，$f \circ g$，$g \circ f$ 各為偶函數或奇函數？

（i）f，g 均為奇函數　（ii）f，g 均為偶函數　（iii）f 為奇函數，g 為偶函數。

解　（i）若 f，g 均為奇函數，則 $f(-x) = -f(x)$，$g(-x) = -g(x)$，故

$$(f \cdot g)(-x) = f(-x) g(-x) = (-f(x))(-g(x))$$

$$= f(x) g(x) = (f \cdot g)(x),$$

$$f \circ g(-x) = f(g(-x)) = f(-g(x)) = -f(g(x)) = -f \circ g(x),$$

$$g \circ f(-x) = g(f(-x)) = g(-f(x)) = -g(f(x)) = -g \circ f(x),$$

故知 $f \cdot g$ 偶函數，$f \circ g$ 和 $g \circ f$ 則均爲奇函數。

(ii) 若 f，g 均爲偶函數，則 $f(-x) = f(x)$，$g(-x) = g(x)$，故

$$(f \cdot g)(-x) = f(-x)g(-x) = f(x)g(x) = (f \cdot g)(x),$$

$$f \circ g(-x) = f(g(-x)) = f(g(x)) = f \circ g(x),$$

$$g \circ f(-x) = g(f(-x)) = g(f(x)) = g \circ f(x),$$

故知 $f \cdot g$，$f \circ g$ 和 $g \circ f$ 均爲偶函數。

(iii) 若 f 爲奇函數，g 爲偶函數，則 $f(-x) = -f(x)$，$g(-x) = g(x)$，故

$$(f \cdot g)(-x) = f(-x)g(-x) = (-f(x))(g(x))$$

$$= -f(x)g(x) = -(f \cdot g)(x),$$

$$f \circ g(-x) = f(g(-x)) = f(g(x)) = f \circ g(x),$$

$$g \circ f(-x) = g(f(-x)) = g(-f(x)) = g(f(x)) = g \circ f(x),$$

故知 $f \cdot g$ 奇函數，$f \circ g$ 和 $g \circ f$ 則均爲偶函數。

9. 怎樣的函數既爲奇函數又爲偶函數？試舉一既不爲奇函數又不爲偶函數的函數。

解 若 $f(x)$ 既爲奇函數，也爲偶函數，則 $f(-x) = -f(x)$，且 $f(-x) = f(x)$，故得 $f(x) = 0$。令 $g(x) = x + 1$，則 g 既不爲奇函數也不爲偶函數。

10. 偶函數的圖形有怎樣的特色？奇函數的圖形有怎樣的特色？

解 若 f 爲偶函數，而 g 爲奇函數，則

$$f(-x) = f(x), \quad g(-x) = -g(x),$$

故知 $(x, f(x))$ 與 $(-x, f(x))$ 均爲 f 的圖形上之點。由於 $(x, f(x))$ 與 $(-x, f(x))$ 二點對 y 軸爲對稱，故知 f 的圖形對 y 軸爲對稱（symmetric with respect to y axis）。又由於 $(x, g(x))$ 與 $(-x, -g(x))$ 均爲 g 的圖形上之點，且 $(x, g(x))$ 與 $(-x, -g(x))$ 二點對原點爲對稱，故知 g 的圖形對原點爲對稱（symmetric with respect to the origin）。

作出下面各函數的圖形（其中 $[x]$ 爲高斯符號，表不大於 x 的最大整數）（11～28）。

11. $f(x) = -3x + 2$。

解 $f(x) = -3x + 2$ 的圖形顯然爲一直線，如下左圖所示：

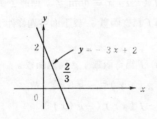
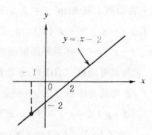

12. $f(x) = \dfrac{x^2 - x - 2}{x + 1}$ 。

解 因為對 $x \neq -1$ 而言，

$$f(x) = \frac{x^2 - x - 2}{x + 1} = \frac{(x + 1)(x - 2)}{x + 1} = x - 2 \;,$$

而 $x = -1$ 不在定義域中，故知 f 的圖形如上右圖所示。

13. $f(x) = |x + 2|$ 。

解 當 $x \geqq -2$ 時，$f(x) = x + 2$；當 $x < -2$ 時，$f(x) = -(x + 2)$，即知其圖形為下面左圖的折線：

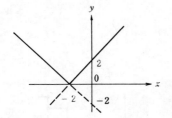 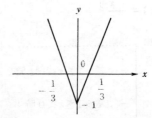

14. $f(x) = 3|x| - 1$ 。

解 當 $x \geqq 0$ 時，$f(x) = 3x - 1$；當 $x < 0$ 時，$f(x) = -3x - 1$，即知其圖形為如上右圖的折線。

15. $f(x) = |3 - x| + 2|x + 1|$ 。

解 當 $x \geqq 3$ 時，$f(x) = (x - 3) + 2(x + 1) = 3x - 1$；

當 $-1 \leqq x < 3$ 時，$f(x) = (3 - x) + 2(x + 1) = x + 5$，

當 $x < -1$ 時，$f(x) = (3 - x) - 2(x + 1) = -3x + 1$，

即知其圖形為下圖的折線：

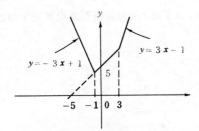

16. $f(x) = x + |x - 1|$ 。

解 當 $x \geqq 1$ 時，$f(x) = x + (x - 1) = 2x - 1$；當 $x < 1$ 時，$f(x) = x - (x - 1) = 1$，即知其圖形為下面左圖的折線：

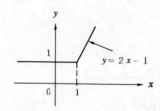
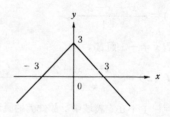

17. $f(x) = 3 - |x|$。

解 f 的圖形顯然可把 $y = |x|$ 之圖形對 x 軸的對稱圖形向上移動 3 單位而得,如上右圖所示。

18. $f(x) = \dfrac{[x]}{3} + 2$。

解 因為由

$$f(x) = \begin{cases} \dfrac{4}{3}, & \text{當} -2 \leqq x < -1 \text{ 時;} \\[2mm] \dfrac{5}{3}, & \text{當} -1 \leqq x < 0 \text{ 時;} \\[2mm] 2, & \text{當} 0 \leqq x < 1 \text{ 時;} \\[2mm] \dfrac{7}{3}, & \text{當} 1 \leqq x < 2 \text{ 時;} \\[2mm] \dfrac{8}{3}, & \text{當} 2 \leqq x < 3 \text{ 時;} \\[2mm] 3, & \text{當} 3 \leqq x < 4 \text{ 時;} \\[2mm] \dfrac{10}{3}, & \text{當} 4 \leqq x < 5 \text{ 時;} \end{cases}$$

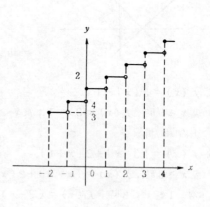

可知的圖形如右所示:

19. $f(x) = |[x] - 3|$。

解 把 $[x]$ 的圖形向下移動 3 單位後,把 x 軸下面之部份的圖形改取其對 x 軸的對稱圖形,如下圖所示:

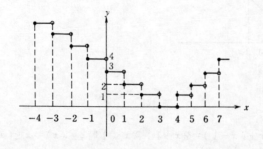

20. $f(x) = [3x-1]$。

解 因為

$$[3x-1]=-2 \iff -2 \leqq 3x-1 < -1 \iff -\frac{1}{3} \leqq x < 0 \ ;$$

$$[3x-1]=-1 \iff -1 \leqq 3x-1 < \ 0 \iff 0 \leqq x < \frac{1}{3} \ ;$$

$$[3x-1]= \ 0 \iff \ 0 \leqq 3x-1 < \ 1 \iff \frac{1}{3} \leqq x < \frac{2}{3} \ ;$$

$$[3x-1]= \ 1 \iff \ 1 \leqq 3x-1 < \ 2 \iff \frac{2}{3} \leqq x < 1 \ ;$$

$$[3x-1]= \ 2 \iff \ 2 \leqq 3x-1 < \ 3 \iff 1 \leqq x < \frac{4}{3} \ ;$$

$$[3x-1]= \ 3 \iff \ 3 \leqq 3x-1 < \ 4 \iff \frac{4}{3} \leqq x < \frac{5}{3} \ ;$$

故知圖形如下所示：

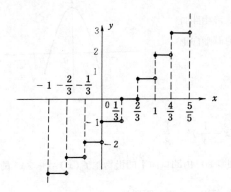

21. $f(x) = [x] - x$。

解 易知

$$f(x) = \begin{cases} -2-x \ , & 當 \ -2 \leqq x < -1 \ ; \\ -1-x \ , & 當 \ -1 \leqq x < 0 \ ; \\ \quad -x \ , & 當 \quad 0 \leqq x < 1 \ ; \\ 1-x \ , & 當 \quad 1 \leqq x < 2 \ ; \\ 2-x \ , & 當 \quad 2 \leqq x < 3 \ ; \end{cases}$$

圖形如下所示：

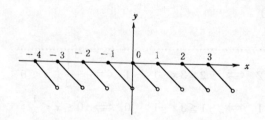

22. $f(x) = \dfrac{\sqrt{x^2} + x}{x}$ 。

解 因為

$$f(x) = \frac{\sqrt{x^2} + x}{x} = \frac{|x| + x}{x}$$

$$= \begin{cases} 2 , \text{當} x \geqq 0 ; \\ 0 , \text{當} x < 0 , \end{cases}$$

圖形如右所示：

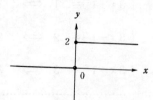

23. $f(x) = -3x^2 + 2$ 。

解 函數 $f(x) = -3x^2 + 2$ 的圖形，可由開口
向下的拋物線 $f(x) = -3x^2$ 的圖形向上
提高 2 單位而得，如右圖所示：

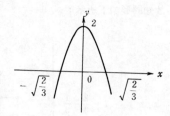

24. $f(x) = x - 2x^2$ 。

解 因為

$$f(x) = x - 2x^2 = -2(x - \frac{1}{4})^2 + \frac{1}{8} ,$$

故知函數 $f(x) = x - 2x^2$ 的圖形，可由開口向下的拋物線 $f(x) = -2x^2$ 的圖形向

右移動 $\dfrac{1}{4}$ 單位，且向上提高 $\dfrac{1}{8}$ 單位而得，如下左圖所示：

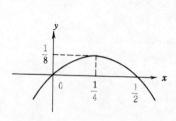

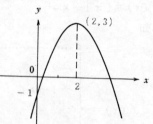

25. $f(x) = -x^2 + 4x - 1$ 。

解 因為

$$f(x) = -x^2 + 4x - 1 = -(x - 2)^2 + 3 ,$$

故知函數 $f(x) = -x^2 + 4x - 1$ 的圖形，可由開口向下的拋物線 $f(x) = -x^2$ 的

圖形向右移動 2 單位，且向上提高 3 單位而得，如上右圖所示：

26. $f(x) = -\sqrt{3 - 2x - x^2}$

解　令 $y = f(x) = -\sqrt{3 - 2x - x^2}$ ，

則 $y \leqq 0$ ，且 $y^2 = 3 - 2x - x^2$ ，

　　$(x + 1)^2 + y^2 = 4$ ，

故知 $f(x) = -\sqrt{3 - 2x - x^2}$ 的圖形，

為以 $(-1, 0)$ 為圓心，半徑為 2 之圓的

下半部，如右圖所示：

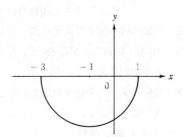

27. $f(x) = |x(x-1)|$

解　令 $y = x(x-1) = (x - \dfrac{1}{2})^2 - \dfrac{1}{4}$ ，

上式的圖形為一開口向上的拋物線，而函

數　$f(x) = |x(x-1)|$

的圖形，則可由將上述拋物線的圖形，在

x 軸下面之部分替以其對 x 軸的對稱圖形

而得，如右圖所示：

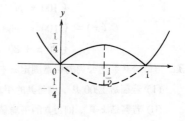

28. $f(x) = \max\{3x, x^2 - 4\}$。（其中符號 $\max\{a, b\}$ 表 a, b 二者之大者）

解　將直線 $y = 3x$ 和拋物線 $y = x^2 - 4$ 之圖形同時作出於同一坐標系中，然後取二者之

位於高處（縱坐標較大者）的部分，即得

$f(x) = \max\{3x, x^2 - 4\}$ 的圖形。

為方便起見，求出二者交點的坐標：由

$3x = x^2 - 4 \Rightarrow (x - 4)(x + 1) = 0$

$\Rightarrow x = -1, 4$ ，

可知二者交點為

　　$(-1, -3)$ ，$(4, 12)$

而所求的圖形如右：

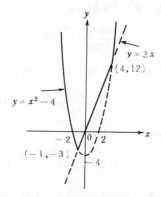

1-5

1. 某人於 1985 年初創業時，其企業值 500,000 元，此後每月的平均收入為 45,000 元，平

均支出為 22,000 元，不計利息，試求創業 t 個月後，此企業的價值 $W(t)$ ，並求 1990

年底時，此企業值多少？

解 依題意知

$$W(t) = 500,000 + (45,000 - 22,000)t = 500,000 + 23,000t \ 。$$

易知 1990 年底時已創業滿 6 年 = 72 個月，故所求企業值為

$$W(72) = 2,156,000 \ (元)$$

2. 一家書店作結束營業大拍賣，每本書售價 100 元；若買 5 本，則每本售價為 90 元，若買 10 本，則每本售價為 88 元，若買 10 本以上，則超過的部分每本售價為 80 元。求購買 x 本書的費用函數 $C(x)$。

解 設購買 x 本。依題意知，當 $0 < x < 5$ 時，費用為 $100x$；當 $5 \leq x < 10$ 時；費用為 $5 \cdot 90 + 100(x-5) = 100x - 50$；當 $x \geq 10$ 時，費用為 $880 + 80(x-10) = 80x + 80$，故知

$$C(x) = \begin{cases} 100x, & 當 \quad 0 < x < 5 \ ; \\ 100x - 50, & 當 \quad 5 \leq x < 10 \ ; \\ 80x + 80, & 當 \quad x \geq 10 \ 。 \end{cases}$$

3. 一個燈具製造公司的製造固定成本為 10,000 元,每具的製造成本為 150 元,問:

(i) 若製造 1200 具，則每具的平均製造成本為何？

(ii) 若製造 x 具，則每具的平均製造成本為何？

(iii) 若每具的售價較製造成本高出三成（30%），則製造 x 具時，每具的售價為何？

解 (i) 若製造 1200 具，則總製造成本為

$$10,000 + 1,200 \cdot 150 = 190,000 \ (元)，$$

而每具的平均製造成本為

$$\frac{190,000}{1200} \approx 158 \ (元)。$$

(ii) 若製造 x 具，則總製造成本為 $10,000 + 150x$（元），而每具的平均製造成本為

$$\frac{10,000 + 150x}{x} = 150 + \frac{10,000}{x} \ (元)。$$

(iii) 依題意，每具售價為

$$1.3 \left(150 + \frac{10,000}{x} \right) = 195 + \frac{13000}{x} \ 。$$

4. 一公司製造某種產品的開工成本為 2,000 元，每製造一產品的成本為 2.75 元，每個售價為 4 元，求總成本及淨收益函數，並求這一生產的破均衡點。

解 生產 x 個產品的總成本函數為

$$TC(x) = 2,000 + 2.75x，$$

淨收益函數為

$$NP(x) = 4x - (2,000 + 2.75x) = 1.25x - 2,000$$

x 為破均衡點 $\iff NP(x) = 0 \iff 1.25x - 2,000 = 0 \iff x = 1600，$

即至少生產 1600 個才不致虧本。

5. 設一公司生產一物品的固定成本為 FC，生產一物品的成本為 k，售價為 p，證明此一生產的破均衡點，乃平均單位生產成本為 p 的生產量。

證 生產 x 個產品的總成本函數為
$$TC(x) = FC + kx,$$

淨收益函數為
$$NP(x) = px - (FC + kx),$$

當 x 為破均衡點時 $\Rightarrow$ $NP(x) = 0$ $\Rightarrow$ $(p-k)x = FC$ $\Rightarrow$ $x = \dfrac{FC}{p-k}$;

而生產 x 個產品的平均成本函數為
$$AC(x) = \frac{FC + kx}{x} = \frac{FC}{x} + k ,$$

當 $AC(x) = p$ 時 $\Rightarrow$ $\dfrac{FC}{x} + k = p$ $\Rightarrow$ $x = \dfrac{FC}{p-k}$ 即為破均衡點

故得證。

6. 某公司製造 x 單位產品時，可得淨收益為
$$NP(x) = -x^2 + 60x - 500,$$

(i) 試作出 $NP(x)$ 的圖形。　　　(ii) 求此生產的破均衡點。

(iii) 生產為何時，會遭致損失？　　(iv) 製造多少個時，可得最大淨利？

解 (i) $NP(x) = -x^2 + 60x - 500 = -(x-30)^2 + 400$，其圖形為一開口向下的拋物線，如下所示：

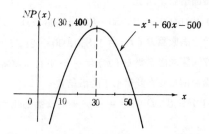

(ii) 由定義知

x 為破均衡點 $\Longleftrightarrow$ $NP(x) = 0$ $\Longleftrightarrow$ $-x^2 + 60x - 500 = 0$ $\Longleftrightarrow$ $x = 10, 50$，

即知此生產的破均衡點有二，即生產 10 個或 50 個。

(iii) 生產不到 10 個，或超過 50 個時，淨收益均為負數，而遭致損失。

(iv) 生產 30 個時有最大的淨收益 400 。

7. 設某公司新購設備價值 450,000 元，估計使用 12 年，以至殘值為 0 作廢止。公司打算

以直線折舊法處理此一設備。

(i) 求出年折舊費。

(ii) 仿例 2，列出這設備各年的簿面價值，及累計折舊金額。

(iii) 求出表此設備使用 t 年後的簿面價值之函數。

解 (i) 年折舊費爲 $\dfrac{450,000}{12} = 37,500$（元）。

(ii)

第 t 年末	年折舊	累計折舊	簿面價值
1	37,500	37,500	412,500
2	37,500	75,000	375,000
3	37,500	112,500	337,500
4	37,500	150,000	300,000
5	37,500	187,500	262,500
6	37,500	225,000	225,000
7	37,500	262,500	187,500
8	37,500	300,000	150,000
9	37,500	337,500	112,500
10	37,500	375,000	75,000
11	37,500	412,500	37,500
12	37,500	450,000	0

(iii) $B(t) = 450,000 - 37,500\,t$。

8. 某旅館購買一批傢俱值 1,860,000 元，打算每年以 21,750 元以直線折舊法折舊，並計劃 8 年後汰舊換新。

(i) 這批傢俱在 8 年後的殘值爲何？

(ii) 求出表此批傢俱使用 t 年後的簿面價值之函數。

解 (i) 這批傢俱 8 年後的殘值爲 $S = 1,860,000 - 21,750 \cdot 8 = 1,686,000$（元）。

(ii) 這批傢俱使用 t 年後的簿面價值之函數爲 $B(t) = 1,860,000 - 21,750\,t$。

9. 設供給函數爲 $S(p) = p^2 + 2p - 7$，需求函數爲 $D(p) = -p^2 + 17$。試將二函數之圖形畫於同一坐標平面上，並求其均衡價格及在此價格下的供給量。

解 因爲 $S(p) = p^2 + 2p - 7 = (p+1)^2 - 8$，$D(p) = -p^2 + 17$。故知此二函數的圖形爲拋物線的部分如下：

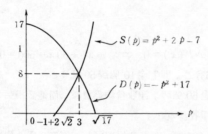

並且由定義知

$$p \text{ 爲均衡價格} \iff S(p) = D(p)$$
$$\iff p^2 + 2p - 7 = -p^2 + 17$$
$$\iff 2p^2 + 2p - 24 = 0$$
$$\iff (p+4)(p-3) = 0$$
$$\iff p = 3 ,\ (p = -4 \text{ 不符})$$

而在均衡價格下的供給量爲 $S(3) = 8$。

10. 設供給函數爲 $S(p) = p - 3$，需求函數爲 $D(p) = \dfrac{10}{p}$。試將二函數之圖形畫於同

一坐標平面上，並求其均衡價格及在此價格下的供給量。

解 供給函數的圖形爲一直線，而需求函數的圖形爲等軸雙曲線的一支，二者的圖形如下：

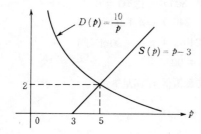

並且知

$$p \text{ 爲均衡價格} \iff S(p) = D(p)$$
$$\iff p - 3 = \frac{10}{p}$$
$$\iff p^2 - 3p - 10 = 0$$
$$\iff (p-5)(p+2) = 0$$
$$\iff p = 5 ,\ (p = -2 \text{ 不符})$$

而在均衡價格下的供給量爲 $S(5) = 2$。

11. 設市場上某種魚的價格每公斤 p 元時，一般顧客的需求量爲每天 $D(p) = \dfrac{43200}{p} - 90$

公斤，而就此一價格而言，魚市場每天的供給量爲 $S(p) = 2p - 390$ 公斤。試將供需
二函數之圖形畫於同一坐標平面上，並求其均衡價格及在此價格下此種魚每天的銷售
量。設由於此種魚的大量捕獲，使得在此價格下此種魚的每天供應量提高爲 $2p - 210$ 公
斤，試求新的均衡價格。

解 供需函數分別爲 $S(p) = 2p - 390$ 及 $D(p) = \dfrac{43200}{p} - 90$ 時，二函數的圖形如下：

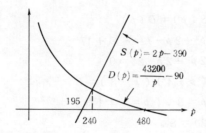

並且知

$$p \text{ 爲均衡價格} \iff S(p) = D(p)$$

$$\iff 2p - 390 = \frac{43200}{p} - 90$$

$$\iff 2p^2 - 300p - 43200 = 0$$

$$\iff (p - 240)(p + 90) = 0$$

$$\iff p = 240 , (p = -90 \text{ 不符})$$

而在均衡價格下的供給量爲 $S(240) = 90$。

若供應量提高爲 $2p - 210$，則新的均衡價格 p_1 滿足下式：

$$2p_1 - 210 = \frac{43200}{p_1} - 90$$

$$\iff 2p_1^2 - 120p_1 - 43200 = 0$$

$$\iff (p_1 - 180)(p_1 + 120) = 0 ,$$

故知新的均衡價格 $p_1 = 180$（元）。

12. 假設某公賣物品每週的需求量 x 爲其單位售價 p 的函數如下：

$$x = D(p) = 3000 - 50p ,$$

試將每週的販賣收入表爲需求量 x 的函數 $R(x)$。

解 販賣收入爲 px，而由所予需求函數知

$$p = \frac{3000 - x}{50} = 60 - \frac{x}{50} ,$$

從而知 $R(x) = \left(60 - \frac{x}{50}\right)x = 60x - \frac{x^2}{50}$。

13. 某觀光飯店每一單人套房每天租金爲美金80元，而對團體大量的租住，則有特價優待，規定租住5間以上時，每多一間每房租金減少美金4元，但最低不得少於美金40元。對有人居住的房間而言，此飯店每天需花費美金6元的清洗整理費用。問

（i）租12間套房時，每間租金爲何？　　　（ii）租28間套房時，每間租金爲何？

（iii）設一個團體租住套房 x 間，試將總租金 $R(x)$ 及淨利 $P(x)$ 表出，並作出的 $P(x)$ 的圖形。

解 (i) 租12間套房時，每間租金爲80－（12－5）·4＝52（元）。

(ii) 由於租15間套房時，每間租金爲80－（15－5）·4＝40（元），故知租15間以上時，每間租金均爲40元。即知租28間套房時，每間租金爲40元。

(iii) 由上面可知租住套房 x 間時，總租金爲

$$R(x) = \begin{cases} 80x, & x < 5; \\ x(80-4(x-5)) & 5 \le x \le 15; \\ 40x, & x > 15。 \end{cases}$$

而淨利爲 $P(x) = R(x) - 6x$，即

$$P(x) = \begin{cases} 74x, & x < 5; \\ -4x^2 + 94x, & 5 \le x \le 15; \\ 34x, & x > 15。 \end{cases}$$

$P(x)$ 的圖形如下：

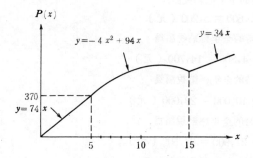

14. 我國七十八年度綜合所得稅速算公式分成13等級，各級的所得淨額及稅率如下表：

級別	所 得 淨 額	稅 率	級別	所 得 淨 額	稅 率
1	8 以下	6％	8	100 至 140	26％
2	8 至 16	8％	9	140 至 180	30％
3	16 至 26	10％	10	180 至 230	34％
4	26 至 38	12％	11	230 至 280	39％
5	38 至 55	15％	12	280 至 350	44％
6	55 至 73	18％	13	350 以上	50％
7	73 至 100	22％	表中所得淨額單位爲萬元		

試求各級的累進差額。並分別求所得淨額爲下列各款時的全年應納稅額：

(i) 85,000 元   (ii) 195,000 元   (iii) 325,000 元   (iv) 680,000 元

(v) 1,350,000 元   (vi) 4,250,000 元

－ 31 －

解 書中本文已求出第四級以下的各累進差額，今可仿照求出其他各級的累進差額，列出一表於下：

級別	所得淨額	累進差額	稅 率	級別	所得淨額	累進差額	稅 率
1	8 以下	0	6%	8	100 至 140	10.71	26%
2	8 至 16	0.16	8%	9	140 至 180	16.31	30%
3	16 至 26	0.48	10%	10	180 至 230	23.51	34%
4	26 至 38	1.00	12%	11	230 至 280	35.01	39%
5	38 至 55	2.14	15%	12	280 至 350	49.01	44%
6	55 至 73	3.79	18%	13	350 以上	70.01	50%
7	73 至 100	6.71	22%	表中所得淨額單位為萬元			

(i) 所得淨額為 85,000 元時的全年應納稅額為

$$85,000 \times 8\% - 1,600 = 5,200 \text{（元）},$$

(ii) 所得淨額為 195,000 元時的全年應納稅額為

$$195,000 \times 10\% - 4,800 = 14,700 \text{（元）},$$

(iii) 所得淨額為 325,000 元時的全年應納稅額為

$$325,000 \times 12\% - 10,000 = 29,000 \text{（元）},$$

(iv) 所得淨額為 680,000 元時的全年應納稅額為

$$680,000 \times 18\% - 37,900 = 84,500 \text{（元）},$$

(v) 所得淨額為 1,350,000 元時的全年應納稅額為

$$1,350,000 \times 26\% - 107,100 = 243,900 \text{（元）},$$

(vi) 所得淨額為 4,250,000 元時的全年應納稅額為

$$4,250,000 \times 50\% - 700,100 = 1424,900 \text{（元）}。$$

1-6

1. 證明嚴格增（減）函數為可逆，且其反函數亦為嚴格增（減）函數。

證 設 f 為嚴格增函數，令 x, y 為定義域中的二點，且 $x < y$，則

$$f(x) < f(y),$$

故知 f 為一對一函數，因而為可逆，令 f^{-1} 為 f 的反函數。對 f^{-1} 之定義域中的二點 s, t 且 $s < t$ 而言，若 $f^{-1}(s) \geq f^{-1}(t)$ 則由於 f 為嚴格增函數，故知

$$f^{-1}(s) \geq f^{-1}(t) \;\Rightarrow\; f(f^{-1}(s)) \geq f(f^{-1}(t)) \;\Rightarrow\; s \geq t,$$

與已知不符，故知 $f^{-1}(s) < f^{-1}(t)$，從而知 f^{-1} 為嚴格增函數。f 為嚴格減函數的證明可仿此，故而不贅。

2. 下面各題的圖形，是否爲可逆函數的圖形？

(i)

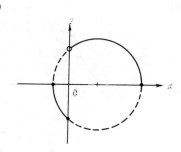

(ii)

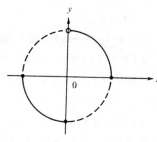

(iii)

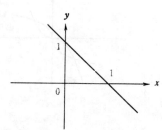

(iv)

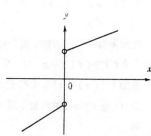

解 (i)不爲可逆。 (ii)不爲可逆。 (iii)爲可逆。 (iv)爲可逆。

試證下列各題（ 3～6 ）之函數均爲可逆。求各函數的反函數，並在同一坐標平面上作出它和它的反函數的圖形。

3. $f(x)=5x+4$。

解 因爲$f(x)=f(y) \Rightarrow 5x+4=5y+4$

$\Rightarrow x=y$，

故知f爲一對一函數，而爲可逆函數。由

$\qquad f(f^{-1}(x))=x$

$\Rightarrow 5(f^{-1}(x))+4=x$，

故知$f^{-1}(x)=\dfrac{x-4}{5}$。f和f^{-1}的圖

形如右所示。

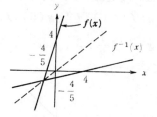

4. $g(x)=-x+3$。

解 因爲$g(x)=g(y) \Rightarrow -x+3=-y+3$

$\Rightarrow x=y$，

故知g爲一對一函數，而爲可逆函數。由

$g(g^{-1}(x))=x \Rightarrow -(g^{-1}(x))+3=x$，

故知$g^{-1}(x)=-x+3=g(x)$，而$g=g^{-1}$

的圖形如右所示。

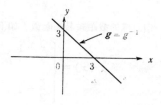

5. $h(x) = x^2$, $x \geqq 0$。

解 因為 $h(x) = h(y)$ $\Rightarrow$ $x^2 = y^2$, x, $y \geqq 0$

$\Rightarrow$ $x = y$,

故知 h 為一對一函數, 而為可逆函數。由

$h(h^{-1}(x)) = x$ $\Rightarrow$ $(h^{-1}(x))^2 = x$,

故知 $h^{-1}(x) = \sqrt{x}$。h 和 h^{-1} 的圖形如右所示。

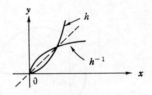

6. $k(x) = \sqrt[3]{x}$。

解 因為 $k(x) = k(y)$ $\Rightarrow$ $\sqrt[3]{x} = \sqrt[3]{y}$,

$\Rightarrow$ $x = y$,

故知 k 為一對一函數, 而為可逆函數。由

$k(k^{-1}(x)) = x$ $\Rightarrow$ $\sqrt[3]{k^{-1}(x)} = x$,

故知 $k^{-1}(x) = x^3$。k 和 k^{-1} 的圖形如右所示。

7. 設 f, g 均為可逆函數, 證明 $f \circ g$ 亦為可逆函數。

解 設 $f \circ g(x) = f \circ g(y)$, 即

$f(g(x)) = f(g(y))$,

因 f 為可逆, 即 f 為一對一, 故由上式知, $g(x) = g(y)$,

更因 g 為可逆, 即 g 為一對一, 故由上式知, $x = y$, 從而知 $f \circ g$ 為一對一, 故 $f \circ g$ 為可逆。

8. 設 f, g 之圖形如下所示。求 $f \circ g(0)$, $g \circ f(0)$, $f \circ g(1)$, $g \circ f(1)$, $f \circ g(-1)$, $g \circ f(-1)$, $f^{-1} \circ g(5)$, $f^{-1} \circ g(0)$, $f^{-1} \circ g(-4)$, $g \circ f^{-1}(-1)$, $g \circ f^{-1}(3)$, $g \circ f^{-1}(\frac{1}{2})$。

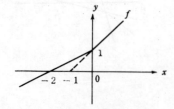
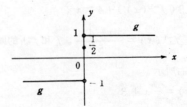

解 由直線的截距式易知函數 f 如下:

$$f(x) = \begin{cases} x+1, & \text{當 } x \geqq 0 ; \\ \dfrac{x}{2}+1, & \text{當 } x < 0 。 \end{cases}$$

從而知

$$f \circ g(0) = f(g(0)) = f(\frac{1}{2}) = \frac{3}{2} ,$$

$$g \circ f(0) = g(f(0)) = g(1) = 1 ,$$

$$f \circ g(1) = f(g(1)) = f(1) = 2 ,$$

$$g \circ f(1) = g(f(1)) = g(2) = 1 ,$$

$$f \circ g(-1) = f(g(-1)) = f(-1) = \frac{1}{2} ,$$

$$g \circ f(-1) = g(f(-1)) = g(\frac{1}{2}) = 1 ,$$

$$f^{-1} \circ g(5) = f^{-1}(g(5)) = f^{-1}(1) = 0 ,$$

$$f^{-1} \circ g(0) = f^{-1}(g(0)) = f^{-1}(\frac{1}{2}) = -1 ,$$

$$f^{-1} \circ g(-4) = f^{-1}(g(-4)) = f^{-1}(-1) = -4 ,$$

$$g \circ f^{-1}(-1) = g(f^{-1}(-1)) = g(-4) = -1 ,$$

$$g \circ f^{-1}(3) = g(f^{-1}(3)) = g(2) = 1 ,$$

$$g \circ f^{-1}(\frac{1}{2}) = g(f^{-1}(\frac{1}{2})) = g(-1) = -1 。$$

2-1

1. 試以圖形，藉極限的幾何意義解說定理 2-1 。

解 設 $\lim\limits_{x \to a} f(x) = L$ ，$\lim\limits_{x \to a} f(x) = L'$ 。

若 $L \neq L'$ ，於下圖中

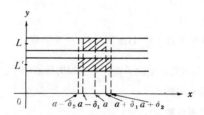

分別在 y 軸上坐標爲 L 及 L' 處，以 $\varepsilon = \dfrac{|L - L'|}{3}$ 爲半徑作出平行線，則由幾何意義

知，可以找到二正數 δ_1 ，δ_2 ，使在區間 $(a - \delta_1, a + \delta_1)$ 上，函數 f 的圖形在直線 $y = L \pm \varepsilon$ 之間，且在區間 $(a - \delta_2, a + \delta_2)$ 上，函數 f 的圖形在直線 $y = L' \pm \varepsilon$ 之間，這顯然是不可能的，故知 $L = L'$ 。

2. 試以圖形，藉極限的幾何意義解說定理 2-5 之另一方向。

解 設 $\lim\limits_{x \to a} f(x) = 0$ ，則由幾何意義知，對任意正數 ε 而言，在 x 軸的上下相距 ε 作二

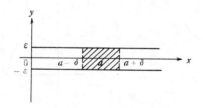

平行直線時，必可找到一正數 δ ，使在區間 $(a - \delta, a + \delta)$ 上，函數 f 的圖形在直線 $y = \pm \varepsilon$ 之間。而因 $|f(x)|$ 的圖形，乃將 $f(x)$ 的圖形中，在 x 軸下的部份，以其對 x 軸的對稱圖形替代而得者。今在區間 $(a - \delta, a + \delta)$ 上，函數 f 的圖形在直線 $y = \pm \varepsilon$ 之間，故顯知函數 $|f|$ 的圖形亦在直線 $y = \pm \varepsilon$ 之間，從而知 $\lim\limits_{x \to a} |f(x)| = 0$ 。

3. 設 $f(x) \geqq 0$ ，對任意 $x \in \text{dom } f$ 均成立，且 $\lim\limits_{x \to a} f(x)$ 存在，利用定理 2-2 證明：$\lim\limits_{x \to a} f(x) \geqq 0$ 。

證 設 $\lim\limits_{x \to a} f(x) < 0$ 。則由定理 2-2 知，存在正數 δ ，使

$$0 < |x - a| < \delta \quad \Rightarrow \quad f(x) < 0 ,$$

此與 $f(x) \geqq 0$ 之假設相違，故知 $\lim\limits_{x \to a} f(x) \geqq 0$。

4. 上題中，將符號 "$\geqq$" 代以 "$>$"，則結論是否成立？若成立，則敍述理由，否則，舉一反例。

解 若上題中，將符號 "$\geqq$" 代以 "$>$"，則結論不能成立。譬如，令

$$f(x) = \begin{cases} x^2 , & \text{當} \quad x \neq 0 ; \\ 1 & \text{當} \quad x = 0 。 \end{cases}$$

則對任何 x 而言，$f(x) > 0$ 恒成立。但 $\lim\limits_{x \to a} f(x) = 0 \ngtr 0$。

5. 設函數 f 定義如下，藉極限的幾何意義解說 f 在任何一點的極限均不存在。

$$f(x) = \begin{cases} 1 , & \text{當} \, x \, \text{爲有理數} ; \\ -1 , & \text{當} \, x \, \text{爲無理數} 。 \end{cases}$$

解 對任意實數 L 而言，令 $\varepsilon = \dfrac{1}{2}$，則 $y = L \pm \varepsilon$ 的二水平線相距爲 1，而因 $y = \pm 1$ 二直線相距爲 2，故 $y = L \pm \varepsilon$ 二直線間必不能同時包含 $y = \pm 1$ 二直線。由上面的了解可知，f 在任何一點的極限均不存在。

6. 判斷下面各題圖形所表之函數 f 在點 a 的單邊極限與極限是否存在？若爲存在則其值爲何？

(i)

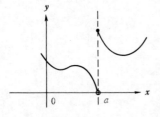

(ii)

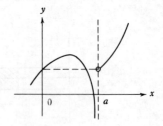

(iii)

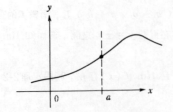

(iv)

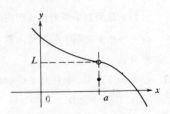

(v)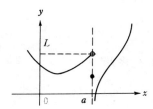

(vi)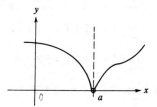

(vii)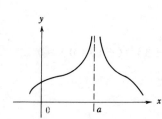

(viii)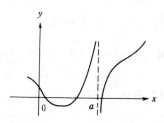

解 (i) $\lim\limits_{x \to a-} f(x) = 0$, $\lim\limits_{x \to a+} f(x) = f(a) \neq 0$, 故 $\lim\limits_{x \to a} f(x)$ 不存在。

(ii) $\lim\limits_{x \to a-} f(x) = -\infty$, 不存在 , $\lim\limits_{x \to a+} f(x) = f(0)$, 故 $\lim\limits_{x \to a} f(x)$ 不存在。

(iii) $\lim\limits_{x \to a-} f(x) = \lim\limits_{x \to a+} f(x) = \lim\limits_{x \to a} f(x) = f(a)$ 。

(iv) $\lim\limits_{x \to a-} f(x) = \lim\limits_{x \to a+} f(x) = \lim\limits_{x \to a} f(x) = L \neq f(a)$ 。

(v) $\lim\limits_{x \to a-} f(x) = L$, $\lim\limits_{x \to a+} f(x) = -\infty$, 不存在 , $\lim\limits_{x \to a} f(x)$ 不存在。

(vi) $\lim\limits_{x \to a-} f(x) = \lim\limits_{x \to a+} f(x) = \lim\limits_{x \to a} f(x) = 0$, 但 $f(a)$ 無意義。

(vii) $\lim\limits_{x \to a-} f(x) = \lim\limits_{x \to a+} f(x) = \lim\limits_{x \to a} f(x) = \infty$, 三者都發散到 ∞ , 都不存在 ,

同時 $f(a)$ 無意義。

(viii) $\lim\limits_{x \to a-} f(x) = \infty$, $\lim\limits_{x \to a+} f(x) = -\infty$, 二者都不存在 , 同時 $\lim\limits_{x \to a} f(x)$ 也不

存在。並且 $f(a)$ 也無意義。

求下列各題的極限 , 其中 $[x]$ 爲高斯符號 :

7. $\lim\limits_{x \to 0+} |x| (x - 2)$ 。

解 $\lim\limits_{x \to 0+} |x| (x - 2) = \lim\limits_{x \to 0+} x (x - 2) = 0 (-2) = 0$ 。

8. $\lim\limits_{x \to 0-} \dfrac{|x|}{x - 2}$ 。

解 $\lim\limits_{x\to0-} \dfrac{|x|}{x-2} = \lim\limits_{x\to0-} \dfrac{-x}{x-2} = \dfrac{0}{-2} = 0$。

9. $\lim\limits_{x\to0+} |x-1|(x-2)$。

解 $\lim\limits_{x\to0+} |x-1|(x-2) = \lim\limits_{x\to0+} -(x-1)(x-2) = 1(-2) = -2$。

10. $\lim\limits_{x\to0-} [x](x-2)$。

解 $\lim\limits_{x\to0-} [x](x-2) = \lim\limits_{x\to0-} (-1)(x-2) = (-1)(-2) = 2$。

11. $\lim\limits_{x\to-3-} [x](x+3)$。

解 $\lim\limits_{x\to-3-} [x](x+3) = \lim\limits_{x\to-3-} (-4)(x+3) = (-4)(0) = 0$。

12. $\lim\limits_{x\to0-} \dfrac{[x]}{x}$。

解 $\lim\limits_{x\to0-} \dfrac{[x]}{x} = \lim\limits_{x\to0-} \dfrac{-1}{x} = \infty$。

13. $\lim\limits_{x\to0+} \dfrac{[x]}{x}$。

解 $\lim\limits_{x\to0+} \dfrac{[x]}{x} = \lim\limits_{x\to0+} \dfrac{0}{x} = 0$。

14. $\lim\limits_{x\to-1+} \dfrac{[x+1]}{x+1}$。

解 $\lim\limits_{x\to-1+} \dfrac{[x+1]}{x+1} = \lim\limits_{x\to0+} \dfrac{0}{x+1} = 0$。

15. $\lim\limits_{x\to2} \dfrac{[x^2-4]}{x-2}$。

解 因爲 $\lim\limits_{x\to2+} \dfrac{[x^2-4]}{x-2} = \lim\limits_{x\to2+} \dfrac{0}{x-2} = 0$，

$\lim\limits_{x\to2-} \dfrac{[x^2-4]}{x-2} = \lim\limits_{x\to2-} \dfrac{-1}{x-2} = \infty$，

故知 $\lim\limits_{x\to2} \dfrac{[x^2-4]}{x-2}$ 不存在。

2-2

求下列各極限（1～12）：

1. $\lim\limits_{x \to -1} ((5x^3 + 2x^2 - x + 1)(x^3 - 2x - 1))$ 。

解 $\lim\limits_{x \to -1} ((5x^3 + 2x^2 - x + 1)(x^3 - 2x - 1))$

$= \lim\limits_{x \to -1} ((5(-1)^3 + 2(-1)^2 - (-1) + 1)((-1)^3 - 2(-1) - 1)) = 0$ 。

2. $\lim\limits_{x \to 1} (3x^5 - x^4 + 5x^2 - 3x + 2)^2$ 。

解 $\lim\limits_{x \to 1} (3x^5 - x^4 + 5x^2 - 3x + 2)^2$

$= \lim\limits_{x \to 1} (3(1)^5 - (1)^4 + 5(1)^2 - 3(1) + 2)^2 = 36$ 。

3. $\lim\limits_{x \to 0} \dfrac{x^3 + 3x^2 - 2x + 3}{2x^4 - 4x^2 + 5x - 1}$ 。

解 $\lim\limits_{x \to 0} \dfrac{x^3 + 3x^2 - 2x + 3}{2x^4 - 4x^2 + 5x - 1}$

$= \lim\limits_{x \to 0} \dfrac{(0)^3 + 3(0)^2 - 2(0) + 3}{2(0)^4 - 4(0)^2 + 5(0) - 1} = -3$ 。

4. $\lim\limits_{x \to 0} \dfrac{x^4 - 3x}{3x^3 - 4x}$ 。

解 $\lim\limits_{x \to 0} \dfrac{x^4 - 3x}{3x^3 - 4x} = \lim\limits_{x \to 0} \dfrac{x(x^3 - 3)}{x(3x^2 - 4)} = \lim\limits_{x \to 0} \dfrac{x^3 - 3}{3x^2 - 4} = \dfrac{3}{4}$ 。

5. $\lim\limits_{x \to -1} \dfrac{x^6 - 1}{x + 1}$ 。

解 $\lim\limits_{x \to -1} \dfrac{x^6 - 1}{x + 1} = \lim\limits_{x \to -1} \dfrac{(x^3 - 1)(x + 1)(x^2 - x + 1)}{x + 1}$

$= \lim\limits_{x \to -1} (x^3 - 1)(x^2 - x + 1) = -6$ 。

6. $\lim\limits_{x \to -\frac{1}{2}} \dfrac{2x^2 - x - 1}{2x^3 + x^2 + 2x + 1}$ 。

解 $\lim\limits_{x \to -\frac{1}{2}} \dfrac{2x^2 - x - 1}{2x^3 + x^2 + 2x + 1} = \lim\limits_{x \to -\frac{1}{2}} \dfrac{(2x + 1)(x - 1)}{(x^2 + 1)(2x + 1)}$

$= \lim\limits_{x \to -\frac{1}{2}} \dfrac{x - 1}{x^2 + 1} = -\dfrac{6}{5}$ 。

7. $\lim\limits_{x \to 1} \dfrac{x^3 + x^2 + x - 3}{3x^3 + 2x^2 - 4x - 1}$ 。

解 $\lim\limits_{x \to 1} \dfrac{x^3 + x^2 + x - 3}{3x^3 + 2x^2 - 4x - 1} = \lim\limits_{x \to 1} \dfrac{(x^2 + 2x + 3)(x - 1)}{(3x^2 + 5x + 1)(x - 1)}$

$$= \lim_{x \to 1} \frac{x^2 + 2x + 3}{3x^2 + 5x + 1} = \frac{2}{3} \text{。}$$

8. $\lim\limits_{x \to 0+} \left(3 - \dfrac{2}{x} \right) x$ 。

解 $\lim\limits_{x \to 0+} \left(3 - \dfrac{2}{x} \right) x = \lim\limits_{x \to 0+} (3x - 2) = -2$ 。

9. $\lim\limits_{x \to 0} \dfrac{\dfrac{1}{4+2x} - \dfrac{1}{4}}{x}$ 。

解 $\lim\limits_{x \to 0} \dfrac{\dfrac{1}{4+2x} - \dfrac{1}{4}}{x} = \lim\limits_{x \to 0} \dfrac{4 - (4+2x)}{4x(4+2x)}$

$$= \lim_{x \to 0} \frac{-1}{2(4+2x)} = -\frac{1}{8} \text{。}$$

10. $\lim\limits_{x \to 5} \dfrac{25 - x^2}{\sqrt{3x-6} - 3}$ 。

解 $\lim\limits_{x \to 5} \dfrac{25 - x^2}{\sqrt{3x-6} - 3} = \lim\limits_{x \to 5} \dfrac{(5-x)(5+x)(\sqrt{3x-6}+3)}{(3x-6)-9}$

$$= \lim_{x \to 5} \frac{(5-x)(5+x)(\sqrt{3x-6}+3)}{3(x-5)}$$

$$= \lim_{x \to 5} \frac{-(5+x)(\sqrt{3x-6}+3)}{3} = -20 \text{。}$$

11. $\lim\limits_{x \to 2} \dfrac{x-2}{\sqrt[3]{3x+2} - 2}$ 。

解 $\lim\limits_{x \to 2} \dfrac{x-2}{\sqrt[3]{3x+2} - 2} = \lim\limits_{x \to 2} \dfrac{(x-2)((\sqrt[3]{3x+2})^2 + 2(\sqrt[3]{3x+2}) + 2^2)}{3x+2-8}$

$$= \lim_{x \to 2} \frac{(\sqrt[3]{3x+2})^2 + 2(\sqrt[3]{3x+2}) + 2^2}{3} = 4 \text{。}$$

12. $\lim\limits_{x \to 2} \left(\dfrac{1}{2x^2 + 3x - 14} - \dfrac{1}{3x^2 - x - 10} \right)$ 。

解 $\lim\limits_{x \to 2} \left(\dfrac{1}{2x^2 + 3x - 14} - \dfrac{1}{3x^2 - x - 10} \right)$

$$= \lim_{x \to 2} \left(\frac{1}{(x-2)(2x+7)} - \frac{1}{(x-2)(3x+5)} \right)$$

$$= \lim_{x \to 2} \frac{(3x+5)-(2x+7)}{(x-2)(2x+7)(3x+5)}$$

$$= \lim_{x \to 2} \frac{1}{(2x+7)(3x+5)} = \frac{1}{121} \text{。}$$

13 設 $\lim_{x \to a} f(x) = 0$，證明：$\lim_{x \to a} \dfrac{1}{f(x)}$ 不存在。

證 若 $\lim_{x \to a} \dfrac{1}{f(x)}$ 存在，其值爲 L，則由定理 2-6（ii）知，

$$\lim_{x \to a} \left(\frac{1}{f(x)} \cdot f(x) \right) = \lim_{x \to a} \frac{1}{f(x)} \cdot \lim_{x \to a} f(x) = L \cdot 0 = 0 \text{，}$$

但顯然

$$\lim_{x \to a} \left(\frac{1}{f(x)} \cdot f(x) \right) = \lim_{x \to a} 1 = 1 \text{，}$$

此爲不合理的現象，從而知 $\lim_{x \to a} \dfrac{1}{f(x)}$ 不存在。

14 設 $\lim_{x \to a} (f(x)+g(x))$ 存在，證明：或 $\lim_{x \to a} f(x)$ 及 $\lim_{x \to a} g(x)$ 皆存在或 $\lim_{x \to a} f(x)$ 及 $\lim_{x \to a} g(x)$ 皆不存在。

證 只要證明 $\lim_{x \to a} f(x)$ 及 $\lim_{x \to a} g(x)$ 二者中一者存在另一不存在的情形爲不可能。今設 $\lim_{x \to a} f(x)$ 存在，而 $\lim_{x \to a} g(x)$ 不存在。則因 $\lim_{x \to a} (f(x)+g(x))$ 存在，故由定理 2-6 知

$$\lim_{x \to a} g(x) = \lim_{x \to a} ((f(x)+g(x))-f(x))$$

必存在，而與假不合。從而知本題得證。

15 設 $\lim_{x \to a} f(x) = 0$，而 g 爲有界函數，利用挾擠原理證明：
$$\lim_{x \to a} (f(x)g(x)) = 0 \text{。}$$

證 因 g 爲有界函數，故存在一正數 M，使得 $|g(x)| < M$，從而知
$$0 \leq |f(x)g(x)| = |f(x)||g(x)| < M|f(x)| \text{，}$$
由於 $\lim_{x \to a} f(x) = 0$，故由定理 2-5 知 $\lim_{x \to a} |f(x)| = 0$，

則由上式及挾擠原理知 $\lim_{x \to a} |f(x)g(x)| = 0$，

再由定理 2-5 而得知 $\lim_{x \to a} f(x)g(x) = 0$。

16. 於下面各題中，求 $\lim_{x \to a} \dfrac{f(x)-f(a)}{x-a}$

(i) $f(x) = 2x^3 + x - 1$, $a = 2$

(ii) $f(x) = 3x^2 - 2x + 1$

(iii) $f(x) = \sqrt[3]{x}$

(iv) $f(x) = x^2 - \sqrt[3]{x}$, $a = -1$

解 (i) 設 $f(x) = 2x^3 + x - 1$, $a = 2$, 則

$$\lim_{x \to a} \frac{f(x) - f(a)}{x - a}$$

$$= \lim_{x \to 2} \frac{(2x^3 + x - 1) - 17}{x - 2} = \lim_{x \to 2} \frac{(2x^2 + 4x + 9)(x - 2)}{x - 2}$$

$$= \lim_{x \to 2} (2x^2 + 4x + 9) = 25 \text{ 。}$$

(ii) 設 $f(x) = 3x^2 - 2x + 1$, 則

$$\lim_{x \to a} \frac{f(x) - f(a)}{x - a}$$

$$= \lim_{x \to a} \frac{(3x^2 - 2x + 1) - (3a^2 - 2a + 1)}{x - a}$$

$$= \lim_{x \to a} \frac{(x - a)(3(x + a) - 2)}{x - a}$$

$$= \lim_{x \to a} 3(x + a) - 2 = 6a - 2 \text{ 。}$$

(iii) 設 $f(x) = \sqrt[3]{x}$, 則

$$\lim_{x \to a} \frac{f(x) - f(a)}{x - a}$$

$$= \lim_{x \to a} \frac{\sqrt[3]{x} - \sqrt[3]{a}}{x - a}$$

$$= \lim_{x \to a} \frac{x - a}{((\sqrt[3]{x})^2 + \sqrt[3]{x}\sqrt[3]{a} + (\sqrt[3]{a})^2)(x - a)}$$

$$= \lim_{x \to a} \frac{1}{(\sqrt[3]{x})^2 + \sqrt[3]{x}\sqrt[3]{a} + (\sqrt[3]{a})^2} = \frac{1}{3(\sqrt[3]{a})^2} \text{ 。}$$

(iv) 設 $f(x) = x^2 - \sqrt[3]{x}$, $a = -1$, 則

$$\lim_{x \to a} \frac{f(x) - f(a)}{x - a}$$

$$= \lim_{x \to -1} \frac{(x^2 - \sqrt[3]{x}) - 2}{x + 1}$$

$$= \lim_{x \to -1} \frac{(x^2 - 1) - (\sqrt[3]{x} + 1)}{x + 1}$$

$$= \lim_{x \to -1} \left(\frac{(x-1)(x+1)}{x+1} - \frac{x+1}{(x+1)((\sqrt[3]{x})^2 - \sqrt[3]{x} + 1)} \right)$$

$$= \lim_{x \to -1} \left((x-1) - \frac{1}{(\sqrt[3]{x})^2 - \sqrt[3]{x} + 1} \right) = -2 - \frac{1}{3} = -\frac{7}{3} \ \text{。}$$

17. 設若以你居住地爲中心的 20 公里半徑的範圍內，有 20 個小鄉鎮。氣象報告資料知道，明日中午時刻，周圍 19 個鄉鎮的平均氣溫爲攝氏 26 度，但資料獨缺你居住的氣溫，你將猜測明日中午你居住地的氣溫爲何？何故？

解 可以猜測居住地的氣溫亦約爲攝氏 26 度，因爲經驗告訴我們，氣溫的變化應爲連續變動的。

18. 設某工廠於時間爲 t 時，生產速率爲每小時 $P(t)$ 單位。當所有機器全部啓動作業時，生產速率爲每小時 200 單位。若早上八點鐘時，所有機器全開作業，直到正午時刻，其後一小時則有半數機器停工，以便工人輪流吃午飯，並於下午一點時，所有機器恢復全員作業。以早上八點爲時間的起點（$t = 0$），試將一天中的函數 $P(t)$，$t [0,8]$ 表出，並問下面各極限是否存在？

解 依題意知函數 $P(t)$ 應如下所示：

$$P(t) = \begin{cases} 200, & t \in [0,4]; \\ 100, & t \in (4,5); \\ 200, & t \in [5,8] \text{。} \end{cases}$$

故知 (i) $\lim_{t \to 4} P(t)$ 及 (ii) $\lim_{t \to 5} P(t)$ 均不存在，而 (iii) $\lim_{t \to 6} P(t) = 200$ 。

2-3

試求下面各題之極限：（1～16）

1. $\lim_{x \to \infty} \dfrac{-2x^3 + 3x^2 + 1}{3x^3 - 2}$ 。

解 $\lim_{x \to \infty} \dfrac{-2x^3 + 3x^2 + 1}{3x^3 - 2} = \lim_{x \to \infty} \dfrac{-2 + \dfrac{3}{x} + \dfrac{1}{x^2}}{3 - \dfrac{2}{x^3}} = -\dfrac{2}{3}$ 。

2. $\lim_{x \to -\infty} \dfrac{-\sqrt{x^3 + 3x}}{x^2 - 2}$ 。

解 $\lim_{x \to -\infty} \dfrac{-\sqrt{x^3 + 3x}}{x^2 - 2} = \lim_{x \to -\infty} \dfrac{-\sqrt{x^3 + 3x} \ / \ x^2}{(x^2 - 2) / x^2}$

$$= \lim_{x \to -\infty} \frac{-\sqrt{\dfrac{1}{x} + \dfrac{3}{x^3}}}{1 - \dfrac{2}{x^2}} = \frac{0}{1} = 0 \text{ 。}$$

3. $\lim\limits_{x \to 2-} \dfrac{-2x^2 + 3x}{x - 2}$ 。

解 因爲 $\lim\limits_{x \to 2-} (-2x^2 + 3x) = -2$ ，而 $\lim\limits_{x \to 2-} (x - 2) = 0$ ，且 $(x - 2) < 0$ ，故知

$$\lim_{x \to 2-} \frac{-2x^2 + 3x}{x - 2} = \infty \text{ 。}$$

4. $\lim\limits_{x \to -3-} \dfrac{x}{(x + 3)^2}$ 。

解 因爲 $\lim\limits_{x \to -3-} x = -3$ ，而 $\lim\limits_{x \to -3-} (x + 3)^2 = 0$ ，且 $(x + 3)^2 > 0$ ，故知

$$\lim_{x \to -3-} \frac{x}{(x + 3)^2} = -\infty \text{ 。}$$

5. $\lim\limits_{x \to -\infty} \dfrac{\sqrt{x^2 + 3}}{3x - 1}$ 。

解 $\lim\limits_{x \to -\infty} \dfrac{\sqrt{x^2 + 3}}{3x - 1} = \lim\limits_{x \to -\infty} \dfrac{|x|\sqrt{1 + \dfrac{3}{x^2}}}{3x - 1} = \lim\limits_{x \to -\infty} \dfrac{-\sqrt{1 + \dfrac{3}{x^2}}}{3 - \dfrac{1}{x}} = -\dfrac{1}{3}$ 。

6. $\lim\limits_{x \to \infty} \dfrac{\sqrt[3]{x^3 + 3}}{2x^3 + 1}$ 。

解 $\lim\limits_{x \to \infty} \dfrac{\sqrt[3]{x^3 + 3}}{2x^3 + 1} = \lim\limits_{x \to \infty} \dfrac{\sqrt[3]{\dfrac{x^3 + 3}{x^9}}}{2 + \dfrac{1}{x^3}} = \dfrac{0}{2} = 0$ 。

7. $\lim\limits_{x \to \infty} \dfrac{-2x^4 + 3x}{x^2 + 7x}$ 。

解 $\lim\limits_{x \to \infty} \dfrac{-2x^4 + 3x}{x^2 + 7x} = \lim\limits_{x \to \infty} \dfrac{-2x^2 + \dfrac{3}{x}}{1 + \dfrac{7}{x}} = -\infty$ 。

8. $\lim\limits_{x \to -\infty} \dfrac{-2x + 1}{\sqrt{x^2 - 2}}$ 。

解 $\lim\limits_{x \to -\infty} \dfrac{-2x+1}{\sqrt{x^2-2}} = \lim\limits_{x \to -\infty} \dfrac{-2x+1}{|x|\sqrt{1-\dfrac{2}{x^2}}}$

$= \lim\limits_{x \to -\infty} \dfrac{-2x+1}{-x\sqrt{1-\dfrac{2}{x^2}}} = \lim\limits_{x \to -\infty} \dfrac{-2+\dfrac{1}{x}}{-\sqrt{1-\dfrac{2}{x^2}}} = 2 \text{ 。}$

9. $\lim\limits_{x \to 1+} \dfrac{\sqrt{x}-1}{\sqrt{x^2-1}}$ 。

解 $\lim\limits_{x \to 1+} \dfrac{\sqrt{x}-1}{\sqrt{x^2-1}}$

$= \lim\limits_{x \to 1+} \dfrac{(x-1)\sqrt{x^2-1}}{(x-1)(x+1)(\sqrt{x}+1)}$

$= \lim\limits_{x \to 1+} \dfrac{\sqrt{x^2-1}}{(x+1)(\sqrt{x}+1)} = \dfrac{0}{4} = 0 \text{ 。}$

10. $\lim\limits_{x \to 1-} \dfrac{x^2}{1-x^2}$ 。

解 因為 $\lim\limits_{x \to 1-} x^2 = 1$ ，而 $\lim\limits_{x \to 1-}(1-x^2) = 0$ ，且 $(1-x^2) > 0$ ，故知

$\lim\limits_{x \to 1-} \dfrac{x^2}{1-x^2} = \infty \text{ 。}$

11. $\lim\limits_{x \to 0-} \dfrac{\sqrt{1-2x}}{x}$ 。

解 因為 $\lim\limits_{x \to 0-} \sqrt{1-2x} = 1$ ，而 $\lim\limits_{x \to 0-} x = 0$ ，且 $x < 0$ ，故知

$\lim\limits_{x \to 0-} \dfrac{\sqrt{1-2x}}{x} = -\infty \text{ 。}$

12. $\lim\limits_{x \to -\infty} (x + \sqrt{x^2-x})$ 。

解 $\lim\limits_{x \to -\infty} (x + \sqrt{x^2-x}) = \lim\limits_{x \to -\infty} \dfrac{x^2-(x^2-x)}{x-\sqrt{x^2-x}}$

$= \lim\limits_{x \to -\infty} \dfrac{x}{x-\sqrt{x^2-x}} = \lim\limits_{x \to -\infty} \dfrac{x}{x-|x|\sqrt{1-\dfrac{1}{x}}}$

$= \lim\limits_{x \to -\infty} \dfrac{x}{x+x\sqrt{1-\dfrac{1}{x}}} = \lim\limits_{x \to -\infty} \dfrac{1}{1+\sqrt{1-\dfrac{1}{x}}} = \dfrac{1}{2} \text{ 。}$

13. $\lim\limits_{x \to \infty} (\sqrt{x}(\sqrt{x+1}-\sqrt{x}))$。

解 $\lim\limits_{x \to \infty} (\sqrt{x}(\sqrt{x+1}-\sqrt{x})) = \lim\limits_{x \to \infty} \dfrac{\sqrt{x}\,(x+1-x)}{\sqrt{x+1}+\sqrt{x}}$

$= \lim\limits_{x \to \infty} \dfrac{1}{\sqrt{1+\dfrac{1}{x}}+1} = \dfrac{1}{2}$。

14. $\lim\limits_{x \to \infty} (x(\sqrt{x+1}-\sqrt{x}))$。

解 $\lim\limits_{x \to \infty} (x(\sqrt{x+1}-\sqrt{x})) = \lim\limits_{x \to \infty} \dfrac{x\,(x+1-x)}{\sqrt{x+1}+\sqrt{x}}$

$= \lim\limits_{x \to \infty} \dfrac{\sqrt{x}}{\sqrt{1+\dfrac{1}{x}}+1} = \infty$。

15. $\lim\limits_{x \to \infty} \dfrac{3x - [2x-5]}{x+7}$。

解 易知 $\lim\limits_{x \to \infty} \dfrac{3x}{x+7} = 3$，

另由 $(2x-5)-1 \leqq [2x-5] \leqq 2x-5$，

$\dfrac{2x-6}{x+7} \leqq \dfrac{[2x-5]}{x+7} \leqq \dfrac{2x-5}{x+7}$，

（上式乃因 x 趨於 ∞，故 $x+7 > 0$）由於

$\lim\limits_{x \to \infty} \dfrac{2x-6}{x+7} = 2 = \lim\limits_{x \to \infty} \dfrac{2x-5}{x+7}$，

故由挾擠原理知

$\lim\limits_{x \to \infty} \dfrac{[2x-5]}{x+7} = 2$，

從而知

$\lim\limits_{x \to \infty} \dfrac{3x - [2x-5]}{x+7}$

$= \lim\limits_{x \to \infty} \dfrac{3x}{x+7} - \lim\limits_{x \to \infty} \dfrac{[2x-5]}{x+7} = 3 - 2 = 1$。

16. $\lim\limits_{x \to \infty} \dfrac{-2x + [3x^2 + x - 5]}{3x - x^2}$。

解 仿上，由

$$\lim_{x \to \infty} \frac{-2x}{3x - x^2} = 0 \ ,$$

另由 $(3x^2 + x - 5) - 1 \leqq [3x^2 + x - 5] \leqq 3x^2 + x - 5$,

$$\frac{3x^2 + x - 6}{3x - x^2} \geqq \frac{[3x^2 + x - 5]}{3x - x^2} \geqq \frac{3x^2 + x - 5}{3x - x^2} \ ,$$

（上式乃因 x 趨於 ∞，故 $3x - x^2 < 0$）由於

$$\lim_{x \to \infty} \frac{3x^2 + x - 6}{3x - x^2} = -3 = \lim_{x \to \infty} \frac{3x^2 + x - 5}{3x - x^2} \ ,$$

故由挾擠原理知

$$\lim_{x \to \infty} \frac{[3x^2 + x - 5]}{3x - x^2} = -3 \ ,$$

從而知

$$\lim_{x \to \infty} \frac{-2x + [3x^2 + x - 5]}{3x - x^2}$$

$$= \lim_{x \to \infty} \frac{-2x}{3x - x^2} + \lim_{x \to \infty} \frac{[3x^2 + x - 5]}{3x - x^2} = 0 - 3 = -3 \ 。$$

於下面各題中，求函數 f 之圖形的水平及垂直漸近線，及其附近的 f 之圖形：（17～24）

17. $f(x) = 2 - \dfrac{1}{x}$ 。

解 由於

$$\lim_{x \to \infty} \left(2 - \frac{1}{x}\right) = 2 \ , \quad \lim_{x \to -\infty} \left(2 - \frac{1}{x}\right) = 2 \ , \quad \lim_{x \to 0+} \left(2 - \frac{1}{x}\right) = -\infty \ ,$$

$$\lim_{x \to 0-} \left(2 - \frac{1}{x}\right) = \infty \ ,$$

可知 $y = 2$ 為水平漸近線，而 $x = 0$ 為垂直漸近線，圖形如下：

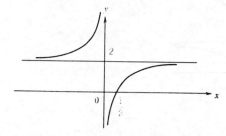

18. $f(x) = \dfrac{x+1}{3 - 2x}$ 。

解 由於

$$\lim_{x \to \infty} \frac{x+1}{3-2x} = -\frac{1}{2} \, , \quad \lim_{x \to -\infty} \frac{x+1}{3-2x} = -\frac{1}{2} \, ,$$

$$\lim_{x \to \frac{3}{2}^+} \frac{x+1}{3-2x} = -\infty \, , \quad \lim_{x \to \frac{3}{2}^-} \frac{x+1}{3-2x} = \infty \, ,$$

可知 $y = -\frac{1}{2}$ 為水平漸近線，而 $x = \frac{3}{2}$ 為垂直漸近線，漸近線附近圖形如下：

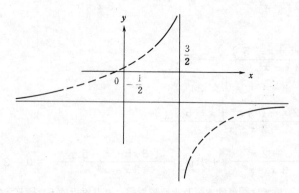

19. $f(x) = 1 - \frac{1}{x^2}$ 。

解 由於

$$\lim_{x \to \infty} \left(1 - \frac{1}{x^2} \right) = 1 \, , \quad \lim_{x \to -\infty} \left(1 - \frac{1}{x^2} \right) = 1 \, ,$$

$$\lim_{x \to 0^+} \left(1 - \frac{1}{x^2} \right) = -\infty \, , \quad \lim_{x \to 0^-} \left(1 - \frac{1}{x^2} \right) = -\infty \, ,$$

可知 $y = 1$ 為水平漸近線，而 $x = 0$ 為垂直漸近線，圖形如下：

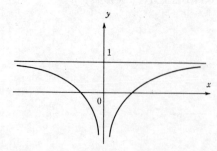

20. $f(x) = \frac{x^2}{x^2-4}$ 。

解 由於

$$\lim_{x \to \infty} \frac{x^2}{x^2-4} = 1 \ , \qquad\qquad \lim_{x \to -\infty} \frac{x^2}{x^2-4} = 1 \ ,$$

$$\lim_{x \to 2+} \frac{x^2}{x^2-4} = \infty \ , \qquad\qquad \lim_{x \to 2-} \frac{x^2}{x^2-4} = -\infty \ ,$$

$$\lim_{x \to -2+} \frac{x^2}{x^2-4} = -\infty \ , \qquad\qquad \lim_{x \to -2-} \frac{x^2}{x^2-4} = \infty \ ,$$

可知 $y=1$ 爲水平漸近線，而 $x=2$，$x=-2$ 爲垂直漸近線，漸近線附近圖形如下：

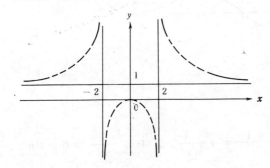

21. $f(x) = \dfrac{x^2+4}{x^2-1}$ 。

解 由於

$$\lim_{x \to \infty} \frac{x^2+4}{x^2-1} = 1 \ , \qquad\qquad \lim_{x \to -\infty} \frac{x^2+4}{x^2-1} = 1 \ ,$$

$$\lim_{x \to 1+} \frac{x^2+4}{x^2-1} = \infty \ , \qquad\qquad \lim_{x \to 1-} \frac{x^2+4}{x^2-1} = -\infty \ ,$$

$$\lim_{x \to -1+} \frac{x^2+4}{x^2-1} = -\infty \ , \qquad\qquad \lim_{x \to -1-} \frac{x^2+4}{x^2-1} = \infty \ ,$$

可知 $y=1$ 爲水平漸近線，而 $x=1$，$x=-1$ 爲垂直漸近線，漸近線附近圖形如下：

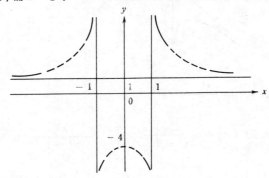

22. $f(x) = \dfrac{x}{x^2+1}$ 。

解 由於
$$\lim_{x \to \infty} \frac{x}{x^2+1} = 0 \ , \qquad\qquad \lim_{x \to -\infty} \frac{x}{x^2+1} = 0 \ ,$$

故知 $y=0$ 爲水平漸近線，而此函數無垂直漸近線，漸近線附近圖形如下：

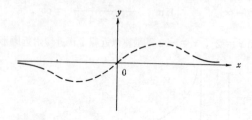

23. $f(x) = \dfrac{x^4+1}{x^3}$ 。

解 由於 $f(x) = \dfrac{x^4+1}{x^3} = x + \dfrac{1}{x^3}$ ，且 $\lim\limits_{x \to \infty} \dfrac{1}{x^3} = 0$ ，$\lim\limits_{x \to -\infty} \dfrac{1}{x^3} = 0$ ，

故知當 x 的絕對値很大時，$f(x)$ 的値很近於 x ，即知直線 $y=x$ 爲這函數的漸近直線。
又，因爲
$$\lim_{x \to 0^+} \frac{x^4+1}{x^3} = \infty \ , \qquad\qquad \lim_{x \to 0^-} \frac{x^4+1}{x^3} = -\infty \ ,$$

故知 $x=0$ 爲垂直漸近線，漸近線附近圖形如下：

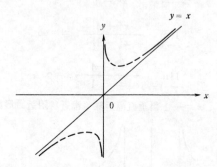

24. $f(x) = \dfrac{x^4}{x^3-1}$ 。

解 因爲 $f(x) = \dfrac{x^4}{x^3-1} = x + \dfrac{x}{x^3-1}$ ，且
$$\lim_{x \to \infty} \frac{x}{x^3-1} = 0 \ , \qquad\qquad \lim_{x \to -\infty} \frac{x}{x^3-1} = 0 \ ,$$

故知當 x 的絕對值很大時，$f(x)$ 的值很近於 x，即知直線 $y = x$ 為這函數的漸近直線。
又，因為

$$\lim_{x \to 1+} \frac{x^4}{x^3-1} = \infty, \qquad \lim_{x \to 1-} \frac{x^4}{x^3-1} = -\infty,$$

故知 $x = 1$ 為垂直漸近線，漸近線附近圖形如下：

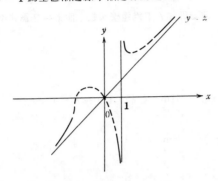

2-4

下列各函數 f 是否為連續函數？若非為連續函數，則指出其不連續點。（ 1～10 ）

1. $f(x) = 3x^4 - 5x^2 + 7$。

解 f 為多項函數，故為連續函數。

2. $f(x) = \sqrt[3]{x^2 + x\sqrt{x+1}}$。

解 f 為代數函數，故為連續函數。

3. $f(x) = \dfrac{2x^2 - x - 1}{x - 1}$。

解 f 為有埋函數，故為連續函數。

4. $f(x) = (3x^2 + x + 1)^3$。

解 f 為多項函數，故為連續函數。

5. $f(x) = \dfrac{3x}{x-1}$，$x \neq 1$；$f(1) = 2$。

解 f 為有埋函數，故知除 $x = 1$ 外的點均為連續。但因 $\lim\limits_{x \to 1} f(x)$ 不存在，故 f 在 $x = 1$ 處不為連續，即 f 不為連續函數，而 $x = 1$ 為其不連續點。

6. $f(x) = x^2$，$x \geq 1$；$f(x) = x$，$x < 1$。

解 由於 f 在區間 $(-\infty, 1)$ 上及在區間 $(1, \infty)$ 上，均為多項函數，而為連續；又由

$$\lim_{x \to 1-} f(x) = \lim_{x \to 1-} x = 1, \qquad \lim_{x \to 1+} f(x) = \lim_{x \to 1+} x^2 = 1,$$

故知 $\lim\limits_{x \to 1} f(x) = 1 = f(1)$，從而知 f 在 $x = 1$ 處亦為連續，即知 f 為連續函數。

7. $f(x) = 4 - x^2$，$x \neq 2$; $f(2) = -4$。

解 由於 f 在區間 $(-\infty, 2)$ 上及在區間 $(2, \infty)$ 上，均為多項函數，而為連續；又由

$$\lim_{x \to 2} f(x) = \lim_{x \to 2} x^2 - 4 = 0 \neq f(2) ,$$

故知，從而知 f 在 $x = 2$ 處不為連續，即知 f 不為連續函數，而 $x = 2$ 為其不連續點。

8. $f(x) = [2x]$。

解 顯知對任意 $\dfrac{1}{2}$ 的整數倍 $\dfrac{k}{2}$ 而言，

$$\lim_{x \to \frac{k}{2}-} f(x) = \lim_{x \to \frac{k}{2}-} [2x] = \lim_{x \to \frac{k}{2}-} (k-1) = k-1 ,$$

$$\lim_{x \to \frac{k}{2}+} f(x) = \lim_{x \to \frac{k}{2}+} [2x] = \lim_{x \to \frac{k}{2}+} k = k ,$$

故知 $\lim\limits_{x \to \frac{k}{2}} [2x]$ 不存在。而除了上述 $\dfrac{1}{2}$ 的整數倍 $\dfrac{k}{2}$ 外的各點 $x = a$ 處，在其鄰近 f 均

為常數，故在這些點處 f 均為連續，亦即 f 的不連續點為 $\dfrac{1}{2}$ 的各整數倍 $\dfrac{k}{2}$。

9. $f(x) = \dfrac{|x|}{x}$，$x < 0$; $f(x) = 2x - 1$，$x \geq 0$。

解 於區間 $(-\infty, 0)$ 上，$f(x) = \dfrac{|x|}{x} = \dfrac{-x}{x} = -1$，為常數，故而為連續，而於區間

$(0, \infty)$ 上 $f(x) = 2x - 1$，亦為連續。今因

$$\lim_{x \to 0-} f(x) = \lim_{x \to 0-} -1 = -1 , \quad \lim_{x \to 0+} f(x) = \lim_{x \to 0+} 2x - 1 = -1 ,$$

故知 $\lim\limits_{x \to 0} f(x) = -1 = f(0)$，從而知 f 在 $x = 0$ 處亦為連續，即知 f 為連續函數。

10. $f(x) = \dfrac{1}{x}$，$x \leq -1$; $f(x) = x$，$x > -1$。

解 由於在區間 $(-\infty, -1)$ 上及在區間 $(-1, \infty)$ 上，f 均為代數函數，而為連續；又由

$$\lim_{x \to -1-} f(x) = \lim_{x \to -1-} \dfrac{1}{x} = -1 , \quad \lim_{x \to -1+} f(x) = \lim_{x \to -1+} x = -1 ,$$

故知 $\lim\limits_{x \to -1} f(x) = -1 = f(-1)$，從而知 f 在 $x = -1$ 處亦為連續，即知 f 為連續函數。

下面各題中，p 為多少時，f 為一連續函數？（$11 \sim 12$）

11. $f(x) = \dfrac{\sqrt{2x+5} - \sqrt{x+7}}{x-2}$, $x \neq 2$; $f(2) = p$

解 因為

$$\lim_{x \to 2} f(x) = \lim_{x \to 2} \frac{\sqrt{2x+5} - \sqrt{x+7}}{x-2}$$

$$= \lim_{x \to 2} \frac{(2x+5) - (x+7)}{(x-2)(\sqrt{2x+5} + \sqrt{x+7})}$$

$$= \lim_{x \to 2} \frac{x-2}{(x-2)(\sqrt{2x+5} + \sqrt{x+7})}$$

$$= \lim_{x \to 2} \frac{1}{\sqrt{2x+5} + \sqrt{x+7}} = \frac{1}{6} \ ,$$

故知，若 $f(2) = p = \dfrac{1}{6}$ ，則 f 為連續函數。

12. $f(x) = \dfrac{3x^2}{\sqrt{x^2+1} - \sqrt{1-x^2}}$, $x \neq 0$; $f(0) = p$

解 因為

$$\lim_{x \to 0} f(x) = \lim_{x \to 0} \frac{3x^2}{\sqrt{x^2+1} - \sqrt{1-x^2}}$$

$$= \lim_{x \to 0} \frac{3x^2 (\sqrt{x^2+1} + \sqrt{1-x^2})}{(x^2+1) - (1-x^2)}$$

$$= \lim_{x \to 0} \frac{3x^2 (\sqrt{x^2+1} + \sqrt{1-x^2})}{2x^2}$$

$$= \lim_{x \to 0} \left(\left(\frac{3}{2}\right) (\sqrt{x^2+1} + \sqrt{1-x^2}) \right) = 3 \ ,$$

故知，若 $f(0) = p = 3$ ，則 f 為連續函數。

13. 設 $f(x)$ 為連續函數，證明：$|f(x)|$ 亦為連續函數。又，若 $|f(x)|$ 為連續函數，是否 $f(x)$ 亦為連續函數？何故？

解 由例 1 知絕對值函數為連續，今已知 $f(x)$ 為連續函數，故由定埋 2-25 知 $|f(x)|$ 亦為連續函數。但若 $|f(x)|$ 為連續函數，則並不一定 $f(x)$ 為連續函數，這可從函數

$$f(x) = \begin{cases} 1 & \text{，當 } x \text{ 為有埋數；} \\ -1 & \text{，當 } x \text{ 為無埋數，} \end{cases}$$

即可看出，因為 $|f(x)| = 1$ ，為一常數函數，故為連續函數，但函數 $f(x)$ 則在任意點均不為連續。

14. 設 $f(x) = 1$, $x \neq 1$; $f(1) = 2$, $g(x) = x$ 。試求 $\lim_{x \to 1} f(g(x))$ 及

— 55 —

$$f\left(\lim_{x \to 1} g(x)\right)。$$

解 由定義即知 $f(g(x)) = f(x)$，故

$$\lim_{x \to 1} f(g(x)) = \lim_{x \to 1} f(x) = 1，$$

$$f\left(\lim_{x \to 1} g(x)\right) = f(1) = 2。$$

於下面各題中，利用中間值定理，以決定函數 f 的圖形是否在所給的區間中與 x 軸相交，但無須求得交點的坐標。又，是否有些函數無法藉中間值定埋獲得資訊？（15～20）

15. $f(x) = x^3 - 3x$，區間爲 $[-2, 2]$。

解 由 $f(x) = x^3 - 3x = x(x^2 - 3)$，$f(-2) = -2$，$f(2) = 2$，知 $f(-2)f(2) < 0$，又因 f 爲多項函數，爲連續函數，故由中間值定理知，區間 $[-2, 2]$ 上必至少有一點 c 使 $f(c) = 0$。

16. $f(x) = x^4 - 1$，區間爲 $[-2, 2]$。

解 由 $f(-2) = f(2)$，知 $f(-2)f(2) > 0$，因而無法藉中間值定埋獲知是否在區間 $[-2, 2]$ 上有一點 c 使 $f(c) = 0$。

17. $f(x) = \dfrac{x}{(x+1)^2} - 1$，區間爲 $[10, 20]$。

解 由 $f(10) = \dfrac{10}{121} - 1 < 0$，$f(20) = \dfrac{20}{441} - 1 < 0$ 知 $f(10)f(20) > 0$，因而無法藉中間值定埋獲知是否在區間 $[10, 20]$ 上有一點 c 使 $f(c) = 0$。

18. $f(x) = x^3 - 2x^2 - x + 2$，區間爲 $[3, 4]$。

解 由 $f(3) = 8$，$f(4) = 30$，知 $f(3)f(4) > 0$，因而無法藉中間值定埋獲知是否在區間 $[3, 4]$ 上有一點 c 使 $f(c) = 0$。

19. $f(x) = \sqrt{x^3 + 3} - \sqrt{x^3 - 1} - 1$，區間爲 $[1, 10]$

解 由 $f(1) = 1$，$f(10) = \sqrt{1003} - \sqrt{999} - 1 = \dfrac{4}{\sqrt{1003} + \sqrt{999}} - 1 < 0$，知 $f(1)f(10) < 0$，又因 f 爲代數函數，爲連續函數，故由中間值定埋知，區間 $[1, 10]$ 上至少有一點 c 使 $f(c) = 0$。

20. $f(x) = \sqrt{x^2 - 3x} - 2$，區間爲 $[3, 5]$。

解 由 $f(3) = -2$，$f(5) = \sqrt{10} - 2 > 0$，知 $f(3)f(5) < 0$，又因 f 爲代數函數，爲連續函數，故由中間值定理知，區間 $[3, 5]$ 上至少有一點 c 使 $f(c) = 0$。

21. 設 f 在區間 $[a, b]$ 上不爲連續，則 f 在 $[a, b]$ 上是否必有極值存在？是否必無極值存在？試以圖形說明之。

解 不必然有極值或無極值存在。下面左圖爲有極值，右圖則爲無極值的情形：

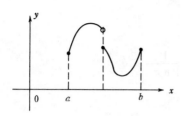 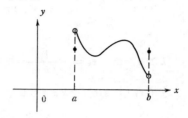

22. 設 f 在區間 (a, b) 上為連續,則 f 在 (a, b) 上是否必有極值存在?是否必無極值存在?試以圖形說明之。

解 不必然有極值或無極值存在。下面左圖為有極值,右圖則為無極值的情形:

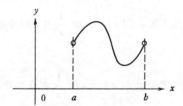 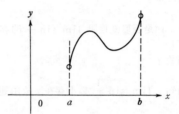

23. 試以圖形說明中間值定理中,f 在 $[a, b]$ 上為連續的條件不成立時,定理中的點 c 可能存在,也可能不存在。

解 下面左圖為有 c 存在,右圖則為無 c 存在的情形:

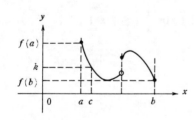 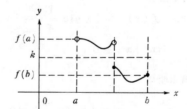

2-5

1. 設 $f(x) = \sin \dfrac{1}{x}$,試說明對任意正數 δ 而言,在開區間 $(0, \delta)$ 上,無限多個 x 使 $f(x) = 0$ 及有無限多個 y 使 $f(y) = 1$。

解 因為對任意正數 δ 而言,由阿基米德性質(定理 1-7)知,必有正整數 n,n_1 使

$$\frac{1}{2n\pi} < \delta \ , \quad \frac{2}{(4n_1+1)\pi} < \delta \ ,$$

則易知

$$k > n \ \Rightarrow \ x_k = \frac{1}{2k\pi} < \frac{1}{2n\pi} < \delta \ ,$$

此時　　$f(x_k) = \sin(2k\pi) = 0$ ，

且知　　$k > n_1 \ \Rightarrow \ y_k = \frac{2}{(4k+1)\pi} < \frac{2}{(4n_1+1)\pi} < \delta$ ，

此時　　$f(y_k) = \sin(2k\pi + \frac{\pi}{2}) = 1$ ，

而本題得證。

2. 由上題，你是否可知極限 $\lim\limits_{x \to 0} \sin \frac{1}{x}$ 的存在性？又，$f(x) = \sin \frac{1}{x}$ 在 $x = 0$ 是否連續？何故？

解 由上題知，$\lim\limits_{x \to 0} \sin \frac{1}{x}$ 必不存在。故由連續的定義知 $f(x) = \sin \frac{1}{x}$ 在 $x = 0$ 必不連續。

3. 設 $f(x) = x \sin \frac{1}{x}$ ，$x \neq 0$ ；$f(0) = 0$ ，則 f 在 0 是否連續？何故？

解 由於三角函數和代數函數都是連續函數，故對 $x \neq 0$ 而言，f 在 x 處均為連續。而對 0 處而言，由於

$$0 \le |f(x)| = |x \sin \frac{1}{x}| = |x| \, |\sin \frac{1}{x}| \le |x| \ , \quad \text{、}$$

且由　　$\lim\limits_{x \to 0} |x| = 0$ ，

及挾擠原理知

$$\lim\limits_{x \to 0} |x \sin \frac{1}{x}| = 0 \ ,$$

從而知

$$\lim\limits_{x \to 0} (x \sin \frac{1}{x}) = 0 = f(0) \ ,$$

故知 f 在 0 為連續。

3-1

1. 設一質點在直線上運動，它運動的距離 S 爲時間 t 的函數，如下所示：

$$S(t) = t^2 + 2t + 4 ,$$

求 $t = 1, 2, 3$ 時，質點的運動速度。

解 質點於 $t = 1$ 時的運動速度爲

$$V(1) = \lim_{t \to 1} \frac{S(t) - S(1)}{t - 1} = \lim_{t \to 1} \frac{(t^2 + 2t + 4) - 7}{t - 1}$$

$$= \lim_{t \to 1} \frac{(t-1)(t+3)}{t-1} = \lim_{t \to 1}(t+3) = 4 ;$$

$$V(2) = \lim_{t \to 2} \frac{S(t) - S(2)}{t - 2} = \lim_{t \to 2} \frac{(t^2 + 2t + 4) - 12}{t - 2}$$

$$= \lim_{t \to 2} \frac{(t-2)(t+4)}{t-2} = \lim_{t \to 2}(t+4) = 6 ;$$

$$V(3) = \lim_{t \to 3} \frac{S(t) - S(3)}{t - 3} = \lim_{t \to 3} \frac{(t^2 + 2t + 4) - 19}{t - 3}$$

$$= \lim_{t \to 3} \frac{(t-3)(t+5)}{t-3} = \lim_{t \to 3}(t+5) = 8 。$$

2. 速度對時間的瞬間變率稱爲加速度。設一質點的運動速度 V 與時間 t 有下式的關係：

$$V(t) = 3t^2 + t ,$$

分別求於 $t = 1, 2, 3$ 時，這質點運動的加速度。

解 質點於 $t = 1$ 時的運動加速度爲

$$a(1) = \lim_{t \to 1} \frac{V(t) - V(1)}{t - 1} = \lim_{t \to 1} \frac{(3t^2 + t) - 4}{t - 1}$$

$$= \lim_{t \to 1} \frac{(t-1)(3t+4)}{t-1} = \lim_{t \to 1}(3t+4) = 7 ;$$

$$a(2) = \lim_{t \to 2} \frac{V(t) - V(2)}{t - 2} = \lim_{t \to 2} \frac{(3t^2 + t) - 14}{t - 2}$$

$$= \lim_{t \to 2} \frac{(t-2)(3t+7)}{t-2} = \lim_{t \to 2}(3t+7) = 13 ;$$

$$a(3) = \lim_{t \to 3} \frac{V(t) - V(3)}{t - 3} = \lim_{t \to 3} \frac{(3t^2 + t) - 30}{t - 3}$$

$$= \lim_{t \to 3} \frac{(t-3)(3t+10)}{t-3} = \lim_{t \to 3}(3t+10) = 19 。$$

3. 如第一題，求 $t = t_0$ 時，質點運動的速度，並求 $t = 1$，2，3 時質點運動的加速度。

解 質點於 $t = t_0$ 時的運動速度為

$$V(t_0) = \lim_{t \to t_0} \frac{S(t) - S(t_0)}{t - t_0}$$

$$= \lim_{t \to t_0} \frac{(t^2 + 2t + 4) - (t_0^2 + 2t_0 + 4)}{t - t_0}$$

$$= \lim_{t \to t_0} \frac{(t - t_0)(t + t_0 + 2)}{t - t_0}$$

$$= \lim_{t \to t_0} (t + t_0 + 2) = 2t_0 + 2 \; ;$$

質點於 $t = t_0$ 時的運動加速度為

$$a(t_0) = \lim_{t \to t_0} \frac{V(t) - V(t_0)}{t - t_0}$$

$$= \lim_{t \to t_0} \frac{(2t + 2) - (2t_0 + 2)}{t - t_0} = 2 \; ,$$

為一常數，故 $t = 1$，2，3 時質點運動的加速度均為 2。

4. 設 $f(x) = x^3 - x$，求函數 $f(x)$ 在 $x = 2$ 處的瞬間變率。

解 依定義，函數 $f(x)$ 在 $x = 2$ 處的瞬間變率為

$$f'(2) = \lim_{x \to 2} \frac{f(x) - f(2)}{x - 2} = \lim_{x \to 2} \frac{(x^3 - x) - 6}{x - 2}$$

$$= \lim_{x \to 2} \frac{(x - 2)(x^2 + 2x + 3)}{x - 2} = \lim_{x \to 2} (x^2 + 2x + 3) = 11 \; 。$$

5. 設 $f(x) = 1 - \dfrac{2}{x}$，求函數 $f(x)$ 在 $x = 2$ 處的瞬間變率。

解 依定義，函數 $f(x)$ 在 $x = 2$ 處的瞬間變率為

$$f'(2) = \lim_{x \to 2} \frac{f(x) - f(2)}{x - 2} = \lim_{x \to 2} \frac{(1 - \frac{2}{x}) - 0}{x - 2}$$

$$= \lim_{x \to 2} \frac{\frac{x - 2}{x}}{x - 2} = \lim_{x \to 2} \frac{1}{x} = \frac{1}{2} \; 。$$

6. 設 $f(x) = \sqrt{3 - x} - 1$，求函數 $f(x)$ 的圖形在過其上一點 $(-1, 1)$ 處的切線方程式。

解 函數 $f(x)$ 的圖形在過其上一點 $(-1, 1)$ 處的切線之斜率為

$$f'(-1) = \lim_{x \to -1} \frac{f(x) - f(-1)}{x - (-1)} = \lim_{x \to -1} \frac{\sqrt{3-x} - 2}{x - (-1)}$$

$$= \lim_{x \to -1} \frac{\sqrt{3-x} - 2}{x + 1} = \lim_{x \to -1} \frac{(3-x) - 4}{(x+1)(\sqrt{3-x} + 2)}$$

$$= \lim_{x \to -1} \frac{-1}{\sqrt{3-x} + 2} = \frac{-1}{4} ,$$

故知所求切線方程式為

$$(y - 1) = (\frac{-1}{4}) (x - (-1)) ,$$

$$x + 4y = 3 \ 。$$

7. 設 $f(x) = x^2 + \dfrac{1}{x}$ ，求函數 $f(x)$ 的圖形在過其上一點（ 1 , 2 ）處的切線方程式。

解 函數 $f(x)$ 的圖形在過其上一點（ 1 , 2 ）處的切線之斜率為

$$f'(1) = \lim_{x \to 1} \frac{f(x) - f(1)}{x - 1} = \lim_{x \to 1} \frac{x^2 + \dfrac{1}{x} - 2}{x - 1}$$

$$= \lim_{x \to 1} \frac{x^3 - 2x + 1}{x(x-1)} = \lim_{x \to 1} \frac{(x^2 + x - 1)(x - 1)}{x(x-1)}$$

$$= \lim_{x \to 1} \frac{x^2 + x - 1}{x} = 1 ,$$

故知所求切線方程式為

$$y - 2 = x - 1 , \quad x - y + 1 = 0 \ 。$$

8. 設 $f(x) = \dfrac{1}{\sqrt{x}}$ ，求函數 $f(x)$ 的圖形在過其上一點（ 4 , $\dfrac{1}{2}$ ）處的切線方程式。

解 函數 $f(x)$ 的圖形在過其上一點（ 4 , $\dfrac{1}{2}$ ）處的切線之斜率為

$$f'(4) = \lim_{x \to 4} \frac{f(x) - f(4)}{x - 4} = \lim_{x \to 4} \frac{\dfrac{1}{\sqrt{x}} - \dfrac{1}{2}}{x - 4}$$

$$= \lim_{x \to 4} \frac{\dfrac{2 - \sqrt{x}}{2\sqrt{x}}}{x - 4} = \lim_{x \to 4} \frac{4 - x}{2\sqrt{x}(2 + \sqrt{x})(x - 4)}$$

$$= \lim_{x \to 4} \frac{-1}{2\sqrt{x}(2 + \sqrt{x})} = \frac{-1}{16} ,$$

故知所求切線方程式爲

$$y - \frac{1}{2} = \frac{-1}{16}(x-4),$$

$$x + 16y = 12 。$$

3-2

依函數在一點之導數的意義，於下面各題中，求 $f'(-1)$，$f'(1)$，$f'(3)$。

1. $f(x) = x^3 - 4x^2$。

解 $f'(-1) = \lim\limits_{x \to -1} \dfrac{f(x) - f(-1)}{x - (-1)} = \lim\limits_{x \to -1} \dfrac{(x^3 - 4x^2) + 5}{x + 1}$

$\qquad = \lim\limits_{x \to -1} \dfrac{(x+1)(x^2 - 5x + 5)}{x + 1} = \lim\limits_{x \to -1} (x^2 - 5x + 5) = 11 ,$

$\qquad f'(1) = \lim\limits_{x \to 1} \dfrac{f(x) - f(1)}{x - 1} = \lim\limits_{x \to 1} \dfrac{(x^3 - 4x^2) + 3}{x - 1}$

$\qquad = \lim\limits_{x \to 1} \dfrac{(x-1)(x^2 - 3x - 3)}{x - 1} = \lim\limits_{x \to 1} (x^2 - 3x - 3) = -5 ,$

$\qquad f'(3) = \lim\limits_{x \to 3} \dfrac{f(x) - f(3)}{x - 3} = \lim\limits_{x \to 3} \dfrac{(x^3 - 4x^2) + 9}{x - 3}$

$\qquad = \lim\limits_{x \to 3} \dfrac{(x-3)(x^2 - x - 3)}{x - 3} = \lim\limits_{x \to 3} (x^2 - x - 3) = 3 。$

2. $f(x) = -2x^2 + 5x - 3$。

解 $f'(-1) = \lim\limits_{x \to -1} \dfrac{f(x) - f(-1)}{x - (-1)} = \lim\limits_{x \to -1} \dfrac{(-2x^2 + 5x - 3) + 10}{x + 1}$

$\qquad = \lim\limits_{x \to -1} \dfrac{(x+1)(-2x + 7)}{x + 1} = \lim\limits_{x \to -1} (-2x + 7) = 9 ,$

$\qquad f'(1) = \lim\limits_{x \to 1} \dfrac{f(x) - f(1)}{x - 1} = \lim\limits_{x \to 1} \dfrac{(-2x^2 + 5x - 3) - 0}{x - 1}$

$\qquad = \lim\limits_{x \to 1} \dfrac{(x-1)(-2x + 3)}{x - 1} = \lim\limits_{x \to 1} (-2x + 3) = 1 ,$

$\qquad f'(3) = \lim\limits_{x \to 3} \dfrac{f(x) - f(3)}{x - 3} = \lim\limits_{x \to 3} \dfrac{(-2x^2 + 5x - 3) + 6}{x - 3}$

$\qquad = \lim\limits_{x \to 3} \dfrac{(x-3)(-2x - 1)}{x - 3} = \lim\limits_{x \to 3} (-2x - 1) = -7 。$

3. $f(x) = x^4 - 3x$。

解 $f'(-1) = \lim\limits_{x \to -1} \dfrac{f(x) - f(-1)}{x - (-1)} = \lim\limits_{x \to -1} \dfrac{(x^4 - 3x) - 4}{x + 1}$

$\qquad = \lim\limits_{x \to -1} \dfrac{(x+1)(x^3 - x^2 + x - 4)}{x + 1} = \lim\limits_{x \to -1} (x^3 - x^2 + x - 4) = -7$,

$\qquad f'(1) = \lim\limits_{x \to 1} \dfrac{f(x) - f(1)}{x - 1} = \lim\limits_{x \to 1} \dfrac{(x^4 - 3x) + 2}{x - 1}$

$\qquad = \lim\limits_{x \to 1} \dfrac{(x-1)(x^3 + x^2 + x - 2)}{x - 1} = \lim\limits_{x \to 1} (x^3 + x^2 + x - 2) = 1$,

$\qquad f'(3) = \lim\limits_{x \to 3} \dfrac{f(x) - f(3)}{x - 3} = \lim\limits_{x \to 3} \dfrac{(x^4 - 3x) - 72}{x - 3}$

$\qquad = \lim\limits_{x \to 3} \dfrac{(x-3)(x^3 + 3x^2 + 9x + 24)}{x - 3} = \lim\limits_{x \to 3} (x^3 + 3x^2 + 9x + 24) = 105 。$

4. $f(x) = x + \dfrac{5}{x}$ 。

解 $f'(-1) = \lim\limits_{x \to -1} \dfrac{f(x) - f(-1)}{x - (-1)} = \lim\limits_{x \to -1} \dfrac{(x + \frac{5}{x}) + 6}{x + 1}$

$\qquad = \lim\limits_{x \to -1} \dfrac{(x+1)(x+5)}{x(x+1)} = \lim\limits_{x \to -1} \dfrac{x+5}{x} = -4$,

$\qquad f'(1) = \lim\limits_{x \to 1} \dfrac{f(x) - f(1)}{x - 1} = \lim\limits_{x \to 1} \dfrac{(x + \frac{5}{x}) - 6}{x - 1}$

$\qquad = \lim\limits_{x \to 1} \dfrac{(x-1)(x-5)}{x(x-1)} = \lim\limits_{x \to 1} \dfrac{x-5}{x} = -4$,

$\qquad f'(3) = \lim\limits_{x \to 3} \dfrac{f(x) - f(3)}{x - 3} = \lim\limits_{x \to 3} \dfrac{(x + \frac{5}{x}) - \frac{14}{3}}{x - 3}$

$\qquad = \lim\limits_{x \to 3} \dfrac{(x-3)(x - \frac{5}{3})}{x(x-3)} = \lim\limits_{x \to 3} \dfrac{x - \frac{5}{3}}{x} = \dfrac{4}{9} 。$

5. $f(x) = \dfrac{-2}{x^2} - 4$ 。

解 $f'(-1) = \lim\limits_{x \to -1} \dfrac{f(x) - f(-1)}{x - (-1)} = \lim\limits_{x \to -1} \dfrac{(-\frac{2}{x^2} - 4) + 6}{x + 1}$

$$= \lim_{x \to -1} \frac{2(x+1)(x-1)}{x^2(x+1)} = \lim_{x \to -1} \frac{2(x-1)}{x^2} = -4 ,$$

$$f'(1) = \lim_{x \to 1} \frac{f(x) - f(1)}{x - 1} = \lim_{x \to 1} \frac{(-\dfrac{2}{x^2} - 4) + 6}{x - 1}$$

$$= \lim_{x \to 1} \frac{2(x+1)(x-1)}{x^2(x-1)} = \lim_{x \to 1} \frac{2(x+1)}{x^2} = 4 ,$$

$$f'(3) = \lim_{x \to 3} \frac{f(x) - f(3)}{x - 3} = \lim_{x \to 3} \frac{(-\dfrac{2}{x^2} - 4) + \dfrac{38}{9}}{x - 3}$$

$$= \lim_{x \to 3} \frac{2(x-3)(x+3)}{9x^2(x-3)} = \lim_{x \to 3} \frac{2(x+3)}{9x^2} = \frac{4}{27} 。$$

6. $f(x) = \dfrac{1}{x+3}$ 。

解 $f'(-1) = \lim\limits_{x \to -1} \dfrac{f(x) - f(-1)}{x - (-1)} = \lim\limits_{x \to -1} \dfrac{\dfrac{1}{x+3} - \dfrac{1}{2}}{x+1}$

$$= \lim_{x \to -1} \frac{-(x+1)}{2(x+3)(x+1)} = \lim_{x \to -1} \frac{-1}{2(x+3)} = -\frac{1}{4} ,$$

$$f'(1) = \lim_{x \to 1} \frac{f(x) - f(1)}{x - 1} = \lim_{x \to 1} \frac{\dfrac{1}{x+3} - \dfrac{1}{4}}{x - 1}$$

$$= \lim_{x \to 1} \frac{-(x-1)}{4(x+3)(x-1)} = \lim_{x \to 1} \frac{-1}{4(x+3)} = -\frac{1}{16} ,$$

$$f'(3) = \lim_{x \to 3} \frac{f(x) - f(3)}{x - 3} = \lim_{x \to 3} \frac{\dfrac{1}{x+3} - \dfrac{1}{6}}{x - 3}$$

$$= \lim_{x \to 3} \frac{-(x-3)}{6(x+3)(x-3)} = \lim_{x \to 3} \frac{-1}{6(x+3)} = \frac{-1}{36} 。$$

7. $f(x) = \dfrac{1}{x^3}$ 。

解 $f'(-1) = \lim\limits_{x \to -1} \dfrac{f(x) - f(-1)}{x - (-1)} = \lim\limits_{x \to -1} \dfrac{\dfrac{1}{x^3} + 1}{x + 1}$

$$= \lim_{x \to -1} \frac{(x+1)(x^2-x+1)}{x^3(x+1)} = \lim_{x \to -1} \frac{x^2-x+1}{x^3} = -3 ,$$

$$f'(1) = \lim_{x \to 1} \frac{f(x)-f(1)}{x-1} = \lim_{x \to 1} \frac{\dfrac{1}{x^3}-1}{x-1}$$

$$= \lim_{x \to 1} \frac{-(x-1)(x^2+x+1)}{x^3(x-1)} = \lim_{x \to 1} \frac{-(x^2+x+1)}{x^3} = -3 ,$$

$$f'(3) = \lim_{x \to 3} \frac{f(x)-f(3)}{x-3} = \lim_{x \to 3} \frac{\dfrac{1}{x^3}-\dfrac{1}{27}}{x-3}$$

$$= \lim_{x \to 3} \frac{-(x-3)(x^2+3x+9)}{27\,x^3(x-3)} = \lim_{x \to 3} \frac{-(x^2+3x+9)}{27\,x^3} = -\frac{1}{27} 。$$

8. $f(x) = x - \sqrt[3]{x}$ 。

解
$$f'(-1) = \lim_{x \to -1} \frac{f(x)-f(-1)}{x-(-1)} = \lim_{x \to -1} \frac{(x-\sqrt[3]{x})-0}{x+1}$$

$$= \lim_{x \to -1} \frac{(x+1)-(\sqrt[3]{x}+1)}{x+1} = \lim_{x \to -1} \left(1 - \frac{x+1}{(x+1)(\sqrt[3]{x^2}-\sqrt[3]{x}+1)} \right)$$

$$= \lim_{x \to -1} \left(1 - \frac{1}{\sqrt[3]{x^2}-\sqrt[3]{x}+1} \right) = 1 - \frac{1}{3} = \frac{2}{3} ,$$

$$f'(1) = \lim_{x \to 1} \frac{f(x)-f(1)}{x-1} = \lim_{x \to 1} \frac{(x-\sqrt[3]{x})-0}{x-1}$$

$$= \lim_{x \to 1} \frac{(x-1)-(\sqrt[3]{x}-1)}{x-1} = \lim_{x \to 1} \left(1 - \frac{x-1}{(x-1)(\sqrt[3]{x^2}+\sqrt[3]{x}+1)} \right)$$

$$= \lim_{x \to 1} \left(1 - \frac{1}{\sqrt[3]{x^2}+\sqrt[3]{x}+1} \right) = 1 - \frac{1}{3} = \frac{2}{3} ,$$

$$f'(3) = \lim_{x \to 3} \frac{f(x)-f(3)}{x-3} = \lim_{x \to 3} \frac{(x-\sqrt[3]{x})-(3-\sqrt[3]{3})}{x-3}$$

$$= \lim_{x \to 3} \frac{(x-3)-(\sqrt[3]{x}-\sqrt[3]{3})}{x-3}$$

$$= \lim_{x \to 3} \left(1 - \frac{x-3}{(x-3)(\sqrt[3]{x^2}+\sqrt[3]{x}\cdot\sqrt[3]{3}+\sqrt[3]{9})} \right)$$

$$= \lim_{x \to 3} \left(1 - \frac{1}{\sqrt[3]{x^2}+\sqrt[3]{x}\cdot\sqrt[3]{3}+\sqrt[3]{9}} \right) = 1 - \frac{1}{3\sqrt[3]{9}} 。$$

9. $f(x) = \dfrac{1}{\sqrt[3]{x}}$ 。

解 $f'(-1) = \lim\limits_{x \to -1} \dfrac{f(x) - f(-1)}{x - (-1)} = \lim\limits_{x \to -1} \dfrac{\dfrac{1}{\sqrt[3]{x}} + 1}{x + 1}$

$\qquad = \lim\limits_{x \to -1} \dfrac{1 + \sqrt[3]{x}}{\sqrt[3]{x}\,(x + 1)} = \lim\limits_{x \to -1} \dfrac{1 + x}{\sqrt[3]{x}\,(x+1)\,(\sqrt[3]{x^2} - \sqrt[3]{x} + 1)}$

$\qquad = \lim\limits_{x \to -1} \dfrac{1}{\sqrt[3]{x}\,(\sqrt[3]{x^2} - \sqrt[3]{x} + 1)} = -\dfrac{1}{3} \ ,$

$f'(1) = \lim\limits_{x \to 1} \dfrac{f(x) - f(1)}{x - 1} = \lim\limits_{x \to 1} \dfrac{\dfrac{1}{\sqrt[3]{x}} - 1}{x - 1}$

$\qquad = \lim\limits_{x \to 1} \dfrac{1 - \sqrt[3]{x}}{\sqrt[3]{x}\,(x - 1)} = \lim\limits_{x \to 1} \dfrac{1 - x}{\sqrt[3]{x}\,(x-1)\,(\sqrt[3]{x^2} + \sqrt[3]{x} + 1)}$

$\qquad = \lim\limits_{x \to 1} \dfrac{-1}{\sqrt[3]{x}\,(\sqrt[3]{x^2} + \sqrt[3]{x} + 1)} = -\dfrac{1}{3} \ ,$

$f'(3) = \lim\limits_{x \to 3} \dfrac{f(x) - f(3)}{x - 3} = \lim\limits_{x \to 3} \dfrac{\dfrac{1}{\sqrt[3]{x}} - \dfrac{1}{\sqrt[3]{3}}}{x - 3}$

$\qquad = \lim\limits_{x \to 3} \dfrac{\sqrt[3]{3} - \sqrt[3]{x}}{\sqrt[3]{3}\,\sqrt[3]{x}\,(x-3)} = \lim\limits_{x \to 3} \dfrac{-(x-3)}{\sqrt[3]{3}\,\sqrt[3]{x}\,(x-3)\,(\sqrt[3]{9} + \sqrt[3]{3}\,\sqrt[3]{x} + \sqrt[3]{x^2})}$

$\qquad = \lim\limits_{x \to 3} \dfrac{-1}{\sqrt[3]{3}\,\sqrt[3]{x}\,(\sqrt[3]{9} + \sqrt[3]{3}\,\sqrt[3]{x} + \sqrt[3]{x^2})} = \dfrac{-1}{9\sqrt[3]{3}} \ 。$

10. 設 $f(x) = x \mid x \mid$ ，求 $f'(x)$ 。

解 對 $a > 0$ 而言，

$\qquad f'(a) = \lim\limits_{x \to a} \dfrac{f(x) - f(a)}{x - a} = \lim\limits_{x \to a} \dfrac{x \mid x \mid - a \mid a \mid}{x - a}$

$\qquad\qquad = \lim\limits_{x \to a} \dfrac{x^2 - a^2}{x - a} = \lim\limits_{x \to a} (x + a) = 2a \ ,$

對 $a < 0$ 而言，

$\qquad f'(a) = \lim\limits_{x \to a} \dfrac{f(x) - f(a)}{x - a} = \lim\limits_{x \to a} \dfrac{x \mid x \mid - a \mid a \mid}{x - a}$

$\qquad\qquad = \lim\limits_{x \to a} \dfrac{-x^2 + a^2}{x - a} = \lim\limits_{x \to a} (-(x + a)) = -2a \ ,$

此外，由於

$\qquad \lim\limits_{x \to 0+} \dfrac{f(x) - f(0)}{x - 0} = \lim\limits_{x \to 0+} \dfrac{x^2 - 0}{x - 0} = 0 \ ,$

$$\lim_{x \to 0^-} \frac{f(x) - f(0)}{x - 0} = \lim_{x \to 0^-} \frac{-x^2 - 0}{x - 0} = 0 \ ,$$

故知

$$f'(0) = \lim_{x \to 0} \frac{f(x) - f(0)}{x - 0} = 0 \ ,$$

從而知 $f'(x) = 2 \mid x \mid$。

3-3

求下面各題：（ 1～10 ）

1. $D(6x^3 + x^2 - 2x - 4)$

解 $D(6x^3 + x^2 - 2x - 4) = 18x^2 + 2x - 2$。

2. $D((-3x^4 + x^2 + 5)(x^5 + 3x^3 - x^2 - 7))$

解 $D((-3x^4 + x^2 + 5)(x^5 + 3x^3 - x^2 - 7))$
$= (-12x^3 + 2x)(x^5 + 3x^3 - x^2 - 7) + (-3x^4 + x^2 + 5)(5x^4 + 9x^2 - 2x)$。

3. $D((5x^3 + 4x^2 - 2)^2 (7 - x + 2x^3 + 3x^4)^3)$

解 $D((5x^3 + 4x^2 - 2)^2 (7 - x + 2x^3 + 3x^4)^3)$
$= 2(5x^3 + 4x^2 - 2)(15x^2 + 8x)(7 - x + 2x^3 + 3x^4)^3$
$\quad + 3(5x^3 + 4x^2 - 2)^2 (7 - x + 2x^3 + 3x^4)^2 (-1 + 6x^2 + 12x^3)$。

4. $D \dfrac{5x^3 - x}{(3x^3 - x^2 + 2x + 1)^3}$

解 $D \dfrac{5x^3 - x}{(3x^3 - x^2 + 2x + 1)^3} = D((5x^3 - x)(3x^3 - x^2 + 2x + 1)^{-3})$
$= (15x^2 - 1)(3x^3 - x^2 + 2x + 1)^{-3} + (-3)(3x^3 - x^2 + 2x + 1)^{-4}$
$(9x^2 - 2x + 2)(5x^3 - x)$
$= \dfrac{(15x^2 - 1)(3x^3 - x^2 + 2x + 1) - 3(9x^2 - 2x + 2)(5x^3 - x)}{(3x^3 - x^2 + 2x + 1)^4}$

5. $D(\sqrt{x} + \dfrac{1}{\sqrt{x}})^3$

解 $D(\sqrt{x} + \dfrac{1}{\sqrt{x}})^3 = 3(\sqrt{x} + \dfrac{1}{\sqrt{x}})^2 (\dfrac{1}{2\sqrt{x}} - \dfrac{1}{2\sqrt{x^3}})$

6. $D \dfrac{2 - 3x + x^2}{\sqrt[3]{x^2}}$

解 $D \dfrac{2 - 3x + x^2}{\sqrt[3]{x^2}} = D((2 - 3x + x^2) x^{-\frac{2}{3}})$

$$= (-3+2x)\,x^{-\frac{2}{3}} + (2-3x+x^2)\,(-\frac{2}{3})\,x^{-\frac{5}{3}}$$

$$= \frac{(-9x+6x^2)-2(2-3x+x^2)}{3\sqrt[3]{x^5}} = \frac{-4-3x+4x^2}{3\sqrt[3]{x^5}} \; 。$$

7. $D\,\dfrac{(1+x+x^2)^2}{(1+x^4)^3}$

解 $D\,\dfrac{(1+x+x^2)^2}{(1+x^4)^3} = D\,((1+x+x^2)^2\,(1+x^4)^{-3})$

$$= 2(1+x+x^2)(1+2x)(1+x^4)^{-3} + (1+x+x^2)^2(-3)(1+x^4)^{-4}(4x^3)$$

$$= \frac{(1+x+x^2)((2+4x)(1+x^4)-12x^3(1+x+x^2))}{(1+x^4)^4}$$

$$= \frac{(1+x+x^2)(2+4x-12x^3-10x^4-8x^5)}{(1+x^4)^4} \; 。$$

8. $D\,\dfrac{(1-x)^2(2-3x)}{(3+4x)(5-6x)^3}$

解 $D\,\dfrac{(1-x)^2(2-3x)}{(3+4x)(5-6x)^3} = D(((1-x)^2(2-3x))((3+4x)(5-6x)^3)^{-1})$

$$= (-2(1-x)(2-3x)-3(1-x)^2)((3+4x)(5-6x)^3)^{-1}$$

$$\quad + ((1-x)^2(2-3x))(-1)((3+4x)(5-6x)^3)^{-2}(4(5-6x)^3$$

$$\quad + 3(3+4x)(5-6x)^2(-6)) \; 。$$

9. $D\,\dfrac{x^3+2\sqrt{x}}{\sqrt{x^2+\sqrt{x}}}$

解 $D\,\dfrac{x^3+2\sqrt{x}}{\sqrt{x^2+\sqrt{x}}} = D\,((x^3+2\sqrt{x})(x^2+\sqrt{x})^{-\frac{1}{2}})$

$$= (3x^2+\frac{1}{\sqrt{x}})(x^2+\sqrt{x})^{-\frac{1}{2}} + (x^3+2\sqrt{x})(-\frac{1}{2})(x^2+\sqrt{x})^{-\frac{3}{2}}(2x+(\frac{1}{2\sqrt{x}})) \; 。$$

10. $D\,\dfrac{\sqrt[3]{1+2x+3x^2}}{\sqrt{1+x+x^2}}$

解 $D\,\dfrac{\sqrt[3]{1+2x+3x^2}}{\sqrt{1+x+x^2}} = D((1+2x+3x^2)^{\frac{1}{3}}(1+x+x^2)^{-\frac{1}{2}})$

$$= \frac{1}{3}(1+2x+3x^2)^{-\frac{2}{3}}(2+6x)(1+x+x^2)^{-\frac{1}{2}}$$

$$\quad + (1+2x+3x^2)^{\frac{1}{3}}(-\frac{1}{2})(1+x+x^2)^{-\frac{3}{2}}(1+2x) \; 。$$

11. 設 f，g，h 皆爲可微分函數，以這三個函數及其一階導函數，來表出 $D(f \cdot g \cdot h)$。

解 $D(f \cdot g \cdot h) = (D(f \cdot g)) \cdot h + (f \cdot g) \cdot Dh$

$\qquad = (f'g + fg') \cdot h + (f \cdot g) \cdot h'$

$\qquad = f' \cdot g \cdot h + f \cdot g' \cdot h + f \cdot g \cdot h'$ 。

12. 求曲線 $y = x^5 - x + 2$ 在其上一點（1，2）處的切線方程式。

解 所求曲線在點（1，2）處的切線之斜率為

$$\frac{dy}{dx}\Big|_{x=1} = (5x^4 - 1)\Big|_{x=1} = 4 ,$$

故所求切線方程式為

$$y - 2 = 4(x - 1) , \quad 4x - y = 2$$ 。

13. 求曲線 $y = (x-1)^3(x^2+1)(x^3-3)$ 在其上一點（0，3）處的切線方程式。

解 所求曲線在點（0，3）處的切線之斜率為

$$\frac{dy}{dx}\Big|_{x=0} = (3(x-1)^2(x^2+1)(x^3-3) + (x-1)^3(2x(x^3-3)$$

$$+ 3x^2(x^2+1)))\Big|_{x=0}$$

$$= -9 ,$$

故所求切線方程式為

$$y - 3 = -9(x - 0) , \quad 9x + y = 3$$ 。

14. 求曲線 $y = \dfrac{x^2}{6+x^3}$ 在其上一點（-2，-2）處的切線方程式。

解 所求曲線在點（-2，-2）處的切線之斜率為

$$\frac{dy}{dx}\Big|_{x=-2} = (\frac{2x}{6+x^3} + x^2(-1)(6+x^3)^{-2}(3x^2))\Big|_{x=-2} = -10 ,$$

故所求切線方程式為

$$y + 2 = -10(x+2) , \quad 10x + y = -22$$ 。

15. 求曲線 $y = \dfrac{x^2}{1+x+x^2}$ 在其上一點（-1，1）處的切線方程式。

解 所求曲線在點（-1，1）處的切線之斜率為

$$\frac{dy}{dx}\Big|_{x=-1} = (\frac{2x}{1+x+x^2} + x^2(-1)(1+x+x^2)^{-2}(1+2x))\Big|_{x=-1} = -1 ,$$

故所求切線方程式為

$$y - 1 = -(x+1) , \quad x + y = 0$$ 。

3-4

求下列各題：

1. $\displaystyle\lim_{x\to 0}\frac{-5x}{\sin 7x}$

解 $\displaystyle\lim_{x\to 0}\frac{-5x}{\sin 7x}=\lim_{x\to 0}\left(\frac{7x}{\sin 7x}\left(-\frac{5}{7}\right)\right)=1\cdot\left(-\frac{5}{7}\right)=-\frac{5}{7}$。

2. $\displaystyle\lim_{x\to 0}\frac{-\cos 3x+1}{2x}$

解 $\displaystyle\lim_{x\to 0}\frac{-\cos 3x+1}{2x}=\lim_{x\to 0}\left(-\left(\frac{\cos 3x-1}{3x}\right)\left(\frac{3}{2}\right)\right)=0$。

3. $\displaystyle\lim_{x\to 0}\frac{\sin 4x}{\sin 3x}$

解 $\displaystyle\lim_{x\to 0}\frac{\sin 4x}{\sin 3x}=\lim_{x\to 0}\left(\frac{\sin 4x}{4x}\cdot\frac{3x}{\sin 3x}\cdot\frac{4}{3}\right)=\frac{4}{3}$。

4. $\displaystyle\lim_{x\to 0}\frac{\sin 2x}{1-\cos 3x}$

解 $\displaystyle\lim_{x\to 0}\frac{\sin 2x}{1-\cos 3x}=\lim_{x\to 0}\left(\frac{\sin 2x}{2x}\cdot\frac{3x}{\cos 3x-1}\left(-\frac{2}{3}\right)\right)$，

因為 $\displaystyle\lim_{x\to 0}\frac{\cos 3x-1}{3x}=0$，故 $\displaystyle\lim_{x\to 0}\frac{3x}{\cos 3x-1}$ 不存在；又，$\displaystyle\lim_{x\to 0}\frac{\sin 2x}{2x}=1$，

從而由上知 $\displaystyle\lim_{x\to 0}\frac{\sin 2x}{1-\cos 3x}$ 不存在。

5. $\displaystyle\lim_{x\to 0}\frac{1-\cos 5x}{x^2}$

解 $\displaystyle\lim_{x\to 0}\frac{1-\cos 5x}{x^2}=\lim_{x\to 0}\frac{1-\cos^2 5x}{x^2(1+\cos 5x)}=\lim_{x\to 0}\frac{\sin^2 5x}{x^2(1+\cos 5x)}$

$\displaystyle=\lim_{x\to 0}\left(\frac{\sin^2 5x}{(5x)^2}\cdot\frac{25}{1+\cos 5x}\right)=1\cdot\frac{25}{2}=\frac{25}{2}$。

6. $\displaystyle\lim_{x\to 0}\frac{1-\cos 2x}{1-\cos 3x}$

解 $\displaystyle\lim_{x\to 0}\frac{1-\cos 2x}{1-\cos 3x}=\lim_{x\to 0}\frac{(1-\cos^2 2x)(1+\cos 3x)}{(1-\cos^2 3x)(1+\cos 2x)}$

$$= \lim_{x \to 0} \frac{(\sin^2 2x)(1+\cos 3x)}{(\sin^2 3x)(1+\cos 2x)} = \lim_{x \to 0} \frac{(\dfrac{\sin^2 2x}{4x^2})(1+\cos 3x)}{(\dfrac{\sin^2 3x}{9x^2})(1+\cos 2x)} \cdot \frac{4}{9} = \frac{4}{9} \text{ 。}$$

7. $D(\sin^2 x + \cos^2 x)^{20}$

解 $D(\sin^2 x + \cos^2 x)^{20} = D(1^{20}) = 0$ 。

8. $D(x^3 \sin^2 x + 4 \cos x)^2$

解 $D(x^3 \sin^2 x + 4 \cos x)^2$

$= 2(x^3 \sin^2 x + 4 \cos x) D(x^3 \sin^2 x + 4 \cos x)$

$= 2(x^3 \sin^2 x + 4 \cos x)(3x^2 \sin^2 x + x^3(2 \sin x \cos x) - 4 \sin x)$

$= 2(x^3 \sin^2 x + 4 \cos x)(3x^2 \sin^2 x + x^3 \sin 2x - 4 \sin x)$ 。

9. $D \sec^2 x$

解 $D \sec^2 x = 2 \sec x \cdot D \sec x = 2 \sec^2 x \tan x$ 。

10. $D \sqrt[3]{\cot^2 x + 1}$

解 $D \sqrt[3]{\cot^2 x + 1} = D(\csc x)^{\frac{2}{3}} = \frac{2}{3}(\csc x)^{-\frac{1}{3}}(-\csc x \cot x)$

$= -\frac{2}{3}(\csc x)^{\frac{2}{3}} \cot x$ 。

11. $D(\tan^2 3x \cot^2 3x)^{30}$

解 $D(\tan^2 3x \cot^2 3x)^{30} = D(\tan 3x \cot 3x)^{60} = D(1^{60}) = 0$ 。

12. $D \sqrt{\cos^3 x + 2 \tan^2 x}$

解 $D \sqrt{\cos^3 x + 2 \tan^2 x} = D(\cos^3 x + 2 \tan^2 x)^{\frac{1}{2}}$

$= \frac{1}{2}(\cos^3 x + 2 \tan^2 x)^{-\frac{1}{2}} D(\cos^3 x + 2 \tan^2 x)$

$= \frac{1}{2}(\cos^3 x + 2 \tan^2 x)^{-\frac{1}{2}}(3 \cos^2 x(-\sin x) + 4 \tan x \sec^2 x)$ 。

13. 仿定理 3-15 的證明，導出公式：$D \cos x = -\sin x$ 。

證 由定義知

$$D \cos x = \lim_{\triangle x \to 0} \frac{\cos(x + \triangle x) - \cos x}{\triangle x}$$

$$= \lim_{\triangle x \to 0} \frac{(\cos x \cos \triangle x - \sin \triangle x \sin x) - \cos x}{\triangle x}$$

$$= \lim_{\triangle x \to 0} (\cos x \cdot \frac{\cos \triangle x - 1}{\triangle x} - \frac{\sin \triangle x}{\triangle x} \cdot \sin x)$$

$$= \cos x \cdot 0 - 1 \cdot \sin x = - \sin x \text{ 。}$$

14. 導出公式：$D \cot x = - \csc^2 x$ 。

解　$D \cot x = D \left(\tan \left(\dfrac{\pi}{2} - x \right) \right) = \sec^2 \left(\dfrac{\pi}{2} - x \right) \cdot D \left(\dfrac{\pi}{2} - x \right) = \csc^2 x \cdot (-1)$

$$= - \csc^2 x \text{ 。}$$

15. 導出公式：$D \sec x = \sec x \tan x$ 。

解　$D \sec x = D \dfrac{1}{\cos x} = - (\cos x)^{-2} (D \cos x) = (\cos x)^{-2} \sin x$

$$= \dfrac{\sin x}{\cos x} \cdot \dfrac{1}{\cos x} = \tan x \sec x \text{ 。}$$

16. 導出公式：$D \csc x = - \csc x \cot x$ 。

解　$D \csc x = D \left(\sec \left(\dfrac{\pi}{2} - x \right) \right) = \sec \left(\dfrac{\pi}{2} - x \right) \tan \left(\dfrac{\pi}{2} - x \right) \cdot D \left(\dfrac{\pi}{2} - x \right)$

$$= \csc x \cot x \cdot (-1) = - \csc x \cot x \text{ 。}$$

3-5

1. 設 f、g、h、k 均為可微分函數，求 $D f(g(h(k(x))))$ 。

解　$D f(g(h(k(x)))) = f'(g(h(k(x)))) D g(h(k(x)))$

$$= f'(g(h(k(x)))) g'(h(k(x))) D h(k(x))$$

$$= f'(g(h(k(x)))) g'(h(k(x))) h'(k(x)) D k(x)$$

$$= f'(g(h(k(x)))) g'(h(k(x))) h'(k(x)) k'(x) \text{ 。}$$

2. 設 $u(x)$ 為可微分函數，利用連鎖律完成下面各微分公式：

解　$D \sin u(x) = \cos u(x) D_x u(x)$ ，$D \cos u(x) = - \sin u(x) D_x u(x)$ ，

$D \tan u(x) = \sec^2 u(x) D_x u(x)$ ，$D \cot u(x) = - \csc^2 u(x) D_x u(x)$ ，

$D \sec u(x) = \sec u(x) \tan u(x) D_x u(x)$ ，

$D \csc u(x) = - \csc u(x) \cot u(x) D_x u(x)$ 。

求下列各題：（ 3 ～ 14 ）

3. $D \sqrt[3]{4x^2 + x + 1}$

解　$D \sqrt[3]{4x^2 + x + 1} = D (4x^2 + x + 1)^{\frac{1}{3}} = \dfrac{1}{3} (4x^2 + x + 1)^{-\frac{2}{3}} D (4x^2 + x + 1)$

$$= \dfrac{1}{3} (4x^2 + x + 1)^{-\frac{2}{3}} (8x + 1) \text{ 。}$$

4. $D \sqrt{x \sin x + x \sqrt{2x + 1}}$

解 $D\sqrt{x\sin x + x\sqrt{2x+1}} = D(x\sin x + x\sqrt{2x+1})^{\frac{1}{2}}$

$$= \frac{1}{2}(x\sin x + x\sqrt{2x+1})^{-\frac{1}{2}} D(x\sin x + x\sqrt{2x+1})$$

$$= \frac{1}{2}(x\sin x + x\sqrt{2x+1})^{-\frac{1}{2}}(\sin x + x\cos x + \sqrt{2x+1} + \frac{x}{\sqrt{2x+1}})_\circ$$

5. $D\sqrt{\dfrac{x}{x^2+x+1}}$

解 $D\sqrt{\dfrac{x}{x^2+x+1}} = D(x^{\frac{1}{2}}(x^2+x+1)^{-\frac{1}{2}})$

$$= \frac{1}{2}(x^{-\frac{1}{2}})(x^2+x+1)^{-\frac{1}{2}} - \frac{1}{2}x^{\frac{1}{2}}(x^2+x+1)^{-\frac{3}{2}}(2x+1)_\circ$$

6. $D\dfrac{5x^3-x^2}{\sqrt{x^2+x+1}}$

解 $D\dfrac{5x^3-x^2}{\sqrt{x^2+x+1}} = D((5x^3-x^2)(x^2+x+1)^{-\frac{1}{2}})$

$$= (15x^2-2x)(x^2+x+1)^{-\frac{1}{2}} + (5x^3-x^2)(-\frac{1}{2}(x^2+x+1)^{-\frac{3}{2}})(2x+1)_\circ$$

7. $D\sin^2(x^4-3x^2+1)^3$

解 $D\sin^2(x^4-3x^2+1)^3$

$$= 2\sin(x^4-3x^2+1)^3\cos(x^4-3x^2+1)^3 D(x^4-3x^2+1)^3$$

$$= \sin 2(x^4-3x^2+1)^3 \cdot 3(x^4-3x^2+1)^2(4x^3-6x)$$

$$= 6x(2x^2-3)(x^4-3x^2+1)^2\sin 2(x^4-3x^2+1)^3_\circ$$

8. $D\tan(x\sin\sqrt{x})$

解 $D\tan(x\sin\sqrt{x}) = (\sec^2(x\sin\sqrt{x}))D(x\sin\sqrt{x})$

$$= (\sec^2(x\sin\sqrt{x}))(\sin\sqrt{x} + \frac{x\cos\sqrt{x}}{2\sqrt{x}})$$

$$= (\sec^2(x\sin\sqrt{x}))(\sin\sqrt{x} + \frac{\sqrt{x}\cos\sqrt{x}}{2})_\circ$$

9. $D\sin^2\cos^2(5x+1)$

解 $D\sin^2\cos^2(5x+1)$

$$= 2\sin\cos^2(5x+1)\cos\cos^2(5x+1)D\cos^2(5x+1)$$

$$= (\sin 2\cos^2(5x+1))(2\cos(5x+1)(-\sin(5x+1))\cdot 5)$$

$$= -5(\sin 2\cos^2(5x+1))(\sin 2(5x+1))_\circ$$

10. $D\cos\sqrt{x^3+2x-2}$

解　$D \cos \sqrt{x^3 + 2x - 2} = (-\sin \sqrt{x^3 + 2x - 2})(D(x^3 + 2x - 2)^{\frac{1}{2}})$

$$= (-\sin \sqrt{x^3 + 2x - 2})(\frac{1}{2})(x^3 + 2x - 2)^{-\frac{1}{2}}(3x^2 + 2)。$$

11. $D \dfrac{x}{x + \sec(x^2 + 1)}$

解　$D \dfrac{x}{x + \sec(x^2 + 1)} = D(x(x + \sec(x^2 + 1))^{-1})$

$= (x + \sec(x^2 + 1))^{-1} + x(-1)(x + \sec(x^2 + 1))^{-2} D(x + \sec(x^2 + 1))$

$= (x + \sec(x^2 + 1))^{-1} - x(x + \sec(x^2 + 1))^{-2}(1 + \sec(x^2 + 1)\tan(x^2 + 1)(2x))$

$= (x + \sec(x^2 + 1))^{-1} - x(x + \sec(x^2 + 1))^{-2}(1 + 2x \sec(x^2 + 1)\tan(x^2 + 1))。$

12. $D \dfrac{\sin 2x}{\cos 3x}$

解　$D \dfrac{\sin 2x}{\cos 3x} = D(\sin 2x \sec 3x) = 2 \cos 2x \sec 3x + 3 \sin 2x \sec 3x \tan 3x。$

13. $D((\cos 3x)(\sin(x \sin 3x)))$

解　$D((\cos 3x)(\sin(x \sin 3x)))$

$= (-3 \sin 3x)(\sin(x \sin 3x)) + (\cos 3x)(\cos(x \sin 3x))$

$\quad (\sin 3x + 3x \cos 3x)。$

14. $D \tan \cos \dfrac{1}{1 + x^2}$

解　$D \tan \cos \dfrac{1}{1 + x^2}$

$$= (\sec^2 \cos(\frac{1}{1 + x^2}))(-\sin(\frac{1}{1 + x^2}))(\frac{-2x}{(1 + x^2)^2})$$

$$= \frac{2x}{(1 + x^2)^2} \cdot \sin(\frac{1}{1 + x^2}) \cdot \sec^2 \cos(\frac{1}{1 + x^2})。$$

於下面各題中，求 f 在其圖形上之點 $(a, f(a))$ 處的切線方程式：（15～20）

15. $f(x) = \cos x$，$a = \dfrac{\pi}{6}$。

解　所求切線的斜率爲

$$f'(\frac{\pi}{6}) = -\sin(\frac{\pi}{6}) = -\frac{1}{2},$$

故知所求的切線方程式爲

$$y - \frac{\sqrt{3}}{2} = -\frac{1}{2} \left(x - \frac{\pi}{6} \right) , \quad 6x + 12y = \pi + 6\sqrt{3} \text{ 。}$$

16. $f(x) = \tan 3x$, $a = \dfrac{\pi}{4}$ 。

解 所求切線的斜率為

$$f'(\frac{\pi}{4}) = 3 \sec^2 \frac{3\pi}{4} = 6 ,$$

故知所求的切線方程式為

$$y + 1 = 6 \left(x - \frac{\pi}{4} \right) , \quad 12x - 2y = 3\pi + 2 \text{ 。}$$

17. $f(x) = \sec x$, $a = \dfrac{\pi}{4}$ 。

解 所求切線的斜率為

$$f'(\frac{\pi}{4}) = \sec \frac{\pi}{4} \tan \frac{\pi}{4} = \sqrt{2} ,$$

故知所求的切線方程式為

$$y - \sqrt{2} = \sqrt{2} \left(x - \frac{\pi}{4} \right) , \quad 4\sqrt{2}\, x - 4y = \sqrt{2}\, (\pi - 4) \text{ 。}$$

18. $f(x) = \sin \dfrac{x}{2}$, $a = \dfrac{\pi}{3}$ 。

解 所求切線的斜率為

$$f'(\frac{\pi}{3}) = \frac{1}{2} \cos \frac{\pi}{6} = \frac{\sqrt{3}}{4} ,$$

故知所求的切線方程式為

$$y - \frac{1}{2} = \frac{\sqrt{3}}{4} \left(x - \frac{\pi}{3} \right) , \quad 3\sqrt{3}\, x - 12y = \sqrt{3}\, \pi - 6 \text{ 。}$$

19. $f(x) = \cos \dfrac{\pi x}{3}$, $a = 1$ 。

解 所求切線的斜率為

$$f'(1) = -\frac{\pi}{3} \sin \frac{\pi}{3} = -\frac{\sqrt{3}\,\pi}{6} ,$$

故知所求的切線方程式為

$$y - \frac{1}{2} = \frac{-\sqrt{3}\,\pi}{6} (x - 1) , \quad \sqrt{3}\,\pi x + 6y = 3 + \sqrt{3}\,\pi \text{ 。}$$

20. $f(x) = \tan \pi x$, $a = \dfrac{1}{6}$ 。

解 所求切線的斜率為

$$f'\left(\frac{1}{6}\right) = \pi \sec^2 \frac{\pi}{6} = \frac{4\pi}{3} \ ,$$

故知所求的切線方程式為

$$y - \frac{1}{\sqrt{3}} = \frac{4\pi}{3}\left(x - \frac{1}{6}\right) , \quad 24\pi x - 18y = 4\pi - 6\sqrt{3} \ 。$$

21. 一立方體之邊長以每秒 2 公分之速率增長，求當邊長為 4 公分時，其體積增加的速率。

解 邊長為 x 時的立方體的體積為 $v = x^3$ ，故

$$\frac{dv}{dt} = \frac{dv}{dx} \cdot \frac{dx}{dt} = 3x^2 \cdot \frac{dx}{dt} \ ,$$

由已知條件知 $\dfrac{dx}{dt} = 2$（公分／秒），而所求邊長為 4 公分時，體積增加的速率為

$$\frac{dv}{dt} = 3x^2 \left(\frac{dx}{dt}\right)\Bigg|_{x=4} = 6x^2 \Bigg|_{x=4} = 96 \ (\text{立方公分／秒}) \ 。$$

22. 一球體之半徑以每秒 4 公分之速率增大，求當半徑為 6 公分時，其體積增加的速率。

解 半徑為 r 時的球體的體積為 $v = \dfrac{4}{3}\pi r^3$ ，故

$$\frac{dv}{dt} = \frac{dv}{dr} \cdot \frac{dr}{dt} = 4\pi r^2 \cdot \frac{dr}{dt} \ ,$$

由已知條件知 $\dfrac{dr}{dt} = 4$（公分／秒），而所求半徑為 6 公分時，體積增加的速率為

$$\frac{dv}{dt} = 4\pi r^2 \cdot \frac{dr}{dt}\Bigg|_{r=6} = 16\pi r^2 \Bigg|_{r=6} = 576\pi \ (\text{立方公分／秒}) \ 。$$

23. 一木梯長 13 呎，倚牆斜靠，若梯子之底端以 2 呎／秒的速度滑離牆腳，問梯子之頂端離地 10 呎時，頂端下降的速率為何？

解 設梯頂至牆腳的距離為 x ，梯底至牆腳的距離為 y ，則知

$$x^2 + y^2 = 169 \ ,$$

因已知 $\dfrac{dy}{dt} = 2$ ，而由上式知

$$2x \cdot \frac{dx}{dt} + 2y \cdot \frac{dy}{dt} = 0 \ ,$$

當 $x = 10$ 時 $y = \sqrt{69}$ ，故知

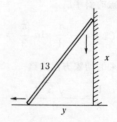

$$10 \cdot \frac{dx}{dt}\bigg|_{x=10} + \sqrt{69}\,(2) = 0\ ,$$

$$\frac{dx}{dt}\bigg|_{x=10} = -\frac{\sqrt{69}}{5}\ (\text{呎／秒})\ ,$$

即梯子之頂端離地 10 呎時，頂端以每秒 $\dfrac{\sqrt{69}}{5}$ 呎的速率下降。

24. 設有一圓錐形水槽，頂點朝下，深 20 呎，上部半徑爲 10 呎。今以每分鐘 3 立方呎的速率注水入槽，問當水深 2 呎時，水面上升的速率爲何？

解 設於槽中水深爲 h 時，水面的圓半徑爲 r，槽中的水容積爲 v，則

$$v = \frac{\pi r^2 h}{3}\ ,$$

由幾何性質知 $\dfrac{r}{h} = \dfrac{10}{20} = \dfrac{1}{2}$，故 $r = \dfrac{h}{2}$，而得

$$v = \frac{\pi h^3}{12}\ \text{。}$$

由已知條件知 $\dfrac{dv}{dt} = 3$（立方呎／秒）。由於

$$\frac{dv}{dt} = \frac{dv}{dh} \cdot \frac{dh}{dt} = \frac{\pi h^2}{4} \cdot \frac{dh}{dt}\ ,$$

故所求

$$\frac{dh}{dt}\bigg|_{h=2} = \frac{\dfrac{dv}{dt}}{\dfrac{\pi h^2}{4}}\bigg|_{h=2} = \frac{3}{\pi}\ \text{。}$$

3-6

1. 導出定理 3-19 中除第一式外的各式。

解 由恆等式 $\cos \text{Cos}^{-1} x = x$，知

$$D \cos \text{Cos}^{-1} x = D x\ ,\quad -\sin \text{Cos}^{-1} x\, D \text{Cos}^{-1} x = 1\ ,$$

$$D \text{Cos}^{-1} x = \frac{-1}{\sin \text{Cos}^{-1} x}\ ,$$

上式中，因 $\text{Cos}^{-1} x \in [\,0\,,\,\pi\,]$，在第一、二象限內，故 $\sin \text{Cos}^{-1} x > 0$，而知

$$\sin \text{Cos}^{-1} x = |\sin \text{Cos}^{-1} x| = \sqrt{1 - \cos^2 \text{Cos}^{-1} x} = \sqrt{1 - x^2}\ ,$$

從而知，

$$D \operatorname{Cos}^{-1} x = \frac{-1}{\sqrt{1-x^2}} \; ;$$

由恆等式 $\tan \operatorname{Tan}^{-1} x = x$ ，知

$$D \tan \operatorname{Tan}^{-1} x = D x \; , \quad \sec^2 \operatorname{Tan}^{-1} x \, D \operatorname{Tan}^{-1} x = 1 \; ,$$

$$D \operatorname{Tan}^{-1} x = \frac{1}{\sec^2 \operatorname{Tan}^{-1} x} = \frac{1}{1 + \tan^2 \operatorname{Tan}^{-1} x} = \frac{1}{1 + x^2} \; ;$$

由恆等式 $\cot \operatorname{Cot}^{-1} x = x$ ，知

$$D \cot \operatorname{Cot}^{-1} x = D x \; , \quad - \csc^2 \operatorname{Cot}^{-1} x \, D \operatorname{Cot}^{-1} x = 1 \; ,$$

$$D \operatorname{Cot}^{-1} x = \frac{-1}{\csc^2 \operatorname{Cot}^{-1} x} = \frac{-1}{1 + \cot^2 \operatorname{Cot}^{-1} x} = \frac{-1}{1 + x^2} \; ;$$

由恆等式 $\sec \operatorname{Sec}^{-1} x = x$ ，知

$$D \sec \operatorname{Sec}^{-1} x = D x \; , \quad \sec \operatorname{Sec}^{-1} x \, \tan \operatorname{Sec}^{-1} x \, D \operatorname{Sec}^{-1} x = 1 \; ,$$

$$D \operatorname{Sec}^{-1} x = \frac{1}{\sec \operatorname{Sec}^{-1} x \, \tan \operatorname{Sec}^{-1} x} \; ,$$

上式中，因 $\operatorname{Sec}^{-1} x \in [\, 0 \, , \frac{\pi}{2})$ ，在第一象限內，故 $\tan \operatorname{Sec}^{-1} x > 0$ ，而知

$$\tan \operatorname{Sec}^{-1} x = | \tan \operatorname{Sec}^{-1} x | = \sqrt{\sec^2 \operatorname{Sec}^{-1} x - 1} = \sqrt{x^2 - 1} \; ,$$

從而知，

$$D \operatorname{Sec}^{-1} x = \frac{1}{x \sqrt{x^2 - 1}} \; ;$$

由恆等式 $\csc \operatorname{Csc}^{-1} x = x$ ，知

$$D \csc \operatorname{Csc}^{-1} x = D x \; , \quad - \csc \operatorname{Csc}^{-1} x \, \cot \operatorname{Csc}^{-1} x \, D \operatorname{Csc}^{-1} x = 1 \; ,$$

$$D \operatorname{Csc}^{-1} x = \frac{-1}{\csc \operatorname{Csc}^{-1} x \, \cot \operatorname{Csc}^{-1} x} \; ,$$

上式中，因 $\operatorname{Csc}^{-1} x \in (\, 0 \, , \frac{\pi}{2}]$ ，在第一象限內，故 $\cot \operatorname{Sec}^{-1} x > 0$ ，而知

$$\cot \operatorname{Csc}^{-1} x = | \cot \operatorname{Csc}^{-1} x | = \sqrt{\csc^2 \operatorname{Csc}^{-1} x - 1} = \sqrt{x^2 - 1} \; ,$$

從而知，

$$D \operatorname{Csc}^{-1} x = \frac{-1}{x \sqrt{x^2 - 1}} \; 。$$

求下列各題：（ 2～15 ）

2. $D \operatorname{Tan}^{-1} (\sqrt{x} + 1)$

解 $D \operatorname{Tan}^{-1} (\sqrt{x} + 1) = \dfrac{1}{1 + (\sqrt{x} + 1)^2} \cdot D (\sqrt{x} + 1) = \dfrac{1}{2 + 2\sqrt{x} + x} \cdot \dfrac{1}{2 \sqrt{x}} \; 。$

3. $D (\operatorname{Sin}^{-1} 4x)^3$

解 $D (\operatorname{Sin}^{-1} 4x)^3 = 3 (\operatorname{Sin}^{-1} 4x)^2 (D (\operatorname{Sin}^{-1} 4x)) = \dfrac{12 (\operatorname{Sin}^{-1} 4x)^2}{\sqrt{1-16x^2}}$ 。

4. $D \operatorname{Cos}^{-1} \dfrac{1}{x}$

解 $D \operatorname{Cos}^{-1} \dfrac{1}{x} = \dfrac{-1}{\sqrt{1-(\dfrac{1}{x})^2}} \cdot D \dfrac{1}{x} = \dfrac{1}{\sqrt{x^4-x^2}}$ 。

5. $D \operatorname{Cot}^{-1} \dfrac{1}{\sqrt{x}}$

解 $D \operatorname{Cot}^{-1} \dfrac{1}{\sqrt{x}} = \dfrac{-1}{1+\dfrac{1}{x}} \cdot D \dfrac{1}{\sqrt{x}} = \dfrac{-x}{x+1} \cdot \dfrac{-1}{2\sqrt{x^3}} = \dfrac{1}{2\sqrt{x}\,(x+1)}$ 。

6. $D \operatorname{Tan}^{-1} 1$
解 $D \operatorname{Tan}^{-1} 1 = 0$ 。
7. $D (x^2 \operatorname{Sin}^{-1} \sqrt{x})$

解 $D (x^2 \operatorname{Sin}^{-1} \sqrt{x}) = 2x \operatorname{Sin}^{-1} \sqrt{x} + \dfrac{x^2}{\sqrt{1-x}} \cdot \dfrac{1}{2\sqrt{x}} = 2x \operatorname{Sin}^{-1} \sqrt{x} + \dfrac{x^{\frac{3}{2}}}{2\sqrt{1-x}}$ 。

8. $D \dfrac{1}{\operatorname{Sec}^{-1} x}$

解 $D \dfrac{1}{\operatorname{Sec}^{-1} x} = -(\dfrac{1}{\operatorname{Sec}^{-1} x})^2 (D \operatorname{Sec}^{-1} x) = -(\dfrac{1}{\operatorname{Sec}^{-1} x})^2 \cdot \dfrac{1}{x\sqrt{x^2-1}}$ 。

9. $D \dfrac{2x}{\operatorname{Sin}^{-1} 3x}$

解 $D \dfrac{2x}{\operatorname{Sin}^{-1} 3x} = \dfrac{2}{\operatorname{Sin}^{-1} 3x} - 2x (\operatorname{Sin}^{-1} 3x)^{-2} (D \operatorname{Sin}^{-1} 3x)$

$= \dfrac{2}{\operatorname{Sin}^{-1} 3x} - 2x (\operatorname{Sin}^{-1} 3x)^{-2} \cdot \dfrac{3}{\sqrt{1-9x^2}} = \dfrac{2 \operatorname{Sin}^{-1} 3x - \dfrac{6x}{\sqrt{1-9x^2}}}{(\operatorname{Sin}^{-1} 3x)^2}$ 。

10. $D \sqrt{\operatorname{Sin}^{-1} (x+1)}$

解 $D \sqrt{\operatorname{Sin}^{-1} (x+1)} = \dfrac{1}{2\sqrt{\operatorname{Sin}^{-1} (x+1)}} \cdot D \operatorname{Sin}^{-1} (x+1)$

$= \dfrac{1}{2\sqrt{\operatorname{Sin}^{-1} (x+1)}} \cdot \dfrac{1}{\sqrt{1-(x+1)^2}}$ 。

11. $D ((x^2+1) \operatorname{Csc}^{-1} 4x)$

解　$D\left(\left(x^2+1\right)\mathrm{Csc}^{-1}4x\right)=2x\,\mathrm{Csc}^{-1}4x+\left(x^2+1\right)\left(\dfrac{-1}{x\sqrt{16x^2-1}}\right)$。

12. $D\dfrac{\mathrm{Tan}^{-1}2x}{x}$

解　$D\dfrac{\mathrm{Tan}^{-1}2x}{x}=\dfrac{1}{x}\cdot\dfrac{2}{1+4x^2}-\dfrac{\mathrm{Tan}^{-1}2x}{x^2}=\dfrac{2}{x\left(1+4x^2\right)}-\dfrac{\mathrm{Tan}^{-1}2x}{x^2}$。

13. $D\dfrac{\mathrm{Tan}^{-1}x}{1+x^2}$

解　$D\dfrac{\mathrm{Tan}^{-1}x}{1+x^2}=\left(\dfrac{1}{1+x^2}\right)^2-\dfrac{\left(\mathrm{Tan}^{-1}x\right)\cdot2x}{\left(1+x^2\right)^2}=\dfrac{1-2x\,\mathrm{Tan}^{-1}x}{\left(1+x^2\right)^2}$。

14. $D\left(\mathrm{Sin}^{-1}x-\sqrt{1-x^2}\right)$

解　$D\left(\mathrm{Sin}^{-1}x-\sqrt{1-x^2}\right)=\dfrac{1}{\sqrt{1-x^2}}+\dfrac{x}{\sqrt{1-x^2}}=\dfrac{1+x}{\sqrt{1-x^2}}$。

15. $D\left(\sin\mathrm{Sin}^{-1}\sqrt[3]{4x^2-3}\right)^3$

解　$D\left(\sin\mathrm{Sin}^{-1}\sqrt[3]{4x^2-3}\right)^3=D\left(\sqrt[3]{4x^2-3}\right)^3=D\left(4x^2-3\right)=8x$。

3-7

於下列各題中，求 $\dfrac{dy}{dx}$。（1～6）

1.　$xy^2+3x^2-4x+y=0$。

解　$xy^2+3x^2-4x+y=0$

$\Rightarrow\quad\dfrac{d}{dx}\left(xy^2+3x^2-4x+y\right)=\dfrac{d}{dx}\left(0\right)$

$\Rightarrow\quad y^2+2xy\cdot\dfrac{dy}{dx}+6x-4+\dfrac{dy}{dx}=0$

$\Rightarrow\quad\dfrac{dy}{dx}=\dfrac{4-6x-y^2}{1+2xy}$。

2.　$y^4=3\left(x^2+y^2\right)$。

解　$y^4=3\left(x^2+y^2\right)$

$\Rightarrow\quad\dfrac{d}{dx}\left(y^4\right)=\dfrac{d}{dx}\left(3\left(x^2+y^2\right)\right)$

$\Rightarrow\quad4y^3\cdot\dfrac{dy}{dx}=6x+6y\cdot\dfrac{dy}{dx}$

$\Rightarrow \quad \dfrac{dy}{dx} = \dfrac{3x}{2y^3 - 3y}$ 。

3. $x^2 + 5x^2 y^2 + y = 1$ 。

解 $x^2 + 5x^2 y^2 + y = 1$

$\Rightarrow \quad \dfrac{d}{dx}(x^2 + 5x^2 y^2 + y) = \dfrac{d}{dx}(1)$

$\Rightarrow \quad 2x + 10xy^2 + 10x^2 y \cdot \dfrac{dy}{dx} + \dfrac{dy}{dx} = 0$

$\Rightarrow \quad \dfrac{dy}{dx} = \dfrac{-2x(1 + 5y^2)}{10x^2 y + 1}$ 。

4. $x + \sqrt{y} + xy^2 = 0$ 。

解 $x + \sqrt{y} + xy^2 = 0$

$\Rightarrow \quad \dfrac{d}{dx}(x + \sqrt{y} + xy^2) = \dfrac{d}{dx}(0)$

$\Rightarrow \quad 1 + \dfrac{1}{2\sqrt{y}} \cdot \dfrac{dy}{dx} + y^2 + 2xy \cdot \dfrac{dy}{dx} = 0$

$\Rightarrow \quad \dfrac{dy}{dx} = \dfrac{-(1 + y^2)}{\dfrac{1}{2\sqrt{y}} + 2xy}$ 。

5. $y^2 = \dfrac{x^2(a - x)}{a + x}$ 。

解 $y^2 = \dfrac{x^2(a - x)}{a + x}$

$\Rightarrow \quad y^2(a + x) = x^2(a - x)$

$\Rightarrow \quad \dfrac{d}{dx}(y^2(a + x)) = \dfrac{d}{dx}(x^2(a - x))$

$\Rightarrow \quad y^2 + 2y(a + x)\dfrac{dy}{dx} = 2ax - 3x^2$

$\Rightarrow \quad \dfrac{dy}{dx} = \dfrac{2ax - 3x^2 - y^2}{2y(a + x)}$ 。

6. $xy\sqrt{x - y} + x = 1$ 。

解 $xy\sqrt{x - y} + x = 1$

$\Rightarrow \quad \dfrac{d}{dx}(xy\sqrt{x - y} + x) = \dfrac{d}{dx}(1)$

$$\Rightarrow \quad y\sqrt{x-y} + x\left(\sqrt{x-y} \cdot \frac{dy}{dx} + \frac{y}{2\sqrt{x-y}}\left(1 - \frac{dy}{dx}\right)\right) + 1 = 0$$

$$\Rightarrow \quad \frac{dy}{dx} = \frac{-\left(1 + y\sqrt{x-y} + \dfrac{xy}{2\sqrt{x-y}}\right)}{x\sqrt{x-y} - \dfrac{xy}{2\sqrt{x-y}}}$$

$$\Rightarrow \quad \frac{dy}{dx} = \frac{-\left(2\left(\sqrt{x-y} + y(x-y)\right) + xy\right)}{2x(x-y) - xy} \ 。$$

於下列各題中，求方程式之圖形在其上之點（ a ， b ）處的切線方程式。（ 7 ～ 12 ）

7. $x^2 - y^2 = 1$ ，（ a ， b ）$= (\sqrt{5}, 2)$ 。

解 曲線在過點（ $\sqrt{5}$ ， 2 ）處的切線斜率為 $\left.\dfrac{dy}{dx}\right|_{(\sqrt{5}, 2)}$ 。由

$$x^2 - y^2 = 1 \quad \Rightarrow \quad \frac{d}{dx}(x^2 - y^2) = \frac{d}{dx}(1) \quad \Rightarrow \quad 2x - 2y \cdot \frac{dy}{dx} = 0$$

$$\Rightarrow \quad \frac{dy}{dx} = \frac{x}{y}$$

$$\left.\frac{dy}{dx}\right|_{(\sqrt{5}, 2)} = \left.\frac{x}{y}\right|_{(\sqrt{5}, 2)} = \frac{\sqrt{5}}{2} ,$$

故知切線方程式

$$y - 2 = \frac{\sqrt{5}}{2}(x - \sqrt{5}) , \quad \sqrt{5}\,x - 2y = 1 \ 。$$

8. $2x^2 - xy + 3y^2 = 18$ ，（ a ， b ）$= (3, 1)$ 。

解 曲線在過點（ 3 ， 1 ）處的切線斜率為 $\left.\dfrac{dy}{dx}\right|_{(3, 1)}$ 。由

$$2x^2 - xy + 3y^2 = 18 \quad \Rightarrow \quad \frac{d}{dx}(2x^2 - xy + 3y^2) = \frac{d}{dx}(18)$$

$$\Rightarrow \quad 4x - y - x \cdot \frac{dy}{dx} + 6y \cdot \frac{dy}{dx} = 0 \quad \Rightarrow \quad \frac{dy}{dx} = \frac{y - 4x}{6y - x} ,$$

$$\left.\frac{dy}{dx}\right|_{(3, 1)} = \left.\frac{y - 4x}{6y - x}\right|_{(3, 1)} = -\frac{11}{3} ,$$

故知切線方程式

$$y - 1 = \frac{-11}{3}(x - 3) , \quad 11x + 3y = 36 \ 。$$

9. $x^2 = y^3$ ，（ a ， b ）$= (1, 1)$ 。

解 曲線在過點（ 1 , 1 ）處的切線斜率爲 $\dfrac{dy}{dx}\bigg|_{(1,1)}$ 。由

$$x^2 = y^3 \ \Rightarrow \ \frac{d}{dx}x^2 = \frac{d}{dx}y^3 \ \Rightarrow \ 2x = 3y^2 \cdot \frac{dy}{dx} \ \Rightarrow \ \frac{dy}{dx} = \frac{2x}{3y^2} ,$$

$$\frac{dy}{dx}\bigg|_{(1,1)} = \frac{2x}{3y^2}\bigg|_{(1,1)} = \frac{2}{3} ,$$

故知切線方程式

$$y - 1 = \frac{2}{3}(x-1) , \quad 2x - 3y = -1 。$$

10. $2x^3 - 9xy + 2y^3 = 0$, $(a , b) = (2 , 1)$ 。

解 曲線在過點（ 2 , 1 ）處的切線斜率爲 $\dfrac{dy}{dx}\bigg|_{(2,1)}$ 。由

$$2x^3 - 9xy + 2y^3 = 0 \ \Rightarrow \ \frac{d}{dx}(2x^3 - 9xy + 2y^3) = \frac{d}{dx}(0)$$

$$\Rightarrow \ 6x^2 - 9y - 9x \cdot \frac{dy}{dx} + 6y^2 \cdot \frac{dy}{dx} = 0 \ \Rightarrow \ \frac{dy}{dx} = \frac{9y - 6x^2}{6y^2 - 9x} ,$$

$$\frac{dy}{dx}\bigg|_{(2,1)} = \frac{9y - 6x^2}{6y^2 - 9x}\bigg|_{(2,1)} = \frac{5}{4} ,$$

故知切線方程式

$$y - 1 = \frac{5}{4}(x-2) , \quad 5x - 4y = 6 。$$

11. $x\sqrt{y} + y\sqrt{x} = 48$, $(a , b) = (4 , 16)$ 。

解 曲線在過點（ 4 , 16 ）處的切線斜率爲 $\dfrac{dy}{dx}\bigg|_{(4,16)}$ 。由

$$x\sqrt{y} + y\sqrt{x} = 48 \ \Rightarrow \ \frac{d}{dx}(x\sqrt{y} + y\sqrt{x}) = \frac{d}{dx}(48)$$

$$\Rightarrow \ \sqrt{y} + \frac{x}{2\sqrt{y}} \cdot \frac{dy}{dx} + \frac{y}{2\sqrt{x}} + \sqrt{x} \cdot \frac{dy}{dx} = 0$$

$$\Rightarrow \ \frac{dy}{dx} = \frac{-\left(\sqrt{y} + \dfrac{y}{2\sqrt{x}}\right)}{\sqrt{x} + \dfrac{x}{2\sqrt{y}}} ,$$

$$\frac{dy}{dx}\bigg|_{(4,16)} = \frac{-\left(\sqrt{y} + \dfrac{y}{2\sqrt{x}}\right)}{\sqrt{x} + \dfrac{x}{2\sqrt{y}}}\bigg|_{(4,16)} = -\frac{16}{5} ,$$

故知切線方程式

$$y - 16 = -\frac{16}{5}(x-4), \quad 16x + 5y = 144 \text{。}$$

12. $xy\sqrt{x+y} + x = 7$, $(a, b) = (1, 3)$ 。

解 曲線在過點（1，3）處的切線斜率為 $\dfrac{dy}{dx}\Big|_{(1,3)}$ 。由

$$xy\sqrt{x+y} + x = 7$$

$$\Rightarrow \frac{d}{dx}(xy\sqrt{x+y} + x) = \frac{d}{dx}(7)$$

$$\Rightarrow y\sqrt{x+y} + x\left(\sqrt{x+y}\cdot\frac{dy}{dx} + \frac{y}{2\sqrt{x+y}}(1+\frac{dy}{dx})\right) + 1 = 0$$

$$\Rightarrow \frac{dy}{dx} = \frac{-(1+y\sqrt{x+y} + \dfrac{xy}{2\sqrt{x+y}})}{x\sqrt{x+y} + \dfrac{xy}{2\sqrt{x+y}}}$$

$$\Rightarrow \frac{dy}{dx} = \frac{-(2(\sqrt{x+y}+y(x+y))+xy)}{2x(x+y)+xy},$$

$$\frac{dy}{dx}\Big|_{(1,3)} = \frac{-(2(\sqrt{x+y}+y(x+y))+xy)}{2x(x+y)+xy}\Big|_{(1,3)} = -\frac{31}{11},$$

故知切線方程式

$$y - 3 = \frac{-31}{11}(x-1), \quad 31x + 11y = 64 \text{。}$$

13. 設 (x_0, y_0) 為二次曲線 $ax^2 + bxy + cy^2 + dx + ey + f = 0$ 上之一點，試證此二次曲線過點 (x_0, y_0) 之切線方程式為

$$ax_0x + \frac{b(x_0y+xy_0)}{2} + cy_0y + \frac{d(x+x_0)}{2} + \frac{e(y+y_0)}{2} + f = 0 \text{。}$$

證 曲線在過點 (x_0, y_0) 處的切線斜率為 $\dfrac{dy}{dx}\Big|_{(x_0, y_0)}$ 。由

$$ax^2 + bxy + cy^2 + dx + ey + f = 0$$

$$\Rightarrow \frac{d}{dx}(ax^2 + bxy + cy^2 + dx + ey + f) = \frac{d}{dx}(0)$$

$$\Rightarrow 2ax + b(y + x\cdot\frac{dy}{dx}) + 2cy\cdot\frac{dy}{dx} + d + e\cdot\frac{dy}{dx} = 0$$

$$\Rightarrow \frac{dy}{dx} = \frac{-(2ax + by + d)}{bx + 2cy + e},$$

$$\left. \frac{dy}{dx} \right|_{(x_0 , y_0)} = \frac{-(2ax_0 + by_0 + d)}{bx_0 + 2cy_0 + e} ,$$

故知切線方程式

$$(y - y_0) = \frac{-(2ax_0 + by_0 + d)}{bx_0 + 2cy_0 + e} (x - x_0) ,$$

$$(y - y_0)(bx_0 + 2cy_0 + e) = -(2ax_0 + by_0 + d)(x - x_0) ,$$

$$(2ax_0 + by_0 + d)(x - x_0) + (y - y_0)(bx_0 + 2cy_0 + e) = 0 ,$$

$$2ax_0 x + b(xy_0 + x_0 y) + 2cy_0 y + d(x + x_0) + e(y + y_0) - 2ax_0^2 - 2bx_0 y_0$$
$$- 2cy_0^2 - 2cx_0 - 2ey_0 = 0 ,$$

$$ax_0 x + \frac{b(xy_0 + x_0 y)}{2} + cy_0 y + \frac{d(x + x_0)}{2} + \frac{e(y + y_0)}{2} - (ax_0^2 + bx_0 y_0$$
$$+ cy_0^2 + cx_0 + ey_0) = 0 ,$$

由於 (x_0 , y_0) 在 $ax^2 + bxy + cy^2 + dx + ey + f = 0$ 上，故

$$ax_0^2 + bx_0 y_0 + cy_0^2 + dx_0 + ey_0 + f = 0 ,$$

即 $-(ax_0^2 + bx_0 y_0 + cy_0^2 + cx_0 + ey_0) = f$ ，而得證切線方程式為

$$ax_0 x + \frac{b(x_0 y + xy_0)}{2} + cy_0 y + \frac{d(x + x_0)}{2} + \frac{e(y + y_0)}{2} + f = 0 。$$

14. 設 $\cos xy + x^2 \sin y = x + y$ ，求 $\dfrac{dy}{dx}$ 。

解　$\cos xy + x^2 \sin y = x + y$

$$\Rightarrow \quad \frac{d}{dx}(\cos xy + x^2 \sin y) = \frac{d}{dx}(x + y)$$

$$\Rightarrow \quad (-\sin xy)(y + x\frac{dy}{dx}) + 2x \sin y + (x^2 \cos y)\frac{dy}{dx} = 1 + \frac{dy}{dx}$$

$$\Rightarrow \quad \frac{dy}{dx} = \frac{1 + y \sin xy - 2x \sin y}{x^2 \cos y - x \sin xy - 1} 。$$

15. 設 $\tan(x^3 + 2y) = \cot y + x$ ，求 $\dfrac{dy}{dx}$ 。

解　$\tan(x^3 + 2y) = \cot y + x$

$$\Rightarrow \quad \frac{d}{dx}(\tan(x^3 + 2y)) = \frac{d}{dx}(\cot y + x)$$

$$\Rightarrow \quad (\sec^2(x^3 + 2y))(3x^2 + 2\frac{dy}{dx}) = (-\csc^2 y)\frac{dy}{dx} + 1$$

$$\Rightarrow \quad \frac{dy}{dx} = \frac{1 - 3x^2 \sec^2(x^3 + 2y)}{2 \sec^2(x^3 + 2y) + \csc^2 y} 。$$

16. 設 $y^2 = \text{Sec}^{-1} xy$，求 $\dfrac{dy}{dx}$。

解 $y^2 = \text{Sec}^{-1} xy$

$$\Rightarrow \quad \frac{d}{dx}(y^2) = \frac{d}{dx}(\text{Sec}^{-1} xy)$$

$$\Rightarrow \quad 2y \cdot \frac{dy}{dx} = \frac{1}{xy\sqrt{x^2y^2-1}}\left(y + x \cdot \frac{dy}{dx}\right)$$

$$\Rightarrow \quad 2y\left(xy\sqrt{x^2y^2-1}\right)\frac{dy}{dx} = \left(y + x \cdot \frac{dy}{dx}\right)$$

$$\Rightarrow \quad \frac{dy}{dx} = \frac{y}{2xy^2\sqrt{x^2y^2-1}-x}。$$

3-8

求下列各題：（ 1～10 ）

1. $D^2(5x^3 - 4x^2 + x + 1)$

解 $D^2(5x^3 - 4x^2 + x + 1) = D(D(5x^3 - 4x^2 + x + 1)) = D(15x^2 - 8x + 1)$
$= 30x - 8$。

2. $D^5(4x^4 - 3x^3 - 2x^2 + 1)$

解 由公式 $D x^n = nx^{n-1}$ 可易知 $D^n x^n = n!$。故得
$\qquad D^5(4x^4 - 3x^3 - 2x^2 + 1) = D(D^4(4x^4 - 3x^3 - 2x^2 + 1))$
$\qquad = D(4 \cdot 4!) = 0$。

3. $D^4(3x^4 - 12x^3 + \sqrt{2}\,x^2 - 6)$

解 $D^4(3x^4 - 12x^3 + \sqrt{2}\,x^2 - 6) = 3(4!) = 72$。

4. $D^9(2x^3 - 3x - 1)^3$

解 $D^9(2x^3 - 3x - 1)^3 = D^9(2^3 x^9 + (x\text{的次數小於9的多項式}))$
$= 8(9!) + 0 = 8(9!)$。

5. $D^6\{(2x-1)^3(x+1)^2(3x-2)\}$

解 $D^6\{(2x-1)^3(x+1)^2(3x-2)\}$
$= D^6(2^3 \cdot 3x^6 + (x\text{的次數小於6的多項式})) = 24(6!)$。

6. $D^{12}(3x^2 + x - 5)^5$

解 $D^{12}(3x^2 + x - 5)^5 = D^{12}(3^5 x^{10} + (x\text{的次數小於6的多項式})) = 0$。

7. $D^{22} \sin x$

解 由於
$\qquad D \sin x = \cos x$，$\quad D^2 \sin x = D \cos x = -\sin x$，

— 86 —

$D^3 \sin x = -\cos x$, $D^4 \sin x = \sin x$,

故知，$D^{4k} \sin x = \sin x$ ，其中 k 爲正整數，從而知

$D^{22} \sin x = D^2 \sin x = -\sin x$ 。

8. $D^{16} \cos x$

解 由於

$D \cos x = -\sin x$, $D^2 \cos x = -\cos x$,

$D^3 \cos x = \sin x$, $D^4 \cos x = \cos x$,

故知，$D^{4k} \cos x = \cos x$ ，其中 k 爲正整數，從而知

$D^{16} \cos x = \cos x$ 。

9. $D^2 (x \sqrt{x^2+1})$

解 $D^2 (x \sqrt{x^2+1}) = D (D (x \sqrt{x^2+1})) = D (\sqrt{x^2+1} + \dfrac{x^2}{\sqrt{x^2+1}})$

$= \dfrac{3x (x^2+1) - x^3}{\sqrt{(x^2+1)^3}} = \dfrac{2x^3+3x}{\sqrt{(x^2+1)^3}}$ 。

10. $D^2 \dfrac{3x-5}{x^2+x+1}$

解 $D^2 \dfrac{3x-5}{x^2+x+1} = D (D ((3x-5) (x^2+x+1)^{-1}))$

$= D (3 (x^2+x+1)^{-1} + (-1) (3x-5) (x^2+x+1)^{-2} (2x+1))$

$= -3 (x^2+x+1)^{-2} (2x+1) - (12x-7) (x^2+x+1)^{-2} + 2 (x^2+x+1)^{-3}$

$(3x-5) (2x+1)^2$

$= -2 (9x-2) (x^2+x+1)^{-2} + 2 (x^2+x+1)^{-3} (3x-5) (2x+1)^2$ 。

11. 設 $x + y = x y^2$ ，求 $\dfrac{d^2 y}{dx^2}$ 。

解 因爲

$x + y = x y^2$

$\Rightarrow \dfrac{d}{dx} (x + y) = \dfrac{d}{dx} (x y^2)$

$\Rightarrow 1 + \dfrac{dy}{dx} = y^2 + 2 x y \cdot \dfrac{dy}{dx}$

$\Rightarrow \dfrac{dy}{dx} = \dfrac{y^2 - 1}{1 - 2xy}$,

故得

$\dfrac{d^2 y}{dx^2} = \dfrac{d}{dx} (\dfrac{y^2 - 1}{1 - 2xy})$

$$= \frac{2y\left(\frac{dy}{dx}\right)(1-2xy)-(y^2-1)\left(-2y-2x\cdot\frac{dy}{dx}\right)}{(1-2xy)^2}$$

$$= \frac{2y(y^2-1)-(y^2-1)\left(-2y-2x\left(\frac{y^2-1}{1-2xy}\right)\right)}{(1-2xy)^2}$$

$$= \frac{4y(y^2-1)(1-2xy)+2x(y^2-1)^2}{(1-2xy)^3}$$

$$= \frac{2(y^2-1)(2y-3xy^2-x)}{(1-2xy)^3}\text{。}$$

12. 設 $4xy+4x^2=y^2-x$，求 $\left.\dfrac{d^2y}{dx^2}\right|_{(1,5)}$。

解 因爲

$$4xy+4x^2=y^2-x$$

$$\Rightarrow \quad \frac{d}{dx}(4xy+4x^2)=\frac{d}{dx}(y^2-x)$$

$$\Rightarrow \quad 4y+4x\cdot\frac{dy}{dx}+8x=2y\cdot\frac{dy}{dx}-1 \quad\cdots\cdots\cdots\cdots\cdots(1)$$

$$\Rightarrow \quad 4\cdot\frac{dy}{dx}+4\cdot\frac{dy}{dx}+4x\cdot\frac{d^2y}{dx^2}+8=2\left(\frac{dy}{dx}\right)^2+2y\cdot\frac{d^2y}{dx^2}\quad\cdots\cdots\cdots(2)$$

由(1)式知

$$20+4\cdot\left.\frac{dy}{dx}\right|_{(1,5)}+8=10\cdot\left.\frac{dy}{dx}\right|_{(1,5)}-1,$$

$$\left.\frac{dy}{dx}\right|_{(1,5)}=\frac{29}{6},$$

由(2)式知

$$8\cdot\frac{29}{6}+4\cdot\left.\frac{d^2y}{dx^2}\right|_{(1,5)}+8=2\left(\frac{29}{6}\right)^2+10\cdot\left.\frac{d^2y}{dx^2}\right|_{(1,5)},$$

$$\left.\frac{d^2y}{dx^2}\right|_{(1,5)}=-\frac{1}{108}\text{。}$$

13. 設 $x^2y=2xy-\sqrt[3]{y}$，求 $\left.\dfrac{d^2y}{dx^2}\right|_{(1,-1)}$。

解 因爲

$$x^2y=2xy-\sqrt[3]{y}$$

$$\Rightarrow \quad \frac{d}{dx}(x^2 y) = \frac{d}{dx}(2xy - \sqrt[3]{y})$$

$$\Rightarrow \quad 2xy + x^2 \cdot \frac{dy}{dx} = 2y + 2x \cdot \frac{dy}{dx} - \frac{1}{3} y^{-\frac{2}{3}} \frac{dy}{dx} \quad \cdots\cdots\cdots\cdots(1)$$

$$\Rightarrow \quad 2y + 2x \cdot \frac{dy}{dx} + 2x \cdot \frac{dy}{dx} + x^2 \cdot \frac{d^2 y}{dx^2}$$

$$= 2 \cdot \frac{dy}{dx} + 2 \cdot \frac{dy}{dx} + 2x \cdot \frac{d^2 y}{dx^2} + \frac{2}{9} y^{-\frac{5}{3}} \cdot (\frac{dy}{dx})^2 - \frac{1}{3} y^{-\frac{2}{3}} \frac{d^2 y}{dx^2} \cdots(2)$$

由(1)式知

$$-2 + \frac{dy}{dx}\bigg|_{(1,-1)} = -2 + 2 \frac{dy}{dx}\bigg|_{(1,-1)} - \frac{1}{3} \frac{dy}{dx}\bigg|_{(1,-1)} ,$$

$$\frac{dy}{dx}\bigg|_{(1,-1)} = 0 ,$$

由(2)式知

$$-2 + 4 \cdot 0 + \frac{d^2 y}{dx^2}\bigg|_{(1,-1)} = 4 \cdot 0 + 2 \cdot \frac{d^2 y}{dx^2}\bigg|_{(1,-1)} - \frac{2}{9} \cdot 0 - \frac{1}{3} \frac{d^2 y}{dx^2}\bigg|_{(1,-1)} ,$$

$$\frac{d^2 y}{dx^2}\bigg|_{(1,-1)} = -3 \text{。}$$

14. 設 $xy^2 = 2x^2 y^2 - \sqrt[3]{y^2}$ ，求 $\dfrac{d^2 y}{dx^2}\bigg|_{(1,-1)}$ 。

解 因爲

$$xy^2 = 2x^2 y^2 - \sqrt[3]{y^2}$$

$$\Rightarrow \quad \frac{d}{dx}(xy^2) = \frac{d}{dx}(2x^2 y^2 - \sqrt[3]{y^2})$$

$$\Rightarrow \quad y^2 + 2xy \cdot \frac{dy}{dx} = 4xy^2 + 4x^2 y \cdot \frac{dy}{dx} - \frac{2}{3} y^{-\frac{1}{3}} \frac{dy}{dx} \quad \cdots\cdots\cdots\cdots(1)$$

$$\Rightarrow \quad 4y \cdot \frac{dy}{dx} + 2x (\frac{dy}{dx})^2 + 2xy \cdot \frac{d^2 y}{dx^2}$$

$$= 4y^2 + 16xy \cdot \frac{dy}{dx} + 4x^2 (\frac{dy}{dx})^2 + 4x^2 y \cdot \frac{d^2 y}{dx^2} + \frac{2}{9} y^{-\frac{4}{3}} (\frac{dy}{dx})^2$$

$$- \frac{2}{3} y^{-\frac{1}{3}} \frac{d^2 y}{dx^2} \quad \cdots\cdots\cdots\cdots\cdots\cdots\cdots\cdots\cdots\cdots\cdots\cdots\cdots(2)$$

由(1)式知 $\quad 1 - 2 \cdot \frac{dy}{dx}\bigg|_{(1,-1)} = 4 - 4 \cdot \frac{dy}{dx}\bigg|_{(1,-1)} + \frac{2}{3} \frac{dy}{dx}\bigg|_{(1,-1)} ,$

$$\frac{dy}{dx}\bigg|_{(1,-1)} = \frac{9}{4} ,$$

由(2)式知

$$-4 \cdot \frac{9}{4} + 2 \left(\frac{9}{4} \right)^2 - 2 \cdot \frac{d^2 y}{d x^2} \bigg|_{(1,-1)}$$

$$= 4 - 16 \cdot \frac{9}{4} + 4 \left(\frac{9}{4} \right)^2 - 4 \cdot \frac{d^2 y}{d x^2} \bigg|_{(1,-1)} + \frac{2}{9} \left(\frac{9}{4} \right)^2 + \frac{2}{3} \frac{d^2 y}{d x^2} \bigg|_{(1,-1)} ,$$

$$\frac{d^2 y}{d x^2} \bigg|_{(1,-1)} = -\frac{141}{16} .$$

15. 設 $y = \sin (3 \sin^{-1} x)$，證明：$(1 - x^2) y'' - x y' + 9 y = 0$。

證　$y = \sin (3 \sin^{-1} x) \Rightarrow y' = \dfrac{3 \cos (3 \sin^{-1} x)}{\sqrt{1 - x^2}}$

$\Rightarrow y'' = \dfrac{-9 \sin (3 \sin^{-1} x)}{1 - x^2} + \dfrac{3x \cos (3 \sin^{-1} x)}{(1 - x^2)^{\frac{3}{2}}}$

$= \dfrac{-9y}{1 - x^2} + \dfrac{x y'}{1 - x^2}$

$\Rightarrow (1 - x^2) y'' - x y' + 9 y = 0$。

3-9

於下列各題中求 $d y$。（ 1～6 ）

1. $y = 5 x^4 - 2 x^3 - 2 x + 3$。

解　$y = 5 x^4 - 2 x^3 - 2 x + 3 \Rightarrow d y = (20 x^3 - 6 x^2 - 2) d x$。

2. $y = ((x^2 + x + 1) (x^3 + 1)^2)$。

解　$y = ((x^2 + x + 1) (x^3 + 1)^2) \Rightarrow$

$d y = ((2x + 1) (x^3 + 1)^2 + 2 (x^2 + x + 1) (x^3 + 1) (3 x^2)) d x$。

3. $y = (x^2 + 2)^{\frac{3}{2}}$。

解　$y = (x^2 + 2)^{\frac{3}{2}} \Rightarrow d y = \dfrac{3}{2} (x^2 + 2)^{\frac{1}{2}} (2x) d x = (3x (x^2 + 2)^{\frac{1}{2}}) d x$。

4. $y = \sqrt{x} + 3 \sin 2 x$。

解　$y = \sqrt{x} + 3 \sin 2 x \Rightarrow d y = (\dfrac{1}{2 \sqrt{x}} + 6 \cos 2 x) d x$。

5. $y = (x - 2 x^2) + \cos \sin^2 3 x$。

解　$y = (x - 2 x^2) + \cos \sin^2 3 x \Rightarrow$

$d y = ((1 - 4x) - (\sin \sin^2 3 x) (6 \sin 3 x \cos 3 x)) d x$

$= ((1 - 4x) - 3 (\sin \sin^2 3 x) (\sin 6 x)) d x$。

6. $y = \dfrac{1-x}{1-\sqrt{x}}$ 。

解 $y = \dfrac{1-x}{1-\sqrt{x}} \Rightarrow dy = \left(\dfrac{-1}{1-\sqrt{x}} + \dfrac{1-x}{2\sqrt{x}\,(1-\sqrt{x})^2} \right) dx$ 。

利用 $\triangle f \approx df$ 的性質求下列各題的近似值：（ 7 ～ 14 ）

7. $\sqrt{120}$

解 設 $f(x) = x^{\frac{1}{2}}$，$x_0 = 121$，$\triangle x = -1$，則 $f'(x) = \dfrac{1}{2} x^{-\frac{1}{2}}$，故

$$\sqrt{120} = f(x_0 + \triangle x) \approx f(x_0) + f'(x_0)\triangle x$$
$$= \sqrt{121} + \dfrac{1}{2\sqrt{121}}(-1) = 11 - \dfrac{1}{22} \approx 10.955 \text{ 。}$$

8. $\sqrt{26.2}$

解 設 $f(x) = x^{\frac{1}{2}}$，$x_0 = 25$，$\triangle x = 1.2$，則 $f'(x) = \dfrac{1}{2} x^{-\frac{1}{2}}$，故

$$\sqrt{26.2} = f(x_0 + \triangle x) \approx f(x_0) + f'(x_0)\triangle x$$
$$= \sqrt{25} + \dfrac{1}{2\sqrt{25}}(1.2) = 5.12 \text{ 。}$$

9. $\sqrt{63.68}$

解 設 $f(x) = x^{\frac{1}{2}}$，$x_0 = 64$，$\triangle x = -0.32$，則 $f'(x) = \dfrac{1}{2} x^{-\frac{1}{2}}$，故

$$\sqrt{63.68} = f(x_0 + \triangle x) \approx f(x_0) + f'(x_0)\triangle x$$
$$= \sqrt{64} + \dfrac{1}{2\sqrt{64}}(-0.32) = 7.98 \text{ 。}$$

10. $\sqrt[3]{124}$

解 設 $f(x) = x^{\frac{1}{3}}$，$x_0 = 125$，$\triangle x = -1$，則 $f'(x) = \dfrac{1}{3} x^{-\frac{2}{3}}$，故

$$\sqrt[3]{124} = f(x_0 + \triangle x) \approx f(x_0) + f'(x_0)\triangle x$$
$$= \sqrt[3]{125} + \dfrac{1}{3\sqrt[3]{125^2}}(-1) \approx 4.988 \text{ 。}$$

11. $\sqrt[4]{15}$

解 設 $f(x) = x^{\frac{1}{4}}$，$x_0 = 16$，$\triangle x = -1$，則 $f'(x) = \dfrac{1}{4} x^{-\frac{3}{4}}$，故

$$\sqrt[4]{15} = f(x_0 + \triangle x) \approx f(x_0) + f'(x_0)\triangle x$$
$$= \sqrt[4]{16} + \dfrac{1}{4\sqrt[4]{16^3}}(-1) = 1.96875 \text{ 。}$$

12. $\dfrac{1}{\sqrt{1.2}}$

解 設 $f(x)=x^{-\frac{1}{2}}$，$x_0=1$，$\triangle x=0.2$，則 $f'(x)=-\dfrac{1}{2}x^{-\frac{3}{2}}$，故

$$\frac{1}{\sqrt{1.2}}=f(x_0+\triangle x)\approx f(x_0)+f'(x_0)\triangle x=\frac{1}{\sqrt{1}}+\frac{-1}{2\sqrt{1^3}}(0.2)=0.9。$$

13. $\cos 0.0844$

解 設 $f(x)=\cos x$，$x_0=0$，$\triangle x=0.0844$，則 $f'(x)=-\sin x$，故

$$\cos 0.0844=f(x_0+\triangle x)\approx f(x_0)+f'(x_0)\triangle x$$
$$=1+(\sin 0)(0.0844)=1。$$

14. $\sin 0.523$

解 設 $f(x)=\sin x$，$x_0=0$，$\triangle x=0.523$，則 $f'(x)=\cos x$，故

$$\sin 0.523=f(x_0+\triangle x)\approx f(x_0)+f'(x_0)\triangle x$$
$$=0+1\cdot 0.523=0.523。$$

15. 下面各式爲當 x 甚小時（即 $x\approx 0$）的標準近似公式，試以 $\triangle f\approx df$ 的性質來說明理由，並於各式中指出 x_0 爲何，$\triangle x$ 爲何。

(i) $(1+x)^n\approx 1+nx$。

(ii) $\sqrt{1+x}\approx 1+\dfrac{x}{2}$。

(iii) $\sin x\approx x$。

解 (i) 設 $f(x)=x^n$，$x_0=1$，$\triangle x=x$，則 $f'(x)=nx^{n-1}$，故
$$(1+x)^n=f(x_0+\triangle x)\approx f(x_0)+f'(x_0)\triangle x=1+nx。$$

(ii) 設 $f(x)=x^{\frac{1}{2}}$，$x_0=1$，$\triangle x=x$，則 $f'(x)=\dfrac{1}{2}x^{-\frac{1}{2}}$，故

$$\sqrt{1+x}=f(x_0+\triangle x)\approx f(x_0)+f'(x_0)\triangle x=1+\frac{x}{2}。$$

(iii) 設 $f(x)=\sin x$，$x_0=0$，$\triangle x=x$，則 $f'(x)=\cos x$，故
$$\sin x=f(x_0+\triangle x)\approx f(x_0)+f'(x_0)\triangle x=0+1\cdot x=x。$$

利用求微分（仿例4），於下列各題之隱函數中，求 $\dfrac{dy}{dx}$ 及 $\dfrac{dx}{dy}$。（16～21）

16. $xy=1$。

解 $xy=1$

$\Rightarrow\quad d(xy)=d(1)$

$\Rightarrow\quad y\,dx+x\,dy=0$

$$\Rightarrow \quad \frac{dy}{dx} = \frac{-y}{x} \quad , \quad \frac{dx}{dy} = \frac{-x}{y} \quad \circ$$

17. $3x^2 + 2xy = 5x + 1$ 。

解 $3x^2 + 2xy = 5x + 1$

$\Rightarrow \quad d(3x^2 + 2xy) = d(5x + 1)$

$\Rightarrow \quad 6x\,dx + 2(y\,dx + x\,dy) = 5\,dx$

$\Rightarrow \quad \dfrac{dy}{dx} = \dfrac{-(6x + 2y - 5)}{2x} \quad , \quad \dfrac{dx}{dy} = \dfrac{-2x}{6x + 2y - 5} \quad \circ$

18. $x^3 + y^3 = x^2 y$ 。

解 $x^3 + y^3 = x^2 y$

$\Rightarrow \quad d(x^3 + y^3) = d(x^2 y)$

$\Rightarrow \quad 3x^2\,dx + 3y^2\,dy = 2xy\,dx + x^2\,dy$

$\Rightarrow \quad \dfrac{dy}{dx} = \dfrac{-(3x^2 - 2xy)}{3y^2 - x^2} \quad , \quad \dfrac{dx}{dy} = \dfrac{-(3y^2 - x^2)}{3x^2 - 2xy} \quad \circ$

19. $x^2 + 3y^3 = xy^2$ 。

解 $x^2 + 3y^3 = xy^2$

$\Rightarrow \quad d(x^2 + 3y^3) = d(xy^2)$

$\Rightarrow \quad 2x\,dx + 9y^2\,dy = y^2\,dx + 2xy\,dy$

$\Rightarrow \quad \dfrac{dy}{dx} = \dfrac{-(2x - y^2)}{9y^2 - 2xy} \quad , \quad \dfrac{dx}{dy} = \dfrac{-(9y^2 - 2xy)}{2x - y^2} \quad \circ$

20. $\sin 3y = x^2 y$ 。

解 $\sin 3y = x^2 y$

$\Rightarrow \quad d(\sin 3y) = d(x^2 y)$

$\Rightarrow \quad 3\cos 3y\,dy = 2xy\,dx + x^2\,dy$

$\Rightarrow \quad \dfrac{dy}{dx} = \dfrac{2xy}{3\cos 3y - x^2} \quad , \quad \dfrac{dx}{dy} = \dfrac{3\cos 3y - x^2}{2xy} \quad \circ$

21. $y\sin 2x + x\cos 2y = xy$ 。

解 $y\sin 2x + x\cos 2y = xy$

$\Rightarrow \quad d(y\sin 2x + x\cos 2y) = d(xy)$

$\Rightarrow \quad \sin 2x\,dy + 2y\cos 2x\,dx + \cos 2y\,dx - 2x\sin 2y\,dy = y\,dx + x\,dy$

$\Rightarrow \quad \dfrac{dy}{dx} = \dfrac{-(2y\cos 2x - \cos 2y - y)}{\sin 2x + 2x\sin 2y - x} \quad , \quad \dfrac{dx}{dy} = \dfrac{-(\sin 2x + 2x\sin 2y - x)}{2y\cos 2x - \cos 2y - y} \quad \circ$

22. 某廠商每日生產 x 個商品，則可獲利 p 千元，其中 $p = 6\sqrt{100x - x^2}$ 。利用微分的性質，試求從每日生產 10 個商品增加到 12 個商品時，其獲利的近似差額。

解 由 $p = 6\sqrt{100x - x^2}$ 知

$$dp = \frac{3(100 - 2x)}{\sqrt{100x - x^2}} dx ,$$

而所求爲當 $x = 10$, $\triangle x = 2$ 時 $\triangle p$ 的值 , 即

$$\triangle p \approx dp \Big|_{\substack{x=10 \\ dx=2}} = 16 \text{(千元)} 。$$

23. 量度一圓的半徑爲 8 公分 , 其可能的最大誤差爲 0.05 公分 , 問所計算的圓之面積 , 可能的最大誤差爲何 ?

解 由圓的面積公式 $A = \pi r^2$ 知 , $dA = 2\pi r \, dr$, 由於 $|dr| \leqq 0.05$, 即知

$$|dA| = |2\pi r||dr| \leqq 0.1\pi r ,$$

故知量度半徑爲 8 公分之圓 , 其面積 , 可能的最大誤差爲 0.8π (平方公分) 。

24. 一個正立方形金屬盒子每邊長爲 7 吋 , 今將之加熱 , 使邊長增加 0.2 吋 , 求此金屬盒子所增體積的近似值 。

解 由立方體的體積公式 $V = x^3$ 知 , $dV = 3x^2 dx$, 故知邊長增加 0.2 吋 , 此盒子所增體積的近似值爲

$$dV \Big|_{\substack{x=7 \\ dx=0.2}} = 3x^2 dx \Big|_{\substack{x=7 \\ dx=0.2}} = 29.4 \text{(立方吋)} 。$$

25. 於度量一正立方體之邊長時 , 若造成 2% 的誤差 , 則會造成體積多少的誤差 ?

解 由立方體的體積公式 $V = x^3$ 知 , $dV = 3x^2 dx$, 由於邊長的誤差爲 $\frac{dx}{x}$, 從而得體積的誤差爲

$$\frac{dV}{V} = \frac{3x^2 dx}{x^3} = 3 \cdot \frac{dx}{x} ,$$

即知體積的誤差爲邊長誤差的 3 倍 , 故知邊長有 2% 之誤差時 , 此盒子體積的誤差爲 6% 。

4-1

於下列各題中，求函數 f 在 $[a, b]$ 上的絕對極大和絕對極小值。

1. $f(x) = x^3 + x^2 - x + 1$，$[a, b] = [-2, 1]$。

解 由 $f(x) = x^3 + x^2 - x + 1$，知

$$f'(x) = 3x^2 + 2x - 1 = (3x-1)(x+1)，$$

又由

$$f(-2) = -1，\quad f(1) = 2，\quad f(-1) = 2，\quad f(\frac{1}{3}) = \frac{22}{27}，$$

故知 f 在 $[-2, 1]$ 上的絕對極大值為 2，絕對極小值為 -1。

2. $f(x) = x^3 - x^2$，$[a, b] = [0, 5]$。

解 由 $f(x) = x^3 - x^2$，知

$$f'(x) = 3x^2 - 2x = x(3x-2)，$$

又由

$$f(0) = 0，\quad f(5) = 100，\quad f(\frac{2}{3}) = -\frac{4}{27}，$$

故知 f 在 $[0, 5]$ 上的絕對極大值為 100，絕對極小值為 $-\frac{4}{27}$。

3. $f(x) = 2x^3 - 6x$，$[a, b] = [-2, 3]$。

解 由 $f(x) = 2x^3 - 6x$，知

$$f'(x) = 6x^2 - 6 = 6(x-1)(x+1)，$$

又由

$$f(-2) = -4，\quad f(3) = 36，\quad f(-1) = 4，\quad f(1) = -4，$$

故知 f 在 $[-2, 3]$ 上的絕對極大值為 36，絕對極小值為 -4。

4. $f(x) = x^3 - x$，$[a, b] = [0, 2]$。

解 由 $f(x) = x^3 - x$，知

$$f'(x) = 3x^2 - 1 = (\sqrt{3}\,x - 1)(\sqrt{3}\,x + 1)，$$

又由

$$f(0) = 0，\quad f(2) = 6，\quad f(\frac{1}{\sqrt{3}}) = -\frac{2\sqrt{3}}{9}，$$

故知 f 在 $[0, 2]$ 上的絕對極大值為 6，絕對極小值為 $-\frac{2\sqrt{3}}{9}$。

5. $f(x) = \dfrac{1}{x} + x + 2$，$[a,b] = [\dfrac{1}{2}, 2]$。

解 由 $f(x) = \dfrac{1}{x} + x + 2$，知

$$f'(x) = -\dfrac{1}{x^2} + 1 = \dfrac{(x-1)(x+1)}{x^2},$$

由於在區間 $[\dfrac{1}{2}, 2]$ 上，f 只在 $x = 1$ 處的導數為 0，而由

$$f(\dfrac{1}{2}) = \dfrac{9}{2}, \quad f(2) = \dfrac{9}{2}, \quad f(1) = 4,$$

故知 f 在 $[\dfrac{1}{2}, 2]$ 上的絕對極大值為 $\dfrac{9}{2}$，絕對極小值為 4。

6. $f(x) = x^4 - 2x^2$，$[a,b] = [-\dfrac{1}{2}, 3]$。

解 由 $f(x) = x^4 - 2x^2$，知

$$f'(x) = 4x^3 - 4x = 4x(x-1)(x+1),$$

又由

$$f(-\dfrac{1}{2}) = -\dfrac{7}{16}, \quad f(3) = 63, \quad f(0) = 0, \quad f(1) = -1,$$

故知 f 在 $[0, 2]$ 上的絕對極大值為 63，絕對極小值為 -1。

7. $f(x) = x(3-2x)^2$，$[a,b] = [-1, 3]$。

解 由 $f(x) = x(3-2x)^2$，知

$$f'(x) = (3-2x)^2 + 2x(3-2x)(-2) = 3(3-2x)(1-2x),$$

又由

$$f(-1) = -25, \quad f(3) = 27, \quad f(\dfrac{3}{2}) = 0, \quad f(\dfrac{1}{2}) = 2,$$

故知 f 在 $[-1, 3]$ 上的絕對極大值為 27，絕對極小值為 -25。

8. $f(x) = \sqrt[3]{x-3}$，$[a,b] = [2, 4]$。

解 由 $f(x) = \sqrt[3]{x-3}$，知

$$f'(x) = \dfrac{1}{3\sqrt[3]{(x-3)^2}},$$

即知 $f'(x) \neq 0$，且於 $x = 3$ 處 $f'(x)$ 不存在，故考慮下面各值

$$f(2) = -1, \quad f(3) = 0, \quad f(4) = 1,$$

故知 f 在 $[2, 4]$ 上的絕對極大值為 1，絕對極小值為 -1。

9. $f(x) = \sqrt{x^2 - 4x + 4}$，$[a,b] = [0, 3]$。

解 由於 $f(x)=\sqrt{x^2-4x+4}=\sqrt{(x-2)^2}=|x-2|$，故易知 f 在 $[0,3]$ 上的絕對極大值為 $f(0)=2$，絕對極小值為 $f(2)=0$。

10. $f(x)=\sin x-\sin^2 x$，$[a,b]=[0,2\pi]$。

解 由 $f(x)=\sin x-\sin^2 x$，知
$$f'(x)=\cos x-2\sin x\cos x=(\cos x)(1-2\sin x)，$$
又由
$$f(0)=0，\quad f(2\pi)=0，\quad f(\frac{\pi}{6})=\frac{1}{4}，\quad f(\frac{\pi}{2})=0，$$
$$f(\frac{5\pi}{6})=\frac{1}{4}，\quad f(\frac{3\pi}{2})=-2，$$
故知 f 在 $[0,2\pi]$ 上的絕對極大值為 $\frac{1}{4}$，絕對極小值為 -2。

4-2

1. 均值定理中，當 $f(a)=f(b)=0$ 時的特殊情形，稱為**洛爾定理**(Rolle's theorem)，讀者試敍述這個定理。

解 設函數 f 在區間 $[a,b]$ 上為連續，在 (a,b) 上為可微分，且 $f(a)=f(b)=0$，則存在一點 $\overline{x}\in[a,b]$，使 $f'(\overline{x})=0$。

2. 設 $f(x)=x^3-6x^2+10x$，$[a,b]=[1,4]$，求 $\overline{x}\in(a,b)$ 使 $f'(\overline{x})(b-a)=f(b)-f(a)$。

解 因為 $f'(x)=3x^2-12x+10$，故
$$f'(\overline{x})(b-a)=f(b)-f(a)\ \Rightarrow\ 3(3\overline{x}^2-12\overline{x}+10)=8-5$$
$$\Rightarrow\ \overline{x}^2-4\overline{x}+3=0\ \Rightarrow\ (\overline{x}-1)(\overline{x}-3)=0\ \Rightarrow\ \overline{x}=1,3，$$
故知 $\overline{x}=3$ 為所求。

3. 設上題中的資料改為 $f(x)=x^3+2x$，$[a,b]=[1,3]$，試求解之。

解 因為 $f'(x)=3x^2+2$，故
$$f'(\overline{x})(b-a)=f(b)-f(a)\ \Rightarrow\ 2(3\overline{x}^2+2)=33-3$$
$$\Rightarrow\ 3\overline{x}^2=13\ \Rightarrow\ \overline{x}=-\sqrt{\frac{13}{3}},\sqrt{\frac{13}{3}}，$$
故知 $\overline{x}=\sqrt{\frac{13}{3}}$ 為所求。

4. 設 $f(x)=\sqrt[3]{x^2}$，$[a,b]=[-1,1]$，則是否有 $\overline{x}\in(a,b)$ 使 $f'(\overline{x})(b-a)=f(b)-f(a)$？這題的情況和均值定理是否相違？如何解釋？

解 並沒有 $\overline{x}\in(a,b)$ 使 $f'(\overline{x})(b-a)=f(b)-f(a)$，因為 $f(b)-f(a)=0$，

而 $f'(\overline{x})=\dfrac{2}{3\sqrt[3]{x^2}}\neq 0$ 。

這種現象與均值定理並不相違，因 $f(x)=\sqrt[3]{x^2}$ 在區間（ -1 ， 1 ）上的點 0 處不爲可微分，即均值定理的條件並不滿足。

於下列各題（ $5\sim 10$ ）中，問 f 在怎樣的區間上，函數值爲漸增？在怎樣的區間上，函數值爲漸減？

5. $f(x)=-x^3+10$ 。

解 因爲 $f'(x)=-3x^2<0$ ，故知 f 在區間（ $-\infty$ ， ∞ ）上爲漸減，而在任何區間上均不爲漸增。

6. $f(x)=(x-1)(x+2)(3-x)$ 。

解 因爲

$$f'(x)=-3x^2+4x+5=-3\left(x-\frac{2+\sqrt{19}}{3}\right)\left(x-\frac{2-\sqrt{19}}{3}\right),$$

故由下表知

x		$\dfrac{2-\sqrt{19}}{3}$		$\dfrac{2+\sqrt{19}}{3}$	
$f'(x)$	$-$		$+$		$-$

函數 f 在集合（ $-\infty$ ， $\dfrac{2-\sqrt{19}}{3}$ ） $\cup$ （ $\dfrac{2+\sqrt{19}}{3}$ ， ∞ ）上爲漸減，而在區間

（ $\dfrac{2-\sqrt{19}}{3}$ ， $\dfrac{2+\sqrt{19}}{3}$ ）上爲漸增。

7. $f(x)=4+2x-x^3$ 。

解 因爲

$$f'(x)=2-3x^2=-3\left(x-\sqrt{\frac{2}{3}}\right)\left(x+\sqrt{\frac{2}{3}}\right),$$

故由下表知

x		$-\sqrt{\dfrac{2}{3}}$		$\sqrt{\dfrac{2}{3}}$	
$f'(x)$	$-$		$+$		$-$

故知 f 在集合（ $-\infty$ ， $-\sqrt{\dfrac{2}{3}}$ ） $\cup$ （ $\sqrt{\dfrac{2}{3}}$ ， ∞ ）上爲漸減，而在區間（ $-\sqrt{\dfrac{2}{3}}$ ， $\sqrt{\dfrac{2}{3}}$ ）上爲漸增。

8. $f(x)=x^4-3x^2+1$ 。

解 因爲

$$f'(x)=4x^3-6x=2x(\sqrt{2}\,x-\sqrt{3})(\sqrt{2}\,x+\sqrt{3}),$$

故由下表知

x		$-\sqrt{\dfrac{3}{2}}$		0		$\sqrt{\dfrac{3}{2}}$	
$f'(x)$	$-$		$+$		$-$		$+$

故知 f 在集合 $(-\infty,-\sqrt{\dfrac{3}{2}})\cup(0,\sqrt{\dfrac{3}{2}})$ 上爲漸減，而在集合 $(-\sqrt{\dfrac{3}{2}},0)\cup$

$(\sqrt{\dfrac{3}{2}},\infty)$ 上爲漸增。

9. $f(x)=(x-1)^3(x+2)^2$ 。

解 因爲

$$f'(x)=3(x-1)^2(x+2)^2+2(x-1)^3(x+2)$$
$$=(x-1)^2(x+2)(5x+4),$$

故由下表知

x		-2		$-\dfrac{4}{5}$		1	
$f'(x)$	$+$		$-$		$+$		$+$

故知 f 在區間 $(-2,-\dfrac{4}{5})$ 上爲漸減，而在集合 $(-\infty,-2)\cup(-\dfrac{4}{5},\infty)$ 上爲漸增。

10. $f(x)=2x^3+\dfrac{1}{2}x^2-2x+3$ 。

解 因爲

$$f'(x)=6x^2+x-2=(2x-1)(3x+2)$$

故由下表知

x		$\dfrac{-2}{3}$		$\dfrac{1}{2}$	
$f'(x)$	$+$		$-$		$+$

故知 f 在區間 $(-\dfrac{2}{3},\dfrac{1}{2})$ 上爲漸減，而在集合 $(-\infty,-\dfrac{2}{3})\cup(\dfrac{1}{2},\infty)$ 上爲漸

增。

於下列各題（ 11～16 ）中，求函數 f 的極大點和極小點。

11. $f(x)=3x^2-x^3$ 。

解 因為
$$f'(x) = 6x - 3x^2 = 3x(2-x),$$
故由下表知

x		0		2	
$f'(x)$	$-$		$+$		$-$

故知 $x = 0$ 為 f 的極小點，而 $x = 2$ 為 f 的極大點。

12. $f(x) = x^3 - x^2 - x + 2$。

解 因為
$$f'(x) = 3x^2 - 2x - 1 = (3x + 1)(x - 1),$$
故由下表知

x		$-\dfrac{1}{3}$		1	
$f'(x)$	$+$		$-$		$+$

故知 $x = 1$ 為 f 的極小點，而 $x = -\dfrac{1}{3}$ 為 f 的極大點。

13. $f(x) = 2x^4 - x^3 + 7$。

解 因為
$$f'(x) = 8x^3 - 3x^2 = x^2(8x - 3),$$
故由下表知

x		0		$\dfrac{3}{8}$	
$f'(x)$	$-$		$-$		$+$

故知 $x = \dfrac{3}{8}$ 為 f 的極小點，而 f 在 $x = 0$ 處為漸減。

14. $f(x) = x^4 - 2x^3 + 1$。

解 因為
$$f'(x) = 4x^3 - 6x^2 = x^2(4x - 6),$$
故由下表知

x		0		$\dfrac{3}{2}$	
$f'(x)$	$-$		$-$		$+$

故知 $x = \dfrac{3}{2}$ 為 f 的極小點，而 f 在 $x = 0$ 處為漸減。

15. $f(x) = (x-1)^5$。

解 因為

$$f'(x) = 5(x-1)^4,$$

故由下表知

x	1	
$f'(x)$	$+$	$+$

故知 f 無極大點與極小點，而 f 在 $x=1$ 處爲漸增。

16. $f(x) = x^4 - 3x^2 + 3$ 。

解 因爲

$$f'(x) = 4x^3 - 6x = 2x(\sqrt{2}\,x - \sqrt{3})(\sqrt{2}\,x + \sqrt{3}),$$

故由下表知

x	$-\sqrt{\dfrac{3}{2}}$		0		$\sqrt{\dfrac{3}{2}}$	
$f'(x)$	$-$		$+$	$-$		$+$

故知 $x = \pm\sqrt{\dfrac{3}{2}}$ 爲 f 的極小點，而 $x = 0$ 爲 f 的極大點。

17. 證明：對任意 $x \geq 0$ 而言，恆有 $x - \dfrac{x^3}{6} \leq \sin x$ 。

證 令 $f(x) = x - \dfrac{x^3}{6} - \sin x$ 。則因

$$f'(x) = 1 - \frac{x^2}{2} - \cos x \;, \; f''(x) = -x + \sin x \;, \; f'''(x) = -1 + \cos x \;,$$

由於 $f'''(x) \leq 0$ ，故知 f'' 爲減函數，即 $f''(x) \leq f''(0) = 0$ ，對任意 $x \geq 0$ 均成立；並從而知 f' 在區間 $[\,0\,, \infty)$ 上爲減函數，因而知 $f'(x) \leq f'(0) = 0$ ，對任意 $x \geq 0$ 均成立，更進而知 f 在區間 $[\,0\,, \infty)$ 上爲減函數，即得 $f(x) \leq f(0) = 0$ ，對任意 $x \geq 0$ 均成立，亦即知對任意 $x \geq 0$ 而言，恆有 $x - \dfrac{x^3}{6} \leq \sin x$ 。

18. 設 n 爲任意正整數，證明：對任意 $x \geq 1$ 而言，皆有 $x^n - 1 \geq n(x-1)$ 。

證 令 $f(x) = (x^n - 1) - (n(x-1))$ 。則因

$$f'(x) = nx^{n-1} - n = n(x^{n-1} - 1) \geq 0 \;, \; 對任意 \; x \geq 1 \; 均成立 ,$$

故知 f 在區間 $[\,1\,, \infty)$ 上爲增函數，即得 $0 = f(1) \leq f(x)$ ，對任意 $x \geq 1$ 均成立，亦即知對任意 $x \geq 1$ 而言，皆有 $x^n - 1 \geq n(x-1)$ 。

19. 設 $f(x)$ 和 $g(x)$ 都是可微分函數，且 $f'(x) = g'(x)$ ，對每一 $x \in (a\,, b)$ 都成立。並有一點 $x_0 \in (a\,, b)$ ，使 $f(x_0) = g(x_0)$ ，證明：$f(x) = g(x)$ ，對每一 $x \in (a\,, b)$ 都成立。

證 由於 $f'(x) = g'(x)$ ，對每一 $x \in (a\,, b)$ 都成立，故知存在一常數 k ，使

$$f(x) = g(x) + k \;, \; 對每一 \; x \in (a\,, b) \; 都成立 。$$

但因有一點 x_0 使 $f(x_0) = g(x_0)$ ，故 $k = 0$ ，此即證明了 $f(x) = g(x)$ ，對每一 $x \in (a, b)$ 都成立。

20. 試利用定理 4-4（i）證明：$\text{Sin}^{-1} x + \text{Cos}^{-1} x = \dfrac{\pi}{2}$ ，$x \in (-1, 1)$ 。

證 因為對任一 $x \in (-1, 1)$ 而言，

$$D(\text{Sin}^{-1} x + \text{Cos}^{-1} x) = \frac{1}{\sqrt{1-x^2}} + \frac{-1}{\sqrt{1-x^2}} = 0 ,$$

故知存在一常數 k ，使

$$\text{Sin}^{-1} x + \text{Cos}^{-1} x = k , \quad x \in (-1, 1) 。$$

即知

$$\text{Sin}^{-1} 0 + \text{Cos}^{-1} 0 = k , \quad k = \frac{\pi}{2} ,$$

而本題得證。

21. 試利用定理 4-4（i）證明：$\text{Tan}^{-1} x = \text{Cot}^{-1} \dfrac{1-x}{1+x} - \dfrac{\pi}{4}$ ，$x > 0$ 。

證 因為對 $x > 0$ 而言，

$$D\left(\text{Cot}^{-1} \frac{1-x}{1+x}\right) = \frac{-1}{1 + (\frac{1-x}{1+x})^2} \cdot D\left(\frac{1-x}{1+x}\right)$$

$$= \frac{-(1+x)^2}{2(1+x^2)} \cdot \frac{-2}{(1+x)^2} = \frac{1}{1+x^2} = D(\text{Tan}^{-1} x) ,$$

故知

$$\text{Tan}^{-1} x = \text{Cot}^{-1} \frac{1-x}{1+x} + k , \quad x > 0 ,$$

即知

$$\text{Tan}^{-1} 1 = \text{Cot}^{-1} 0 + k , \quad k = \frac{\pi}{4} - \frac{\pi}{2} = -\frac{\pi}{4} ,$$

而本題得證。

22. 我們知道 $D \sin x = \cos x$ ，$D \cos x = -\sin x$ ，$\sin 0 = 0$ ，$\cos 0 = 1$ 。今設 f ，g 為二可微分函數，且 $Df = g$ ，$Dg = -f$ ，$f(0) = 0$ ，$g(0) = 1$ ，證明： $f(x) = \sin x$ ，$g(x) = \cos x$ 。

（提示：設 $F(x) = (f(x) - \sin x)^2 + (g(x) - \cos x)^2$ ，並求 $F'(x)$）

證 令 $F(x) = (f(x) - \sin x)^2 + (g(x) - \cos x)^2$ ，則

$$F'(x) = 2(f(x) - \sin x) \cdot D(f(x) - \sin x) + 2(g(x) - \cos x) \cdot$$
$$D(g(x) - \cos x)$$

$$= 2 (f(x) - \sin x) \cdot (f'(x) - \cos x) + 2 (g(x) - \cos x) \cdot$$
$$(g'(x) + \sin x)$$
$$= 2 (f(x) - \sin x) \cdot (g(x) - \cos x) + 2 (g(x) - \cos x) \cdot$$
$$(-f'(x) + \sin x)$$
$$= 0 ,$$

故知 F 爲一常數函數，即有一常數 k 使 $F(x) = k$ ，對每一 x 均成立，亦即

$$F(x) = (f(x) - \sin x)^2 + (g(x) - \cos x)^2 = k ，對每一 x 均成立，$$

從而知

$$F(0) = k = (f(0) - \sin 0)^2 + (g(0) - \cos 0)^2 = 0 ，$$

而知

$$(f(x) - \sin x)^2 + (g(x) - \cos x)^2 = 0 ，$$

即知

$$(f(x) - \sin x)^2 = 0 ， (g(x) - \cos x)^2 = 0 ，$$

$$f(x) = \sin x ， g(x) = \cos x ，$$

而本題得證。

4-3

證明下面各題：（ 1 ～ 10 ）

1. $\displaystyle\int x (x^2 + 1)^5 \, dx = \frac{(x^2 + 1)^6}{12} + c$

解 因 $D \dfrac{(x^2 + 1)^6}{12} = \dfrac{(x^2 + 1)^5}{2} \cdot 2x = x (x^2 + 1)^5$ ，故

$$\int x (x^2 + 1)^5 \, dx = \frac{(x^2 + 1)^6}{12} + c 。$$

2. $\displaystyle\int \frac{x}{\sqrt{1 + x^2}} \, dx = \sqrt{1 + x^2} + c$

解 因 $D (\sqrt{1 + x^2}) = \dfrac{1}{2} \cdot \dfrac{1}{\sqrt{1 + x^2}} \cdot 2x = \dfrac{x}{\sqrt{1 + x^2}}$ ，故

$$\int \frac{x}{\sqrt{1 + x^2}} \, dx = \sqrt{1 + x^2} + c 。$$

3. $\displaystyle\int \sqrt{1 - x^2} \, dx = \frac{x \sqrt{1 - x^2} + \mathrm{Sin}^{-1} x}{2} + c$

解 因 $D \dfrac{(x \sqrt{1 - x^2} + \mathrm{Sin}^{-1} x)}{2} = \dfrac{1}{2} (\sqrt{1 - x^2} - \dfrac{x^2}{\sqrt{1 - x^2}} + \dfrac{1}{\sqrt{1 - x^2}})$

$$= \frac{1}{2} (2 \sqrt{1-x^2}) = \sqrt{1-x^2} \ , \ \text{故}$$

$$\int \sqrt{1-x^2} \, dx = \frac{(x\sqrt{1-x^2} + \mathrm{Sin}^{-1} x)}{2} + c \ \text{。}$$

4. $\displaystyle \int \sin 4x \, dx = \frac{\cos 4x}{4} + c$

解　因 $D (\dfrac{-\cos 4x}{4}) = \dfrac{1}{4} \sin 4x \, (4) = \sin 4x$ ，故 $\displaystyle \int \sin 4x \, dx = \frac{-\cos 4x}{4} + c$ 。

5. $\displaystyle \int \sin^3 x \, \cos^2 x \, dx = \frac{-\cos^3 x}{3} + \frac{\cos^5 x}{5} + c$

解　因 $D (\dfrac{-\cos^3 x}{3} + \dfrac{\cos^5 x}{5}) = (-\cos^2 x) (-\sin x) + (\cos^4 x) (-\sin x)$

$\qquad = (-\sin x) (\cos^4 x - \cos^2 x) = (-\sin x) (\cos^2 x) (\cos^2 x - 1)$

$\qquad = \sin^3 x \, \cos^2 x \ ,$

故 $\displaystyle \int \sin^3 x \, \cos^2 x \, dx = \frac{-\cos^3 x}{3} + \frac{\cos^5 x}{5} + c$ 。

6. $\displaystyle \int (\sin^2 x + \cos^2 x)^5 \, dx = x + c$

解　因 $D x = 1 = (\sin^2 x + \cos^2 x)^5$ ，故 $\displaystyle \int (\sin^2 x + \cos^2 x)^5 \, dx = x + c$ 。

7. $\displaystyle \int \frac{1}{1+4x^2} \, dx = \frac{\mathrm{Tan}^{-1} 2x}{2} + c$

解　因 $D \dfrac{\mathrm{Tan}^{-1} 2x}{2} = \dfrac{1}{2} \cdot \dfrac{1}{1+(2x)^2} \cdot 2 = \dfrac{1}{1+4x^2}$ ，故

$$\int \frac{1}{1+4x^2} \, dx = \frac{\mathrm{Tan}^{-1} 2x}{2} + c \ \text{。}$$

8. $\displaystyle \int \cot^2 x \, dx = -\cot x - x + c$

解　因 $D(-\cot x - x) = \csc^2 x - 1 = \cot^2 x$ ，故 $\displaystyle \int \cot^2 x \, dx = -\cot x - x + c$ 。

9. $\displaystyle \int \frac{1}{(1+\sqrt{x})^3} \, dx = -\frac{1+2\sqrt{x}}{(1+\sqrt{x})^2} + c$

解　因 $D (-\dfrac{1+2\sqrt{x}}{(1+\sqrt{x})^2}) = -(\dfrac{1}{\sqrt{x}} (1+\sqrt{x})^{-2} - 2 (1+2\sqrt{x}) (1+\sqrt{x})^{-3} (\dfrac{1}{2\sqrt{x}}))$

$$=-\left(\frac{1}{\sqrt{x}}+1-\frac{1}{\sqrt{x}}-2\right)(1+\sqrt{x})^{-3}=\frac{1}{(1+\sqrt{x})^3},$$

故 $\displaystyle\int\frac{1}{(1+\sqrt{x})^3}\,dx=-\frac{1+2\sqrt{x}}{(1+\sqrt{x})^2}+c$。

10. $\displaystyle\int\frac{\sqrt{x^2-9}}{x}\,dx=\sqrt{x^2-9}-3\,\mathrm{Sec}^{-1}\frac{x}{3}+c$

解　因 $D\left(\sqrt{x^2-9}-3\,\mathrm{Sec}^{-1}\dfrac{x}{3}\right)=\dfrac{x}{\sqrt{x^2-9}}-3\cdot\dfrac{1}{\dfrac{x}{3}\sqrt{\dfrac{x^2}{9}-1}}\cdot\dfrac{1}{3}$

$$=\frac{x}{\sqrt{x^2-9}}-\frac{9}{x\sqrt{x^2-9}}=\frac{x^2-9}{x\sqrt{x^2-9}}=\frac{\sqrt{x^2-9}}{x},$$

故 $\displaystyle\int\frac{\sqrt{x^2-9}}{x}\,dx=\sqrt{x^2-9}-3\,\mathrm{Sec}^{-1}\frac{x}{3}+c$。

求下面各題：（11～19）

11. $\displaystyle\int 4x^2\,dx$

解　$\displaystyle\int 4x^2\,dx=\frac{4}{3}x^3+c$。

12. $\displaystyle\int 5\,dx$

解　$\displaystyle\int 5\,dx=5x+c$。

13. $\displaystyle\int 3x-x^2+5x^3\,dx$

解　$\displaystyle\int 3x-x^2+5x^3\,dx=\frac{3x^2}{2}-\frac{x^3}{3}+\frac{5x^4}{4}+c$。

14. $\displaystyle\int (2-3x)^3\,dx$

解　$\displaystyle\int(2-3x)^3\,dx=\int 8-36x+54x^2-27x^3\,dx=8x-18x^2+18x^3-\frac{27}{4}x^4+c$。

15. $\displaystyle\int x\sqrt{x}\,dx$

解　$\displaystyle\int x\sqrt{x}\,dx=\int x^{\frac{3}{2}}\,dx=\frac{2}{5}x^{\frac{5}{2}}+c=\frac{2}{5}x^2\sqrt{x}+c$。

16. $\int (x^2 + \dfrac{1}{x^2})^2 \, dx$

解 $\int (x^2 + \dfrac{1}{x^2})^2 \, dx = \int x^4 + 2 + \dfrac{1}{x^4} \, dx = \dfrac{x^5}{5} + 2x - \dfrac{1}{3x^3} + c$ 。

17. $\int \dfrac{5 + x + x^2}{\sqrt{x}} \, dx$

解 $\int \dfrac{5 + x + x^2}{\sqrt{x}} \, dx = \int (\dfrac{5}{\sqrt{x}} + \sqrt{x} + x^{\frac{3}{2}}) \, dx = 10\sqrt{x} + \dfrac{2}{3} x^{\frac{3}{2}} + \dfrac{2}{5} x^{\frac{5}{2}} + c$

$\qquad = \dfrac{\sqrt{x}}{15} (150 + 10x + 6x^2) + c$ 。

18. $\int (x + \sqrt[3]{x})^3 \, dx$

解 $\int (x + \sqrt[3]{x})^3 \, dx = \int x^3 + 3x^{\frac{7}{3}} + 3x^{\frac{5}{3}} + x \, dx = \dfrac{x^4}{4} + \dfrac{9}{10} x^{\frac{10}{3}} + \dfrac{9}{8} x^{\frac{8}{3}} + \dfrac{x^2}{2} + c$ 。

19. $\int (2x - \sqrt[3]{x^2})^2 \, dx$

解 $\int (2x - \sqrt[3]{x^2})^2 \, dx = \int 4x^2 - 4x^{\frac{5}{3}} + x^{\frac{4}{3}} \, dx = \dfrac{4}{3} x^3 - \dfrac{3}{2} x^{\frac{8}{3}} + \dfrac{3}{7} x^{\frac{7}{3}} + c$ 。

於下列各題（ $20 \sim 23$ ）中，求 $f(x)$ 。

20. $f'(x) = 1 - x + x^2$, $f(0) = -2$ 。

解 因為

$$f'(x) = 1 - x + x^2 \quad \Rightarrow \quad f(x) = x - \dfrac{x^2}{2} + \dfrac{x^3}{3} + k \, ,$$

故由 $f(0) = -2$ 知， $k = -2$ ，從而知 $f(x) = x - \dfrac{x^2}{2} + \dfrac{x^3}{3} - 2$ 。

21. $f'(x) = x^3 - 2\sqrt{x} + 3$, $f(1) = 3$ 。

解 因為

$$f'(x) = x^3 - 2\sqrt{x} + 3 \quad \Rightarrow \quad f(x) = \dfrac{x^4}{4} - \dfrac{4}{3} x^{\frac{3}{2}} + 3x + k \, ,$$

故由 $f(1) = 3$ 知， $k = \dfrac{13}{12}$ ，從而知 $f(x) = \dfrac{x^4}{4} - \dfrac{4}{3} x^{\frac{3}{2}} + 3x + \dfrac{13}{12}$ 。

22. $f'(x) = \dfrac{1}{1 + x^2}$, $f(1) = 5$ 。

解 因為

$$f'(x) = \frac{1}{1+x^2} \quad \Rightarrow \quad f(x) = \text{Tan}^{-1} x + k \ ,$$

故由 $f(1) = 5$ 知，$k = 5 - \dfrac{\pi}{4}$，從而知 $f(x) = \text{Tan}^{-1} x + 5 - \dfrac{\pi}{4}$。

23. $f''(x) = 2\sqrt{x}$，$f'(4) = 6$，$f(1) = \dfrac{1}{4}$。

解 因為

$$f''(x) = 2\sqrt{x} \quad \Rightarrow \quad f'(x) = \frac{4}{3} x^{\frac{3}{2}} + k_1 \ ,$$

故由 $f'(4) = 6$ 知，$k_1 = -\dfrac{14}{3}$，而知 $f'(x) = \dfrac{4}{3} x^{\frac{3}{2}} - \dfrac{14}{3}$。由於

$$f'(x) = \frac{4}{3} x^{\frac{3}{2}} - \frac{14}{3} \quad \Rightarrow \quad f(x) = \frac{8}{15} x^{\frac{5}{2}} - \frac{14}{3} x + k \ ,$$

故由 $f(1) = \dfrac{1}{4}$ 知，$k = \dfrac{263}{60}$，從而知 $f(x) = \dfrac{8}{15} x^{\frac{5}{2}} - \dfrac{14}{3} x + \dfrac{263}{60}$。

24. 下面二式是否正確？證明或舉出反例。

$$\int f(x)\, g(x)\, dx = \left(\int f(x)\, dx \right) \left(\int g(x)\, dx \right) \ ;$$

$$\int \frac{f(x)}{g(x)}\, dx = \frac{\displaystyle\int f(x)\, dx}{\displaystyle\int g(x)\, dx} \ .$$

解 此二式皆不正確：令 $f(x) = g(x) = x$，則第一式左邊為 3 次式，而右邊為 4 次式，而第二式左邊為 1 次式，右邊則為 1。

0-0

本節只擇其中四題作圖於下，以作為參考。

8. $f(x) = x^5 - 5x^4$。

解 先求出第一及第二階導函數，以觀其符號的變化：

$$f'(x) = 5x^4 - 20x^3 = 5x^3 (x-4) \ ,$$

x		0		4	
$f'(x)$	+		−		+

$$f''(x) = 20x^3 - 60x^2 = 20x^2 (x-3) \ ,$$

x		0		3	
$f''(x)$	$-$		$-$		$+$

由上表可知，0 爲極大點，4 爲極小點，同時 3 爲反曲點。又，此函數圖形和 x 軸交於
0 和 5 二點，作圖如下：（注意二坐標軸的單位長不相等）

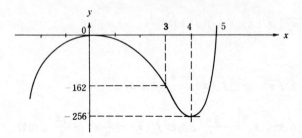

15. $f(x) = (x+4)(x+1)^2$。

解 由於

$$f'(x) = (x+1)^2 + 2(x+4)(x+1) = 3(x+1)(x+3),$$

x		-3		-1	
$f'(x)$	$+$		$-$		$+$

$$f''(x) = 6(x+2),$$

x		-2	
$f''(x)$	$-$		$+$

由上表可知，-3 爲極大點，-1 爲極小點，同時 2 爲反曲點。又，此函數圖形和 x 軸
交於 -4 和 -1 二點，y 軸交於點 4，作圖如下：

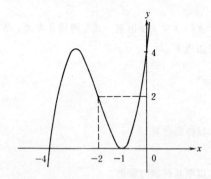

17. $f(x) = \sqrt{x^4 - x^2 + 5}$。

解 首先我們應可注意到，此函數的圖形對 y 軸爲對稱，故可考慮 $x > 0$ 的部份之圖形。
由於

$$f'(x) = \frac{x(\sqrt{2}\,x - 1)(\sqrt{2}\,x + 1)}{\sqrt{x^4 - x^2 + 5}},$$

$$f''(x) = \frac{2x^6 - 3x^4 + 30x^2 - 5}{\sqrt{(x^4 - x^2 + 5)^3}},$$

其中 $f''(x)$ 的分母為正（因 $x^4 - x^2 + 5 = (x^2 - \frac{1}{2})^2 + \frac{19}{4} > 0$），而分子部份

$$g(x) = 2x^6 - 3x^4 + 30x^2 - 5, \quad g'(x) = 12x(x^4 - x^2 + 5),$$

可知於 $x > 0$ 的部份，g 為增函數，而由其為多項函數可易勘知，g 的正根 c 介於

$\frac{1}{3}$ 及 $\frac{1}{2}$ 之間，更進而知 f 的反曲點為 c，於其右 f 為凹向上，於其左 f 為凹向下，從

而可作出 f 的近似圖形如下：

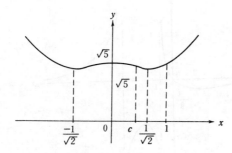

24. $f(x) = \dfrac{x}{(x-4)(x-1)}$。

解 因為

$$\lim_{x \to \infty} f(x) = \lim_{x \to -\infty} f(x) = 0,$$

知 x 軸為函數圖形的水平漸近線；且由函數值的符號：

x		0		1		4	
f	$-$		$+$		$-$		$+$

易知

$$\lim_{x \to 1^+} f(x) = -\infty, \quad \lim_{x \to 1^-} f(x) = \infty; \quad \lim_{x \to 4^+} f(x) = \infty, \quad \lim_{x \to 4^-} f(x) = -\infty;$$

而知 $x = 1$ 及 $x = 4$ 為函數圖形的垂直漸近線。此外，由

$$f'(x) = ((x-4)(x-1))^{-1} - x(2x-5)((x-4)(x-1))^{-2}$$

$$= \frac{(2+x)(2-x)}{((x-4)(x-1))^2},$$

$$f''(x) = -2x((x-4)(x-1))^{-2} + (-2)(4 - x^2((x-4)(x-1))^{-3}(2x-5))$$

$$= \frac{2(x^3 - 12x + 20)}{((x-4)(x-1))^3},$$

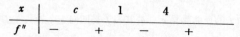

x		-2		1		2		4	
f'	$-$		$+$		$+$		$-$		$-$

考慮 $f''(x)$ 分子部份

$$g(x)=2(x^3-12x+20)\ ,\ g'(x)=6(x-2)(x+2)\ ,$$

由 g 的圖形知，知 g 只有唯一負根 c，而由 g 為多項函數可易勘查知，g 的根 c 介於 -5 及 -4 之間。更由下表中 f'' 的符號：

x		c		1		4	
f''	$-$		$+$		$-$		$+$

知 c 為 f 的反曲點，也知 f 圖形在各部份的凹向性，今作圖於下：

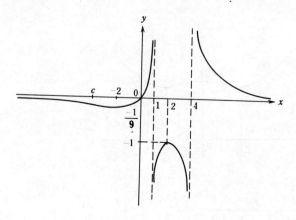

4-5

求下列各題之極限。

1. $\displaystyle\lim_{x\to 0}\frac{x-5x^2}{\sin 7x}$

解 $\displaystyle\lim_{x\to 0}\frac{x-5x^2}{\sin 7x}=\lim_{x\to 0}\frac{1-10x}{7\cos 7x}=\frac{1}{7}$ 。

2. $\displaystyle\lim_{x\to 0}\frac{-\cos 3x+1}{2x^2}$

解 $\displaystyle\lim_{x\to 0}\frac{-\cos 3x+1}{2x^2}=\lim_{x\to 0}\frac{3\sin 3x}{4x}=\lim_{x\to 0}\frac{9\cos 3x}{4}=\frac{9}{4}$ 。

3. $\displaystyle\lim_{x\to 0}\frac{\sin 4x}{x^2\sin 3x}$

解 $\lim\limits_{x \to 0} \dfrac{\sin 4x}{x^2 \sin 3x} = \lim\limits_{x \to 0} \dfrac{4 \cos 4x}{2x \sin 3x + 3x^2 \cos 3x} = \infty$。

上式中，當 $x \to 0$ 時，分子及分母中的第二項為正，而分母的第一項則於 x 為正時，二個因子均為正，而於 x 為負時，二個因子均為負，故知乘積亦為正。

4. $\lim\limits_{x \to 0^-} \dfrac{\sin 2x}{1 - \cos 3x}$

解 $\lim\limits_{x \to 0^-} \dfrac{\sin 2x}{1 - \cos 3x} = \lim\limits_{x \to 0^-} \dfrac{2 \cos 2x}{3 \sin 3x} = -\infty$。

5. $\lim\limits_{x \to 0} \dfrac{\sqrt{1 - \cos 5x}}{x^2}$

解 $\lim\limits_{x \to 0} \dfrac{\sqrt{1 - \cos 5x}}{x^2} = \lim\limits_{x \to 0} \dfrac{\dfrac{5 \sin 5x}{2\sqrt{1 - \cos 5x}}}{2x}$

$$= \lim\limits_{x \to 0} \left(\dfrac{\sin 5x}{5x} \cdot \dfrac{25}{4} \cdot \dfrac{1}{\sqrt{1 - \cos 5x}} \right) = \infty。$$

6. $\lim\limits_{x \to 0} \dfrac{1 - \cos 2x}{1 - \cos 3x}$

解 $\lim\limits_{x \to 0} \dfrac{1 - \cos 2x}{1 - \cos 3x} = \lim\limits_{x \to 0} \dfrac{2 \sin 2x}{3 \sin 3x} = \lim\limits_{x \to 0} \dfrac{4 \cos 2x}{9 \cos 3x} = \dfrac{4}{9}$。

7. $\lim\limits_{x \to 0} \dfrac{\tan 3x}{x}$

解 $\lim\limits_{x \to 0} \dfrac{\tan 3x}{x} = \lim\limits_{x \to 0} \dfrac{3 \sec^2 3x}{1} = 3$。

8. $\lim\limits_{x \to 0} \dfrac{\sin 2x}{3x^2 + 4x}$

解 $\lim\limits_{x \to 0} \dfrac{\sin 2x}{3x^2 + 4x} = \lim\limits_{x \to 0} \dfrac{2 \cos 2x}{6x + 4} = \dfrac{2}{4} = \dfrac{1}{2}$。

9. $\lim\limits_{x \to 0} \dfrac{\sec x - \cos 2x}{x^2}$

解 $\lim\limits_{x \to 0} \dfrac{\sec x - \cos 2x}{x^2} = \lim\limits_{x \to 0} \dfrac{\sec x \tan x + 2 \sin 2x}{2x}$

$$= \lim\limits_{x \to 0} \dfrac{\sec x \tan^2 x + \sec^3 x + 4 \cos 2x}{2} = \dfrac{5}{2}。$$

10. $\lim\limits_{x \to 0^+} \dfrac{\sin x}{\sqrt{x}}$

解 $\displaystyle\lim_{x\to 0+}\frac{\sin x}{\sqrt{x}}=\lim_{x\to 0+}\frac{\cos x}{\dfrac{1}{2\sqrt{x}}}=\lim_{x\to 0+}(\,2\sqrt{x}\,\cos x\,)=0$ 。

11. $\displaystyle\lim_{x\to 0}\frac{x-\sin x}{x-\tan x}$

解 $\displaystyle\lim_{x\to 0}\frac{x-\sin x}{x-\tan x}=\lim_{x\to 0}\frac{1-\cos x}{1-\sec^2 x}=\lim_{x\to 0}\frac{\sin x}{2\sec^2 x\,\tan x}$

$$=\lim_{x\to 0}\frac{\cos x}{4\sec^2 x\,\tan^2 x+2\sec^4 x}=\frac{1}{2}$$ 。

12. $\displaystyle\lim_{x\to\infty}\left(\,x\,\mathrm{Tan}^{-1}\frac{1}{x}\,\right)$

解 $\displaystyle\lim_{x\to\infty}\left(\,x\,\mathrm{Tan}^{-1}\frac{1}{x}\,\right)=\lim_{x\to\infty}\frac{\mathrm{Tan}^{-1}\dfrac{1}{x}}{\dfrac{1}{x}}=\lim_{x\to\infty}\frac{\dfrac{1}{1+\left(\dfrac{1}{x}\right)^2}\left(\dfrac{-1}{x^2}\right)}{\dfrac{-1}{x^2}}$

$$=\lim_{x\to\infty}\frac{1}{1+\left(\dfrac{1}{x}\right)^2}=1$$ 。

13. $\displaystyle\lim_{x\to\infty}\frac{\mathrm{Cot}^{-1}x}{\mathrm{Tan}^{-1}\dfrac{1}{x}}$

解 $\displaystyle\lim_{x\to\infty}\frac{\mathrm{Cot}^{-1}x}{\mathrm{Tan}^{-1}\dfrac{1}{x}}=\lim_{x\to\infty}\frac{\dfrac{-1}{1+x^2}}{\dfrac{1}{1+\left(\dfrac{1}{x}\right)^2}\left(-\dfrac{1}{x^2}\right)}=\lim_{x\to\infty}(\,1\,)=1$ 。

14. $\displaystyle\lim_{x\to -\infty}\frac{\mathrm{Tan}^{-1}x}{\mathrm{Cot}^{-1}x}$

解 $\displaystyle\lim_{x\to -\infty}\frac{\mathrm{Tan}^{-1}x}{\mathrm{Cot}^{-1}x}=\frac{\displaystyle\lim_{x\to -\infty}\mathrm{Tan}^{-1}x}{\displaystyle\lim_{x\to -\infty}\mathrm{Cot}^{-1}x}=\frac{-\dfrac{\pi}{2}}{\pi}=-\frac{1}{2}$ 。

15. $\displaystyle\lim_{x\to\infty}x\left(\,\mathrm{Tan}^{-1}x-\frac{\pi}{2}\,\right)$

解　$\displaystyle\lim_{x\to\infty} x\ (\operatorname{Tan}^{-1} x - \frac{\pi}{2}) = \lim_{x\to\infty} \frac{\operatorname{Tan}^{-1} x - \dfrac{\pi}{2}}{\dfrac{1}{x}} = \lim_{x\to\infty} \frac{\dfrac{1}{1+x^2}}{\dfrac{-1}{x^2}}$

$$= \lim_{x\to\infty} \frac{-x^2}{1+x^2} = -1 \ \text{。}$$

16. $\displaystyle\lim_{x\to 3} \frac{1 + \tan\dfrac{\pi x}{4}}{\cos\dfrac{\pi x}{2}}$

解　$\displaystyle\lim_{x\to 3} \frac{1 + \tan\dfrac{\pi x}{4}}{\cos\dfrac{\pi x}{2}} = \lim_{x\to 3} \frac{\dfrac{\pi}{4}\sec^2\dfrac{\pi x}{4}}{\dfrac{-\pi}{2}\sin\dfrac{\pi x}{2}} = 1 \ \text{。}$

17. $\displaystyle\lim_{x\to\frac{\pi}{2}} \frac{\cos^2 x - 1}{x^2 - 1}$

解　$\displaystyle\lim_{x\to\frac{\pi}{2}} \frac{\cos^2 x - 1}{x^2 - 1} = \frac{-1}{\dfrac{\pi^2}{4} - 1} = \frac{4}{4 - \pi^2} \ \text{。}$

18. $\displaystyle\lim_{x\to 0} \frac{x^2 \sin\dfrac{1}{x}}{\sin x}$

解　$\displaystyle\lim_{x\to 0} \frac{x^2 \sin\dfrac{1}{x}}{\sin x} = \lim_{x\to 0} x \sin\frac{1}{x} \cdot \lim_{x\to 0} \frac{1}{\sin x} = 0 \cdot 1 = 0 \ \text{。}$

19. $\displaystyle\lim_{x\to 0} \frac{\sqrt{1+3x} - \sqrt{1-2x}}{x}$

解　$\displaystyle\lim_{x\to 0} \frac{\sqrt{1+3x} - \sqrt{1-2x}}{x} = \lim_{x\to 0} \left(\frac{3}{2\sqrt{1+3x}} - \frac{-2}{2\sqrt{1-2x}} \right) = \frac{3}{2} + 1 = \frac{5}{2} \ \text{。}$

20. $\displaystyle\lim_{x\to 0} \frac{\sqrt{1-x} + x - \sqrt{1+x}}{x^3}$

解　$\displaystyle\lim_{x\to 0} \frac{\sqrt{1-x} + x - \sqrt{1+x}}{x^3} = \lim_{x\to 0} \frac{-\dfrac{1}{2}(1-x)^{-\frac{1}{2}} + 1 - \dfrac{1}{2}(1+x)^{-\frac{1}{2}}}{3x^2}$

$$= \lim_{x \to 0} \frac{-\frac{1}{4}(1-x)^{-\frac{3}{2}} + \frac{1}{4}(1+x)^{-\frac{3}{2}}}{6x}$$

$$= \lim_{x \to 0} \frac{-\frac{3}{8}(1-x)^{-\frac{5}{2}} - \frac{3}{8}(1+x)^{-\frac{5}{2}}}{6} = -\frac{1}{8} \text{。}$$

5-1

1. 生產某物品的固定成本爲 1500 元，而生產 x 單位的變動成本爲 $10\,x + 12\,\sqrt{x}$ ，求

(i) 生產 49 單位的總成本 。

(ii) 邊際成本函數 。

(iii) 生產 49 單位時的邊際成本 。

(iv) 生產第 50 單位物品的眞正成本 。

解 (i) 生產物品 x 個的總成本爲

$$TC(x) = 1,500 + 10\,x + 12\,\sqrt{x}\ ,$$

故生產 49 單位的總成本爲

$$TC(49) = 1,500 + 10 \cdot 49 + 12\,\sqrt{49} = 2074\ (元)。$$

(ii) 邊際成本函數爲

$$TC'(x) = 10 + \frac{6}{\sqrt{x}}。$$

(iii) 生產 49 單位時的邊際成本爲

$$TC'(49) = 10 + \frac{6}{\sqrt{49}} = 10 + \frac{6}{7} \approx 10.86\ (元)。$$

(iv) 生產第 50 單位物品的眞正成本爲

$$TC(50) - TC(49) = 10 + 12\,(\sqrt{50} - 7) \approx 10.85\ (元)。$$

2. 設生產某物品的總成本爲

$$TC(x) = (x - 8)^2\,(x + 1) + 500 ,$$

(i) 求生產的固定成本 。

(ii) 求邊際成本函數 。

(iii) 求有最小邊際成本之生產量 。

解 (i) 生產的固定成本爲 $TC(0) = 564$ 。

(ii) 邊際成本函數爲

$$MC(x) = TC'(x) = 2(x - 8)(x + 1) + (x - 8)^2$$
$$= (x - 8)((2x + 2) + (x - 8))$$
$$= 3(x - 8)(x - 2)。$$

(iii) 由於

$$MC'(x) = 6(x - 5),$$

故知 $x = 5$ 時有最小的邊際成本 。

3. 生產某物品的總成本函數爲

$$TC(x) = \frac{x^3}{3} - 25x^2 + 640x + 1000,$$

（ｉ）　固定成本爲何？

（ｉｉ）　邊際成本函數爲何？試繪其圖形。

（ｉｉｉ）　最小的邊際成本爲何？

（ｉｖ）　在怎樣的生產量時，爲規模的經濟，可使邊際成本下降？

（ｖ）　在怎樣的生產量時，爲規模的不經濟，導致邊際成本上升？

解　（ｉ）　固定成本爲 $TC(0) = 1,000$。

（ｉｉ）　邊際成本函數爲

$$MC(x) = TC'(x) = x^2 - 50x + 640 = (x - 25)^2 + 15,$$

其圖形爲如下所示的拋物線的部份：

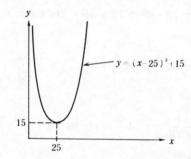

（ｉｉｉ）　由（ｉｉ）易知 $x = 25$ 時，有最小的邊際成本。

（ｉｖ）　由（ｉｉ）易知 $x < 25$ 時，可使邊際成本下降。

（ｖ）　由（ｉｉ）易知 $x > 25$ 時，可使邊際成本上升。

4. 某專賣物品的需求函數爲 $x = D(p) = 1000 - 4p$，試求其總收入及邊際收入函數。

解　設總收入爲需求量 x 的函數 $TR(x)$，則

$$TR(x) = xp = x(D^{-1}(x)) = x\left(250 - \frac{x}{4}\right),$$

而邊際收入函數爲

$$MR(x) = TR'(x) = 250 - \frac{x}{2}。$$

5. 設納稅義務人之應納稅款 $T(Y)$ 爲其所得 Y 的可微分函數，我們稱 $T'(Y)$ 爲邊際稅率。今設 $T(Y) = \frac{3}{2500}\sqrt{Y^3}$，則

（ｉ）當所得爲 $10,000$ 元時，邊際稅率爲何？

（ｉｉ）若邊際稅率因所得的增加而增加時，則稱此種稅爲前進的。問上述之稅是否爲前進的？

(iii) 若所得爲 Y 時，邊際稅率大於 1，則稱此時的稅爲充公的。問本題之稅 $T(Y)$ 於所得爲何時，成爲充公的？

(iv) 試舉出一個表前進的稅款函數 $T(Y)$，且此稅永不會成爲充公的。

解 (i) 因爲 $T(Y) = \dfrac{3}{2500} \sqrt{Y^3}$，故邊際稅率爲

$$T'(Y) = \frac{9}{5000} Y^{\frac{1}{2}} ，$$

而所得爲 $10,000$ 元時，邊際稅率爲

$$T'(10000) = \frac{9}{5000} \cdot 100 = 0.18 。$$

(ii) 因 $D(T'(Y)) = D(\dfrac{9}{5000} Y^{\frac{1}{2}}) = \dfrac{9}{10000} Y^{-\frac{1}{2}} > 0$，故 $T'(Y)$ 爲增函數，故知上述之稅爲前進的。

(iii) 因爲 $Y > 0$，故

$$T'(Y) > 1 \iff \frac{9}{5000} Y^{\frac{1}{2}} > 1 \iff Y > (\frac{5000}{9})^2 \approx 308642 。$$

(iv) 令 $T(Y) = Y + \dfrac{1}{Y}$，則因

$$T'(Y) = 1 - \frac{1}{Y^2} < 1 ，$$

故此稅永不會成爲充公的。又，$DT'(Y) = \dfrac{2}{Y^3} > 0$（因 $Y > 0$），故 $T'(Y)$ 爲增函數，故知此種稅爲前進的。

6. 設需求函數爲 $D(p) = \sqrt{600 - 25p}$，
   (i) 求 p 爲 8 元時的點需求彈性。
   (ii) 問價格爲何時，有單位需求彈性？

解 (i) 由於 $D'(p) = \dfrac{-\dfrac{25}{2}}{\sqrt{600 - 25p}}$，故由定義知，$p$ 爲 8 元時的點需求彈性爲

$$E(8) = D'(8) \cdot \frac{8}{D(8)} = -\frac{5}{8} \cdot \frac{8}{20} = -0.25 。$$

(ii) 依定義知

價格爲 p 時有單位需求彈性 $\iff$ $E(p) = -1$

$$\Longleftrightarrow \quad D'(p) \cdot \frac{p}{D(p)} = -1 \quad \Longleftrightarrow \quad \frac{p(-\frac{25}{2})}{600 - 25p} = -1$$

$$\Longleftrightarrow \quad -25p = -2(600 - 25p) \quad \Longleftrightarrow \quad p = 16 \text{。}$$

7. 已知某物品於價格為 10 元時的需求彈性為 $\dfrac{-3}{5}$。

　　(i) 若其價上升至 11 元，試估計其需求數量的變動百分比。

　　(ii) 若其價下降至 9.6 元，試估計其需求數量的變動百分比。

解　(i) 由於

$$\frac{\dfrac{D(p) - D(a)}{D(a)}}{\dfrac{p - a}{a}} \approx E_D(a) \ ,$$

故所求其價從 10 元上升至 11 元時，需求數量的變動百分比為

$$\frac{D(11) - D(10)}{D(10)} \approx E_D(10) \cdot \frac{11 - 10}{10} = -\frac{3}{5} \cdot \frac{1}{10} = -0.6 \text{。}$$

　　(ii) 若其價下降至 9.6 元，則其需求數量的變動百分比為

$$\frac{D(9.6) - D(10)}{D(10)} \approx E_D(10) \cdot \frac{9.6 - 10}{10} = (-\frac{3}{5})(-\frac{4}{100})$$

$$= 0.024 \text{。}$$

8. 設某物品的需求函數為 $D(p) = 102 - p - p^2$，且其價格從 5 元上升至 7 元。

　　(i) 計算其價格的變動百分比。

　　(ii) 估計其需求數量的變動百分比。

　　(iii) 求其需求數量的變動百分比與價格的變動百分比之比值。

　　(iv) 求於價格為 5 元時的需求點彈性。

解　(i) 其價格的變動百分比為

$$\frac{p - a}{a} = \frac{7 - 5}{5} = \frac{2}{5} = 0.4 \text{。}$$

　　(ii) 其需求數量的變動百分比為

$$\frac{D(7) - D(5)}{D(5)} = \frac{5 + 5^2 - 7 - 7^2}{102 - 5 - 5^2} = \frac{-13}{36} \text{。}$$

　　(iii) 其需求數量的變動百分比與價格的變動百分比之比值為 $\dfrac{-65}{72}$。

　　(iv) 於價格為 5 元時的需求點彈性為

$$E_D(5) = D'(5) \cdot \frac{5}{D(5)} = (-1 - 2(5)) \cdot \frac{5}{72} = -\frac{55}{72} \text{ 。}$$

9. 設某物品的需求函數為 $D(p)$，於價格 p_1 與 p_2 時，下面的比值

$$\frac{\dfrac{D(p_1) - D(p_2)}{p_1 - p_2}}{\dfrac{D(p_1) + D(p_2)}{2}} = \frac{D(p_1) - D(p_2)}{p_1 - p_2} \cdot \frac{p_1 + p_2}{D(p_1) + D(p_2)}$$

稱為價格介於 p_1 與 p_2 間的需求弧彈性。若 $D(p) = 50 - 2p$，試求於 $p_1 = 15$，$p_2 = 20$ 時的需求弧彈性。

解 由 $D(p) = 50 - 2p$，$p_1 = 15$，$p_2 = 20$ 知，所求需求弧彈性為

$$\frac{D(p_1) - D(p_2)}{p_1 - p_2} \cdot \frac{p_1 + p_2}{D(p_1) + D(p_2)}$$

$$= \frac{20 - 10}{15 - 20} \cdot \frac{15 + 20}{20 + 10} = -\frac{7}{3} \text{ 。}$$

10. 設 $f(x)$ 為一可微分函數，我們稱

$$E_f(x) = f'(x) \cdot \frac{x}{f(x)}$$

為函數的點彈性，證明：

$$E_f(x) = \frac{\dfrac{d}{dx}(\ln f(x))}{\dfrac{d}{dx}(\ln x)} \text{ ，}$$

其中 $\ln$ 為自然對數函數，且 $D \ln x = \dfrac{1}{x}$（見第七章）。若 $f(x) = ax^b$，a，b 為常數，試求 $E_f(x)$。

證 由連鎖律即知

$$\frac{\dfrac{d}{dx}(\ln f(x))}{\dfrac{d}{dx}(\ln x)} = \frac{\dfrac{f'(x)}{f(x)}}{\dfrac{1}{x}} = f'(x) \cdot \frac{x}{f(x)} = E_f(x) \text{ 。}$$

若 $f(x) = ax^b$，則 $f'(x) = abx^{b-1}$，故

$$E_f(x) = abx^{b-1} \cdot \frac{x}{ax^b} = b \text{ 。}$$

11. 設某產品的需求函數為 $x = D(p)$，其總收入 $TR = xp$，若表為 p 的函數，則得 $TR(p) = pD(p)$，試證明：$E_{TR}(p) = 1 + E_D(p)$。

證 由定義知

$$E_{TR}(p) = TR'(p) \cdot \frac{p}{TR(p)} = (D(p) + pD'(p)) \left(\frac{p}{pD(p)} \right)$$

$$= (D(p) + pD'(p)) \left(\frac{1}{D(p)} \right) = \frac{D(p) + pD'(p)}{D(p)},$$

$$1 + E_D(p) = 1 + D'(p) \cdot \frac{p}{D(p)} = \frac{D(p) + pD'(p)}{D(p)},$$

故證得：$E_{TR}(p) = 1 + E_D(p)$。

12. 設成本函數爲 $TC(x) = \frac{1}{100} x^2 + x + 300$，其中 x 表生產數量。

（i）試求生產 200 個時的成本彈性。

（ii）若生產數量從 200 增加至 209，試以 $E_c(200)$ 估計總成本的增加百分比。

（iii）若生產數量爲 200，試問其是爲規模的經濟抑爲規模的不經濟？

解 因爲 $TC(x) = \frac{1}{100} x^2 + x + 300$，故得

$$TC'(x) = \frac{x}{50} + 1 ,$$

$$E_c(x) = TC'(x) \cdot \frac{x}{TC(x)}$$

$$= \left(\frac{x}{50} + 1 \right) \left(\frac{x}{\frac{1}{100} x^2 + x + 300} \right)$$

$$= \frac{2x^2 + 100x}{x^2 + 100x + 30000} ,$$

而知（i）生產 200 個時的成本彈性 $E_c(200) = \frac{10}{9}$。

（ii）生產數量從 200 增加至 209 時，總成本的增加百分比爲

$$\frac{TC(209) - TC(200)}{TC(200)} \approx E_c(200) \cdot \frac{9}{200} = \frac{10}{9} \cdot \frac{9}{200} = 0.05 。$$

13. 設一物品的需求量 x 與其價格 p，由隱函數

$$x^2 + 400p^2 = 5200$$

所定義，試求價格爲 2 元時的需求彈性。

解 由隱函數 $x^2 + 400p^2 = 5200$ 知，$p = 2$ 時 $x = 60$，且知

$$2x \cdot \frac{dx}{dp} + 800p = 0 , \quad \frac{dx}{dp} \bigg|_{(2, 60)} = -\frac{40}{3} 。$$

而所求價格為 2 元時的需求彈性為

$$E_D(2) = -\frac{40}{3} \cdot \frac{2}{60} = -\frac{4}{9} \text{。}$$

14. 設生產某物品 x 單位的總成本為 $y = TC(x)$，此二者間有下述的隱函數關係：

$$4x^2 - 80x + 200 - y^2 + 4y = 0 \text{。}$$

試求生產數量為 35 時的平均及邊際成本。

解 由隱函數 $4x^2 - 80x + 200 - y^2 + 4y = 0$ 知生產數量為 $x = 35$ 時的總成本為

$y = 50$。此時的平均成本為 $\dfrac{TC(x)}{x} = \dfrac{50}{35} = \dfrac{10}{7}$。由於

$$4x^2 - 80x + 200 - y^2 + 4y = 0$$

$$\Rightarrow \quad 8x - 80 - (2y - 4)\left(\frac{dy}{dx}\right) = 0$$

$$\Rightarrow \quad \frac{dy}{dx}\bigg|_{(35,50)} = \frac{25}{12} ,$$

即所求生產量為 35 時的邊際成本為 $\dfrac{25}{12}$。

15. 設消費函數 $C(Y)$ 如下二題所述，分別求 MPC。並利用方程式 $Y = C(Y) + I$ 分別核驗

$$\frac{dY}{dI} = \frac{1}{1 - MPC} \text{。}$$

(i) $C(Y) = 3Y^{\frac{2}{3}} + 30$。　　　　　　(ii) $C(Y) = \dfrac{4Y}{5} + 60 \ln Y + 38$。

解 (i) 由定義及所予 $C(Y) = 3Y^{\frac{2}{3}} + 30$ 知

$$MPC = C'(Y) = 2Y^{-\frac{1}{3}} \text{。}$$

又由

$$Y = C(Y) + I = 3Y^{\frac{2}{3}} + 30 + I ,$$

$$\frac{dY}{dI} = 2Y^{-\frac{1}{3}} \cdot \frac{dY}{dI} + 1 ,$$

$$\frac{dY}{dI} = \frac{1}{1 - 2Y^{-\frac{1}{3}}} = \frac{1}{1 - MPC} \text{。}$$

(ii) 由定義及所予 $C(Y) = \dfrac{4Y}{5} + 60 \ln Y + 38$ 知

$$MPC = C'(Y) = \frac{4}{5} + \frac{60}{Y} \text{。}$$

又由

$$Y = C(Y) + I = \frac{4Y}{5} + 60 \ln Y + 38 + I \ ,$$

$$\frac{dY}{dI} = (\ \frac{4}{5} + \frac{60}{Y}\ )(\ \frac{dY}{dI}\ ) + 1\ ,$$

$$\frac{dY}{dI} = \frac{1}{1 - (\ \frac{4}{5} + \frac{60}{Y}\ )} = \frac{1}{1 - MPC} \ 。$$

16. 設消費函數 $C(Y)$ 具如下之形式：$C(Y) = aY + b \ln Y + d$，且 $Y = 200$ 時，其

$MPC = \frac{4}{5}$，又 MPC 穩定地減少至極限值為 $\frac{3}{5}$，試求此函數 $C(Y)$。

解 由於 $C(Y) = aY + b \ln Y + d$，故

$$MPC = C'(Y) = a + \frac{b}{Y} \ ,$$

依題意知

$$\frac{3}{5} = \lim_{Y \to \infty} MPC = \lim_{Y \to \infty} (\ a + \frac{b}{Y}\ ) = a \ ,$$

從而知

$$\frac{4}{5} = \frac{3}{5} + \frac{b}{200} \ , \quad b = 40 \ ,$$

故知 $\quad C(Y) = \frac{3}{5}Y + 40 \ln Y + d$ 。

17. 若我們將政府包含在討論的經濟模型中的話，則國民所得 Y 為消費支出 C，投資 I，及
政府支出 G 的總和。此外，消費不再是國民所得的函數，而為可支用的所得 Y_d 的函數，
此 Y_d 即國民所得 Y 減去稅額 T 之差，亦即

$$Y = C(Y_d) + I + G = C(Y - T) + I + G \ ,$$

其中變數 I，G，T 彼此獨立無關。沒有理由 G 與 T 相等，亦即政府的預算未必是均衡的

(i) 證明：$\dfrac{dY}{dI} = \dfrac{1}{1 - MPC}$，$\dfrac{dY}{dT} = \dfrac{-MPC}{1 - MPC}$。

(ii) 設政府有財政赤字，其政府支出 $G = \dfrac{5}{4}T$，且

$$C(Y_d) = \frac{5}{9}Y_d + 80 \ln Y_d + 40 \ ,$$

求 $\dfrac{dY}{dT}$。

解 由 $Y = C(Y-T) + I + G$ ，得

$$\frac{dY}{dI} = C'(Y-T)\left(\frac{dY}{dI}\right) + 1 = MPC\left(\frac{dY}{dI}\right) + 1 ,$$

$$\frac{dY}{dT} = C'(Y-T)\left(\frac{dY}{dT} - 1\right) = MPC\left(\frac{dY}{dT} - 1\right) ,$$

故得

$$\frac{dY}{dI} = \frac{1}{1-MPC} , \quad \frac{dY}{dT} = \frac{-MPC}{1-MPC} 。$$

(ii) 由 $C(Y_d) = \dfrac{5}{9}Y_d + 80\ln Y_d + 40$，$G = \dfrac{5}{4}T$，故

$$Y = C(Y-T) + I + G = \frac{5}{9}(Y-T) + 80\ln(Y-T) + 40 + I + \frac{5}{4}T ,$$

$$\frac{dY}{dT} = \frac{5}{9}\left(\frac{dY}{dT} - 1\right) + \left(\frac{80}{Y-T}\right)\left(\frac{dY}{dT} - 1\right) + \frac{5}{4} ,$$

$$\frac{dY}{dT} = \frac{25(Y-T) - 2880}{16(Y-T) - 2880} 。$$

18. 某產品於生產 x 單位時的邊際成本為 $\dfrac{x^2}{50} - 2x + 107$，固定成本為 2000 元。

（i）試求總成本函數。

（ii）於生產 30 單位時，求再增產一單位所增的成本。試比較此值與生產 30 單位的邊際成本何者為大。

解 （i）對總成本 $TC(x)$ 而言，因為邊際成本

$$MC(x) = TC'(x) = \frac{x^2}{50} - 2x + 107 ,$$

故知

$$TC(x) = \frac{x^3}{150} - x^2 + 107x + k ,$$

由於固定成本為 $2000 = TC(0)$，故由上式知 $k = 2000$，從而知總成本為

$$TC(x) = \frac{x^3}{150} - x^2 + 107x + 2000 。$$

（ii）於生產 30 單位時，再增產一單位所增的成本為

$$TC(31) - TC(30) \approx 64.6 ,$$

而生產 30 單位的邊際成本為

$$MC(30) = 65 ,$$

故知後者為大。

19. 設某產品的邊際成本和邊際收入函數分別如下：

$$TC'(x) = \frac{1}{10}x^2 - 4x + 110, \quad TR'(x) = 150 - x,$$

且生產 30 單位的總成本爲 4000 元。試問

(i) 總成本函數爲何？

(ii) 將淨利 NP 表爲產量 x 的函數。

(iii) 求生產量爲 25 單位的淨利。

解 (i) 由 $TC'(x) = \frac{1}{10}x^2 - 4x + 110$ 知

$$TC(x) = \frac{1}{30}x^3 - 2x^2 + 110x + k,$$

更由 $TC(30) = 4000$ 知 $k = 1600$，即知總成本函數爲

$$TC(x) = \frac{1}{30}x^3 - 2x^2 + 110x + 1600。$$

(ii) 由 $TR'(x) = 150 - x$ 知 $TR(x) = 150x - \frac{x^2}{2} + k'$，更由 $TR(0) = 0$ 知

$k' = 0$，即知

$$TR(x) = 150x - \frac{x^2}{2},$$

從而知

$$NP(x) = TR(x) - TC(x) = -\frac{1}{30}x^3 + \frac{3}{2}x^2 + 40x - 1600。$$

(iii) 生產量爲 25 單位的淨利爲

$$NP(25) = -\frac{1}{30}(25)^3 + \frac{3}{2}(25)^2 + 40(25) - 1600 = -\frac{550}{3}。$$

20. 設某產品的邊際成本和邊際收入函數分別如下：

$$TC'(x) = 10, \quad TR'(x) = 65 - 2x。$$

(i) 求總收入函數。

(ii) 若固定成本爲 250 元，求總成本函數。

(iii) 求生產 10 單位的淨收入。

(iv) 試求生產的破均衡點。

解 (i) 由 $TR'(x) = 65 - 2x$ 知

$$TR(x) = 65x - x^2 + k,$$

更由 $TR(0) = 0$ 知 $k = 0$，即知總收入函數爲

$$TR(x) = 65x - x^2。$$

(ii) 由 $TC'(x) = 10$ 知 $TC(x) = 10x + k'$，更由於固定成本為 $TC(0) = 250$ 知

$k' = 250$，即知總成本函數為

$$TC(x) = 10x + 250 \text{ 。}$$

(iii) 由淨收入的意義知為

$$NP(x) = TR(x) - TC(x) = 55x - x^2 - 250 \text{ ，}$$

故生產 10 單位的淨利為

$$NP(10) = 550 - 100 - 250 = 200 \text{（元）。}$$

(iv) 由定義知

$$x \text{ 為破均衡點} \iff NP(x) = 0 \iff x^2 - 55x + 250 = 0$$
$$\iff (x-50)(x-5) = 0 \iff x = 5, 50 \text{ 。}$$

21. 設所得為 Y 時的邊際稅率為 $T'(Y) = \dfrac{\sqrt[4]{Y}}{40}$，若所得為 10,000 元時，應納稅額為 2,000

元，則所得為 160,000 元時，應納稅額為何？

解 因邊際稅率為 $T'(Y) = \dfrac{\sqrt[4]{Y}}{40}$，故應納稅款為

$$T(Y) = \dfrac{Y^{\frac{5}{4}}}{50} + k \text{ ，}$$

由所予條件知

$$2000 = T(10000) = 2000 + k \text{ ，} k = 0 \text{ ，}$$

即知

$$T(Y) = \dfrac{Y^{\frac{5}{4}}}{50} \text{ ，}$$

故所得為 160,000 元時，應納稅額為

$$T(160000) = \dfrac{160000^{\frac{5}{4}}}{50} = 32000 \text{（元）。}$$

5-2

1. 經濟學上有個重要的原理，即：邊際利益等於邊際成本時有最大淨利，試說明其理由。

解 因為最大收益處必使淨利函數 $NP(x)$ 的導數為 0，由於 $NP(x) = TR(x) - TC(x)$，

故 $\quad NP'(x) = TR'(x) - TC'(x)$，

即知

$$NP'(x) = 0 \Rightarrow TR'(x) - TC'(x) = 0 \Rightarrow TR'(x) = TC'(x) \text{ ，}$$

故知最大淨利處必是使邊際利益等於邊際成本之處。

2. 設生產某物品 x 單位的總成本為

$$TC(x) = \frac{x^3}{12} - 5x^2 + 170x + 300 \text{ 。}$$

(i) 怎樣的生產量範圍，其對應的邊際成本為漸減？

(ii) 怎樣的生產量範圍，其對應的邊際成本為漸增？

(iii) 最小的邊際成本為何？

解 由於 $TC(x) = \frac{x^3}{12} - 5x^2 + 170x + 300$，故

$$TC'(x) = \frac{x^2}{4} - 10x + 170 \text{ ,}$$

$$TC''(x) = \frac{x}{2} - 10 \text{ ,}$$

從而知 (i) 產量 $0 < x < 20$ 時，對應的邊際成本 $TC'(x)$ 為漸減；而 (ii) 產量 $x > 20$ 時，對應的邊際成本為漸增，且 (iii) 於 $x = 20$ 時，有最小的邊際成本。

3. 設生產某物品 x 單位的總成本為 $TC(x)$，其每單位的平均生產成本為 $AC(x)$，二者均為可微分函數。證明：

$$AC'(x) = 0 \quad \Rightarrow \quad AC(x) = TC'(x) \text{ 。}$$

證 因為 $AC(x) = \frac{TC(x)}{x}$，故

$$AC'(x) = \frac{TC'(x)}{x} - \frac{TC(x)}{x^2} \text{ ,}$$

從而知

$$AC'(x) = 0 \quad \Rightarrow \quad \frac{TC'(x)}{x} - \frac{TC(x)}{x^2} = 0$$

$$\Rightarrow \quad \frac{TC(x)}{x} = TC'(x) \quad \Rightarrow \quad AC(x) = TC'(x) \text{ 。}$$

4. 設生產某物品 x 單位的總成本為 $TC(x) = \frac{x^2}{30} + 20x + 480$ 。

(i) 問生產量為何時，有最小的平均成本？

(ii) 驗證：在最佳生產量下，平均成本等於邊際成本。

解 因為 $TC(x) = \frac{x^2}{30} + 20x + 480$，故平均成本

$$AC(x) = \frac{TC(x)}{x} = \frac{x}{30} + 20 + \frac{480}{x} \text{ ,}$$

而得

$$AC'(x) = \frac{1}{30} - \frac{480}{x^2} = \frac{(x-120)(x+120)}{30x^2},$$

故知

（i）生產量為120單位時，有最小的平均成本。

（ii）於生產量為120單位時的平均成本為

$$AC(120) = \frac{120}{30} + 20 + \frac{480}{120} = 28,$$

而生產量為120單位時的邊際成本為

$$TC'(120) = \frac{120}{15} + 20 = 28,$$

由上數字可看出在最佳生產量下，平均成本等於邊際成本。

5. 設生產某商品 x 單位的總成本為

$$TC(x) = x^2 - 2x + 25,$$

其單位售價為 p 元時的需求函數為

$$D(p) = 30 - \frac{p}{4}。$$

為求最大利潤，則應生產幾個？

解 由於單位售價為 p 元時的需求量為

$$x = D(p) = 30 - \frac{p}{4},$$

故可得收入為

$$TR(x) = xp = xD^{-1}(x) = x(4(30-x)) = 120x - 4x^2,$$

而知淨利為

$$NP(x) = TR(x) - TC(x) = -5x^2 + 122x - 25,$$

由於

$$NP'(x) = -10x + 122,$$

可知 $x = \frac{61}{5}$ 時有最大的淨利，但因 x 應為正整數，則由

$$NP(12) = 739, \quad NP(13) = 716,$$

即知生產12單位時可有最大的淨利。

6. 設某公賣物品生產 x 單位的總成本為

$$TC(x) = 1000 + 8x。$$

若每單位可以 p 元購得時，每週的需求量為

$$D(p) = 300 - 2p,$$

問每週生產多少單位可有最大的獲利？又售價爲何？

解 由於單位售價爲 p 元時的需求量爲

$$x = D(p) = 300 - 2p \ ,$$

故可得收入爲

$$TR(x) = xp = xD^{-1}(x) = x\left(150 - \frac{x}{2}\right) = 150x - \frac{x^2}{2} \ ,$$

而知淨利爲

$$NP(x) = TR(x) - TC(x) = -\frac{x^2}{2} + 142x - 1000 \ ,$$

由於

$$NP'(x) = -x + 142 \ ,$$

可知 $x = 142$ 時有最大的淨利，此時的售價爲

$$p = 150 - \frac{142}{2} = 79 \ (元) \ 。$$

7. 題目同第 6 題。問

　(i) 若顧客每購買一單位須附加 10 元消費稅，則每週最佳生產量爲何？

　(ii) 顧客每購買一單位物品須付多少錢？

　(iii) 每週可有多少消費稅？

解 由於須附加 10 元消費稅，故一顧客須付 $p + 10$ 元始可獲得此物品，由是知需求函數爲

$$x = D(p + 10) = 300 - 2(p + 10) = 280 - 2p \ ,$$

故可得收入爲

$$TR(x) = xp = xD^{-1}(x) = x\left(140 - \frac{x}{2}\right) = 140x - \frac{x^2}{2} \ ,$$

而知淨利爲

$$NP(x) = TR(x) - TC(x) = -\frac{x^2}{2} + 132x - 1000 \ ,$$

由於

$$NP'(x) = -x + 132 \ ,$$

可知

　(i) 每週生產 $x = 132$ 單位時有最大的淨利，此時的售價爲

$$p = 140 - \frac{132}{2} = 74 \ (元) \ 。$$

　(ii) 而顧客每購買一單位物品須付錢 $74 + 10 = 84$（元）。

　(iii) 每週可得消費稅 $10(132) = 1320$（元）。

8. 上題中，將消費稅改爲售價的 25%。

解 由於須附加售價 25％ 的消費稅，故一顧客須付 $1.4p$ 元始可獲得此物品，由是知需求量為

$$x = D(1.4p) = 300 - 2(1.4p) = 300 - 2.8p ,$$

故可得收入為

$$TR(x) = xp = xD^{-1}(x) = x\left(\frac{1500}{14} - \frac{5x}{14}\right) = \frac{1500x}{14} - \frac{5x^2}{14} ,$$

而知淨利為

$$NP(x) = TR(x) - TC(x) = -\frac{5x^2}{14} + \frac{694x}{7} - 1000 ,$$

由於

$$NP'(x) = -\frac{5x}{7} + \frac{694}{7} ,$$

可知 $x = \dfrac{694}{5}$ 時有最大的淨利，但因 x 應為正整數，則由

$$NP(138) = \frac{82324}{14} , \quad NP(139) = \frac{82327}{14} ,$$

可知

(i) 每週生產 $x = 139$ 單位時有最大的淨利，此時的售價為

$$p = \frac{1500}{14} - \frac{5(139)}{14} = \frac{805}{14} = 57.5 \ (\text{元}) 。$$

(ii) 而顧客每購買一單位物品須付錢 $1.4(57.5) = 80.5$（元）。

(iii) 每週可得消費稅 $0.4(57.5)(139) = 3197$（元）。

9. 題目同第 6 題。

(i) 設政府評估，每生產一單位，工廠須付10元的生產稅，若將此稅視為生產成本，則每週的最佳生產量為何？

(ii) 顧客每購買一單位物品須付多少錢？

(iii) 將本題結果與第 7 題之結果比較可得何結論？

解 若將稅賦的 10 元轉為生產成本，則生產 x 單位的總成本為

$$TC(x) = 1000 + 18x ,$$

而知淨收益為

$$NP(x) = TR(x) - TC(x) = x(D^{-1}(x)) - (1000 + 18x)$$

$$= x\left(150 - \frac{x}{2}\right) - (1000 + 18x) = -\frac{x^2}{2} + 132x - 1000 ,$$

與第 7 題的淨收益一樣，故可知

(i) 每週生產 $x = 132$ 單位時有最大的淨利，此時的售價為

$$p = 150 - \frac{132}{2} = 84（元）。$$

(ii) 即顧客每購買一單位物品須付錢 84（元）。

(iii) 這題與第 7 題的結果顯示，不管政府是抽消費稅或生產稅，造成的結果是一樣的。

10. 設某商品的需求函數 $D(p)$ 與供給函數 $S(p)$ 如下：

$$D(p) = \frac{27 - 3p}{2}，$$

$$S(p) = 3p - \frac{9}{2}，（加稅前）$$

問每件商品加稅多少時，政府有最大的稅收？最大稅收為多少？

解 設每件商品課徵稅金 t 元，則均衡價格 p 須滿足下式：

$$D(p) = S(p - t) \iff \frac{27 - 3p}{2} = 3(p - t) - \frac{9}{2}$$

$$\iff p = 4 + \frac{2t}{3}，$$

而均衡需求量為

$$x = \frac{27 - 3p}{2} = \frac{27 - 12 - 2t}{2} = \frac{15}{2} - t，$$

且政府的稅收為

$$T = tx = \frac{15t}{2} - \frac{t^2}{2}，$$

由於

$$\frac{dT}{dt} = \frac{15}{2} - t，$$

故知每件商品加稅 $t = \frac{15}{2}$ 時，政府有最大的稅收 $T = \frac{225}{8}$。

11. 於庫存問題中，設公司從其他製造公司購入商品以應需求（即供給速率極大），試直接導出最佳訂貨量為

$$q = \sqrt{\frac{2Kd}{k_c}}，$$

其中 K 為訂貨成本，d 為需求速率，k_c 為庫存成本。

解 一訂貨期間的總成本為

$$TC(q) = K + \frac{1}{2}qk_c \cdot \left(\frac{q}{d}\right)，$$

而單位時間的平均成本為

$$AC(q) = \frac{Kd}{q} + \frac{qk_c}{2} \ ,$$

由於

$$AC'(q) = \frac{-Kd}{q^2} + \frac{k_c}{2} \ ,$$

故知訂貨量爲 $q = \sqrt{\dfrac{2Kd}{k_c}}$ 時，有最小的單位時間平均成本。

12. 設某商店每年銷售商品 $100,000$ 件，每次訂貨成本爲 600 元，每件每年的庫存成本爲 30 元，試求其最佳訂貨量。

解 依公式知最佳訂貨量爲 $q = \sqrt{\dfrac{2Kd}{k_c}} = \sqrt{\dfrac{2 \cdot 600 \cdot 100000}{30}} = 2000$ （件）。

13. 設某公司每天生產某一種物品 $18,000$ 件，這物品的每年需求量爲 $2,880,000$ 件。設每次生產的啓動成本爲 22500 元，而每件每年的庫存成本爲 0.18 元，假設每年以 360 天計算，問這公司每次啓動生產的最佳生產量爲何？

解 由題意知，生產速率爲 $p = 18000$，而需求速率爲 $d = \dfrac{2880000}{360} = 8000$，由公式知每次的最佳生產量爲

$$q = \sqrt{\frac{2Kd}{k_c}} \sqrt{\frac{p}{p-d}} = \sqrt{\frac{2 \cdot 22500 \cdot 8000}{0.18}} \sqrt{\frac{18000}{18000 - 8000}} = 60000 \ (\text{件}) 。$$

14. 設開行一部卡車每小時的固定成本爲 600 元，當車速爲每小時 20 哩時，每一小時的汽油費爲 800 元，而汽油費與車速的平方成正比，求可使每哩平均成本爲最低的車速。

解 由題意知車速每小時 x 哩時汽油費爲

$$g(x) = kx^2 ,$$

其中 k 爲比例常數。由於已知車速 20 哩時，每一小時的汽油費爲 800 元，故知 $k = 2$，而得 $g(x) = 2x^2$，從而知開行 x 哩時速的每小時總成本爲 $600 + 2x^2$，而每哩平均成本爲

$$AC(x) = \frac{600}{x} + 2x \ ,$$

從而知

$$AC'(x) = \frac{-600}{x^2} + 2 \ ,$$

故知時速爲 $x = 10\sqrt{3}$ 哩時有最省的每哩平均成本。

15. 某百貨公司以每件 240 元的價格購入襯衫，若以 480 元的價格出售，每週可賣 32 件，若每件售價每減 40 元每週可多售 8 件，問售價爲何時，可使每週有最大的獲利。

解 設售價較 480 少 $40x$ 元，則銷售量爲 $32 + 8x$，而可得淨利

$$NP(x) = (480 - 40x - 240)(32 + 8x) = (240 - 40x)(32 + 8x),$$

由於

$$NP'(x) = -40(32+8x) + 8(240-40x) = -640x + 640,$$

故知 $x = 1$ 時有最大的淨利，即每件售價為 440 元時，可得最大的淨利。

16. 蘋果園中，目前每畝種植 30 株果樹，而平均每株生產 400 個蘋果。如果每畝增植一株果樹，則平均每株果樹的收穫量約少 10 個，問每畝應植幾株果樹，這蘋果園能有最大的收成？

解 設每畝增植 x 株，則每畝收穫量為

$$f(x) = (30 + x)(400 - 10x),$$

由於

$$f'(x) = 100 - 20x,$$

故知每畝增植 5 株，即種植 35 株時，可有最大的收成。

17. 有一正方形的紙板，邊長為 60 公分，欲從四角各截去一個小正方形，以便做成一個無蓋的方形盒子，求所能做成的最大容積為多少？

解 設欲截去的小正方形的邊長為 x 公分，則盒子的容積為

$$V(x) = x(60 - 2x)^2,$$

由於

$$V'(x) = (60 - 2x)^2 + 2x(60 - 2x)(-2)$$
$$= (60 - 2x)(60 - 6x),$$

由下表可知

x		10	30	
$V'(x)$	+		−	+

當 $x = 10$（公分）時 V 有最大值。

18. 一人位於距海岸 10 哩的海島上，他要到沿海岸北上 12 哩的某鎮，設他划船的速度為每小時 2 哩，而步行的速度為每小時 4 哩。今此人要藉划船與步行到該鎮去，問他該在何處登岸，可使時間最省？

解 設此人朝正對面的海岸以北 x 哩處划船，抵海岸後再沿海岸步行，如下圖所示：

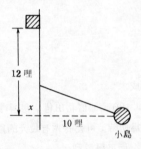

則因划船的距離為 $\sqrt{100 + x^2}$，而步行的距離為 $12 - x$，故所需的時間為

$$T(x) = \frac{\sqrt{100+x^2}}{2} + \frac{12-x}{4} \ ,$$

由於

$$T'(x) = \frac{x}{2\sqrt{100+x^2}} - \frac{1}{4}$$

$$= \frac{2x - \sqrt{100+x^2}}{4\sqrt{100+x^2}}$$

$$= \frac{(\sqrt{3}x - 10)(\sqrt{3}x + 10)}{(2x + \sqrt{100+x^2})(4\sqrt{100+x^2})} \ ,$$

故知 $x = \frac{10}{\sqrt{3}}$ 時，$T(x)$ 爲最小。

19. 試設計一個圓柱形而無蓋的杯子，使它的容積爲定數 V，而製作材料爲最省。

解 設此圓柱形的底半徑爲 r，高爲 h，則因容積爲 V，故知

$$\pi r^2 h = V \ 。 \cdots\cdots\cdots\cdots\cdots\cdots\cdots\cdots\cdots\cdots(1)$$

所用材料則爲

$$A = 2\pi rh + \pi r^2 \ 。 \cdots\cdots\cdots\cdots\cdots\cdots\cdots\cdots(2)$$

對(1)式等號兩邊就 r 微分，得

$$2\pi rh + \pi r^2 \left(\frac{dh}{dr}\right) = 0 \ , \cdots\cdots\cdots\cdots\cdots\cdots(3)$$

對(2)式等號兩邊就 r 微分，得

$$\frac{dA}{dr} = 2\pi h + 2\pi r \left(\frac{dh}{dr}\right) + 2\pi r \ , \cdots\cdots\cdots\cdots\cdots(4)$$

把(3)式代入(4)式，得

$$\frac{dA}{dr} = 2\pi h + 2\pi(-2h) + 2\pi r = 2\pi(r-h) \ ,$$

故知 $r = h$ 時，A 有最小值。因 $\pi r^2 h = V$，此時 $r = \sqrt[3]{\dfrac{V}{\pi}} = h$，即知當圓柱形的底半徑及高均爲 $\sqrt[3]{\dfrac{V}{\pi}}$ 時，可有最小的材料成本。

20. 一特製的圓柱形容器，它的底和側面都用不銹鋼製成，而蓋子則用純銀製成。若銀價比不銹鋼貴 10 倍，且容器體積爲 10π 立方吋，問這容器的底半徑和高各爲何，可使成本爲最低？

解 設此圓柱形的底半徑爲 r，高爲 h，則因容積爲 10π，故知

$$\pi r^2 h = 10\pi \ 。 \cdots\cdots\cdots\cdots\cdots\cdots(1)$$

設不銹鋼的單位成本爲 1，故所用材料費爲

$$C = 2\pi rh + 11\pi r^2 \quad \text{。} \cdots\cdots\cdots\cdots\cdots\cdots\cdots(2)$$

對(1)式等號兩邊就 r 微分，得

$$2\pi rh + \pi r^2 \left(\frac{dh}{dr}\right) = 0 \quad, \cdots\cdots\cdots\cdots\cdots\cdots(3)$$

對(2)式等號兩邊就 r 微分，得

$$\frac{dC}{dr} = 2\pi h + 2\pi r\left(\frac{dh}{dr}\right) + 22\pi r \quad, \cdots\cdots\cdots\cdots(4)$$

把(3)式代入(4)式，得

$$\frac{dC}{dr} = 2\pi h + 2\pi(-2h) + 22\pi r = 2\pi(11r - h) \quad,$$

故知 $r = \dfrac{h}{11}$ 時，C 有最小值。因 $\pi r^2 h = 10\pi$，此時 $r = \sqrt[3]{\dfrac{10}{11}}$，$h = \sqrt[3]{1210}$，即知

當圓柱形的底半徑為 $r = \sqrt[3]{\dfrac{10}{11}}$ 吋，高為 $h = \sqrt[3]{1210}$ 吋時，可有最小的材料成本。

6-1

1. 設 $f(x) = \dfrac{hx}{a}$，利用公式：$1 + 2 + 3 + \cdots\cdots + n = \dfrac{n(n+1)}{2}$，仿本節課文求拋物

線下之區域面積的方法，求三角形區域

$$\{(x, y) \mid 0 \leqq y \leqq f(x), x \in [0, a]\}$$

的面積。

解 把區間 $[0, a]$ 以 x 軸上的分點 $\{0, \dfrac{a}{n}, \dfrac{2a}{n}, \dfrac{3a}{n}, \cdots\cdots, \dfrac{(n-1)a}{n}, a\}$ 分成

n 等份，則在第 i 個小區間上的條狀面積 A_i 顯然介於下面二數之間：

$$L_i = \dfrac{(i-1)ah}{na} \cdot \dfrac{a}{n}, \quad U_i = \dfrac{iah}{na} \cdot \dfrac{a}{n},$$

$$\sum_{i=1}^{n} \dfrac{ah}{n^2}(i-1) \leqq \sum_{i=1}^{n} A_i \leqq \sum_{i=1}^{n} \dfrac{ah}{n^2} i,$$

即知所求三角形區域的面積 $A = \sum_{i=1}^{n} A_i$ 滿足下式：

$$\dfrac{ah}{n^2} \sum_{i=1}^{n}(i-1) \leqq A \leqq \dfrac{ah}{n^2} \sum_{i=1}^{n} i,$$

$$\dfrac{ah}{n^2} \cdot \dfrac{1}{2} n(n-1) \leqq A \leqq \dfrac{ah}{n^2} \cdot \dfrac{1}{2} n(n+1),$$

$$\dfrac{ah}{2}\left(1 - \dfrac{1}{n}\right) \leqq A \leqq \dfrac{ah}{2}\left(1 + \dfrac{1}{n}\right),$$

因為

$$\lim_{n \to \infty} \dfrac{ah}{2}\left(1 - \dfrac{1}{n}\right) = \dfrac{ah}{2} = \lim_{n \to \infty} \dfrac{ah}{2}\left(1 + \dfrac{1}{n}\right),$$

故由挾擠原理知 $A = \dfrac{ah}{2}$。

2. 設 $f(x) = a + \dfrac{(b-a)x}{h}$，仿上題，求梯形區域

$$\{(x, y) \mid 0 \leqq y \leqq f(x), x \in [0, h]\}$$

的面積。

解 把區間 $[0, h]$ 以 x 軸上的分點 $\{0, \dfrac{h}{n}, \dfrac{2h}{n}, \dfrac{3h}{n}, \cdots\cdots, \dfrac{(n-1)h}{n}, h\}$

分成 n 等份，則在第 i 個小區間上的條狀面積 A_i 顯然介於下面二數之間：

$$L_i = \left(a + \frac{(b-a)(i-1)\frac{h}{n}}{h} \right)\frac{h}{n}, \quad U_i = \left(a + \frac{(b-a)\frac{ih}{n}}{h} \right)\frac{h}{n},$$

從而知，

$$ah + \sum_{i=1}^{n} \frac{(b-a)h}{n^2}(i-1) \leqq \sum_{i=1}^{n} A_i \leqq ah + \sum_{i=1}^{n} \frac{(b-a)h}{n^2}i$$

即知所求梯形區域的面積 $A = \sum_{i=1}^{n} A_i$ 滿足下式：

$$ah + \frac{(b-a)h}{n^2}\sum_{i=1}^{n}(i-1) \leqq A \leqq ah + \frac{(b-a)h}{n^2}\sum_{i=1}^{n}i,$$

$$ah + \frac{(b-a)h}{n^2}\cdot\frac{1}{2}n(n-1) \leqq A \leqq ah + \frac{(b-a)h}{n^2}\cdot\frac{1}{2}n(n+1),$$

$$\left(ah + \frac{(b-a)h}{2} \right)\left(1-\frac{1}{n} \right) \leqq A \leqq \left(ah + \frac{(b-a)h}{2} \right)\left(1+\frac{1}{n} \right),$$

因為

$$\lim_{n\to\infty}\left(ah + \frac{(b-a)h}{2} \right)\left(1-\frac{1}{n} \right) = ah + \frac{(b-a)h}{2}$$

$$= \lim_{n\to\infty}\left(ah + \frac{(b-a)h}{2} \right)\left(1+\frac{1}{n} \right),$$

故由挾擠原理知 $A = ah + \dfrac{(b-a)h}{2} = \dfrac{(b+a)h}{2}$。

3. 設 $f(x)=x^3$，利用公式：$1 + 2^3 + 3^3 + \cdots\cdots + n^3 = \dfrac{n^2(n+1)^2}{4}$，求區域

$$\{(x,y) \mid 0 \leqq y \leqq f(x),\ x \in [0,a]\}$$

的面積。

解 把區間 $[0,a]$ 以 x 軸上的分點 $\{0,\dfrac{a}{n},\dfrac{2a}{n},\dfrac{3a}{n},\cdots\cdots,\dfrac{(n-1)a}{n},a\}$ 分成

n 等份，則在第 i 個小區間上的條狀面積 A_i 顯然介於下面二數之間：

$$L_i = \left(\frac{(i-1)a}{n} \right)^3\frac{a}{n}, \quad U_i = \left(\frac{ia}{n} \right)^3\frac{a}{n},$$

$$\sum_{i=1}^{n}\frac{a^4}{n^4}(i-1)^3 \leqq \sum_{i=1}^{n} A_i \leqq \sum_{i=1}^{n}\frac{a^4}{n^4}i^3,$$

即知所求區域的面積 $A = \sum_{i=1}^{n} A_i$ 滿足下式：

$$\frac{a^4}{n^4}\sum_{i=1}^{n}(i-1)^3 \leqq A \leqq \frac{a^4}{n^4}\sum_{i=1}^{n}i^3,$$

$$\frac{a^4}{n^4}\cdot\frac{1}{4}(n-1)^2 n^2 \leqq A \leqq \frac{a^4}{n^4}\cdot\frac{1}{4}n^2(n+1)^2,$$

$$\frac{a^4}{4}(1-\frac{1}{n})^2 \leqq A \leqq \frac{a^4}{4}(1+\frac{1}{n})^2,$$

因為

$$\lim_{n\to\infty}\frac{a^4}{4}(1-\frac{1}{n})^2 = \frac{a^4}{4} = \lim_{n\to\infty}\frac{a^4}{4}(1+\frac{1}{n})^2$$

故由挾擠原理知 $A = \dfrac{a^4}{4}$。

4. 設 $f(x)=\dfrac{x}{2}-1$，求 $\displaystyle\int_{-2}^{4}f(x)\,dx$ 之值。

解 由積分的幾何意義知，此定積分之值為右圖所
示二三角形面積之差：即

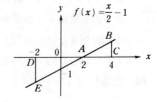

$$\int_{-2}^{4}f(x)\,dx = (\triangle ABC\text{面積})-(\triangle ADE\text{面積})$$
$$=1-4=-3。$$

5. 設 $f(x)=\dfrac{x}{2}-1$，當 $x\geqq 0$；$f(x)=-(x+1)$，當 $x<0$。
求

$$\int_{-2}^{4}f(x)\,dx \text{ 之值。}$$

解 如下圖所示

$$\int_{-2}^{4}f(x)\,dx = (\triangle ABC\text{面積})-(\triangle CDE\text{面積})+(\triangle EFG\text{面積})$$
$$=\frac{1}{2}-\frac{3}{2}+1=0。$$

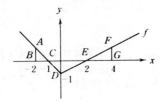

6. 設 $f(x)=|x-1|-1$，求 $\displaystyle\int_{-1}^{3}f(x)\,dx$ 的值。

解 如下圖所示

$$\int_{-1}^{3} f(x)dx = (\triangle ABO \text{面積}) - (\triangle ODE \text{面積}) + (\triangle EFG \text{面積})$$

$$= \frac{1}{2} - 1 + \frac{1}{2} = 0 \text{ 。}$$

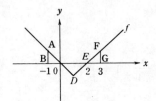

7. 設函數
$$f(x) = \begin{cases} 1 \text{ , 當 } x \in [-1, 0) \text{ ;} \\ 2 \text{ , 當 } x \in [0, 1] \text{ 。} \end{cases}$$

將 $[-1, 1]$ 分成奇數等份，除包含 0 的小區間外，在每一小區間上，任取一點爲樣本，於下列的情況下，分別求 f 在 $[-1, 1]$ 上的黎曼和：

(i) 在包含 0 的小區間上，樣本取在 0 的右方。

(ii) 在包含 0 的小區間上，樣本取在 0 的左方。

解 設將 $[-1, 1]$ 分成 n（奇數）等份。

(i) 所求黎曼和爲 $3 + \frac{1}{n}$ 。

(ii) 所求黎曼和爲 $3 - \frac{1}{n}$ 。

如下圖所示。

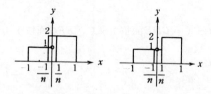

8. 證明定理 6－3 。

證 對 $[a, b]$ 上之任一分割 $\triangle = \{x_1, x_2, \cdots\cdots, x_n\}$ 及其任一組樣本 $\{t_i | t_i \in [x_{i-1}, x_i]\}$ 而言，因

$$\sum_{i=1}^{n} f(t_i) + g(t_i) \triangle x_i = \sum_{i=1}^{n} f(t_i) \triangle x_i + \sum_{i=1}^{n} g(t_i) \triangle x_i \text{ ,}$$

且因 f, g 在 $[a, b]$ 上爲可積分，即知

$$\lim_{\|\triangle\|\to 0} \sum_{i=1}^{n} f(t_i)\triangle x_i = \int_a^b f(x)\,dx,$$

$$\lim_{\|\triangle\|\to 0} \sum_{i=1}^{n} g(t_i)\triangle x_i = \int_a^b g(x)\,dx,$$

故由極限的性質知

$$\lim_{\|\triangle\|\to 0} \sum_{i=1}^{n} f(t_i)+g(t_i)\triangle x_i = \lim_{\|\triangle\|\to 0} \sum_{i=1}^{n} f(t_i)\triangle x_i + \lim_{\|\triangle\|\to 0} \sum_{i=1}^{n} g(t_i)\triangle x_i,$$

$$= \int_a^b f(x)\,dx + \int_a^b g(x)\,dx,$$

即知 $f+g$ 在 $[\,a\,,\,b\,]$ 上爲可積分，且

$$\int_a^b (f(x)+g(x))\,dx = \int_a^b f(x)\,dx + \int_a^b g(x)\,dx。$$

9. 證明定理 $6-4$ 。

證 對 $[\,a\,,\,c\,]$ 上之任一分割 $\{\,x_1\,,\,x_2\,,\,\cdots\cdots\,,\,x_n\,\}$ 及其任一組樣本 $\{\,t_i\mid t_i\in[\,x_{i-1}\,,\,x_i\,]\,\}$ 和對 $[\,c\,,\,b\,]$ 上之任一分割 $\{\,y_1\,,\,y_2\,,\,\cdots\cdots\,,\,y_m\,\}$ 及其任一組樣本 $\{\,s_i\mid s_i\in[\,y_{i-1}\,,\,y_i\,]\,\}$ 而言，顯知

$$\{\,x_1\,,\,x_2\,,\,\cdots\cdots\,,\,x_n\,\}\cup\{\,y_1\,,\,y_2\,,\,\cdots\cdots\,,\,y_m\,\}$$

爲 $[\,a\,,\,b\,]$ 上的一組分割。由於

$$\sum_{i=1}^{n} f(t_i)\triangle x_i + \sum_{i=1}^{m} f(s_i)\triangle y_i,$$

爲 f 在 $[\,a\,,\,b\,]$ 上的一組黎曼和，且因 f 在 $[\,a\,,\,c\,]$ 及 $[\,c\,,\,b\,]$ 上均爲可積分，即知

$$\lim_{\|\triangle\|\to 0} (\sum_{i=1}^{n} f(t_i)\triangle x_i + \sum_{i=1}^{m} f(s_i)\triangle y_i),$$

$$= \lim_{\|\triangle\|\to 0} \sum_{i=1}^{n} f(t_i)\triangle x_i + \lim_{\|\triangle\|\to 0} \sum_{i=1}^{m} f(s_i)\triangle y_i$$

$$= \int_a^c f(x)\,dx + \int_c^b f(x)\,dx,$$

故知 f 在 $[\,a\,,\,b\,]$ 上爲可積分，且

$$\int_a^b f(x)\,dx = \int_a^c f(x)\,dx + \int_c^b f(x)\,dx。$$

10. 證明定理 $6-5$ 。

證 由於 $f(x)\geq 0$ ，故其任意之黎曼和顯然亦 ≥ 0 ，由於 f 在 $[\,a\,,\,b\,]$ 上爲可積分，其值則爲範數趨近於 0 時，黎曼和的極限。而由極限的性質，即可知其極限亦爲 ≥ 0 ，而定理得證。

11. 設函數 f, g 在 $[\,a\,,\,b\,]$ 上均爲可積分，且 $f(x) \geq g(x)$，對每一 $x \in [\,a\,,\,b\,]$ 均成立，證明

$$\int_a^b f(x)\,dx \geq \int_a^b g(x)\,dx \text{ 。}$$

證 因 $f(x) \geq g(x)$，故

$f(x) - g(x) \geq 0$，對每一 $x \in [\,a\,,\,b\,]$ 均成立，

由定理 $6-5$ 知

$$\int_a^b f(x) - g(x)\,dx \geq 0 \text{ ，}$$

由定理 $6-2$，$6-3$ 及上式，可知

$$\int_a^b f(x)\,dx \geq \int_a^b g(x)\,dx \text{ 。}$$

12. 設函數 f，$|f|$ 在 $[\,a\,,\,b\,]$ 上均爲可積分（事實上，f 爲可積分時，$|f|$ 亦必爲可積分，證明從略），證明：

$$\int_a^b |f(x)|\,dx \geq \int_a^b f(x)\,dx \text{ 。}$$

證 由實數性質知

$|f(x)| \geq f(x)$，

由第 11 題知

$$\int_a^b |f(x)|\,dx \geq \int_a^b f(x)\,dx \text{ 。}$$

13. 設函數 f 在 $[\,a\,,\,b\,]$ 上爲連續，且 $f(x) \geq 0$，對每一 $x \in [\,a\,,\,b\,]$ 均成立。若存在 $x_0 [\,a\,,\,b\,]$ 使得 $f(x_0) > 0$，證明：

$$\int_a^b f(x)\,dx > 0 \text{ 。}$$

證 因爲 f 在 x_0 爲連續，故

$$\lim_{x \to x_0} f(x) = f(x_0) > 0 \text{ ，}$$

由極限的性質知存在一 $\delta > 0$，使 $f(x) > \dfrac{f(x_0)}{2}$，對 $x \in [\,x_0 - \delta\,,\,x_0 + \delta\,]$ 均成立，

故 $\displaystyle\int_a^b f(x)\,dx = \int_a^{x_0-\delta} f(x)\,dx + \int_{x_0-\delta}^{x_0+\delta} f(x)\,dx + \int_{x_0+\delta}^b f(x)\,dx$

$$\geq 0 + \int_{x_0-\delta}^{x_0+\delta} f(x)\,dx + 0 = \int_{x_0-\delta}^{x_0+\delta} f(x)\,dx$$

$$> \int_{x_0-\delta}^{x_0+\delta} \frac{f(x_0)}{2}\, dx = \delta f(x_0) > 0 \text{。}$$

14. 設 f 爲連續函數，a，b，c 爲任意實數，證明：

$$\int_a^b f(x)\,dx = \int_a^c f(x)\,dx + \int_c^b f(x)\,dx \text{。}$$

證 對 a，b，c 三者中有二者相同時，可易知爲成立，而三者相異的情形則彼此的次序有
六種可能，其中 $a < c < b$ 的情形，乃定理 $6-4$ 所述者，今僅擧其它五種情形中的一
種加以證明，其餘的情形之證明則與之相仿。設 $b < a < c$，則

$$\int_a^b f(x)\,dx = -\int_b^a f(x)\,dx = -\left(\int_b^c f(x)\,dx - \int_a^c f(x)\,dx \right)$$

$$= \int_a^c f(x)\,dx - \int_b^c f(x)\,dx = \int_a^c f(x)\,dx + \int_c^b f(x)\,dx \text{。}$$

15. 設 f 爲連續函數，a，b 爲任意實數，證明：

$$\int_a^b f(x)\,dx = \int_0^b f(x)\,dx - \int_0^a f(x)\,dx \text{。}$$

證 $\displaystyle\int_a^b f(x)\,dx = \int_a^0 f(x)\,dx + \int_0^b f(x)\,dx = -\int_0^a f(x)\,dx + \int_0^b f(x)\,dx \text{。}$

16. 設 $f(x) = \sin^2 x$，求下式之值：

$$\int_1^4 f(x)\,dx + \int_{-5}^1 f(x)\,dx - \int_{-3}^4 f(x)\,dx - \int_{-5}^{-3} f(x)\,dx \text{。}$$

解 $\displaystyle\int_1^4 f(x)\,dx + \int_{-5}^1 f(x)\,dx - \int_{-3}^4 f(x)\,dx - \int_{-5}^{-3} f(x)\,dx$

$$= \int_1^4 f(x)\,dx + \int_{-5}^1 f(x)\,dx - \left(\int_{-3}^4 f(x)\,dx + \int_{-5}^{-3} f(x)\,dx \right)$$

$$= \int_{-5}^4 f(x)\,dx - \int_{-5}^4 f(x)\,dx = 0 \text{。}$$

17. 設 f 爲連續函數，a，b 爲任意實數，證明：

$$\left| \int_a^b |f(x)|\,dx \right| \geqq \left| \int_a^b f(x)\,dx \right| \text{。}$$

證 由實數性質知

$$-|f(x)| \leqq f(x) \leqq |f(x)| \text{，}$$

若 $a \leqq b$，則由第 11 題知

$$-\int_a^b |f(x)|\,dx \leqq \int_a^b f(x)\,dx \leqq \int_a^b |f(x)|\,dx \text{，}$$

若 $a > b$，則

$$-\int_a^b |f(x)| \, dx \geq \int_a^b f(x) \, dx \geq \int_a^b |f(x)| \, dx ,$$

不管是那一情形，由上二式及實數性質即得

$$\left| \int_a^b |f(x)| \, dx \right| \geq \left| \int_a^b f(x) \, dx \right| 。$$

18. 證明下面的積分均值定理之推廣：設 f，g 在 $[\,a\,,\,b\,]$ 上均爲連續，且對任意 $x \in [\,a\,,\,b\,]$ 均 $g(x) \geq 0$（或均 $g(x) \leq 0$），則存在 $c \in [\,a\,,\,b\,]$ 使得

$$\int_a^b f(x)g(x) \, dx = f(c) \int_a^b g(x) \, dx 。$$

證 因 f 在 $[\,a\,,\,b\,]$ 上爲連續，故由極值存在定理（2−26）知，有 x_0，x_1 使 $f(x_0) \leq f(x) \leq f(x_1)$，對任意 $x \in [\,a\,,\,b\,]$ 均成立。

因爲 $g(x) \geq 0$ ，故得

$f(x_0)g(x) \leq f(x)g(x) \leq f(x_1)g(x)$，對任意 $x \in [\,a\,,\,b\,]$ 均成立。

則由第 11 題知

$$f(x_0) \int_a^b g(x) \, dx = \int_a^b f(x_0)g(x) \, dx \leq \int_a^b f(x)g(x) \, dx$$

$$\leq \int_a^b f(x_1)g(x) \, dx = f(x_1) \int_a^b g(x) \, dx$$

若 $\int_a^b g(x) \, dx > 0$ ，則

$$f(x_0) \leq \frac{\int_a^b f(x)g(x) \, dx}{\int_a^b g(x) \, dx} \leq f(x_1) ,$$

因爲 f 爲連續，故由中間值定理知，存在 $c \in [\,a\,,\,b\,]$ 使得

$$f(c) = \frac{\int_a^b f(x)g(x) \, dx}{\int_a^b g(x) \, dx} ,$$

$$\int_a^b f(x)g(x) \, dx = f(c) \int_a^b g(x) \, dx 。$$

若 $\int_a^b g(x) \, dx = 0$ ，則由第 13 題知 $g(x) = 0$ ，此時可易知本題仍然成立。

6-2

求下列各極限：（ 1～6 ）

1. $\displaystyle \lim_{h \to 0} \int_0^{2+h+h^2} (1+t)\,dt$

解 對函數

$$F(x) = \int_a^x f(t)\,dt$$

而言，由微積分基本定理知，$F'(x)=f(x)$，故知$F(x)$爲可微分函數，故爲連續函數，從而

$$\lim_{h \to 0} \int_0^{2+h+h^2} (1+t)\,dt = \int_0^2 (1+t)\,dt = \left(t + \frac{t^2}{2}\right)\Big|_0^2 = 4 \text{ 。}$$

2. $\displaystyle \lim_{h \to 0} \int_0^{1+h} (\sin^2 t + \cos^2 t)\,dt$

解 $\displaystyle \lim_{h \to 0} \int_0^{1+h} (\sin^2 t + \cos^2 t)\,dt = \int_0^1 dt = 1$ 。

3. $\displaystyle \lim_{h \to 0} \int_2^{2+3h^2} \sqrt{1+t^2}\,dt$

解 $\displaystyle \lim_{h \to 0} \int_2^{2+3h^2} \sqrt{1+t^2}\,dt = \int_2^2 \sqrt{1+t^2}\,dt = 0$ 。

4. $\displaystyle \lim_{h \to 0} \frac{1}{h} \int_0^h \sqrt{1+t+t^2}\,dt$

解 $\displaystyle \lim_{h \to 0} \frac{1}{h} \int_0^h \sqrt{1+t+t^2}\,dt = \lim_{h \to 0} \frac{D_h \displaystyle\int_0^h \sqrt{1+t+t^2}\,dt}{D_h\, h} = \lim_{h \to 0} \frac{\sqrt{1+h+h^2}}{1} = 1$ 。

5. $\displaystyle \lim_{h \to 0} \frac{1}{h} \int_5^{5+h} \sqrt{2t+\sqrt{16+t}}\,dt$

解 $\displaystyle \lim_{h \to 0} \frac{1}{h} \int_5^{5+h} \sqrt{2t+\sqrt{16+t}}\,dt = \lim_{h \to 0} \frac{D_h \displaystyle\int_5^{5+h} \sqrt{2t+\sqrt{16+t}}\,dt}{D_h\, h}$

$$= \lim_{h \to 0} \frac{\sqrt{2(5+h)+\sqrt{16+5+h}}}{1}$$

$$= \sqrt{10+\sqrt{21}} \text{ 。}$$

6. $\displaystyle \lim_{h \to \frac{\pi}{4}} \frac{1}{h - \frac{\pi}{4}} \int_h^{\frac{\pi}{4}} \sqrt{\tan t}\, dt$

解 $\displaystyle \lim_{h \to \frac{\pi}{4}} \frac{1}{h - \frac{\pi}{4}} \int_h^{\frac{\pi}{4}} \sqrt{\tan t}\, dt = \lim_{h \to \frac{\pi}{4}} \frac{-D_h \displaystyle\int_{\frac{\pi}{4}}^{h} \sqrt{\tan t}\, dt}{D_h \left(h - \dfrac{\pi}{4} \right)}$

$$= \lim_{h \to \frac{\pi}{4}} \frac{-\sqrt{\tan h}}{1} = -1 \text{ 。}$$

求下列各題：（ 7 ～ 10 ）

7. $\displaystyle D_x \int_1^x \sqrt{1 + t^2}\, dt$

解 $\displaystyle D_x \int_1^x \sqrt{1 + t^2}\, dt = \sqrt{1 + x^2} \text{ 。}$

8. $\displaystyle D_x \int_1^{\sin^2 x} (1 + 4t)\, dt$

解 $\displaystyle D_x \int_1^{\sin^2 x} (1 + 4t)\, dt = D_x (t + 2t^2) \Big|_1^{\sin^2 x} = D_x (\sin^2 x + 2\sin^4 x - 3)$

$= \sin 2x + 8\sin^3 x \cos x \text{ 。}$

9. $\displaystyle D_x \int_1^{\tan x} (1 + t^2)\, dt$

解 $\displaystyle D_x \int_1^{\tan x} (1 + t^2)\, dt = D_x \left(t + \frac{t^3}{3} \right) \Big|_1^{\tan x} = D_x \left(\tan x + \frac{\tan^3 x}{3} - \frac{4}{3} \right)$

$= \sec^2 x + \tan^2 x \sec^2 x = \sec^2 x (1 + \tan^2 x) = \sec^4 x \text{ 。}$

10. $\displaystyle D_x \int_{\sin^2 x}^{\cos^2 x} \sqrt{t}\, dt$, $x \in [\, 0\, ,\, 1\,]$

解 $\displaystyle D_x \int_{\sin^2 x}^{\cos^2 x} \sqrt{t}\, dt = D_x \frac{2}{3} t^{\frac{3}{2}} \Big|_{\sin^2 x}^{\cos^2 x} = D_x \frac{2}{3} (\cos^3 x - \sin^3 x)$

$= 2 (-\cos^2 x \sin x - \sin^2 x \cos x) = -(\sin 2x)(\cos x + \sin x) \text{ 。}$

11. 設 $u(x)$ 爲可微分函數，$f(x)$ 爲連續函數，且 a ，$u(x) \in dom f$ ，求

$$D_x \int_a^{u(x)} f(t)\, dt \text{ 。}$$

解 令

$$F(x) = \int_a^x f(t)\, dt \text{ ,}$$

則 $F'(x) = f(x)$ ，故得

$$D_x \int_a^{u(x)} f(t)\,dt = D_x F(u(x)) = (F'(u(x)))(u'(x))$$

$$= f(u(x)) \cdot u'(x) \,。$$

12. 設 $u(x)$，$v(x)$ 爲可微分函數，$f(x)$ 爲連續函數，且 $u(x)$，$v(x) \in dom\ f$，求

$$D_x \int_{v(x)}^{u(x)} f(t)\,dt \,。$$

解 設 $a \in dom\ f$，則

$$D_x \int_{v(x)}^{u(x)} f(t)\,dt = D_x \left(\int_{v(x)}^{a} f(t)\,dt + \int_{a}^{u(x)} f(t)\,dt \right)$$

$$= D_x \left(-\int_{a}^{v(x)} f(t)\,dt + \int_{a}^{u(x)} f(t)\,dt \right)$$

$$= f(u(x)) \cdot u'(x) - f(v(x)) \cdot v'(x) \,。$$

利用第 12 題的結果，求下列各題：（ 13 ~ 14 ）

13. $D_x \displaystyle\int_{x^2+1}^{\sec x} \sqrt{t^2-1}\,dt$

解 $D_x \displaystyle\int_{x^2+1}^{\sec x} \sqrt{t^2-1}\,dt = \sqrt{\sec^2 x - 1}\ \sec x \tan x - \sqrt{(x^2+1)^2 - 1}\ (2x)$

$$= |\tan x|\ \tan x \sec x - 2x\sqrt{x^4 + 2x^2} \,。$$

14. $D_x \displaystyle\int_{\sqrt{x+1}}^{\mathrm{Tan}^{-1} x} \tan t\,dt$

解 $D_x \displaystyle\int_{\sqrt{x+1}}^{\mathrm{Tan}^{-1} x} \tan t\,dt = (\tan \mathrm{Tan}^{-1} x)\left(\dfrac{1}{1+x^2}\right) - \dfrac{\tan\sqrt{1+x}}{2\sqrt{1+x}}$

$$= \dfrac{x}{1+x^2} - \dfrac{\tan\sqrt{1+x}}{2\sqrt{1+x}} \,。$$

求下列各定積分：（ 15 ~ 22 ）

15. $\displaystyle\int_1^8 \sqrt[3]{x}\,dx$

解 $\displaystyle\int_1^8 \sqrt[3]{x}\,dx = \dfrac{3}{4} x^{\frac{4}{3}} \Big|_1^8 = \dfrac{3}{4}(16-1) = \dfrac{45}{4} \,。$

16. $\displaystyle\int_{-19}^{19} x^5\,dx$

解 $\displaystyle\int_{-19}^{19} x^5\,dx = \dfrac{x^6}{6} \Big|_{-19}^{19} = 0$。（被積分函數爲奇函數，故在區間 $[-a, a]$ 上的積分值爲 0）

17. $\displaystyle\int_{-\frac{\pi}{4}}^{\frac{\pi}{4}} \tan x\,dx$

解 $\displaystyle\int_{-\frac{\pi}{4}}^{\frac{\pi}{4}} \tan x\,dx = 0$ 。（被積分函數爲奇函數，故在區間 $[-a\,,\,a]$ 上的積分值爲 0 ）

18. $\displaystyle\int_{0}^{\frac{\pi}{4}}(\sin^2 x + \cos^2 x)^5\,dx$

解 $\displaystyle\int_{0}^{\frac{\pi}{4}}(\sin^2 x + \cos^2 x)^5\,dx = \int_{0}^{\frac{\pi}{4}} dx = \frac{\pi}{4}$ 。

19. $\displaystyle\int_{0}^{\frac{\pi}{12}}(\sec^2 3x - \tan^2 3x)^2\,dx$

解 $\displaystyle\int_{0}^{\frac{\pi}{12}}(\sec^2 3x - \tan^2 3x)^2\,dx = \int_{0}^{\frac{\pi}{12}} dx = \frac{\pi}{12}$ 。

20. $\displaystyle\int_{-\frac{\pi}{3}}^{\frac{\pi}{3}} \sec x \tan x\,dx$

解 $\displaystyle\int_{-\frac{\pi}{3}}^{\frac{\pi}{3}} \sec x \tan x\,dx = \sec x \,\Big|_{-\frac{\pi}{3}}^{\frac{\pi}{3}} = 0$ 。（被積分函數爲奇函數）

21. $\displaystyle\int_{-3}^{4} |\,2x - 3x^2\,|\,dx$

解 $\displaystyle\int_{-3}^{4} |\,2x - 3x^2\,|\,dx = \int_{-3}^{0} |\,2x - 3x^2\,|\,dx + \int_{0}^{\frac{2}{3}} |\,2x - 3x^2\,|\,dx + \int_{\frac{2}{3}}^{4} |\,2x - 3x^2\,|\,dx$

$\displaystyle = \int_{-3}^{0} -(2x - 3x^2)\,dx + \int_{0}^{\frac{2}{3}} (2x - 3x^2)\,dx + \int_{\frac{2}{3}}^{4} -(2x - 3x^2)\,dx$

$\displaystyle = -(x^2 - x^3)\,\Big|_{-3}^{0} + (x^2 - x^3)\,\Big|_{0}^{\frac{2}{3}} - (x^2 - x^3)\,\Big|_{\frac{2}{3}}^{4}$

$\displaystyle = (9 + 27) + \frac{4}{27} + (48 + \frac{4}{27})$

$\displaystyle = 84 + \frac{8}{27} = \frac{2276}{27}$ 。

22. $\displaystyle\int_{-2}^{2} |\,x^4 + x^3 - 2x^2\,|\,dx$

解 $\displaystyle\int_{-2}^{2} |\,x^4 + x^3 - 2x^2\,|\,dx = \int_{-2}^{1} -(x^4 + x^3 - 2x^2)\,dx + \int_{1}^{2} (x^4 + x^3 - 2x^2)\,dx$

$\displaystyle = -(\frac{x^5}{5} + \frac{x^4}{4} - \frac{2x^3}{3})\,\Big|_{-2}^{1} + (\frac{x^5}{5} + \frac{x^4}{4} - \frac{2x^3}{3})\,\Big|_{1}^{2}$

$\displaystyle = \frac{189}{60} + \frac{317}{60} = \frac{253}{30}$ 。

23. 設 f 為 $[\,a\,,\,b\,]$ 上的連續函數，令 $F(x)=\displaystyle\int_{x_0}^{x}f(t)dt$，$x$，$x_0\in[\,a\,,\,b\,]$。利用

（微分）均值定理（ 4 － 3 ），證明下面之積分均值定理：存在 $c\in[\,a\,,\,b\,]$ 使得

$$\int_{a}^{b}f(t)dt=f(c)(\,b-a\,)。$$

證 $\displaystyle\int_{a}^{b}f(t)dt=\int_{a}^{x_0}f(t)dt+\int_{x_0}^{b}f(t)dt=F(b)-F(a)=F'(c)(\,b-a\,)$

$\qquad\qquad =f(c)(\,b-a\,)。$

24. 某公司的邊際成本函數為 $TC'(x)=50+\dfrac{630}{x^2}$，試求於生產 30 單位產品後,再生產 5

單位產品之成本。

解 因為 $TC'(x)=50+\dfrac{630}{x^2}$，故知

$$TC=50x-\dfrac{630}{x}+k\ ,$$

而所求為

$$TC(35)-TC(30)=50(\,35-30\,)-630\,(\,\dfrac{1}{35}-\dfrac{1}{30}\,)=250+3=253。$$

7-1

1. 設 $A = \{ (x, y) \mid 0 \leqq y \leqq \frac{1}{x}, x \in [1, 2] \}$，$B = \{ (x, y) \mid 0 \leqq y \leqq \frac{1}{x}$,

    $x \in [3, 6] \}$，證明：

    A的面積 $= B$的面積。

解 B的面積 $= \int_3^6 \frac{1}{x} \, dx = \ln 6 - \ln 3 = \ln \frac{6}{3} = \ln 2 = \int_1^2 \ln x \, dx = A$ 的面積。

2. 仿例2證明定理7-4。

證 令 $\sqrt[p]{x^q} = y$，則 $y^p = x^q$，故得

$$\ln y^p = \ln x^q \quad \Rightarrow \quad p \ln y = q \ln x \quad \Rightarrow \quad \ln y = \frac{q}{p} \ln x$$

$$\Rightarrow \quad \ln \sqrt[p]{x^q} = \frac{q}{p} \ln x_o$$

於下面各題中，求 $\frac{dy}{dx}$：（3～14）

3. $y = \ln 4x$

解 $y = \ln 4x \quad \Rightarrow \quad \frac{dy}{dx} = \frac{d}{dx} (\ln 4 + \ln x) = 0 + \frac{1}{x} = \frac{1}{x}$。

4. $y = \ln ax \ (a < 0)$

解 $y = \ln ax \quad \Rightarrow \quad \frac{dy}{dx} = \frac{d}{dx} (\ln (-a)(-x))$

$$= \frac{d}{dx} (\ln (-a)) + \frac{d}{dx} (\ln (-x))$$

$$= 0 + (-\frac{1}{x})(-1) = \frac{1}{x}$$

5. $y = \ln |x|$

解 因為 $y = \begin{cases} \ln x, & \text{當 } x > 0; \\ \ln (-x), & \text{當 } x < 0. \end{cases}$

故知 $\frac{dy}{dx} = \frac{1}{x}, x \neq 0$。

6. $y = \ln x^5$

解 因為 $y = \ln x^5 = 5 \ln x$，故知 $\frac{dy}{dx} = \frac{5}{x}$。

7. $y = \ln^4 2x$

解 $y = \ln^4 2x \Rightarrow \dfrac{dy}{dx} = \dfrac{d}{dx} (\ln^4 2x) = 4 \ln^3 2x (\dfrac{1}{x}) = \dfrac{4}{x} \cdot \ln^3 2x$ 。

8. $y = \ln \ln (x^2 + 1)$

解 $y = \ln \ln (x^2 + 1) \Rightarrow \dfrac{dy}{dx} = \dfrac{d}{dx} (\ln \ln (x^2 + 1))$

$\Rightarrow \dfrac{dy}{dx} = \dfrac{1}{\ln (x^2 + 1)} \cdot \dfrac{2x}{x^2 + 1}$

$\Rightarrow \dfrac{dy}{dx} = \dfrac{2x}{(x^2 + 1) \ln (x^2 + 1)}$ 。

9. $y = (x^2 + 3) \ln \sqrt{x^4 + 1}$

解 $y = (x^2 + 3) \ln \sqrt{x^4 + 1} \Rightarrow \dfrac{dy}{dx} = 2x \ln \sqrt{x^4 + 1} + \dfrac{2x^3 (x^2 + 3)}{x^4 + 1}$ 。

10. $y = \dfrac{\ln (2 + \sin 3x)}{x}$

解 $y = \dfrac{\ln (2 + \sin 3x)}{x} \Rightarrow \dfrac{dy}{dx} = \dfrac{3 \cos 3x}{x (2 + \sin 3x)} - \dfrac{\ln (2 + \sin 3x)}{x^2}$ 。

11. $y = \sqrt[3]{\ln (2 - \cos 4x)}$

解 $y = \sqrt[3]{\ln (2 - \cos 4x)} \Rightarrow \dfrac{dy}{dx} = \dfrac{1}{3 \sqrt[3]{\ln^2 (2 - \cos 4x)}} \cdot \dfrac{4 \sin 4x}{2 - \cos 4x}$ 。

12. $y = \dfrac{3x^2 + x + 1}{\ln x}$

解 $y = \dfrac{3x^2 + x + 1}{\ln x} \Rightarrow \dfrac{dy}{dx} = \dfrac{6x + 1}{\ln x} - \dfrac{3x^2 + x + 1}{x \ln^2 x}$ 。

13. $y = \dfrac{\sqrt[3]{(2x + 3)^2}}{(3x - 2)^3 (x^2 - 1)^2}$

解 $y = \dfrac{\sqrt[3]{(2x + 3)^2}}{(3x - 2)^3 (x^2 - 1)^2}$

$\Rightarrow \ln y = \dfrac{2}{3} \ln (2x + 3) - 3 \ln (3x - 2) - 2 \ln (x^2 - 1)$

$\Rightarrow \dfrac{1}{y} \cdot \dfrac{dy}{dx} = \dfrac{4}{3 (2x + 3)} - \dfrac{9}{3x - 2} - \dfrac{4x}{x^2 - 1}$

$\Rightarrow \dfrac{dy}{dx} = \dfrac{\sqrt[3]{(2x + 3)^2}}{(3x - 2)^3 (x^2 - 1)^2} (\dfrac{4}{3 (2x + 3)} - \dfrac{9}{3x - 2} - \dfrac{4x}{x^2 - 1})$ 。

14. $y = x \ln (1 + \cos^2 x)^3$

解 $y = x \ln (1 + \cos^2 x)^3 \Rightarrow \dfrac{dy}{dx} = 3 \ln (1 + \cos^2 x) - \dfrac{3 x \sin 2 x}{1 + \cos^2 x}$ 。

於下面各題中，求 $\dfrac{dy}{dx}$ ：（ $15 \sim 17$ ）

15. $x \ln y + y \ln x = 1$

解 $x \ln y + y \ln x = 1 \Rightarrow \ln y + \dfrac{x}{y} \cdot \dfrac{dy}{dx} + \dfrac{dy}{dx} \ln x + \dfrac{y}{x} = 0$

$$\Rightarrow \dfrac{dy}{dx} = - \dfrac{y^2 + xy \ln y}{x^2 + xy \ln x} 。$$

16. $\ln (x^2 + y^2) = x - y$

解 $\ln (x^2 + y^2) = x - y \Rightarrow \dfrac{2 x + 2 y \cdot \dfrac{dy}{dx}}{x^2 + y^2} = 1 - \dfrac{dy}{dx}$

$$\Rightarrow \dfrac{dy}{dx} = \dfrac{x^2 + y^2 - 2 x}{2 y + x^2 + y^2} 。$$

17. $\ln (x^2 - y^2) = x + y$

解 $\ln (x^2 - y^2) = x + y \Rightarrow \dfrac{2 x - 2 y \cdot \dfrac{dy}{dx}}{x^2 - y^2} = 1 + \dfrac{dy}{dx}$

$$\Rightarrow \dfrac{dy}{dx} = \dfrac{x^2 - y^2 - 2 x}{- 2 y - x^2 + y^2} 。$$

18. 設 $y = \ln (x^2 + y^2)$ ，求 $\dfrac{dy}{dx}$ 在點（ $1 , 0$ ）處之值。

解 $y = \ln (x^2 + y^2) \Rightarrow \dfrac{dy}{dx} = \dfrac{2 x + 2 y \cdot \dfrac{dy}{dx}}{x^2 + y^2} \Rightarrow \dfrac{dy}{dx} = \dfrac{2 x}{x^2 + y^2 - 2 y}$

$$\Rightarrow \left. \dfrac{dy}{dx} \right|_{(1 , 0)} = 2 。$$

19. 求曲線 $y = \ln 2 x$ 在點（ $\dfrac{1}{2} , 0$ ）處之切線方程式。

解 因爲 $y = \ln 2 x \Rightarrow \dfrac{dy}{dx} = \dfrac{1}{x} \Rightarrow \left. \dfrac{dy}{dx} \right|_{(\frac{1}{2} , 0)} = 2$ ，故知所求切線方程式爲

$$y = 2 (x - \dfrac{1}{2}) , \quad 2 x - y = 1 。$$

20. 求曲線 $y = (x + 1) \ln (x - 1)$ 在點（ $2 , 0$ ）處之切線方程式。

解 因為 $y = (x+1)\ln(x-1) \Rightarrow \dfrac{dy}{dx} = \ln(x-1) + \dfrac{x+1}{x-1}$

$$\Rightarrow \left.\dfrac{dy}{dx}\right|_{(2,0)} = 3 ,$$

故知所求切線方程式爲

$$y = 3(x-2) , \quad 3x - y = 6 。$$

求下面各題之極限：（ 21 ～ 23 ）

21. $\displaystyle \lim_{x \to 0} \dfrac{\ln(x+1)}{x}$

解 $\displaystyle \lim_{x \to 0} \dfrac{\ln(x+1)}{x} = \lim_{x \to 0} \dfrac{\dfrac{1}{x+1}}{1} = 1 。$

22. $\displaystyle \lim_{x \to \infty} \dfrac{\ln x}{x}$

解 $\displaystyle \lim_{x \to \infty} \dfrac{\ln x}{x} = \lim_{x \to \infty} \dfrac{\dfrac{1}{x}}{1} = \dfrac{0}{1} = 0 。$

23. $\displaystyle \lim_{x \to \infty} \dfrac{\ln^4 x}{\sqrt[3]{x}}$

解 $\displaystyle \lim_{x \to \infty} \dfrac{\ln^4 x}{\sqrt[3]{x}} = \lim_{x \to \infty} \dfrac{\dfrac{4\ln^3 x}{x}}{\dfrac{1}{3\sqrt[3]{x^2}}} = \lim_{x \to \infty} \dfrac{12\ln^3 x}{\sqrt[3]{x}}$

$$= \lim_{x \to \infty} \dfrac{\dfrac{36\ln^2 x}{x}}{\dfrac{1}{3\sqrt[3]{x^2}}} = \lim_{x \to \infty} \dfrac{108\ln^2 x}{\sqrt[3]{x}} = \lim_{x \to \infty} \dfrac{\dfrac{216\ln x}{x}}{\dfrac{1}{3\sqrt[3]{x^2}}}$$

$$= \lim_{x \to \infty} \dfrac{648\ln x}{\sqrt[3]{x}} = \lim_{x \to \infty} \dfrac{\dfrac{648}{x}}{\dfrac{1}{3\sqrt[3]{x^2}}} = \lim_{x \to \infty} \dfrac{1944}{\sqrt[3]{x}} = 0 。$$

24. 求下面之極限：

$$\lim_{n \to \infty} \left\{ \dfrac{1}{n} + \dfrac{1}{n+1} + \dfrac{1}{n+2} + \cdots + \dfrac{1}{2n} \right\}$$

提示：令 $f(x) = \dfrac{1}{x}$ ，並考慮下式之幾何意義

$$\lim_{n \to \infty} \frac{1}{n} \left\{ f(1) + f\left(1 + \frac{1}{n}\right) + f\left(1 + \frac{2}{n}\right) + \cdots + f\left(1 + \frac{n}{n}\right) \right\}$$

解 $\lim_{n \to \infty} \left\{ \frac{1}{n} + \frac{1}{n+1} + \frac{1}{n+2} + \cdots + \frac{1}{2n} \right\}$

$$= \lim_{n \to \infty} \frac{1}{n} \left\{ 1 + \frac{1}{1 + \frac{1}{n}} + \frac{1}{1 + \frac{2}{n}} + \cdots + \frac{1}{1 + \frac{n}{n}} \right\}$$

上面最後一式極限符號後面的式子，乃是函數 $f(x) = \frac{1}{x}$ 在區間 $[1,2]$ 上的一個黎

曼和 $\frac{1}{n} \left\{ f(1) + f\left(1 + \frac{1}{n}\right) + f\left(1 + \frac{2}{n}\right) + \cdots + f\left(1 + \frac{n}{n}\right) \right\}$

而當 n 趨於無限大時，此黎曼和的極限爲

$$\int_1^2 \frac{1}{x} dx = \ln x \Big|_1^2 = \ln 2 \text{ 。}$$

25. 求下面定積分之值：

$$\int_{-4}^{-2} \frac{1}{x} dx \text{ 。}$$

解 $\int_{-4}^{-2} \frac{1}{x} dx = \ln |x| \Big|_{-4}^{-2} = \ln 2 - \ln 4 = - \ln 2$ 。

7-2

1. 證明定理 7-6 。

證 $\sqrt[p]{(\exp a)^q} = \exp \ln (\exp a)^{\frac{q}{p}} = \exp \left(\frac{q}{p} \ln \exp a\right) = \exp \left(\frac{q}{p} \cdot a\right)$ 。

2. 證明定理 7-8 (ii) , (iii) , (iv) 。

證 (ii) $\dfrac{a^x}{a^y} = \dfrac{\exp(\ln a^x)}{\exp(\ln a^y)} = \dfrac{\exp(x \ln a)}{\exp(y \ln a)}$

$\qquad = \exp(x \ln a - y \ln a) = \exp((x-y) \ln a) = \exp \ln a^{x-y} = a^{x-y}$ 。

(iii) $a^x b^x = (\exp(\ln a^x))(\exp(\ln b^x))$

$\qquad = (\exp(x \ln a))(\exp(x \ln b))$

$\qquad = \exp(x \ln a + x \ln b) = \exp(x(\ln a + \ln b))$

$\qquad = \exp(x \ln ab) = \exp \ln(ab)^x = (ab)^x$ 。

(iv) $\dfrac{a^x}{b^x} = \dfrac{\exp(\ln a^x)}{\exp(\ln b^x)} = \dfrac{\exp(x \ln a)}{\exp(x \ln b)}$

$$= \exp (x \ln a - x \ln b) = \exp (x (\ln a - \ln b))$$

$$= \exp (x \ln \frac{a}{b}) = \exp \ln (\frac{a}{b})^x = (\frac{a}{b})^x \text{。}$$

於下列各題中，求 $\dfrac{dy}{dx}$：（3～14）

3. $y = (3 x^2 + x + 1)^2$

解 $y = (3 x^2 + x + 1)^2 \ \Rightarrow \ \dfrac{dy}{dx} = 2 (3 x^2 + x + 1) (6 x + 1)$ 。

4. $y = \sqrt{3^x}$

解 $y = \sqrt{3^x} \ \Rightarrow \ \dfrac{dy}{dx} = \dfrac{d}{dx} (\exp \dfrac{x}{2} \ln 3) = (\exp \dfrac{x}{2} \ln 3) \dfrac{\ln 3}{2} = \dfrac{\ln 3}{2} \sqrt{3^x}$ 。

5. $y = \ln (\exp \sqrt[3]{x (2 x^2 + x - 4)^2})$

解 $y = \ln (\exp \sqrt[3]{x (2 x^2 + x - 4)^2}) = x^{\frac{1}{3}} (2 x^2 + x - 4)^{\frac{2}{3}}$

$\Rightarrow \dfrac{dy}{dx} = \dfrac{1}{3} x^{-\frac{2}{3}} (2 x^2 + x - 4)^{\frac{2}{3}} + \dfrac{2}{3} x^{\frac{1}{3}} (2 x^2 + x - 4)^{-\frac{1}{3}} (4 x + 1)$ 。

6. $y = \exp (\ln \sqrt[3]{(3 x^2 - x + 1)^4})$

解 $y = \exp (\ln \sqrt[3]{(3 x^2 - x + 1)^4}) = (3 x^2 - x + 1)^{\frac{4}{3}}$

$\Rightarrow \dfrac{dy}{dx} = \dfrac{4}{3} (3 x^2 - x + 1)^{\frac{1}{3}} (6 x - 1)$ 。

7. $y = x^2 \exp x^{-2}$

解 $y = x^2 \exp x^{-2} \ \Rightarrow \ \dfrac{dy}{dx} = 2 x \exp x^{-2} + (x^2 \exp x^{-2}) (-2 x^{-3})$

$$= (2 x - \dfrac{2}{x}) \exp x^{-2} \text{。}$$

8. $y = \exp (\exp x)$

解 $y = \exp (\exp x) \ \Rightarrow \ \dfrac{dy}{dx} = (\exp (\exp x)) \dfrac{d}{dx} (\exp x)$

$$= (\exp (\exp x)) (\exp x) = \exp (x + \exp x) \text{。}$$

9. $y = 10^x$

解 $y = 10^x \ \Rightarrow \ \dfrac{dy}{dx} = \dfrac{d}{dx} (\exp x \ln 10) = (\exp x \ln 10) (\ln 10) = (\ln 10) 10^x$ 。

10. $y = x^2 \, 3^{2x+1}$

解 $y = x^2 \, 3^{2x+1} \ \Rightarrow \ \dfrac{dy}{dx} = 2 x (3^{2x+1}) + x^2 \cdot \dfrac{d}{dx} (\exp (2 x + 1) \ln 3)$

$$= 2x(3^{2x+1}) + 2x^2 3^{2x+1} \ln 3 = 2x(1+x)(3^{2x+1}) \text{ 。}$$

11. $y = x^{10x}$

解　$y = x^{10x}$　$\Rightarrow$　$\dfrac{dy}{dx} = \dfrac{d}{dx}(\exp(10x)\ln x) = x^{10x}(10\ln x + 10)$

$$= 10x^{10x}(\ln x + 1) \text{ 。}$$

12. $y = 5^x \ln^2(1+x^2)$

解　$y = 5^x \ln^2(1+x^2)$　$\Rightarrow$　$\ln y = x \ln 5 + 2 \ln \ln(1+x^2)$

$\Rightarrow$　$\dfrac{1}{y} \cdot \dfrac{dy}{dx} = \ln 5 + \dfrac{2}{\ln(1+x^2)} \cdot \dfrac{2x}{1+x^2}$

$\Rightarrow$　$\dfrac{dy}{dx} = 5^x \ln^2(1+x^2)(\ln 5 + \dfrac{2}{\ln(1+x^2)} \cdot \dfrac{2x}{1+x^2})$

$\Rightarrow$　$\dfrac{dy}{dx} = 5^x(\ln 5)\ln^2(1+x^2) + (\dfrac{4x}{1+x^2})5^x \ln(1+x^2)$

$$= (5^x \ln(1+x^2))((\ln 5)\ln(1+x^2) + \dfrac{4x}{1+x^2}) \text{ 。}$$

13. $y = (x^2+1)^{\sin x}$

解　$y = (x^2+1)^{\sin x}$　$\Rightarrow$　$\ln y = (\sin x)(\ln(x^2+1))$

$\Rightarrow$　$\dfrac{1}{y} \cdot \dfrac{dy}{dx} = (\cos x)(\ln(x^2+1)) + (\sin x)(\dfrac{2x}{x^2+1})$

$\Rightarrow$　$\dfrac{dy}{dx} = (x^2+1)^{\sin x}((\cos x)(\ln(x^2+1)) + (\sin x)(\dfrac{2x}{x^2+1})) \text{ 。}$

14. $y = x^{x^x}$

解　$y = x^{x^x}$　$\Rightarrow$　$\ln y = x^x \ln x$　$\Rightarrow$　$\dfrac{1}{y} \cdot \dfrac{dy}{dx} = x^x(\ln x + 1)(\ln x) + x^{x-1}$

$$\Rightarrow \dfrac{dy}{dx} = x^{x^x + x - 1}(x \ln^2 x + x \ln x + 1) \text{ 。}$$

15. 設 f 為一可微分函數，且 $f'(x) = f(x)$，$f(0) = 1$，證明：

$$f(x) = \exp x \text{ 。}$$

（提示：對 $\dfrac{f(x)}{\exp x}$ 就 x 微分）

證　$D(\dfrac{f(x)}{\exp x}) = \dfrac{f'(x)\exp x - f(x)\exp x}{\exp^2 x}$

$$= \dfrac{f(x)\exp x - f(x)\exp x}{\exp^2 x} = 0 \text{ ，}$$

故知 $\dfrac{f(x)}{\exp x} = k$，其中 k 爲一常數。即知 $f(x) = k \exp x$，$1 = f(0) = k \exp 0 = k$，從而知 $f(x) = \exp x$。

7-3

1. 證明定理 7-14 (ii)，(iii)。

證 (ii)
$$\log_a \dfrac{x}{y} = \dfrac{\ln \dfrac{x}{y}}{\ln a} \qquad (\text{定理 7-13})$$

$$= \dfrac{\ln x - \ln y}{\ln a} \qquad (\text{定理 7-2 (iv)})$$

$$= \dfrac{\ln x}{\ln a} - \dfrac{\ln y}{\ln a}$$

$$= \log_a x - \log_a y, \qquad (\text{定理 7-13})$$

(iii) $\log_a \dfrac{1}{x} = \dfrac{\ln \dfrac{1}{x}}{\ln a} \qquad (\text{定理 7-13})$

$$= \dfrac{-\ln x}{\ln a} \qquad (\text{定理 7-2 (iii)})$$

$$= -\log_a x \text{。} \qquad (\text{定理 7-13})$$

於下面各題中，求 $\dfrac{dy}{dx}$：（2～5）

2. $y = \log_2 (4 \sqrt[3]{(x^3 + 6x + 1)^4})$

解 $y = \log_2 (4 \sqrt[3]{(x^3 + 6x + 1)^4}) = \log_2 4 + \dfrac{4}{3} \log_2 (x^3 + 6x + 1)$

$$\Rightarrow \dfrac{dy}{dx} = \dfrac{d}{dx}\left(\dfrac{4}{3} \cdot \dfrac{\ln(x^3 + 6x + 1)}{\ln 2}\right) = \dfrac{4}{3 \ln 2} \cdot \dfrac{3x^2 + 6}{x^3 + 6x + 1}$$

$$= \dfrac{4}{\ln 2} \cdot \dfrac{x^2 + 2}{x^3 + 6x + 1} \text{。}$$

3. $y = (\log_a x)^x$

解 $y = (\log_a x)^x \Rightarrow \ln y = x \ln \left(\dfrac{\ln x}{\ln a}\right)$

$$\Rightarrow \dfrac{1}{y} \cdot \dfrac{dy}{dx} = \ln\left(\dfrac{\ln x}{\ln a}\right) + \dfrac{x \ln a}{\ln x} \cdot \dfrac{1}{x \ln a}$$

$$\Rightarrow \quad \frac{1}{y} \cdot \frac{dy}{dx} = \ln\left(\frac{\ln x}{\ln a}\right) + \frac{1}{\ln x} \quad \Rightarrow \quad \frac{dy}{dx} = (\log_a x)^x \left(\ln\left(\frac{\ln x}{\ln a}\right) + \frac{1}{\ln x}\right)\text{。}$$

4. $y = x^2 (e^{\cos x})^2$

解 $y = x^2 (e^{\cos x})^2 \quad \Rightarrow \quad \dfrac{dy}{dx} = 2xe^{2\cos x} + x^2 (e^{2\cos x})(-2\sin x)$

$$= 2xe^{2\cos x}(1 - x\sin x)\text{。}$$

5. $y = \log_x (x^2 + 1)^{\tan x}$

解 $y = \log_x (x^2 + 1)^{\tan x} \quad \Rightarrow \quad y = \dfrac{\ln (x^2 + 1)^{\tan x}}{\ln x} = \dfrac{\tan x \cdot \ln (x^2 + 1)}{\ln x}$

$$\Rightarrow \quad \frac{dy}{dx} = \frac{\sec^2 x \cdot \ln (x^2 + 1) + \dfrac{2x \tan x}{x^2 + 1}}{\ln x} - \frac{\tan x \cdot \ln (x^2 + 1)}{x \ln^2 x}\text{。}$$

求下面各極限：（6～11）

6. $\displaystyle \lim_{x \to 0} \frac{e^{2x} - 1}{x}$

解 $\displaystyle \lim_{x \to 0} \frac{e^{2x} - 1}{x} = \lim_{x \to 0} \frac{2e^{2x}}{1} = 2$。

7. $\displaystyle \lim_{x \to 0+} \frac{\log_2 x}{\sqrt{x}}$

解 $\displaystyle \lim_{x \to 0+} \frac{\log_2 x}{\sqrt{x}} = -\infty$。（因 $\displaystyle \lim_{x \to 0+} \log_2 x = -\infty$，$\displaystyle \lim_{x \to 0+} \frac{1}{\sqrt{x}} = \infty$）

8. $\displaystyle \lim_{x \to 0} \frac{e^{2x} - \cos x}{x}$

解 $\displaystyle \lim_{x \to 0} \frac{e^{2x} - \cos x}{x} = \lim_{x \to 0} \frac{2e^{2x} + \sin x}{1} = 2$。

9. $\displaystyle \lim_{x \to 0} \frac{xe^x - \sin x}{x^2 \cos x}$

解 $\displaystyle \lim_{x \to 0} \frac{xe^x - \sin x}{x^2 \cos x} = \lim_{x \to 0} \frac{e^x + xe^x - \cos x}{2x \cos x - x^2 \sin x}$

$$= \lim_{x \to 0} \frac{2e^x + xe^x + \sin x}{2 \cos x - 2x \sin x - 2x \sin x - x^2 \cos x} = 1\text{。}$$

10. $\displaystyle \lim_{x \to 0+} (\sin x)^{\sin x}$

解 $\displaystyle \lim_{x \to 0+} (\sin x)^{\sin x} = \lim_{x \to 0+} \exp (\sin x \ln (\sin x))$

$$= \exp \left(\lim_{x \to 0+} \frac{\ln (\sin x)}{\csc x}\right)$$

$$= \exp\left(\lim_{x \to 0+} \frac{\dfrac{\cos x}{\sin x}}{-\csc x \cot x}\right) = \exp\left(\lim_{x \to 0+}(-\sin x)\right) = \exp(0) = 1 \, \text{。}$$

11. $\displaystyle\lim_{x \to \frac{\pi}{2}}(\sin x)^{\tan x}$

解 $\displaystyle\lim_{x \to \frac{\pi}{2}}(\sin x)^{\tan x} = \lim_{x \to \frac{\pi}{2}} \exp(\tan x \ln(\sin x))$

$$= \exp\left(\lim_{x \to \frac{\pi}{2}}(\tan x \ln(\sin x))\right)$$

$$= \exp\left(\lim_{x \to \frac{\pi}{2}} \frac{\ln(\sin x)}{\cot x}\right)$$

$$= \exp\left(\lim_{x \to \frac{\pi}{2}} \frac{\dfrac{\cos x}{\sin x}}{-\csc^2 x}\right)$$

$$= \exp\left(\lim_{x \to \frac{\pi}{2}}(-\cos x \sin x)\right) = \exp(0) = 1 \, \text{。}$$

12. 證明**常態分配**（normal distribution）（probability density function, p.d.f.）

$$f(x) = \frac{1}{\sigma\sqrt{2\pi}} \exp\left(\frac{-\left(\dfrac{x-\mu}{\sigma}\right)^2}{2}\right),$$

（其中 σ，μ 爲常數），在 $x = \mu$ 處有極大值。

證 由於

$$f(x) = \frac{1}{\sigma\sqrt{2\pi}} \exp\left(\frac{-\left(\dfrac{x-\mu}{\sigma}\right)^2}{2}\right)$$

$$\Rightarrow f'(x) = \frac{1}{\sigma\sqrt{2\pi}} \exp\left(\frac{-\left(\dfrac{x-\mu}{\sigma}\right)^2}{2}\right) \cdot \frac{-(x-\mu)}{\sigma^2},$$

且 $\dfrac{1}{\sigma\sqrt{2\pi}} \exp\left(\dfrac{-\left(\dfrac{x-\mu}{\sigma}\right)^2}{2}\right) > 0$，故知

x		μ	
$f'(x)$	$+$		$-$

從而知 $f(x)$ 在 $x = \mu$ 處有極大值。

13. 試作函數 $y = x \ln x$ 的圖形。

解 由 $y = x \ln x$ 得

$$\frac{dy}{dx} = 1 + \ln x, \quad \frac{d^2y}{dx^2} = \frac{1}{x} > 0, \quad (\text{因 } x > 0)$$

x		e^{-1}	
$f'(x)$	$-$		$+$

故知 $x = e^{-1}$ 爲極小點，且圖形爲凹向上。

又由

$$\lim_{x \to 0} (x \ln x) = \lim_{x \to 0} \frac{\ln x}{\frac{1}{x}}$$

$$= \lim_{x \to 0} \frac{\frac{1}{x}}{\frac{-1}{x^2}} = 0 ,$$

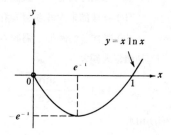

故知圖形如右所示：

14. 試作函數 $y = \dfrac{e^x + e^{-x}}{2}$ 的圖形。

解 由 $y = \dfrac{e^x + e^{-x}}{2}$ 得

$$\frac{dy}{dx} = \frac{e^x - e^{-x}}{2} ,$$

$$\frac{d^2 y}{dx^2} = \frac{e^x + e^{-x}}{2} > 0 ,$$

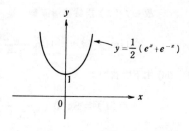

x		0	
$\dfrac{dy}{dx}$	$-$		$+$

故知 $x = 0$ 爲極小點，且圖形爲凹向上。

故知圖形如右所示：

15. 設某商品於供應量爲 x 時，每一商品可得的利潤爲 $p = 25 e^{-\frac{x}{5}}$，問供應量爲何時有最大的收益？

解 由題意知總收入爲

$$TR(x) = xp = 25 x e^{-\frac{x}{5}} ,$$

故得

$$TR'(x) = 25 \left(e^{-\frac{x}{5}} - \frac{x e^{-\frac{x}{5}}}{5} \right) = 5 e^{-\frac{x}{5}} (5 - x) ,$$

而由下表

x		5	
$TR'(x)$	$+$		$-$

即知於供應量爲 $x = 5$ 時，有最大的總收益。

16. 一家新開張的保齡球館，於開幕後 t 個月時，每天打球的人數爲

$$f(t) = \frac{360}{3+15\,e^{-t}},$$

試問：(i) 初期每天有多少顧客？

(ii) 此球館未來最多每天有多少顧客？

(iii) 試作 f 的圖形。圖形的反曲點代表什麼意義？

解　(i) 初期每天顧客有

$$f(0) = \frac{360}{3+15\,e^{-0}} = 20\,(人)。$$

(ii) 由於

$$f(t) = \frac{360}{3+15\,e^{-t}}$$

$$\Rightarrow\quad f'(t) = \frac{-360\,(-15\,e^{-t})}{(3+15\,e^{-t})^2} = \frac{5400\,e^{-t}}{(3+15\,e^{-t})^2} > 0,$$

故知 $f(t)$ 爲嚴格增函數，從而知未來此球館最多每天有顧客

$$\lim_{t\to\infty} f(t) = \lim_{t\to\infty} \frac{360}{3+15\,e^{-t}} = 120\,(人)。$$

(iii) 由下面資料：

$$f''(t) = 5400\left(\frac{-e^{-t}}{(3+15\,e^{-t})^2} + \frac{30\,e^{-t}}{(3+15\,e^{-t})^3}\right)$$

$$= \frac{5400\,e^{-t}\,(-3-15\,e^{-t}+30\,e^{-t})}{(3+15\,e^{-t})^3}$$

$$= \frac{5400\,e^{-t}\,(15\,e^{-t}-3)}{(3+15\,e^{-t})^3},$$

t		$\ln\dfrac{5}{3}$	
$f''(t)$	+		−

可作圖如下，其中在 $t = \ln\dfrac{5}{3}$ 處有反曲點，表顧客成長率最大的時機。

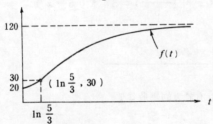

17. 在一人口爲 50000 的小城中，於有人感染流行性感冒後 t 日時，城中感染的人數爲

$$N(t) = \frac{10000}{1 + 9999\, e^{-t}},$$

問何時流行的速率爲最快？

解 由 $N(t) = \dfrac{10000}{1 + 9999\, e^{-t}}$

$\Rightarrow\quad N'(t) = \dfrac{99990000\, e^{-t}}{(1 + 9999\, e^{-t})^2}$

$\Rightarrow\quad N''(t) = \dfrac{99990000\, e^{-t}\,(9999\, e^{-t} - 1)}{(1 + 9999\, e^{-t})^3}$,

故知 $t = \ln 9999 \approx 9.21$（天）時，流行的速率爲最快。

7-4

1. 我們說金錢對某一投資公司的價值爲 8％，意思是說，這公司不會從事實利率不到 8％之投資。問此公司願意從事投資的連續複利的名利率爲何？

解 設實利率爲 8％ 的名利率爲 r，則

$$e^r - 1 = 0.08, \quad r = \ln(1.08) \approx 0.077,$$

即名利率爲 7.7％。

2. 連續複利的名利率爲下面各款的情況下，實利率爲何？

(i) 6％　　　(ii) 10％　　　(iii) 12％　　　(iv) 15％

解 (i) 名利率爲 6％ 的實利率爲 $e^{0.06} - 1 = 0.0618$。

(ii) 名利率爲 10％ 的實利率爲 $e^{0.1} - 1 = 0.1052$。

(iii) 名利率爲 12％ 的實利率爲 $e^{0.12} - 1 = 0.1275$。

(iv) 名利率爲 15％ 的實利率爲 $e^{0.15} - 1 = 0.1618$。

3. 一筆 120,000 元的投資，以名利率 6％ 連續複利計息。

(i) 3 年半後此投資的價值爲何？

(ii) 何時此投資將值 192,000 元？

解 (i) 本金 120000 元，名利率 6％ 連續複利，3 年半後的價值爲

$$S(3.5) = 120000\, e^{3.5\,(0.06)} = 120000\, e^{0.21}$$

$$= 120000\,(1.2337) = 148044\,（元）。$$

(ii) 令 $S(t) = 192000$，則

$$120000\, e^{0.06\,t} = 192000,$$

$$0.06\,t = \ln\frac{192}{120} = 0.47, \quad t \approx 7.8\,（年）。$$

4. 以名利率 8% 連續複利計息，希望 4 年 3 個月後得款 400,000 元，問現今應投資多少？

解 設投資 P 元 4 年 3 個月後可得款 400,000 元，則

$$400000 = Pe^{0.08(4.25)} = Pe^{0.34} = P(1.04049),$$

$$P \approx 284718 \text{（元）} 。$$

5. 某君於 20 年前作一筆投資，以連續複利計息，而今這筆投資的價值為原來的二倍，問所作投資的名利率為何？

解 設名利率為 r，則依題意知

$$2P = Pe^{20r}, \quad \ln 2 = 20r,$$

$$r = \frac{\ln 2}{20} = \frac{0.69315}{20} \approx 0.035,$$

即知名利率約為 3.5%。

6. 設從事房地產的王君有一筆土地可出售，其今後 t 年的售價為 $400,000 + 100,000t$。若王君有機會從事連續複利 8% 的投資。問 10 年後賣出抑 20 年後賣出較為有利？又最佳的賣出時機為何？

解 依題意知，10 年後的售價為 1400,000，其現值為

$$P_1 = 1400,000e^{-(0.08) \times 10} = 1400,000e^{-0.8} = 1400,000(0.4493)$$

$$= 629020,$$

20 年後的售價為 2400,000，其現值為

$$P_2 = 2400,000e^{-(0.08) \times 20} = 2400,000e^{-1.6} = 2400,000(0.2019)$$

$$= 484560,$$

故知 10 年後售出較佳。

若 t 年後售出，則因售價為 $400,000 + 100,000t$，故其現值為

$$P = (400,000 + 100,000t)e^{-(0.08)t},$$

因為

$$\frac{dP}{dt} = 100,000e^{-0.08t} + (400,000 + 100,000t)(-0.08)e^{-0.08t}$$

$$= e^{-0.08t}(68,000 - 8,000t),$$

由於 $e^{-0.08t} > 0$，故知 $t = \frac{17}{2}$ 時，現值 P 有極大值，即知此筆土地於 8 年半後售出為有利。

7. 細菌在理想的環境下，繁殖的速率與其當前的數目成正比。若在某一時刻細菌的數目為 1,000，而經過 10 小時後的細菌數為 8,000，問再過 5 小時後細菌的數目為多少？

解 由於

$$P(t) = P(0)e^{kt}，其中 k 為常數，$$

而由題意知 $P(0) = 1000$，$P(10) = 8000$，即 $8000 = 1000e^{10t}$，$e^{10t} = 8$，今所

求為

$$P(15) = 1000 \, e^{15t} = 1000 \, (e^{10t})^{\frac{3}{2}} = 1000 \, (8)^{\frac{3}{2}} = 1000 \, (16\sqrt{2})$$
$$\approx 22,624 \, \text{。}$$

8. 一物質分解的速率，與其現有的量成正比。若經 3 分鐘時，此物質已分解 10%，問何時此物質可分解一半？

解 設原有量為 A，經 t 分鐘後分解的量為 $D(t)$，由題意知

$$A - D(t) = kD'(t) = -k(A - D(t))' \, \text{,}$$

故知

$$A - D(t) = (A - D(0)) \, e^{-kt} \, \text{,}$$

由題意知

$$A - D(3) = \frac{9}{10}(A - D(0)) = (A - D(0)) \, e^{-k(3)} \, \text{,}$$

$$e^{-k} = (\frac{9}{10})^{\frac{1}{3}} \, \text{。}$$

$$\frac{1}{2}(A - D(0)) = A - D(t) = (A - D(0)) \, e^{-kt} \, \text{,}$$

$$t = \frac{3 \ln \dfrac{1}{2}}{\ln \dfrac{9}{10}} \approx 19.7 \, (\text{分}) \, \text{。}$$

8-1

求下列各題：

1. $\displaystyle\int x^3 \sqrt{x}\, dx$

解　$\displaystyle\int x^3 \sqrt{x}\, dx = \int x^{\frac{7}{2}}\, dx = \frac{2}{9} x^{\frac{9}{2}} + c$ 。

2. $\displaystyle\int \frac{8}{\sqrt[4]{y^3}}\, dy$

解　$\displaystyle\int \frac{8}{\sqrt[4]{y^3}}\, dy = \int 8 y^{-\frac{3}{4}}\, dy = 32 \sqrt[4]{y} + c$ 。

3. $\displaystyle\int x^2 y + \sqrt{x y^3}\, dy$

解　$\displaystyle\int x^2 y + \sqrt{x y^3}\, dy = \int x^2 y + \sqrt{x}\; y^{\frac{3}{2}}\, dy = \frac{x^2 y^2}{2} + \frac{2}{5} y^2 \sqrt{xy} + c$ 。

4. $\displaystyle\int_1^2 \sqrt{3x-2}\, dx$

解　$\displaystyle\int_1^2 \sqrt{3x-2}\, dx = \frac{1}{3}\int_1^2 \sqrt{3x-2}\, d(3x-2) = \frac{1}{3} \cdot \frac{2}{3} (3x-2)^{\frac{3}{2}} \Big|_1^2$

$\displaystyle = \frac{2}{9}(8-1) = \frac{14}{9}$ 。

5. $\displaystyle\int \frac{(\sqrt{x}+3)^4}{\sqrt{x}}\, dx$

解　$\displaystyle\int \frac{(\sqrt{x}+3)^4}{\sqrt{x}}\, dx = 2\int (\sqrt{x}+3)^4\, d(\sqrt{x}+3) = \frac{2}{5}(\sqrt{x}+3)^5 + c$ 。

6. $\displaystyle\int \frac{(2-\sqrt{x})^2}{\sqrt[3]{x}}\, dx$

解　$\displaystyle\int \frac{(2-\sqrt{x})^2}{\sqrt[3]{x}}\, dx = \int \frac{4-4x^{\frac{1}{2}}+x}{x^{\frac{1}{3}}}\, dx = \int 4x^{-\frac{1}{3}} - 4x^{\frac{1}{6}} + x^{\frac{2}{3}}\, dx$

$\displaystyle = 6x^{\frac{2}{3}} - \frac{24}{7} x^{\frac{7}{6}} + \frac{3}{5} x^{\frac{5}{3}} + c$ 。

7. $\displaystyle\int (2-x^2)^3\, dx$

解 $\displaystyle\int (2-x^2)^3 \, dx = \int 8 - 12x^2 + 6x^4 - x^6 \, dx = 8x - 4x^3 + \frac{6}{5} x^5 - \frac{x^7}{7} + c$ 。

8. $\displaystyle\int (\sqrt{x^3} + 1)^{10} \sqrt{x} \, dx$

解 $\displaystyle\int (\sqrt{x^3} + 1)^{10} \sqrt{x} \, dx = \frac{2}{3} \int (\sqrt{x^3} + 1)^{10} \, d (\sqrt{x^3} + 1) = \frac{2}{33} (\sqrt{x^3} + 1)^{11} + c$ 。

9. $\displaystyle\int (e^x + 1)^6 e^x \, dx$

解 $\displaystyle\int (e^x + 1)^6 e^x \, dx = \int (e^x + 1)^6 d (e^x + 1) = \frac{(e^x + 1)^7}{7} + c$ 。

10. $\displaystyle\int (e^x + 1)^2 e^{-x} \, dx$

解 $\displaystyle\int (e^x + 1)^2 e^{-x} \, dx = \int (e^{2x} + 2 e^x + 1) e^{-x} \, dx = \int e^x + 2 + e^{-x} \, dx$

$= e^x + 2x - e^{-x} + c$ 。

11. $\displaystyle\int \frac{x}{(3 + x^2)^4} \, dx$

解 $\displaystyle\int \frac{x}{(3 + x^2)^4} \, dx = \frac{1}{2} \int \frac{1}{(3 + x^2)^4} \, d (3 + x^2) = \frac{-1}{6 (3 + x^2)^3} + c$ 。

12. $\displaystyle\int \cos \frac{3x}{5} \, dx$

解 $\displaystyle\int \cos \frac{3x}{5} \, dx = \frac{5}{3} \int \cos \frac{3x}{5} \, d \frac{3x}{5} = \frac{5}{3} \sin \frac{3x}{5} + c$ 。

13. $\displaystyle\int \frac{1}{2 + 3x^2} \, dx$

解 $\displaystyle\int \frac{1}{2 + 3x^2} \, dx = \frac{1}{2} \int \frac{1}{1 + (\sqrt{\frac{3}{2}} x)^2} \, dx = \frac{1}{\sqrt{6}} \int \frac{1}{1 + (\sqrt{\frac{3}{2}} x)^2} \, d \sqrt{\frac{3}{2}} x$

$= \frac{1}{\sqrt{6}} \operatorname{Tan}^{-1} (\sqrt{\frac{3}{2}} x) + c$ 。

14. $\displaystyle\int \frac{1}{x \ln x} \, dx$

解 $\displaystyle\int \frac{1}{x \ln x} \, dx = \int \frac{1}{\ln x} \, d (\ln x) = \ln | \ln x | + c$ 。

15. $\displaystyle\int \frac{1}{\sqrt{4 - 3x^2}} \, dx$

解 $\displaystyle\int \frac{1}{\sqrt{4-3x^2}} dx = \frac{1}{\sqrt{3}} \int \frac{1}{\sqrt{1-(\frac{\sqrt{3}\,x}{2})^2}} d(\frac{\sqrt{3}\,x}{2}) = \frac{1}{\sqrt{3}} \text{Sin}^{-1}(\frac{\sqrt{3}}{2}x) + c$。

16. $\displaystyle\int (\sin^2 x + \cos^2 x)^8 dx$

解 $\displaystyle\int (\sin^2 x + \cos^2 x)^8 dx = \int dx = x + c$。

17. $\displaystyle\int \sin^2 x - \cos^2 x \, dx$

解 $\displaystyle\int \sin^2 x - \cos^2 x \, dx = \int -(\cos 2x) dx = -\frac{1}{2} \int \cos 2x \, d(2x)$

$\displaystyle = -\frac{1}{2} \sin 2x + c$。

18. $\displaystyle\int \frac{\sin x}{\cos^3 x} dx$

解 $\displaystyle\int \frac{\sin x}{\cos^3 x} dx = \int -(\cos x)^{-3} d(\cos x) = \frac{1}{2\cos^2 x} + c$。

19. $\displaystyle\int \frac{\cos^3 x}{\sqrt[3]{\sin x}} dx$

解 $\displaystyle\int \frac{\cos^3 x}{\sqrt[3]{\sin x}} dx = \int \frac{\cos^2 x}{\sqrt[3]{\sin x}} d(\sin x) = \int \frac{1-\sin^2 x}{\sqrt[3]{\sin x}} d(\sin x)$

$\displaystyle = \int (\sin x)^{-\frac{1}{3}} - (\sin x)^{\frac{5}{3}} d(\sin x) = \frac{3}{2}(\sin x)^{\frac{2}{3}} - \frac{3}{8}(\sin x)^{\frac{8}{3}} + c$。

20. $\displaystyle\int \tan x \, dx$

解 $\displaystyle\int \tan x \, dx = \int \frac{\sin x}{\cos x} dx = \int \frac{-1}{\cos x} d(\cos x) = -\ln |\cos x| + c$

$= \ln |\sec x| + c$。

21. $\displaystyle\int e^{3x} dx$

解 $\displaystyle\int e^{3x} dx = \frac{1}{3} \int e^{3x} d(3x) = \frac{e^{3x}}{3} + c$。

22. $\displaystyle\int x \, e^{x^2} dx$

解 $\int x\,e^{x^2}\,dx=\dfrac{1}{2}\int e^{x^2}\,d(x^2)=\dfrac{e^{x^2}}{2}+c$ 。

23. $\int(10^x)^2\,dx$

解 $\int(10^x)^2\,dx=\int 10^{2x}\,dx=\dfrac{1}{2\ln 10}\int \exp(2x\ln 10)\,d(2x\ln 10)$

$\qquad =\dfrac{10^{2x}}{2\ln 10}+c$ 。

24. $\int\dfrac{x}{\sqrt{1-3x^2}}\,dx$

解 $\int\dfrac{x}{\sqrt{1-3x^2}}\,dx=-\dfrac{1}{6}\int\dfrac{1}{\sqrt{1-3x^2}}\,d(1-3x^2)=-\dfrac{\sqrt{1-3x^2}}{3}+c$ 。

25. $\int\dfrac{(e^x+1)^2}{e^{3x}}\,dx$

解 $\int\dfrac{(e^x+1)^2}{e^{3x}}\,dx=\int\dfrac{e^{2x}+2e^x+1}{e^{3x}}\,dx=\int(e^{-x}+2e^{-2x}+e^{-3x})\,dx$

$\qquad =-e^{-x}-e^{-2x}-\dfrac{1}{3}e^{-3x}+c$ 。

26. $\int\dfrac{e^x}{\sqrt{1+e^x}}\,dx$

解 $\int\dfrac{e^x}{\sqrt{1+e^x}}\,dx=\int\dfrac{1}{\sqrt{1+e^x}}\,d(1+e^x)=2\sqrt{1+e^x}+c$ 。

27. $\int\dfrac{1}{2+e^{-x}}\,dx$

解 $\int\dfrac{1}{2+e^{-x}}\,dx=\int\dfrac{e^x}{2e^x+1}\,dx=\dfrac{1}{2}\int\dfrac{1}{2e^x+1}\,d(2e^x+1)$

$\qquad =\dfrac{1}{2}\ln(2e^x+1)+c$ 。

28. $\int\dfrac{e^x}{\sqrt{1-e^{2x}}}\,dx$

解 $\int\dfrac{e^x}{\sqrt{1-e^{2x}}}\,dx=\int\dfrac{1}{\sqrt{1-e^{2x}}}\,d\,e^x=\mathrm{Sin}^{-1}e^x+c$ 。

29. $\int\dfrac{x}{\sqrt{2-3x^4}}\,dx$

解 $\displaystyle\int \frac{x}{\sqrt{2-3x^4}}\,dx = \frac{1}{2\sqrt{3}}\int \frac{1}{\sqrt{1-(\sqrt{\frac{3}{2}}\,x^2)^2}}\,d\left(\sqrt{\frac{3}{2}}\,x^2\right)$

$$= \frac{1}{2\sqrt{3}}\,\text{Sin}^{-1}\left(\sqrt{\frac{3}{2}}\,x^2\right)+c \;\text{。}$$

30. $\displaystyle\int \frac{dx}{x\sqrt{x^4-1}}$

解 $\displaystyle\int \frac{dx}{x\sqrt{x^4-1}} = \int \frac{x\,dx}{x^2\sqrt{(x^2)^2-1}} = \frac{1}{2}\int \frac{dx^2}{x^2\sqrt{(x^2)^2-1}} = \frac{1}{2}\,\text{Sec}^{-1}(x^2)+c\;\text{。}$

31. $\displaystyle\int \frac{\text{Sin}^{-1}x}{\sqrt{1-x^2}}\,dx$

解 $\displaystyle\int \frac{\text{Sin}^{-1}x}{\sqrt{1-x^2}}\,dx = \int \text{Sin}^{-1}x\,d\,\text{Sin}^{-1}x = \frac{1}{2}(\text{Sin}^{-1}x)^2+c\;\text{。}$

32. $\displaystyle\int \frac{\text{Tan}^{-1}x}{1+x^2}\,dx$

解 $\displaystyle\int \frac{\text{Tan}^{-1}x}{1+x^2}\,dx = \int \text{Tan}^{-1}x\,d\,\text{Tan}^{-1}x = \frac{1}{2}(\text{Tan}^{-1}x)^2+c\;\text{。}$

33. $\displaystyle\int \frac{dx}{x(1+\ln^2 x)}$

解 $\displaystyle\int \frac{dx}{x(1+\ln^2 x)} = \int \frac{d(\ln x)}{1+\ln^2 x} = \text{Tan}^{-1}(\ln x)+c\;\text{。}$

34. 一家新開麵圈餅店，第一週中銷售 500 個。設這店開幕 t 週時之銷售量變率為

$$r(t) = \frac{30000e^{-t}}{(4+6e^{-t})^2}\;,$$

試求其飽和銷售量（參閱 7-3 節例 5）。

解 因為開幕 t 週時之銷售變率為

$$r(t) = \frac{30000e^{-t}}{(4+6e^{-t})^2}\;,$$

故知銷售量為

$$S(t) = \int \frac{30000e^{-t}}{(4+6e^{-t})^2}\,dt = 30000\int \frac{e^t}{(4e^t+6)^2}\,dt$$

$$= 7500\int \frac{1}{(4e^t+6)^2}\,d(4e^t+6) = \frac{-7500}{4e^t+6}+c\;,$$

由已知 $S(1)=500$，可得 $c = 500 + \dfrac{7500}{4e+6}$。由於 $S'(t)=r(t)>0$，故 $S(t)$

為增函數，從而知飽和銷售量為每週

$$\lim_{t \to \infty} S(t) = c = 500 + \frac{7500}{4e + 6} \approx 945 \text{（個）。}$$

8-2

求下列各題：（ 1 ～ 12 ）

1. $\int x e^x \, dx$

解 令 $u = x$, $dv = e^x \, dx$, 則 $du = dx$, $v = e^x$, 故知

$$\int x e^x \, dx = x e^x - \int e^x \, dx = x e^x - e^x + c \text{ 。}$$

2. $\int x \sin 3x \, dx$

解 令 $u = x$, $dv = \sin 3x \, dx$, 則 $du = dx$, $v = -\frac{1}{3} \cos 3x$, 故知

$$\int x \sin 3x \, dx = -\frac{x}{3} \cos 3x + \int \frac{1}{3} \cos 3x \, dx$$

$$= -\frac{x}{3} \cos 3x + \frac{1}{9} \sin 3x + c \text{ 。}$$

3. $\int \text{Tan}^{-1} x \, dx$

解 令 $u = \text{Tan}^{-1} x$, $dv = dx$, 則 $du = \frac{1}{1 + x^2} \, dx$, $v = x$, 故知

$$\int \text{Tan}^{-1} x \, dx = x \, \text{Tan}^{-1} x - \int \frac{x}{1 + x^2} \, dx$$

$$= x \, \text{Tan}^{-1} x - \frac{1}{2} \int \frac{1}{1 + x^2} \, d(1 + x^2) = x \, \text{Tan}^{-1} x - \frac{1}{2} \ln(1 + x^2) + c \text{ 。}$$

4. $\int \ln x \, dx$

解 令 $u = \ln x$, $dv = dx$, 則 $du = \frac{1}{x} \, dx$, $v = x$, 故知

$$\int \ln x \, dx = x \ln x - \int dx = x \ln x - x + c \text{ 。}$$

5. $\int_0^1 \ln(x+1)\,dx$

解 令 $u = \ln(x+1)$，$dv = dx$，則 $du = \dfrac{1}{x+1}\,dx$，$v = x$，故知

$$\int_0^1 \ln(x+1)\,dx = x \ln(x+1)\,\bigg|_0^1 - \int_0^1 \frac{x}{x+1}\,dx$$

$$= \ln 2 - \int_0^1 1 - \frac{1}{x+1}\,d(x+1) = \ln 2 - 1 + \ln|x+1|\,\bigg|_0^1$$

$$= \ln 2 - 1 + \ln 2 = 2 \ln 2 - 1 \text{。}$$

6. $\int x^2 e^x\,dx$

解 令 $u = x^2$，$dv = e^x\,dx$，則 $du = 2x\,dx$，$v = e^x$，故知

$$\int x^2 e^x\,dx = x^2 e^x - \int 2x\,e^x\,dx = x^2 e^x - 2(x e^x - e^x) + c$$

$$= (x^2 - 2x + 2)\,e^x + c \text{。}$$

7. $\int x \ln^2 x\,dx$

解 令 $u = \ln^2 x$，$dv = x\,dx$，則 $du = \dfrac{2 \ln x}{x}\,dx$，$v = \dfrac{x^2}{2}$，故知

$$\int x \ln^2 x\,dx = \frac{x^2 \ln^2 x}{2} - \int x \ln x\,dx,$$

於等號右邊之積分中，令 $u = \ln x$，$dv = x\,dx$，則 $du = \dfrac{1}{x}\,dx$，$v = \dfrac{x^2}{2}$，故知

$$\int x \ln x\,dx = \frac{x^2 \ln x}{2} - \frac{1}{2} \int x\,dx = \frac{x^2 \ln x}{2} - \frac{x^2}{4} + c,$$

從而得

$$\int x \ln^2 x\,dx = \frac{x^2}{2}\left(\ln^2 x - \ln x + \frac{1}{2}\right) + c \text{。}$$

8. $\int \sin \ln x\,dx$

解 令 $u = \sin \ln x$，$dv = dx$，則 $du = \dfrac{\cos \ln x}{x}\,dx$，$v = x$，故知

$$\int \sin \ln x\,dx = x \sin \ln x - \int \cos \ln x\,dx, \quad\cdots\cdots\cdots\cdots\cdots\cdots\cdots(1)$$

於等號右邊之積分中，令 $u = \cos \ln x$，$dv = dx$，

則 $du = \dfrac{-\sin \ln x}{x} dx$, $v = x$, 故知

$$\int \cos \ln x \, dx = x \cos \ln x + \int \sin \ln x \, dx , \quad\cdots\cdots\cdots\cdots\cdots\cdots(2)$$

由(1)知

$$\int \sin \ln x \, dx + \int \cos \ln x \, dx = x \sin \ln x , \quad\cdots\cdots\cdots\cdots\cdots\cdots(3)$$

由(2)知

$$\int \sin \ln x \, dx - \int \cos \ln x \, dx = - x \cos \ln x , \quad\cdots\cdots\cdots\cdots\cdots\cdots(4)$$

故由(3)(4)知

$$\int \sin \ln x \, dx = \dfrac{x(\sin \ln x - \cos \ln x)}{2} + c \, 。$$

9. $\displaystyle\int \cos \ln x \, dx$

解 由上題(3)(4)知

$$\int \cos \ln x \, dx = \dfrac{x(\sin \ln x + \cos \ln x)}{2} + c \, 。$$

10. $\displaystyle\int \sqrt{1-x^2} \, dx$

解 令 $u = \sqrt{1-x^2}$, $dv = dx$, 則 $du = \dfrac{-x}{\sqrt{1-x^2}} dx$, $v = x$, 故知

$$\int \sqrt{1-x^2} \, dx = x \sqrt{1-x^2} + \int \dfrac{x^2}{\sqrt{1-x^2}} dx$$

$$= x \sqrt{1-x^2} - \int \dfrac{1-x^2}{\sqrt{1-x^2}} dx + \int \dfrac{1}{\sqrt{1-x^2}} dx ,$$

從而知

$$\int \sqrt{1-x^2} \, dx = \dfrac{1}{2} x \sqrt{1-x^2} + \dfrac{1}{2} \mathrm{Sin}^{-1} x + c \, 。$$

11. $\displaystyle\int (x-1)^2 \ln x \, dx$

解 令 $u = \ln x$, $dv = (x-1)^2 dx$, 則 $du = \dfrac{1}{x} dx$, $v = \dfrac{(x-1)^3}{3}$, 故知

$$\int (x-1)^2 \ln x \, dx = \dfrac{(x-1)^3 \ln x}{3} - \int \dfrac{(x-1)^3}{3x} dx$$

$$= \frac{(x-1)^3 \ln x}{3} - \int \left(\frac{x^2}{3} - x + 1 - \frac{1}{3x} \right) dx$$

$$= \frac{(x-1)^3 \ln x}{3} - \frac{x^3}{9} + \frac{x^2}{2} - x + \frac{1}{3} \ln |x| + c \text{。}$$

12. $\int \dfrac{\ln x}{\sqrt{x}} \, dx$

解 令 $u = \ln x$，$dv = x^{-\frac{1}{2}} dx$，則 $du = \dfrac{1}{x} dx$，$v = 2x^{\frac{1}{2}}$，故知

$$\int \frac{\ln x}{\sqrt{x}} \, dx = 2x^{\frac{1}{2}} \ln x - 2 \int x^{-\frac{1}{2}} \, dx = 2x^{\frac{1}{2}} \ln x - 4x^{\frac{1}{2}} + c$$

$$= 2x^{\frac{1}{2}} (\ln x - 2) + c \text{。}$$

13. 取 $dv = e^x dx$，並利用二次分部積分法，求 $\int e^x \cos x \, dx$。

解 令 $u = \cos x$，$dv = e^x dx$，則 $du = -\sin x \, dx$，$v = e^x$，故知

$$\int e^x \cos x \, dx = e^x \cos x + \int e^x \sin x \, dx \text{，} \quad \cdots\cdots\cdots\cdots\cdots\cdots\cdots(1)$$

於等號右邊之積分中，令 $u = \sin x$，$dv = e^x dx$，則 $du = \cos x \, dx$，$v = e^x$，故知

$$\int e^x \sin x \, dx = e^x \sin x - \int e^x \cos x \, dx \text{，} \quad \cdots\cdots\cdots\cdots\cdots\cdots\cdots(2)$$

將(2)代入(1)即得

$$\int e^x \cos x \, dx = \frac{e^x (\cos x + \sin x)}{2} + c \text{。}$$

導出下面各簡化公式：

14. $\int \cos^n x \, dx = \dfrac{1}{n} \cos^{n-1} x \sin x + \dfrac{n-1}{n} \int \cos^{n-2} x \, dx$。

解 令 $u = \cos^{n-1} x$，$dv = \cos x \, dx$，則 $du = -(n-1) \cos^{n-2} x \sin x \, dx$，$v = \sin x$，故得

$$\int \cos^n x \, dx = \cos^{n-1} x \sin x + (n-1) \int \cos^{n-2} x \sin^2 x \, dx$$

$$= \cos^{n-1} x \sin x + (n-1) \int \cos^{n-2} x (1 - \cos^2 x) \, dx$$

$$= \cos^{n-1} x \sin x + (n-1) \int \cos^{n-2} x \, dx - (n-1) \int \cos^n x \, dx$$

$$= \frac{1}{n} \cos^{n-1} x \sin x + \frac{n-1}{n} \int \cos^{n-2} x \, dx \, \text{。}$$

15. $\displaystyle\int \ln^n x \, dx = x \ln^n x - n \int \ln^{n-1} x \, dx \, \text{。}$

解 令 $u = \ln^n x$, $dv = dx$, 則 $du = \dfrac{n \ln^{n-1} x}{x} dx$, $v = x$, 故得

$$\int \ln^n x \, dx = x \ln^n x - n \int \ln^{n-1} x \, dx \, \text{。}$$

8-3

求下列各題：（ 1～15 ）

1. $\displaystyle\int \cos^5 x \sin^4 x \, dx$

解 $\displaystyle\int \cos^5 x \sin^4 x \, dx = \int \cos^4 x \sin^4 x \, d(\sin x)$

$$= \int (1 - \sin^2 x)^2 \sin^4 x \, d(\sin x) = \int (\sin^4 x - 2\sin^6 x + \sin^8 x) \, d(\sin x)$$

$$= \frac{\sin^5 x}{5} - \frac{2 \sin^7 x}{7} + \frac{\sin^9 x}{9} + c \, \text{。}$$

2. $\displaystyle\int \cos^7 x \, dx$

解 $\displaystyle\int \cos^7 x \, dx = \int \cos^6 x \, d(\sin x) = \int (1 - \sin^2 x)^3 \, d(\sin x)$

$$= \int (1 - 3\sin^2 x + 3\sin^4 x - \sin^6 x) \, d(\sin x)$$

$$= \sin x - \sin^3 x + \frac{3 \sin^5 x}{5} - \frac{\sin^7 x}{7} + c \, \text{。}$$

3. $\displaystyle\int \frac{\cos x}{\sqrt{\sin^3 x}} \, dx$

解 $\displaystyle\int \frac{\cos x}{\sqrt{\sin^3 x}} \, dx = \int \frac{1}{\sqrt{\sin^3 x}} \, d(\sin x) = \frac{-2}{\sqrt{\sin x}} + c \, \text{。}$

4. $\displaystyle\int \cos^4 2x \, dx$

解 $\displaystyle\int \cos^4 2x\, dx = \int (\frac{1+\cos 4x}{2})^2\, dx = \frac{1}{4}\int (1+2\cos 4x+\cos^2 4x)\, dx$

$\displaystyle = \frac{x}{4}+\frac{\sin 4x}{8}+\frac{1}{4}\int\frac{1+\cos 8x}{2}\, dx = \frac{3}{8}x+\frac{\sin 4x}{8}+\frac{1}{64}\sin 8x+c\, \text{。}$

5. $\displaystyle\int \csc^6 x\, \cos^5 x\, dx$

解 $\displaystyle\int \csc^6 x\, \cos^5 x\, dx = \int \frac{\cos^4 x}{\sin^6 x}\, d(\sin x) = \int \frac{(1-\sin^2 x)^2}{\sin^6 x}\, d(\sin x)$

$\displaystyle = \int (\sin^{-6} x - 2\sin^{-4} x + \sin^{-2} x)\, d(\sin x)$

$\displaystyle = \frac{-\sin^{-5} x}{5}+\frac{2\sin^{-3} x}{3}-(\sin x)^{-1}+c = \frac{-1}{5}\csc^5 x+\frac{2}{3}\csc^3 x - \csc x + c\, \text{。}$

6. $\displaystyle\int \sin^2 3x\, \cos^2 3x\, dx$

解 $\displaystyle\int \sin^2 3x\, \cos^2 3x\, dx = \frac{1}{4}\int \sin^2 6x\, dx = \frac{1}{4}\int \frac{1-\cos 12x}{2}\, dx$

$\displaystyle = \frac{x}{8}-\frac{\sin 12x}{96}+c\, \text{。}$

7. $\displaystyle\int \frac{\sec^2 x}{\sqrt{\tan x}}\, dx$

解 $\displaystyle\int \frac{\sec^2 x}{\sqrt{\tan x}}\, dx = \int \frac{1}{\sqrt{\tan x}}\, d(\tan x) = 2\sqrt{\tan x}+c\, \text{。}$

8. $\displaystyle\int \sec^3 4x\, dx$

解 令 $u = \sec 4x$, $dv = \sec^2 4x\, dx$, 則 $du = 4\sec 4x\, \tan 4x\, dx$, $v = \dfrac{\tan 4x}{4}$,

故得

$\displaystyle\int \sec^3 4x\, dx = \frac{\sec 4x\, \tan 4x}{4}-\int \sec 4x\, \tan^2 4x\, dx$

$\displaystyle = \frac{\sec 4x\, \tan 4x}{4}-\int \sec 4x\, (\sec^2 4x-1)\, dx$

$\displaystyle = \frac{\sec 4x\, \tan 4x}{4}-\int \sec^3 4x\, dx +\int \sec 4x\, dx$

$\displaystyle = \frac{\sec 4x\, \tan 4x}{8}+\frac{1}{2}\int \sec 4x\, dx$

$$= \frac{\sec 4x \tan 4x}{8} + \frac{1}{8} \ln | \sec 4x + \tan 4x | + c \text{。}$$

9. $\int \tan^5 3x \, dx$

解 $\int \tan^5 3x \, dx = \int (\tan^3 3x) (\sec^2 3x - 1) \, dx$

$$= \frac{1}{3} \int \tan^3 3x \, d (\tan 3x) - \int \tan^3 3x \, dx$$

$$= \frac{1}{12} \tan^4 3x - \int (\tan 3x) (\sec^2 3x - 1) \, dx$$

$$= \frac{1}{12} \tan^4 3x - \frac{1}{3} \int \tan 3x \, d (\tan 3x) + \int \tan 3x \, dx$$

$$= \frac{1}{12} \tan^4 3x - \frac{1}{6} \tan^2 3x + \frac{1}{3} \ln | \sec 3x | + c \text{。}$$

10. $\int \csc^6 3x \, dx$

解 $\int \csc^6 3x \, dx = \int - \frac{1}{3} \csc^4 3x \, d (\cot 3x) = - \frac{1}{3} \int (1 + \cot^2 3x)^2 d (\cot 3x)$

$$= - \frac{1}{3} \int (1 + 2 \cot^2 3x + \cot^4 3x) \, d (\cot 3x)$$

$$= - \frac{1}{3} (\cot 3x + \frac{2 \cot^3 3x}{3} + \frac{\cot^5 3x}{5}) + c \text{。}$$

11. $\int \cot^6 2x \, dx$

解 $\int \cot^6 2x \, dx = \int (\cot^4 2x) (\csc^2 2x - 1) \, dx$

$$= \int - \frac{1}{2} \cot^4 2x \, d (\cot 2x) - \int \cot^4 2x \, dx$$

$$= - \frac{1}{10} \cot^5 2x - \int (\cot^2 2x) (\csc^2 2x - 1) \, dx$$

$$= - \frac{1}{10} \cot^5 2x - \int - \frac{1}{2} \cot^2 2x \, d (\cot 2x) + \int \cot^2 2x \, dx$$

$$= - \frac{1}{10} \cot^5 2x + \frac{1}{6} \cot^3 2x + \int (\csc^2 2x - 1) \, dx$$

$$= -\frac{1}{10} \cot^5 2x + \frac{1}{6} \cot^3 2x - \frac{1}{2} \cot 2x - x + c \ \circ$$

12. $\displaystyle\int \sin 3x \cos 5x \, dx$

解 $\displaystyle\int \sin 3x \cos 5x \, dx = \int \frac{\sin 8x - \sin 2x}{2} \, dx = \frac{-\cos 8x}{16} + \frac{\cos 2x}{4} + c \ \circ$

13. $\displaystyle\int \sin 2x \sin \frac{2x}{3} \, dx$

解 $\displaystyle\int \sin 2x \sin \frac{2x}{3} \, dx = \int \frac{-(\cos \dfrac{8x}{3} - \cos \dfrac{4x}{3})}{2} \, dx$

$$= \frac{-3 \sin \dfrac{8x}{3}}{16} + \frac{3 \sin \dfrac{4x}{3}}{8} + c \ \circ$$

14. $\displaystyle\int \cos \frac{x}{2} \cos \frac{3x}{5} \, dx$

解 $\displaystyle\int \cos \frac{x}{2} \cos \frac{3x}{5} \, dx = \int \frac{\cos \dfrac{11x}{10} + \cos \dfrac{x}{10}}{2} \, dx$

$$= \frac{5}{11} \sin \frac{11x}{10} + 5 \sin \frac{x}{10} + c \ \circ$$

15. $\displaystyle\int \sin x \cos 2x \sin 3x \, dx$

解 $\displaystyle\int \sin x \cos 2x \sin 3x \, dx = \int \frac{\sin x (\sin 5x + \sin x)}{2} \, dx$

$$= \frac{1}{2} \int \sin x \sin 5x \, dx + \frac{1}{2} \int \sin^2 x \, dx$$

$$= \frac{1}{2} \int \frac{-(\cos 6x - \cos 4x)}{2} \, dx + \frac{1}{2} \int \frac{1 - \cos 2x}{2} \, dx$$

$$= \frac{1}{4} \left(\frac{-\sin 6x}{6} + \frac{\sin 4x}{4} \right) + \frac{1}{4} \left(x - \frac{\sin 2x}{2} \right) + c \ \circ$$

16. 設 m，n 爲任意正整數，證明下面二題：

(i) $\displaystyle\int_{-\pi}^{\pi} \sin mx \cos nx \, dx = 0$ ；

$\text{(ii)} \displaystyle\int_{-\pi}^{\pi} \sin mx \sin nx \, dx = \int_{-\pi}^{\pi} \cos mx \cos nx \, dx = \begin{cases} 0 \text{ ,當 } m \neq n \text{ 時};\\ \pi \text{ ,當 } m = n \text{ 時。} \end{cases}$

證 （i）$\displaystyle\int_{-\pi}^{\pi} \sin mx \cos nx \, dx = \int_{-\pi}^{\pi} \frac{\sin(m+n)\,x + \sin(m-n)\,x}{2} \, dx$

$= 0$ ，因為被積分函數為奇函數。

(ii)當 $m \neq n$ 時，

$$\int_{-\pi}^{\pi} \sin mx \sin nx \, dx = \int_{-\pi}^{\pi} \frac{-(\cos(m+n)\,x - \cos(m-n)\,x)}{2} \, dx$$

$$= \left(\frac{-\sin(m+n)\,x}{2(m+n)} + \frac{\sin(m-n)\,x}{2(m-n)} \right) \Big|_{-\pi}^{\pi} = 0 \text{ ,}$$

當 $m = n$ 時，

$$\int_{-\pi}^{\pi} \sin mx \sin nx \, dx = \int_{-\pi}^{\pi} \sin^2 mx \, dx = \frac{1}{2} \int_{-\pi}^{\pi} (1 - \cos 2mx) \, dx$$

$$= \frac{1}{2}(x - \sin 2mx) \Big|_{-\pi}^{\pi} = \pi \text{ ;}$$

當 $m \neq n$ 時，

$$\int_{-\pi}^{\pi} \cos mx \cos nx \, dx = \int_{-\pi}^{\pi} \frac{\cos(m+n)\,x + \cos(m-n)\,x}{2} \, dx$$

$$= \frac{\sin(m+n)\,x}{2(m+n)} + \frac{\sin(m-n)\,x}{2(m-n)} \Big|_{-\pi}^{\pi} = 0 \text{ ,}$$

當 $m = n$ 時，

$$\int_{-\pi}^{\pi} \cos mx \cos nx \, dx = \int_{-\pi}^{\pi} \cos^2 mx \, dx = \frac{1}{2} \int_{-\pi}^{\pi} (1 + \cos 2mx) \, dx$$

$$= \frac{1}{2}(x + \sin 2mx) \Big|_{-\pi}^{\pi} = \pi \text{ 。}$$

8-4

求下列各題：（1～15）

1. $\displaystyle\int_{0}^{4} \frac{x^2}{\sqrt{2x+1}} \, dx$

解 令 $y = \sqrt{2x+1}$ ，則 $x = \dfrac{y^2 - 1}{2}$ ， $dx = y \, dy$ ，且當 $x = 0$ 時， $y = 1$ ，當 $x = 4$

時， $y = 3$ ，故得

$$\int_0^4 \frac{x^2}{\sqrt{2x+1}}\,dx = \int_1^3 \frac{(y^2-1)^2}{4y}\,dy = \frac{1}{4}\int_1^3 \left(y^4 - 2y^2 + \frac{1}{y}\right)dy$$

$$= \frac{1}{4}\left(\frac{y^5}{5} - \frac{2y^3}{3} + \ln|y|\right)\Big|_1^3 = \frac{1}{4}\left(\frac{466}{15} + \ln 3\right)。$$

2. $\displaystyle\int_0^1 x^2(1-x)^{20}\,dx$

解　令 $y = (1-x)$，則 $x = (1-y)$，$dx = -dy$，且當 $x = 0$ 時，$y = 1$，當 $x = 1$ 時，$y = 0$，故得

$$\int_0^1 x^2(1-x)^{20}\,dx = \int_1^0 (1-y)^2 y^{20}(-dy) = \int_0^1 (1-y)^2 y^{20}\,dy$$

$$= \int_0^1 y^{20} - 2y^{21} + y^{22}\,dy = \frac{y^{21}}{21} - \frac{y^{22}}{11} + \frac{y^{23}}{23}\Big|_0^1 = \frac{1}{21} - \frac{1}{11} + \frac{1}{23}。$$

3. $\displaystyle\int \frac{1}{(1+\sqrt{x})^3}\,dx$

解　令 $y = 1 + \sqrt{x}$，則 $x = (y-1)^2$，$dx = 2(y-1)\,dy$，故得

$$\int \frac{1}{(1+\sqrt{x})^3}\,dx = \int \frac{2(y-1)}{y^3}\,dy = 2\int \left(\frac{1}{y^2} - \frac{1}{y^3}\right)dy$$

$$= 2\left(\frac{-1}{y} + \frac{\frac{1}{2}}{y^2}\right) + c = \frac{1 - 2(1+\sqrt{x})}{(1+\sqrt{x})^2} + c = \frac{-(1+2\sqrt{x})}{(1+\sqrt{x})^2} + c。$$

4. $\displaystyle\int \frac{\sqrt{x}}{(1+\sqrt{x})^3}\,dx$

解　令 $y = 1 + \sqrt{x}$，則 $x = (y-1)^2$，$dx = 2(y-1)\,dy$，故得

$$\int \frac{\sqrt{x}}{(1+\sqrt{x})^3}\,dx = \int \frac{2(y-1)^2}{y^3}\,dy = 2\int \left(\frac{1}{y} - \frac{2}{y^2} + \frac{1}{y^3}\right)dy$$

$$= 2\left(\ln|y| + \frac{2}{y} - \frac{\frac{1}{2}}{y^2}\right) + c$$

$$= 2\left(\ln(1+\sqrt{x}) + \frac{2}{1+\sqrt{x}} - \frac{1}{2(1+\sqrt{x})^2}\right) + c。$$

5. $\displaystyle\int \sqrt{e^x - 1}\,dx$

解　令 $y = \sqrt{e^x - 1}$，則 $x = \ln(y^2 + 1)$，$dx = \frac{2y}{y^2+1}\,dy$，故得

$$\int \sqrt{e^x - 1}\, dx = 2\int \frac{y^2}{y^2 + 1}\, dy = 2\int \left(1 - \frac{1}{y^2 + 1}\right) dy$$

$$= 2\,(\, y - \text{Tan}^{-1}\, y\,) + c = 2\,(\sqrt{e^x - 1} - \text{Tan}^{-1}\sqrt{e^x - 1}\,) + c \, 。$$

6. $\int \sqrt{1 - 4x^2}\, dx$

解 令 $x = \dfrac{\text{Sin}\, y}{2}$，則 $dx = \dfrac{\cos y}{2}\, dy$，故得

$$\int \sqrt{1 - 4x^2}\, dx = \frac{1}{2}\int \cos^2 y\, dy = \frac{1}{2}\int \frac{1 + \cos 2y}{2}\, dy$$

$$= \frac{1}{4}\left(\, y + \frac{\sin 2y}{2}\right) + c = \frac{1}{4}\,(\, \text{Sin}^{-1}\, 2x + 2x\,\sqrt{1 - 4x^2}\,) + c \, 。$$

7. $\int \sqrt{3 - 2x^2}\, dx$

解 令 $x = \sqrt{\dfrac{3}{2}}\, \text{Sin}\, y$，則 $dx = \sqrt{\dfrac{3}{2}}\, \cos y\, dy$，故得

$$\int \sqrt{3 - 2x^2}\, dx = \frac{3}{\sqrt{2}}\int \cos^2 y\, dy = \frac{3}{\sqrt{2}}\int \frac{1 + \cos 2y}{2}\, dy$$

$$= \frac{3}{2\sqrt{2}}\left(\, y + \frac{\sin 2y}{2}\right) + c = \frac{3}{2\sqrt{2}}\left(\, \text{Sin}^{-1}\sqrt{\frac{2}{3}}\, x + \sqrt{\frac{2}{3}}\, x\,\sqrt{1 - \frac{2x^2}{3}}\,\right) + c$$

$$= \frac{3}{2\sqrt{2}}\left(\, \text{Sin}^{-1}\sqrt{\frac{2}{3}}\, x + \frac{\sqrt{2}\, x\,\sqrt{3 - 2x^2}}{3}\right) + c$$

$$= \frac{3}{2\sqrt{2}}\, \text{Sin}^{-1}\sqrt{\frac{2}{3}}\, x + \frac{x}{2}\,\sqrt{3 - 2x^2} + c \, 。$$

8. $\int \dfrac{1}{\sqrt{x^2 - 1}}\, dx$

解 令 $x = \text{Sec}\, y$，則 $dx = \sec y \tan y\, dy$，故得

$$\int \frac{1}{\sqrt{x^2 - 1}}\, dx = \int \sec y\, dy = \ln|\sec y + \tan y| + c$$

$$= \ln|x + \sqrt{x^2 - 1}| + c \, 。$$

9. $\int \dfrac{dx}{x^2\,\sqrt{1 - x^2}}$

解 令 $x = \text{Sin}\, y$，則 $dx = \cos y\, dy$，故得

$$\int \frac{dx}{x^2\,\sqrt{1 - x^2}} = \int \frac{\cos y}{\sin^2 y \cos y}\, dy = \int \csc^2 y\, dy = -\cot y + c$$

$$= \frac{-\sqrt{1-x^2}}{x} + c \, _\circ$$

10. $\int x^2 \sqrt{1+x^2} \, dx$

解 令 $x = \mathrm{Tan} \, y$ ，則 $dx = \sec^2 y \, dy$ ，故得

$$\int x^2 \sqrt{1+x^2} \, dx = \int \tan^2 y \sec^3 y = \int (\sec^2 y - 1) \sec^3 y \, dy$$

$$= \int \sec^5 y \, dy - \int \sec^3 y \, dy = \frac{1}{4} \sec^3 y \tan y + \frac{3}{4} \int \sec^3 y \, dy - \int \sec^3 y \, dy$$

$$= \frac{1}{4} \sec^3 y \tan y - \frac{1}{4} \int \sec^3 y \, dy$$

$$= \frac{1}{4} \sec^3 y \tan y - \frac{1}{4} (\frac{1}{2} \sec y \tan y + \frac{1}{2} \int \sec y \, dy)$$

$$= \frac{1}{4} \sec^3 y \tan y - \frac{1}{8} \sec y \tan y - \frac{1}{8} \ln | \sec y + \tan y | + c$$

$$= \frac{1}{8} (\sec y \tan y) (2 \sec^2 y - 1) - \frac{1}{8} \ln | \sec y + \tan y | + c$$

$$= \frac{1}{8} (x \sqrt{1+x^2}) (1 + 2x^2) - \frac{1}{8} \ln (x + \sqrt{1+x^2}) + c \, _\circ$$

11. $\int \frac{1}{\sqrt{1 + \sqrt[3]{x}}} \, dx$

解 令 $y = \sqrt{1 + \sqrt[3]{x}}$ ，則 $x = (y^2 - 1)^3$ ，$dx = 6y (y^2 - 1)^2 \, dy$ ，故得

$$\int \frac{1}{\sqrt{1 + \sqrt[3]{x}}} \, dx = 6 \int y^4 - 2y^2 + 1 \, dy = 6 (\frac{y^5}{5} - \frac{2y^3}{3} + y) + c$$

$$= \frac{2y}{5} (3y^4 - 10y^2 + 15) + c$$

$$= \frac{2 \sqrt{1 + \sqrt[3]{x}}}{5} (3 (1 + \sqrt[3]{x})^2 - 10 (1 + \sqrt[3]{x}) + 15) + c$$

$$= \frac{2 \sqrt{1 + \sqrt[3]{x}}}{5} (3 \sqrt[3]{x^2} - 4 \sqrt[3]{x} + 8) + c \, _\circ$$

12. $\int \frac{x^3}{\sqrt{x^2 - 1}} \, dx$

解 令 $x = \mathrm{Sec} \, y$ ，則 $dx = \sec y \tan y \, dy$ ，故得

$$\int \frac{x^3}{\sqrt{x^2 - 1}} \, dx = \int \sec^4 y \, dy = \int (1 + \tan^2 y) \, d (\tan y)$$

$$= \tan y + \frac{\tan^3 y}{3} + c = \sqrt{x^2 - 1} \left(1 + \frac{x^2 - 1}{3} \right) + c = \frac{\sqrt{x^2 - 1} \ (x^2 + 2)}{3} + c \ 。$$

13. $\displaystyle\int_0^{\sqrt{5}} x^2 \sqrt{5 - x^2} \ dx$

解 令 $x = \sqrt{5} \ (\text{Sin } y)$ ，則 $dx = \sqrt{5} \ (\cos y) \ dy$ ，故得

$$\int_0^{\sqrt{5}} x^2 \sqrt{5 - x^2} \ dx = \int_0^{\frac{\pi}{2}} 25 \sin^2 y \cos^2 y \ dy = \frac{25}{4} \int_0^{\frac{\pi}{2}} \sin^2 2y \ dy$$

$$= \frac{25}{8} \int_0^{\frac{\pi}{2}} (1 - \cos 4y) \ dy = \frac{25}{8} \left(y - \frac{\sin 4y}{4} \right) \Bigg|_0^{\frac{\pi}{2}} = \frac{25\pi}{16} \ 。$$

14. $\displaystyle\int \frac{2x^2 + 1}{2x + 3} \ dx$

解 令 $y = 2x + 3$ ，則 $x = \dfrac{y - 3}{2}$ ， $dx = \dfrac{1}{2} \ dy$ ，故得

$$\int \frac{2x^2 + 1}{2x + 3} \ dx = \frac{1}{2} \int \frac{\dfrac{2 (y - 3)^2}{4} + 1}{y} \ dy = \int \left(\frac{y}{4} - \frac{3}{2} + \frac{11}{4y} \right) dy$$

$$= \frac{y^2}{8} - \frac{3y}{2} + \frac{11}{4} \ln |y| + c$$

$$= \frac{(2x + 3)^2}{8} - \frac{3 (2x + 3)}{2} + \frac{11}{4} \ln |2x + 3| + c \ 。$$

15. $\displaystyle\int (\text{Cos}^{-1} x)^2 \ dx$

解 令 $y = \text{Cos}^{-1} x$ ，則 $x = \cos y$ ， $dx = -\sin y \ dy$ ，故得

$$\int (\text{Cos}^{-1} x)^2 \ dx = \int -y^2 \sin y \ dy = y^2 \cos y - \int 2y \cos y \ dy$$

$$= y^2 \cos y - 2 \ (y \sin y + \cos y) + c$$

$$= x \ (\text{Cos}^{-1} x)^2 - 2 \sqrt{1 - x^2} \ (\text{Cos}^{-1} x) - 2x + c \ 。$$

16. 設 $f(-x) = f(x)$ ，證明： $\displaystyle\int_{-a}^{a} f(x) \ dx = 2 \int_0^{a} f(x) \ dx$ 。

證 $\displaystyle\int_{-a}^{a} f(x) \ dx = \int_{-a}^{0} f(x) \ dx + \int_0^{a} f(x) \ dx$ ，

於上式等號右邊第一個積分中，令 $y = -x$ ，則 $dx = -dy$ ，故得

$$\int_{-a}^{0} f(x) \ dx = \int_{a}^{0} -f(-y) \ dy = \int_0^{a} f(-y) \ dy = \int_0^{a} f(y) \ dy = \int_0^{a} f(x) \ dx \ ,$$

從而知

$$\int_{-a}^{a} f(x)\,dx = 2 \int_{0}^{a} f(x)\,dx \text{ 。}$$

17. 設 $f(-x) = -f(x)$ ，證明：$\int_{-a}^{a} f(x)\,dx = 0$ 。

證　　$\int_{-a}^{a} f(x)\,dx = \int_{-a}^{0} f(x)\,dx + \int_{0}^{a} f(x)\,dx$ ，

於上式等號右邊第一個積分中，令 $y = -x$ ，則 $dx = -dy$ ，故得

$$\int_{-a}^{0} f(x)\,dx = \int_{a}^{0} -f(-y)\,dy = \int_{0}^{a} f(-y)\,dy = \int_{0}^{a} -f(y)\,dy$$

$$= -\int_{0}^{a} f(x)\,dx \text{ ，}$$

從而知

$$\int_{-a}^{a} f(x)\,dx = 0 \text{ 。}$$

18. 設 f 爲連續函數，證明：$\int_{0}^{\frac{\pi}{2}} f(\sin x)\,dx = \int_{0}^{\frac{\pi}{2}} f(\cos x)\,dx$ 。

證　　令 $y = \dfrac{\pi}{2} - x$ ，則 $dx = -dy$ ，故得

$$\int_{0}^{\frac{\pi}{2}} f(\sin x)\,dx = \int_{\frac{\pi}{2}}^{0} -f(\sin(\frac{\pi}{2} - y))\,dy = \int_{0}^{\frac{\pi}{2}} f(\cos y)\,dy$$

$$= \int_{0}^{\frac{\pi}{2}} f(\cos x)\,dx \text{ 。}$$

19. 設 f 爲一連續函數，證明：$\int_{0}^{\pi} x f(\sin x)\,dx = \dfrac{\pi}{2} \int_{0}^{\pi} f(\sin x)\,dx$ 。

證　　令 $y = \pi - x$ ，則 $dx = -dy$ ，故得

$$\int_{0}^{\pi} x f(\sin x)\,dx = \int_{\pi}^{0} -(\pi - y) f(\sin(\pi - y))\,dy$$

$$= \pi \int_{0}^{\pi} f(\sin y)\,dy - \int_{0}^{\pi} y f(\sin y)\,dy$$

$$= \pi \int_{0}^{\pi} f(\sin x)\,dx - \int_{0}^{\pi} x f(\sin x)\,dx \text{ ，}$$

故由上式得

$$\int_0^\pi x f(\sin x)\,dx = \frac{\pi}{2}\int_0^\pi f(\sin x)\,dx \text{。}$$

20. 利用第 19 題，求下面定積分值：$\displaystyle\int_0^\pi \frac{x\sin x}{2-\sin^2 x}\,dx$ 。

解 $\displaystyle\int_0^\pi \frac{x\sin x}{2-\sin^2 x}\,dx = \frac{\pi}{2}\int_0^\pi \frac{\sin x}{2-\sin^2 x}\,dx = \frac{\pi}{2}\int_0^\pi \frac{-1}{2-(1-\cos^2 x)}\,d(\cos x)$

$\displaystyle = \frac{\pi}{2}\int_0^\pi \frac{-1}{1+\cos^2 x}\,d(\cos x) = -\frac{\pi}{2}\,\mathrm{Tan}^{-1}(\cos x)\,\Big|_0^\pi$

$\displaystyle = -\frac{\pi}{2}\,(\mathrm{Tan}^{-1}(-1)-\mathrm{Tan}^{-1}1) = -\frac{\pi}{2}\,(-\frac{\pi}{4}-\frac{\pi}{4}) = \frac{\pi^2}{4}$ 。

8-5

求下面各題：

1. $\displaystyle\int \frac{x^2-2x+3}{x(x-1)(x+1)}\,dx$

解 因爲

$$\frac{x^2-2x+3}{x(x-1)(x+1)} = -\frac{3}{x}+\frac{1}{x-1}+\frac{3}{x+1}\ ,$$

故得

$$\int \frac{x^2-2x+3}{x(x-1)(x+1)}\,dx = \int (-\frac{3}{x}+\frac{1}{x-1}+\frac{3}{x+1})\,dx$$

$$= -3\ln|x| + \ln|x-1| + 3\ln|x+1| + c \text{。}$$

2. $\displaystyle\int \frac{3x-5}{x^2(x+1)}\,dx$

解 因爲

$$\frac{3x-5}{x^2(x+1)} = \frac{8}{x}-\frac{5}{x^2}-\frac{8}{x+1}\ ,$$

故得

$$\int \frac{3x-5}{x^2(x+1)}\,dx = \int (\frac{8}{x}-\frac{5}{x^2}-\frac{8}{x+1})\,dx$$

$$= 8\ln|x| + \frac{5}{x} - 8\ln|x+1| + c \text{。}$$

3. $\displaystyle\int \frac{3x^3-x+1}{(x^2-1)(x^2+1)}\,dx$

解 因爲

$$\frac{3x^3 - x + 1}{(x^2 - 1)(x^2 + 1)} = \frac{3}{4(x-1)} + \frac{1}{4(x+1)} + \frac{2x - \frac{1}{2}}{x^2 + 1} ,$$

故得

$$\int \frac{3x^3 - x + 1}{(x^2 - 1)(x^2 + 1)} dx = \int (\frac{3}{4(x-1)} + \frac{1}{4(x+1)} + \frac{2x - \frac{1}{2}}{x^2 + 1}) dx$$

$$= \frac{3}{4} \ln |x-1| + \frac{1}{4} \ln |x+1| + \ln |x^2 + 1| - \frac{1}{2} \text{Tan}^{-1} x + c 。$$

4. $\displaystyle\int \frac{-2x + 5}{(2x - 1)(x + 2)} dx$

解 因爲

$$\frac{-2x + 5}{(2x - 1)(x + 2)} = \frac{8}{5(2x - 1)} - \frac{9}{5(x + 2)} ,$$

故得

$$\int \frac{-2x + 5}{(2x - 1)(x + 2)} dx = \int (\frac{8}{5(2x - 1)} - \frac{9}{5(x + 2)}) dx$$

$$= \frac{4}{5} \ln |2x - 1| - \frac{9}{5} \ln |x + 2| + c 。$$

5. $\displaystyle\int \frac{x^3 - 2x + 1}{x(2x^2 + 3)} dx$

解 因爲

$$\frac{x^3 - 2x + 1}{x(2x^2 + 3)} = \frac{1}{2} + \frac{1}{3x} - \frac{7}{2(2x^2 + 3)} - \frac{2x}{3(2x^2 + 3)} ,$$

故得

$$\int \frac{x^3 - 2x + 1}{x(2x^2 + 3)} dx = \int (\frac{1}{2} + \frac{1}{3x} - \frac{7}{2(2x^2 + 3)} - \frac{2x}{3(2x^2 + 3)}) dx$$

$$= \frac{x}{2} + \frac{1}{3} \ln |x| - \frac{7}{2\sqrt{6}} \text{Tan}^{-1} \sqrt{\frac{2}{3}} x - \frac{1}{6} \ln (2x^2 + 3) + c 。$$

6. $\displaystyle\int \frac{x^4 - 2x + 3}{(x - 1)^3} dx$

解 因爲

$$x^4 - 2x + 3 = (x-1)^4 + 4(x-1)^3 + 6(x-1)^2 + 2(x-1) + 2 ,$$

故知

$$\frac{x^4-2x+3}{(x-1)^3}=(x-1)+4+\frac{6}{x-1}+\frac{2}{(x-1)^2}+\frac{2}{(x-1)^3},$$

故得

$$\int\frac{x^4-2x+3}{(x-1)^3}=\int x+3+\frac{6}{x-1}+\frac{2}{(x-1)^2}+\frac{2}{(x-1)^3}\,dx$$

$$=\frac{x^2}{2}+3x+6\ \ln\mid x-1\mid-\frac{2}{x-1}-\frac{1}{(x-1)^2}+c\ 。$$

7. $\displaystyle\int\frac{3x^4-x+2}{x^3-1}\,dx$

解 因爲

$$\frac{3x^4-x+2}{x^3-1}=3x+\frac{2x+2}{x^3-1}=3x+\frac{2x+2}{(x-1)(x^2+x+1)}$$

$$=3x+\frac{\dfrac{4}{3}}{x-1}+\frac{-\dfrac{4}{3}x-\dfrac{2}{3}}{x^2+x+1},$$

故得

$$\int\frac{3x^4-x+2}{x^3-1}\,dx=\frac{3x^2}{2}+\frac{4}{3}\ \ln\mid x-1\mid-\frac{2}{3}\ \ln(x^2+x+1)+c\ 。$$

8. $\displaystyle\int\frac{7x^3+x^2+10x+9}{(3x-1)(x+2)^3}\,dx$

解 設

$$\frac{7x^3+x^2+10x+9}{(3x-1)(x+2)^3}=\frac{a}{3x-1}+\frac{p(x)}{(x+2)^3},$$

則

$$7x^3+x^2+10x+9=a(x+2)^3+p(x)(3x-1),$$

令 $x=\dfrac{1}{3}$ 代入上式，得 $a=1$ ，再代入上式得

$$p(x)(3x-1)=6x^3-5x^2-2x+1,$$
$$p(x)=2x^2-x-1=2(x+2)^2-9(x+2)+9,$$

故得

$$\int\frac{7x^3+x^2+10x+9}{(3x-1)(x+2)^3}\,dx$$

$$=\int\frac{dx}{3x-1}+\int\frac{2(x+2)^2-9(x+2)+9}{(x+2)^3}dx$$

$$= \int \frac{dx}{3x-1} + \int \frac{2}{x+2} \, dx - \int \frac{9}{(x+2)^2} \, dx + \int \frac{9}{(x+2)^3} \, dx$$

$$= \frac{1}{3} \ln |3x-1| + 2 \ln |x+2| + \frac{9}{x+2} - \frac{9}{2(x+2)^2} + c \, 。$$

9. $\displaystyle \int \frac{-x^4 - 2x + 1}{x(4x^2 - 9)} \, dx$

解　因爲

$$\frac{-x^4 - 2x + 1}{x(4x^2 - 9)} = \frac{-x}{4} - \frac{1}{4} \frac{9x^2 + 8x - 4}{x(2x-3)(2x+3)}$$

$$= \frac{-x}{4} - \frac{1}{4} \left(\frac{\frac{4}{9}}{x} + \frac{\frac{113}{36}}{2x-3} + \frac{\frac{17}{36}}{2x+3} \right)$$

$$= \frac{-x}{4} - \frac{1}{9x} - \frac{113}{144(2x-3)} - \frac{17}{144(2x+3)} \, ,$$

故得

$$\int \frac{-x^4 - 2x + 1}{x(4x^2 - 9)} \, dx = \int \frac{-x}{4} - \frac{1}{9x} - \frac{113}{144(2x-3)} - \frac{17}{144(2x+3)} \, dx$$

$$= \frac{-x^2}{8} - \frac{1}{9} \ln |x| - \frac{113}{288} \ln |2x-3| - \frac{17}{288} \ln |2x+3| + c \, 。$$

10. $\displaystyle \int \frac{x^4 - 3}{x^3 + x - 2} \, dx$

解　因爲

$$\frac{x^4 - 3}{x^3 + x - 2} = x + \frac{-x^2 + 2x - 3}{x^3 + x - 2} = x + \frac{-x^2 + 2x - 3}{(x-1)(x^2 + x + 2)}$$

$$= x + \frac{\frac{-1}{2}}{x-1} + \frac{-x + 4}{2(x^2 + x + 2)} \, ,$$

故得

$$\int \frac{x^4 - 3}{x^3 + x - 2} \, dx$$

$$= \frac{x^2}{2} - \frac{1}{2} \ln |x-1| + \frac{1}{2} \int \frac{\frac{-1}{2}(2x+1)}{x^2 + x + 2} \, dx + \frac{9}{4} \int \frac{dx}{x^2 + x + 2}$$

$$= \frac{x^2}{2} - \frac{1}{2} \ln \mid x-1 \mid - \frac{1}{4} \ln (x^2+x+2) + \frac{9}{4} \int \frac{dx}{(x+\frac{1}{2})^2 + \frac{7}{4}}$$

$$= \frac{x^2}{2} - \frac{1}{2} \ln \mid x-1 \mid - \frac{1}{4} \ln (x^2+x+2) + \frac{9}{2\sqrt{7}} \mathrm{Tan}^{-1} (\frac{2x+1}{\sqrt{7}}) + c \text{ 。}$$

11. $\displaystyle\int \frac{5x^2-2x+3}{2x^3-3x^2-2x+3} dx$

解 因為

$$\frac{5x^2-2x+3}{2x^3-3x^2-2x+3} = \frac{5x^2-2x+3}{(2x-3)(x-1)(x+1)}$$

$$= \frac{-3}{x-1} + \frac{1}{x+1} + \frac{9}{2x-3} \text{ ,}$$

故得

$$\int \frac{5x^2-2x+3}{2x^3-3x^2-2x+3} dx = \int \frac{-3}{x-1} dx + \int \frac{dx}{x+1} + \int \frac{9}{2x-3} dx$$

$$= -3 \ln \mid x-1 \mid + \ln \mid x+1 \mid + \frac{9}{2} \ln \mid 2x-3 \mid + c \text{ 。}$$

12. $\displaystyle\int \frac{x^4-3x+1}{x^2(x-2)^3} dx$

解 設

$$\frac{x^4-3x+1}{x^2(x-2)^3} = \frac{a}{x} + \frac{b}{x^2} + \frac{p(x)}{(x-2)^3} \text{ ,則}$$

$$x^4-3x+1 = ax(x-2)^3 + b(x-2)^3 + x^2 p(x) \text{ ,}$$

以 $x=0$ 代入上式，得 $b = -\frac{1}{8}$，代入上式，得

$$8(x^4-3x+1) + (x-2)^3 = 8ax(x-2)^3 + 8x^2 p(x) \text{ ,}$$

$$8x^4 + x^3 - 6x^2 - 12x = 8ax(x-2)^3 + 8x^2 p(x) \text{ ,}$$

$$8x^3 + x^2 - 6x - 12 = 8a(x-2)^3 + 8x p(x) \text{ ,}$$

以 $x=0$ 代入上式，得 $a = \frac{3}{16}$，代入上式，得

$$2(8x^3 + x^2 - 6x - 12) = 3(x-2)^3 + 16x p(x) \text{ ,}$$

$$13x^3 + 20x^2 - 48x = 16x p(x) \text{ ,}$$

$$16 p(x) = 13x^2 + 20x - 48 = 13(x-2)^2 + 72(x-2) + 44 \text{ ,}$$

$$p(x) = \frac{13}{16}(x-2)^2 + \frac{9}{2}(x-2) + \frac{11}{4} \text{ ,}$$

故得

$$\int \frac{x^4-3x+1}{x^2(x-2)^3}\,dx$$

$$=\int \frac{\dfrac{3}{16}}{x}\,dx+\int \frac{\dfrac{-1}{8}}{x^2}\,dx+\int \frac{\dfrac{13}{16}}{x-2}\,dx+\int \frac{\dfrac{9}{2}}{(x-2)^2}\,dx+\int \frac{\dfrac{11}{4}}{(x-2)^3}\,dx$$

$$=\frac{3}{16}\ln|x|+\frac{1}{8x}+\frac{13}{16}\ln|x-2|-\frac{9}{2(x-2)}-\frac{11}{8(x-2)^2}+c\ 。$$

13. $\displaystyle\int \frac{x^4-3x+1}{x^3-x^5}\,dx$

解 設 $\dfrac{x^4-3x+1}{x^3-x^5}=\dfrac{p(x)}{x^3}+\dfrac{a}{x-1}+\dfrac{b}{x+1}$ ，則

$$x^4-3x+1=-(x-1)(x+1)p(x)-ax^3(x+1)-bx^3(x-1)$$

以 $x=1$ 代入上式，得 $a=\dfrac{1}{2}$ ，以 $x=-1$ 代入上式得 $b=-\dfrac{5}{2}$ ，並將之代回上式，

得

$$-2(x^4-3x^3+3x-1)=-2(x-1)(x+1)p(x)\ ,$$

$$(x-1)(x+1)(x^2-3x+1)=(x-1)(x+1)p(x)\ ,$$

$$p(x)=(x^2-3x+1)\ ,$$

故得

$$\int \frac{x^4-3x+1}{x^3-x^5}\,dx=\int \frac{x^2-3x+1}{x^3}+\frac{\dfrac{1}{2}}{x-1}+\frac{\dfrac{-5}{2}}{x+1}\,dx$$

$$=\int \frac{1}{x}-\frac{3}{x^2}+\frac{1}{x^3}+\frac{1}{2(x-1)}-\frac{5}{2(x+1)}\,dx$$

$$=\ln|x|+\frac{3}{x}-\frac{1}{2x^2}+\frac{1}{2}\ln|x-1|-\frac{5}{2}\ln|x+1|+c\ 。$$

14. $\displaystyle\int \frac{-2x+3}{(x^2-2x+4)^2}\,dx$

解 $\displaystyle\int \frac{-2x+3}{(x^2-2x+4)^2}\,dx=\int \frac{-(2x-2)-1}{(x^2-2x+4)^2}\,dx$

$$=-\int \frac{d(x^2-2x+4)}{(x^2-2x+4)^2}-\int \frac{dx}{(x^2-2x+4)^2}$$

$$= \frac{1}{x^2-2x+4} - \int \frac{dx}{((x-1)^2+3)^2} ,$$

令 $x-1=\sqrt{3}\,\text{Tan}\,y$ ，則 $dx=\sqrt{3}\,\sec^2 y\,dy$ ，故知

$$\int \frac{dx}{((x-1)^2+3)^2} = \int \frac{\sqrt{3}\,\sec^2 y}{9\,\sec^4 y}\,dy = \frac{\sqrt{3}}{9}\int \cos^2 y\,dy$$

$$= \frac{\sqrt{3}}{18}\int 1+\cos 2y\,dy = \frac{\sqrt{3}}{18}(y+\frac{1}{2}\sin 2y)+c$$

$$= \frac{\sqrt{3}}{18}(\text{Tan}^{-1}\frac{x-1}{\sqrt{3}}) + \frac{\sqrt{3}}{18}(\frac{\sqrt{3}\,(x-1)}{x^2-2x+4})+c ,$$

故得

$$\int \frac{-2x+3}{(x^2-2x+4)^2}\,dx$$

$$= \frac{1}{x^2-2x+4} - \frac{\sqrt{2}}{18}\text{Tan}^{-1}(\frac{x-1}{\sqrt{3}}) - \frac{\sqrt{6}\,(x-1)}{18\,(x^2-2x+4)}+c 。$$

15. $\int \frac{1}{\sqrt{1+e^x}}\,dx$

解 令 $y=\sqrt{1+e^x}$ ，則 $x=\ln(y^2-1)$ ， $dx=\frac{2y}{y^2-1}\,dy$ ，故

$$\int \frac{dx}{\sqrt{1+e^x}} = \int \frac{2y}{y(y^2-1)}\,dy = \int \frac{2\,dy}{(y-1)(y+1)}$$

$$= \int \frac{1}{y-1} - \frac{1}{y+1}\,dy = \ln|y-1| - \ln|y+1|+c$$

$$= \ln\left|\frac{y-1}{y+1}\right|+c = \ln\left|\frac{y^2-1}{(y+1)^2}\right|+c = \ln(y^2-1)-2\ln(y+1)+c$$

$$= x - 2\ln(\sqrt{1+e^x}+1)+c 。$$

16. $\int \frac{dx}{2-\cos x}$

解 令 $x=2\,\text{Tan}^{-1}y$ ，則 $\cos x = \frac{1-y^2}{1+y^2}$ ， $dx=\frac{2}{1+y^2}\,dy$ ，故

$$\int \frac{dx}{2-\cos x} = \int \frac{\frac{2}{1+y^2}\,dy}{2-\frac{1-y^2}{1+y^2}} = \int \frac{2}{1+3y^2}\,dy = \int \frac{\frac{2}{\sqrt{3}}\,d(\sqrt{3}\,y)}{1+(\sqrt{3}\,y)^2}$$

$$= \frac{2}{\sqrt{3}}\,\text{Tan}^{-1}(\sqrt{3}\,y)+c = \frac{2}{\sqrt{3}}\,\text{Tan}^{-1}(\sqrt{3}\,\tan\frac{x}{2})+c 。$$

17. $\displaystyle\int \frac{dx}{\sin x + 2\cos x}$

解 令 $x = 2\,\mathrm{Tan}^{-1}\,y$ ，則

$$\sin x = \frac{2y}{1+y^2}\ ,\ \cos x = \frac{1-y^2}{1+y^2}\ ,\ dx = \frac{2\,dy}{1+y^2}\ ,$$

故知

$$\int \frac{dx}{\sin x + 2\cos x} = \int \frac{2\,dy}{2y + 2(1-y^2)} = \int \frac{-dy}{y^2 - y - 1}$$

$$= \int \frac{-dy}{(y-\frac{1}{2})^2 - \frac{5}{4}} = \int \frac{-dy}{(y - \frac{1+\sqrt{5}}{2})(y - \frac{1-\sqrt{5}}{2})}$$

$$= \frac{-1}{\sqrt{5}} \int \frac{dy}{y - \frac{1+\sqrt{5}}{2}} + \frac{1}{\sqrt{5}} \int \frac{dy}{y - \frac{1-\sqrt{5}}{2}}$$

$$= \frac{-1}{\sqrt{5}} \ln \left| y - \frac{1+\sqrt{5}}{2} \right| + \frac{1}{\sqrt{5}} \ln \left| y - \frac{1-\sqrt{5}}{2} \right| + c$$

$$= \frac{1}{\sqrt{5}} \ln \left| \frac{2y - (1-\sqrt{5})}{2y - (1+\sqrt{5})} \right| + c$$

$$= \frac{1}{\sqrt{5}} \ln \left| \frac{2\tan(\frac{x}{2}) - (1-\sqrt{5})}{2\tan(\frac{x}{2}) - (1+\sqrt{5})} \right| + c\ \text{。}$$

18. $\displaystyle\int \frac{dx}{\sqrt{-2x-x^2}}$

解 $\displaystyle\int \frac{dx}{\sqrt{-2x-x^2}} = \int \frac{d(x+1)}{\sqrt{1-(x+1)^2}} = \mathrm{Sin}^{-1}(x+1) + c\ \text{。}$

8-6

利用各種方法（包括查積分表），求下面各題：

1. $\displaystyle\int \frac{dx}{\sqrt{3+4x^2}}$

解 令 $x = \dfrac{\sqrt{3}}{2}\,\mathrm{Tan}\,y$ ，則 $dx = \dfrac{\sqrt{3}}{2}\sec^2 y\,dy$ ，故

$$\int \frac{dx}{\sqrt{3+4x^2}} = \int \frac{\frac{\sqrt{3}}{2}\sec^2 y \, dy}{\sqrt{3}\,\sec y} = \frac{1}{2}\int \sec y \, dy$$

$$= \frac{1}{2}\ln|\sec y + \tan y| + c = \frac{1}{2}\ln\left|\frac{2x}{\sqrt{3}} + \sqrt{1+\frac{4x^2}{3}}\right| + c$$

$$= \frac{1}{2}\ln|2x + \sqrt{3+4x^2}| + c_1 \, .$$

2. $\displaystyle\int \frac{dx}{\sqrt{9x^2-3}}$

解 $\displaystyle\int \frac{dx}{\sqrt{9x^2-3}} = \int \frac{(\frac{1}{3})\,d(3x)}{\sqrt{(3x)^2-(\sqrt{3})^2}} = \frac{1}{3}\ln|3x+\sqrt{9x^2-3}| + c \, .$

（公式 28）

3. $\displaystyle\int \frac{dx}{x\sqrt{2-4x^2}}$

解 $\displaystyle\int \frac{dx}{x\sqrt{2-4x^2}} = \int \frac{2(\frac{1}{2})\,d(2x)}{(2x)\sqrt{(\sqrt{2})^2-(2x)^2}} = \frac{-1}{\sqrt{2}}\ln\left|\frac{\sqrt{2}+\sqrt{2-4x^2}}{2x}\right| + c \, .$

（公式 45）

4. $\displaystyle\int \frac{dx}{x\sqrt{9x^2+4}}$

解 $\displaystyle\int \frac{dx}{x\sqrt{9x^2+4}} = \int \frac{3(\frac{1}{3})\,d(3x)}{(3x)\sqrt{(3x)^2+2^2}} = \frac{-1}{2}\ln\left|\frac{2+\sqrt{9x^2+4}}{3x}\right| + c \, .$

（公式 37）

5. $\displaystyle\int \frac{dx}{x\sqrt{9+16x^4}}$

解 $\displaystyle\int \frac{dx}{x\sqrt{9+16x^4}} = \int \frac{x\,dx}{x^2\sqrt{3^2+(4x^2)^2}} = \frac{1}{2}\int \frac{4(\frac{1}{4})\,d(4x^2)}{(4x^2)\sqrt{(4x^2)^2+3^2}}$

$$= \frac{1}{2}\left(\frac{-1}{3}\right)\ln\left|\frac{3+\sqrt{9+16x^4}}{4x^2}\right| + c \, .$$ （公式 37）

6. $\displaystyle\int \frac{dx}{9-16x^2}$

解 $\displaystyle\int\frac{dx}{9-16x^2}=\int\frac{-\dfrac{1}{4}d(4x)}{(4x)^2-3^2}=\frac{-1}{4}(\frac{1}{6})\ln\left|\frac{4x-3}{4x+3}\right|+c$ 。　　　（公式22）

7. $\displaystyle\int\frac{dx}{4x^2-9}$

解 $\displaystyle\int\frac{dx}{4x^2-9}=\int\frac{\dfrac{1}{2}d(2x)}{(2x)^2-3^2}=\frac{1}{2}(\frac{1}{6})\ln\left|\frac{2x-3}{2x+3}\right|+c$ 。　　　（公式22）

8. $\displaystyle\int\frac{\sqrt{3x+5}}{2x}dx$

解 $\displaystyle\int\frac{\sqrt{3x+5}}{2x}dx=\frac{1}{2}(2\sqrt{3x+5}+5\int\frac{dx}{x\sqrt{3x+5}})$ 　　　（公式21）

$\displaystyle=\sqrt{3x+5}+\frac{5}{2}(\frac{1}{\sqrt5})\ln\left|\frac{\sqrt{3x+5}-\sqrt5}{\sqrt{3x+5}+\sqrt5}\right|+c$ 。　　　（公式18）

9. $\displaystyle\int\frac{x}{(2x+1)(4x-9)}dx$

解 $\displaystyle\int\frac{x}{(2x+1)(4x-9)}dx=\frac{1}{4+18}(\frac{1}{2}\ln|2x+1|+\frac{9}{4}\ln|4x-9|)+c$

（公式24）

$\displaystyle=\frac{1}{44}\ln|2x+1|+\frac{9}{88}\ln|4x-9|+c$ 。

10. $\displaystyle\int\frac{x^4}{(x+1)^2(3x-2)}dx$

解 $\displaystyle\int\frac{x^4}{(2x-1)^2(3x+4)}dx=\int\frac{x}{12}-\frac{1}{36}+\frac{43x^2-25x+4}{36(2x-1)^2(3x+4)}dx$

$\displaystyle=\frac{x^2}{24}-\frac{x}{36}+\frac{1}{36}\int\frac{43x^2-25x+4}{(2x-1)^2(3x+4)}dx$

$\displaystyle=\frac{x^2}{24}-\frac{x}{36}+\frac{1}{36}\int\frac{\dfrac{1024}{121}}{3x+4}+\frac{\dfrac{369}{242}}{2x-1}+\frac{\dfrac{9}{22}}{(2x-1)^2}dx$

$\displaystyle=\frac{x^2}{24}-\frac{x}{36}+\frac{256}{3267}\ln|3x+4|+\frac{41}{1936}\ln|2x-1|-\frac{1}{176(2x-1)}+c$ 。

11. $\displaystyle\int\frac{x-5}{2x^2-3x}dx$

解 $\displaystyle\int\frac{x-5}{2x^2-3x}dx=\int\frac{x-5}{x(2x-3)}dx=\int\frac{\dfrac{5}{3}}{x}-\frac{\dfrac{7}{3}}{2x-3}dx$

$\displaystyle=\frac{5}{3}\ln|x|-\frac{7}{6}\ln|2x-3|+c\text{。}$

12. $\displaystyle\int(x+3)\sqrt{4x^2-5}\,dx$

解 $\displaystyle\int(x+3)\sqrt{4x^2-5}\,dx=\int x\sqrt{4x^2-5}\,dx+3\int\sqrt{4x^2-5}\,dx$

$\displaystyle=\frac{1}{8}\int\sqrt{4x^2-5}\,d(4x^2-5)+\frac{3}{2}\int\sqrt{(2x)^2-(\sqrt{5})^2}\,d(2x)$

$\displaystyle=\frac{1}{12}(4x^2-5)\sqrt{4x^2-5}+\frac{3}{2}((\frac{2x}{2})\sqrt{4x^2-5}-\frac{5}{2}\ln|2x+\sqrt{4x^2-5}|)+c$

（公式 27 ）

$\displaystyle=\frac{1}{12}\sqrt{4x^2-5}(4x^2+18x-5)-\frac{15}{4}\ln|2x+\sqrt{4x^2-5}|+c\text{。}$

13. $\displaystyle\int\frac{4x-3}{(2x-1)^2(3x+4)}dx$

解 $\displaystyle\int\frac{4x-3}{(2x-1)^2(3x+4)}dx=4\int\frac{x}{(2x-1)^2(3x+4)}dx-3\int\frac{dx}{(2x-1)^2(3x+4)}$

$\displaystyle=4(\frac{1}{11}(\frac{-1}{2(2x-1)}+\frac{-4}{11}\ln\left|\frac{3x+4}{2x-1}\right|))$

$\displaystyle\qquad-3(\frac{-1}{11}(\frac{1}{2x-1}+\frac{-3}{11}\ln\left|\frac{3x+4}{2x-1}\right|))+c$ （公式 25 , 26 ）

$\displaystyle=\frac{1}{11(2x-1)}-\frac{9}{121}\ln\left|\frac{3x+4}{2x-1}\right|+c\text{。}$

14. $\displaystyle\int\frac{2x-5}{x\sqrt{3x^2+1}}dx$

解 $\displaystyle\int\frac{2x-5}{x\sqrt{3x^2+1}}dx=\int\frac{2\,dx}{\sqrt{3x^2+1}}-5\int\frac{dx}{x\sqrt{3x^2+1}}$

$\displaystyle=2\ln|\sqrt{3}\,x+\sqrt{3x^2+1}|-5\int\frac{d(\sqrt{3}\,x)}{(\sqrt{3}\,x)\sqrt{(\sqrt{3}\,x)^2+1}}$ （公式 28 ）

$\displaystyle=2\ln|\sqrt{3}\,x+\sqrt{3x^2+1}|-5(-1)\ln\left|\frac{1+\sqrt{3x^2+1}}{\sqrt{3}\,x}\right|+c\text{。}$ （公式 37 ）

15. $\int (2x^2-1)\sqrt{4x^2+3}\,dx$

解 $\int (2x^2-1)\sqrt{4x^2+3}\,dx = \frac{1}{4}\int (2x)^2\sqrt{(2x)^2+3}\,d(2x)+\frac{1}{2}\int \sqrt{(2x)^2+3}\,d(2x)$

$\quad = \frac{1}{4}\left(\frac{2x}{8}(8x^2+3)\sqrt{4x^2+3}-\frac{9}{8}\ln|2x+\sqrt{4x^2+3}|\right)+\frac{2x}{4}\sqrt{4x^2+3}$

$\quad\quad +\frac{3}{4}\ln|2x+\sqrt{4x^2+3}|+c$

$\quad = \frac{x}{16}\sqrt{4x^2+3}(8x^2+11)+\frac{15}{32}\ln|2x+\sqrt{4x^2+3}|+c \,。$

（公式29，27）

16. $\int \dfrac{-2x+5}{(x-3)^3}\,dx$

解 $\int \dfrac{-2x+5}{(x-3)^3}\,dx = \int \dfrac{-2(x-3)-1}{(x-3)^2}\,dx = -2\int \dfrac{dx}{x-3}-\int \dfrac{dx}{(x-3)^2}$

$\quad = -2\ln|x-3|+\dfrac{1}{x-3}+c \,。$

17. $\displaystyle\int_0^1 \dfrac{x^3-2x+1}{2x+3}\,dx$

解 $\displaystyle\int_0^1 \dfrac{x^3-2x+1}{2x+3}\,dx = \frac{1}{8}\int_0^1 \dfrac{(2x+3)(4x^2-6x+1)+5}{2x+3}\,dx$

$\quad = \frac{1}{8}\int_0^1 4x^2-6x+1+\dfrac{5}{2x+3}\,dx$

$\quad = \dfrac{x^3}{6}-\dfrac{3}{8}x^2+\dfrac{x}{8}+\dfrac{5}{2}\ln|2x+3|\ \Big|_0^1 = -\dfrac{1}{12}+\dfrac{5}{2}\ln\dfrac{5}{3} \,。$

18. $\displaystyle\int_1^2 \dfrac{-2x+3}{x(3x-1)^3}\,dx$

解 $\displaystyle\int_1^2 \dfrac{-2x+3}{x(3x-1)^3}\,dx = \int_2^5 \dfrac{-\dfrac{2}{3}(y+1)+3}{(y+1)\,y^3\,/\,3}\,dy$ （令 $3x-1=y$ ）

$\quad = \int_2^5 \dfrac{-2y+7}{(y+1)\,y^3}\,dy = \int_2^5 \dfrac{-9}{y+1}+\dfrac{9y^2-9y+7}{y^3}\,dy$

$\quad = (-9\ln|y+1|\ \Big|_2^5)+\int_2^5 \dfrac{9}{y}-\dfrac{9}{y^2}+\dfrac{7}{y^3}\,dy$

$$= -9 \, (\ln 6 - \ln 3) + (\, 9 \ln \mid y \mid + \frac{9}{y} - \frac{7}{2y^2} \,) \Big|_2^5$$

$$= -9 \, \ln 2 + 9 \, \ln (\frac{5}{2}) + \frac{-27}{10} + \frac{7}{2} (\frac{21}{100})$$

$$= 9 \, \ln (\frac{5}{4}) - \frac{393}{200} \, \text{。}$$

19. $\displaystyle\int \frac{x}{\sqrt{x^4-4}} \, dx$

解 $\displaystyle\int \frac{x}{\sqrt{x^4-4}} \, dx = \frac{1}{2} \int \frac{d(x^2)}{\sqrt{(x^2)^2-4}} = \frac{1}{2} \ln \mid x^2 + \sqrt{x^4-4} \mid + c \, \text{。}$

（公式 28 ）

20. $\displaystyle\int \frac{-x+5}{3-4x^2} \, dx$

解 $\displaystyle\int \frac{-x+5}{3-4x^2} \, dx = \int \frac{-x}{3-4x^2} \, dx - 5 \int \frac{dx}{4x^2-3}$

$$= \frac{1}{8} \int \frac{d(3-4x^2)}{3-4x^2} - \int \frac{\dfrac{5}{2} d(2x)}{(2x)^2-3}$$

$$= \frac{1}{8} \ln \mid 3-4x^2 \mid - \frac{5}{2} (\frac{1}{2\sqrt{3}} \ln \Big| \frac{2x-\sqrt{3}}{2x+\sqrt{3}} \Big|) + c \qquad （公式 22 ）$$

$$= \frac{1}{8} \ln \mid 3-4x^2 \mid - \frac{5}{4\sqrt{3}} \ln \Big| \frac{2x-\sqrt{3}}{2x+\sqrt{3}} \Big| + c \, \text{。}$$

21. $\displaystyle\int \frac{x^3+1}{(x^2+9)^2} \, dx$

解 $\displaystyle\int \frac{x^3+1}{(x^2+9)^2} \, dx = \int \frac{x(x^2+9)-9x+1}{(x^2+9)^2} \, dx$

$$= \frac{1}{2} \int \frac{d(x^2+9)}{x^2+9} - \frac{9}{2} \int \frac{d(x^2+9)}{(x^2+9)^2} + \int \frac{dx}{(x^2+9)^2}$$

$$= \frac{1}{2} \ln (x^2+9) + \frac{9}{2(x^2+9)} + \frac{1}{18} (\frac{x}{x^2+9} + \int \frac{dx}{x^2+9}) \qquad （公式 49 ）$$

$$= \frac{1}{2} \ln (x^2+9) + \frac{9}{2(x^2+9)} + \frac{x}{18(x^2+9)} + \frac{1}{54} \text{Tan}^{-1} \frac{x}{3} + c \, \text{。}$$

（公式 16 ）

22. $\displaystyle\int \frac{\sqrt{x-3}}{\sqrt{x+3}} \, dx$

解 $\displaystyle\int \frac{\sqrt{x-3}}{\sqrt{x+3}}dx=\int \frac{\sqrt{y^2-6}\cdot 2y}{y}dy$ （令 $y=\sqrt{x+3}$ ）

$\displaystyle=2\int \sqrt{y^2-6}\,dy=y\sqrt{y^2-6}-6\ln(y+\sqrt{y^2-6})+c$

$\displaystyle=\sqrt{x+3}\sqrt{x-3}-6\ln(\sqrt{x+3}+\sqrt{x-3})+c$ 。

23. $\displaystyle\int \frac{dx}{\sqrt{x}+\sqrt[3]{x}}$

解 $\displaystyle\int \frac{dx}{\sqrt{x}+\sqrt[3]{x}}=\int \frac{6y^5}{y^3+y^2}dy=\int \frac{6y^3}{1+y}dy$ （令 $y=\sqrt[6]{x}$ ）

$\displaystyle=6\int \frac{(y^3+1)-1}{1+y}dy=6\int 1-y+y^2-\frac{1}{1+y}dy$

$\displaystyle=6(y-\frac{y^2}{2}+\frac{y^3}{3})-6\ln(1+y)+c$

$\displaystyle=6\sqrt[6]{x}-3\sqrt[3]{x}+2\sqrt{x}-6\ln(1+\sqrt[6]{x})+c$ 。

24. $\displaystyle\int \frac{\sqrt{x}}{\sqrt[3]{x}+4}dx$

解 $\displaystyle\int \frac{\sqrt{x}}{\sqrt[3]{x}+4}dx=\int \frac{y^3}{y^2+4}\cdot 6y^5dy=6\int \frac{y^8}{y^2+4}dy$

$\displaystyle=6\int y^6-4y^4+16y^2-64+\frac{256}{y^2+4}dy$

$\displaystyle=\frac{6}{7}y^7-\frac{24}{5}y^5+\frac{96}{3}y^3-384y+768\,\mathrm{Tan}^{-1}\frac{y}{2}+c$

$\displaystyle=y(\frac{6}{7}y^6-\frac{24}{5}y^4+\frac{96}{3}y^2-384)+768\,\mathrm{Tan}^{-1}\frac{y}{2}+c$

$\displaystyle=\sqrt[6]{x}(\frac{6}{7}x-\frac{24}{5}\sqrt[3]{x^2}+\frac{96}{3}\sqrt[3]{x}-384)+768\,\mathrm{Tan}^{-1}\frac{\sqrt[6]{x}}{2}+c$ 。

25. $\displaystyle\int \frac{4x^2+x+1}{(x^2+2x+3)^{\frac{3}{2}}}dx$

解 $\displaystyle\int \frac{4x^2+x+1}{(x^2+2x+3)^{\frac{3}{2}}}dx=\int \frac{4(x^2+2x+3)-7x-11}{(x^2+2x+3)^{\frac{3}{2}}}dx$

$\displaystyle=4\int \frac{dx}{\sqrt{x^2+2x+3}}-\int \frac{\frac{7}{2}(2x+2)+4}{(x^2+2x+3)^{\frac{3}{2}}}dx$

$$= 4 \int \frac{d(x+1)}{\sqrt{(x+1)^2+2}} - \frac{7}{2} \int \frac{d(x^2+2x+3)}{(x^2+2x+3)^{\frac{3}{2}}} - 4 \int \frac{d(x+1)}{((x+1)^2+2)^{\frac{3}{2}}}$$

$$= 4 \ln (x+1+\sqrt{x^2+2x+3}) + \frac{7}{\sqrt{x^2+2x+3}} - \frac{4(x+1)}{2\sqrt{x^2+2x+3}} + c \text{ 。}$$

（公式 28 ， 32 ）

26. $\displaystyle \int \frac{3x-5}{2x^2+6x+1} dx$

解 $\displaystyle \int \frac{3x-5}{2x^2+6x+1} dx = \int \frac{\frac{3}{4}(4x+6) - \frac{19}{2}}{2x^2+6x+1} dx$

$$= \frac{3}{4} \int \frac{d(2x^2+6x+1)}{2x^2+6x+1} - \frac{19}{2} \int \frac{dx}{2x^2+6x+1}$$

$$= \frac{3}{4} \ln |2x^2+6x+1| - \frac{19}{2} \int \frac{dx}{(\sqrt{2}(x+\frac{3}{2}))^2 - (\sqrt{\frac{7}{2}})^2}$$

$$= \frac{3}{4} \ln |2x^2+6x+1| - \frac{19}{2} \int \frac{dx}{(\sqrt{2}(x+\frac{3}{2})+\sqrt{\frac{7}{2}})(\sqrt{2}(x+\frac{3}{2})-\sqrt{\frac{7}{2}})}$$

$$= \frac{3}{4} \ln |2x^2+6x+1| - \frac{19}{2} \int \frac{dx}{(\sqrt{2}x+\frac{3+\sqrt{7}}{\sqrt{2}})(\sqrt{2}x+\frac{3-\sqrt{7}}{\sqrt{2}})}$$

$$= \frac{3}{4} \ln |2x^2+6x+1| - \frac{19}{2} (\frac{1}{2\sqrt{7}} (\frac{3+\sqrt{7}}{2} \ln |\sqrt{2}x+\frac{3+\sqrt{7}}{\sqrt{2}}|$$

$$- \frac{3-\sqrt{7}}{2} \ln |\sqrt{2}x+\frac{3-\sqrt{7}}{\sqrt{2}}|)) + c \hspace{2cm} \text{（公式23 ）}$$

$$= \frac{3}{4} \ln |2x^2+6x+1| - \frac{19(3+\sqrt{7})}{8\sqrt{7}} \ln |2x+3+\sqrt{7}|$$

$$+ \frac{19(3-\sqrt{7})}{8\sqrt{7}} \ln |2x+3-\sqrt{7}| + c_1 \text{ 。}$$

27. $\displaystyle \int \frac{1}{\sqrt{2-3x-4x^2}} dx$

解 $\displaystyle \int \frac{dx}{\sqrt{2-3x-4x^2}} = \int \frac{\frac{1}{2}d(2x+\frac{3}{4})}{\sqrt{(\frac{\sqrt{41}}{4})^2 - (2x+\frac{3}{4})^2}} = \frac{1}{2} \text{Sin}^{-1} \left(\frac{2x+\frac{3}{4}}{\frac{\sqrt{41}}{4}} \right) + c$

（公式15 ）

$$= \frac{1}{2} \text{Sin}^{-1} \left(\frac{8x+3}{\sqrt{41}} \right) + c \, 。$$

28. $\displaystyle\int x^3 \sin 2x \, dx$

解 $\displaystyle\int x^3 \sin 2x \, dx = \frac{1}{16} \int (2x)^3 \sin(2x) \, d(2x)$

$$= \frac{1}{16} \left(-8x^3 \cos 2x + 3(4x^2) \sin 2x - 6 \int (2x)^2 \sin(2x) \, d(2x) \right)$$

$$= \frac{-x^3}{2} \cos 2x + \frac{3x^2}{4} \sin 2x - \frac{3}{8} \left(-4x^2 \cos 2x + 4x \sin 2x \right.$$

$$\left. - 2 \int (2x) \sin 2x \, d(2x) \right)$$

$$= \frac{-x^3}{2} \cos 2x + \frac{3x^2}{4} \sin 2x + \frac{3x^2}{2} \cos 2x - \frac{3x}{2} \sin 2x$$

$$+ \frac{3}{4} \left(-2x \cos 2x + \sin 2x \right) + c$$

$$= \frac{-x^3}{2} \cos 2x + \frac{3x^2}{4} (\sin 2x + 2 \cos 2x) - \frac{3x}{2} (\sin 2x + \cos 2x)$$

$$+ \frac{3}{4} \sin 2x + c \, 。$$

29. $\displaystyle\int \frac{e^{2x}}{3e^x + 5} \, dx$

解 $\displaystyle\int \frac{e^{2x}}{3e^x + 5} \, dx = \int \frac{\left(\dfrac{y-5}{3} \right)^2}{y} \left(\frac{dy}{y-5} \right)$ （令 $y = 3e^x + 5$）

$$= \frac{1}{9} \int \frac{y-5}{y} \, dy = \frac{1}{9} \int 1 - \frac{5}{y} \, dy = \frac{1}{9} (y - 5 \ln y) + c$$

$$= \frac{1}{9} (3e^x + 5) - \frac{5}{9} \ln(3e^x + 5) + c \, 。$$

30. $\displaystyle\int \frac{1}{e^x - 2e^{-x}} \, dx$

解 $\displaystyle\int \frac{dx}{e^x - 2e^{-x}} = \int \frac{e^x}{e^{2x} - 2} \, dx = \int \frac{de^x}{e^{2x} - 2}$ （令 $y = e^x$）

$$= \int \frac{dy}{y^2 - 2} = \frac{1}{2\sqrt{2}} \ln \left| \frac{y - \sqrt{2}}{y + \sqrt{2}} \right| + c = \frac{1}{2\sqrt{2}} \ln \left| \frac{e^x - \sqrt{2}}{e^x + \sqrt{2}} \right| + c \, 。$$

31. $\displaystyle\int \frac{4x+7}{(x^2-2x+3)^3}\,dx$

解 $\displaystyle\int \frac{4x+7}{(x^2-2x+3)^3}\,dx = \int \frac{2(2x-2)+11}{(x^2-2x+3)^3}\,dx$

$\displaystyle = 2\int \frac{d(x^2-2x+3)}{(x^2-2x+3)^3} + \int \frac{11\,dx}{(x^2-2x+3)^3}$

$\displaystyle = \frac{-1}{(x^2-2x+3)^2} + \int \frac{11\,d(x-1)}{((x-1)^2+2)^3}$

$\displaystyle = \frac{-1}{(x^2-2x+3)^2} + 11\left(\frac{1}{4\times2}\left(\frac{x-1}{(x^2-2x+3)^2} + 3\int \frac{d(x-1)}{((x-1)^2+2)^2}\right)\right)$

（公式 49）

$\displaystyle = \frac{-1}{(x^2-2x+3)^2} + \frac{11(x-1)}{8(x^2-2x+3)^2} + \frac{33}{8}\int \frac{d(x-1)}{((x-1)^2+2)^2}$

$\displaystyle = \frac{11x-19}{8(x^2-2x+3)^2} + \frac{33}{8}\left(\frac{1}{4}\left(\frac{x-1}{x^2-2x+3} + \int \frac{d(x-1)}{(x-1)^2+2}\right)\right)$

$\displaystyle = \frac{11x-19}{8(x^2-2x+3)^2} + \frac{33(x-1)}{32(x^2-2x+3)} + \frac{33}{32}\cdot\frac{1}{\sqrt{2}}\,\mathrm{Tan}^{-1}\left(\frac{x-1}{\sqrt{2}}\right) + c\,。$

（公式 16）

32. $\displaystyle\int \frac{x}{x^4-16}\,dx$

解 $\displaystyle\int \frac{x}{x^4-16}\,dx = \frac{1}{2}\int \frac{d(x^2)}{(x^2)^2-16} = \frac{1}{2}\cdot\frac{1}{8}\ln\left|\frac{x^2-4}{x^2+4}\right| + c\,。$　　（公式 22）

33. $\displaystyle\int \frac{3x^6-2x^2+1}{x^3-x^5}\,dx$

解 $\displaystyle\int \frac{3x^6-2x^2+1}{x^3-x^5}\,dx = \int -3x + \frac{3x^4-2x^2+1}{x^3(1-x)(1+x)}\,dx$

$\displaystyle = \frac{-3x^2}{2} + \int \frac{1-x^2}{x^3} + \frac{1}{1-x} - \frac{1}{1+x}\,dx$

$\displaystyle = \frac{-3x^2}{2} - \frac{1}{2x^2} - \ln|x| - \ln|1-x| - \ln|1+x| + c$

$\displaystyle = \frac{-3x^2}{2} - \frac{1}{2x^2} - \ln|x-x^3| + c\,。$

34. $\displaystyle\int \frac{\sin x}{1+\sin x}\,dx$

解 $\displaystyle\int\frac{\sin x}{1+\sin x}\,dx=\int\frac{\dfrac{2y}{1+y^{2}}}{1+\dfrac{2y}{1+y^{2}}}\cdot\frac{2}{1+y^{2}}\,dy$ （令 $x=2\,\mathrm{Tan}^{-1}\,y$ ）

$\displaystyle=\int\frac{4y}{(1+y)^{2}(1+y^{2})}\,dy=\int\frac{-2}{(1+y)^{2}}+\frac{2}{1+y^{2}}\,dy$

$\displaystyle=\frac{2}{1+y}+2\,\mathrm{Tan}^{-1}\,y=\frac{2}{1+\tan\dfrac{x}{2}}+x+c$

$\displaystyle=x+\frac{2}{1+\dfrac{\sin\dfrac{x}{2}}{\cos\dfrac{x}{2}}}+c=x+\frac{2\cos\dfrac{x}{2}}{\cos\dfrac{x}{2}+\sin\dfrac{x}{2}}+c$

$\displaystyle=x+\frac{\sin x}{\dfrac{1}{2}\sin x+\dfrac{1-\cos x}{2}}+c=x+\frac{2\sin x}{1+\sin x-\cos x}+c\ 。$

35. $\displaystyle\int\frac{dx}{1+2\tan x}$

解 $\displaystyle\int\frac{dx}{1+2\tan x}=\int\frac{\dfrac{1}{1+y^{2}}}{1+2y}\,dy$ （令 $y=\mathrm{Tan}\,x$ ）

$\displaystyle=\int\frac{dy}{(1+2y)(1+y^{2})}=\int\frac{\dfrac{4}{5}}{1+2y}\,dy+\int\frac{\dfrac{1}{5}(1-2y)}{1+y^{2}}\,dy$

$\displaystyle=\frac{2}{5}\ln\,|\,1+2y\,|+\frac{1}{5}\mathrm{Tan}^{-1}\,y-\frac{1}{5}\ln\,(1+y^{2})+c$

$\displaystyle=\frac{2}{5}\ln\,|\,1+2\tan x\,|+\frac{x}{5}-\frac{1}{5}\ln\,|\,\sec^{2}x\,|+c\ 。$

36. $\displaystyle\int\frac{1}{3\sec x-1}\,dx$

解 $\displaystyle\int\frac{1}{3\sec x-1}\,dx$ （令 $x=2\,\mathrm{Tan}^{-1}\,y$ ）

$\displaystyle=\int\frac{\cos x}{3-\cos x}\,dx=\int\frac{1-y^{2}}{(1+2y^{2})(1+y^{2})}\,dy$

$$= \int \frac{3}{1+2y^2} - \frac{2}{1+y^2} \, dy$$

$$= \frac{3}{\sqrt{2}} \operatorname{Tan}^{-1}(\sqrt{2}\,y) - 2\operatorname{Tan}^{-1}y + c$$

$$= \frac{3}{\sqrt{2}} \operatorname{Tan}^{-1}(\sqrt{2}\,\tan\frac{x}{2}) - x + c \; 。$$

8-7

於下列各題中，將區間 $[\,a\,,\,b\,]$ 分作 n 等分，分別利用梯形法則及辛浦森法則，來求
定積分 $\displaystyle\int_a^b f(x)\,dx$ 的近似值。（ $1\sim6$ ）

1. $f(x) = \dfrac{1}{x^2}$, $[\,a\,,\,b\,] = [\,1\,,\,2\,]$, $n = 4$

解 梯形法則：

$$\int_1^2 \frac{1}{x^2} \, dx \approx \frac{\frac{1}{4}}{2} \left(1 + 2\left(\frac{16}{25}\right) + 2\left(\frac{4}{9}\right) + 2\left(\frac{16}{49}\right) + \frac{1}{4} \right)$$

$$= \frac{1}{8} (1 + 1.28 + 0.8889 + 0.6531 + 0.25)$$

$$\approx 0.5090 \; ,$$

辛浦森法則：

$$\int_1^2 \frac{1}{x^2} \, dx = \frac{\frac{1}{4}}{3} \left(1 + 4\left(\frac{16}{25}\right) + 2\left(\frac{4}{9}\right) + 4\left(\frac{16}{49}\right) + \frac{1}{4} \right)$$

$$= \frac{1}{12} (1 + 2.56 + 0.8889 + 1.3061 + 0.25)$$

$$\approx 0.5004 \; 。$$

事實上，$\displaystyle\int_1^2 \frac{1}{x^2} \, dx = 0.5$ 。

2. $f(x) = \dfrac{1}{1+x}$, $[\,a\,,\,b\,] = [\,2\,,\,10\,]$, $n = 8$

解 梯形法則：

$$\int_2^{10} \frac{dx}{1+x} \approx \frac{1}{2} \left(\frac{1}{3} + 2\left(\frac{1}{4}\right) + 2\left(\frac{1}{5}\right) + 2\left(\frac{1}{6}\right) + 2\left(\frac{1}{7}\right) + 2\left(\frac{1}{8}\right) + 2\left(\frac{1}{9}\right) \right.$$

$$+2\left(\frac{1}{10}\right)+\frac{1}{11}\,)$$

$$\approx 1.3792\ ,$$

辛浦森法則 ：

$$\int_{2}^{10}\frac{dx}{1+x}\approx\frac{1}{3}\,(\,\frac{1}{3}+4\,(\frac{1}{4})+2\,(\frac{1}{5})+4\,(\frac{1}{6})+2\,(\frac{1}{7})+4\,(\frac{1}{8})+2\,(\frac{1}{9})$$

$$+4\,(\frac{1}{10})+\frac{1}{11}\,)$$

$$\approx 1.3472\ 。$$

事實上， $\displaystyle\int_{2}^{10}\frac{dx}{1+x}=\ln\,(\frac{11}{3})\approx 1.2993\ 。$

3. $f(x)=x^{3}$ ， $[\,a\,,\,b\,]=[\,0\,,\,1\,]$ ， $n=6$

解 梯形法則 ：

$$\int_{0}^{1}x^{3}\,dx\approx\frac{\frac{1}{6}}{2}\,(\,0+2\,(\frac{1}{6})^{3}+2\,(\frac{1}{3})^{3}+2\,(\frac{1}{2})^{3}+2\,(\frac{2}{3})^{3}+2\,(\frac{5}{6})^{3}+1\,)$$

$$\approx\frac{1}{12}(\,3.0833\,)\approx 0.2569\ ,$$

辛浦森法則 ：

$$\int_{0}^{1}x^{3}\,dx\approx\frac{\frac{1}{6}}{3}(\,0+4\,(\frac{1}{6})^{3}+2\,(\frac{1}{3})^{3}+4\,(\frac{1}{2})^{3}+2\,(\frac{2}{3})^{3}+4\,(\frac{5}{6})^{3}+1\,)$$

$$\approx\frac{1}{18}(\,4.5\,)=0.25\ 。$$

而 $\displaystyle\int_{0}^{1}x^{3}\,dx=\frac{x^{4}}{4}\,\Big|_{0}^{1}=0.25\ 。$

4. $f(x)=x^{4}$ ， $[\,a\,,\,b\,]=[\,0\,,\,1\,]$ ， $n=4$

解 梯形法則 ：

$$\int_{0}^{1}x^{4}\,dx\approx\frac{\frac{1}{4}}{2}\,(\,0+2\,(\frac{1}{4})^{4}+2\,(\frac{1}{2})^{4}+2\,(\frac{3}{4})^{4}+1\,)$$

$$\approx\frac{1}{8}(\,1.7656\,)\approx 0.2207\ ,$$

辛浦森法則 ：

$$\int_0^1 x^4\, dx \approx \frac{\frac{1}{4}}{3}\left(0+4\left(\frac{1}{4}\right)^4+2\left(\frac{1}{2}\right)^4+4\left(\frac{3}{4}\right)^4+1\right)$$

$$\approx \frac{1}{12}\left(2.4063\right)=0.2005 \ 。$$

而 $\displaystyle\int_0^1 x^4\, dx=0.2 \ 。$

5. $f(x)=\sqrt{1+x^3}$, $[a,b]=[0,2]$, $n=4$

解 梯形法則：

$$\int_0^2 \sqrt{1+x^3}\, dx \approx \frac{\frac{1}{2}}{2}\left(1+2\left(\frac{3}{2\sqrt2}\right)+2\left(\sqrt2\right)+2\left(\frac{\sqrt{35}}{2\sqrt2}\right)+3\right)$$

$$\approx \frac{1}{4}\left(13.1330\right)\approx3.2833 \ ,$$

辛浦森法則：

$$\int_0^2 \sqrt{1+x^3}\, dx \approx \frac{\frac{1}{2}}{3}\left(1+4\left(\frac{3}{2\sqrt2}\right)+2\sqrt2+4\left(\frac{\sqrt{35}}{2\sqrt2}\right)+3\right)$$

$$\approx \frac{1}{6}\left(19.4377\right)\approx3.2396 \ 。$$

6. $f(x)=\dfrac{1}{2+\sin x}$, $[a,b]=[0,\pi]$, $n=6$

解 梯形法則：

$$\int_0^\pi \frac{1}{2+\sin x}\, dx \approx \frac{\frac{\pi}{6}}{2}\left(\frac{1}{2}+2\left(\frac{2}{5}\right)+2\left(\frac{2}{4+\sqrt3}\right)+2\left(\frac{1}{3}\right)+2\left(\frac{2}{4+\sqrt3}\right)\right.$$

$$\left.+2\left(\frac{2}{5}\right)+\frac{1}{2}\right)$$

$$\approx \frac{\pi}{12}\left(4.6624\right)\approx1.2206 \ ,$$

辛浦森法則：

$$\int_0^\pi \frac{1}{2+\sin x}\, dx \approx \frac{\frac{\pi}{6}}{3}\left(\frac{1}{2}+4\left(\frac{2}{5}\right)+2\left(\frac{2}{4+\sqrt3}\right)+4\left(\frac{1}{3}\right)+2\left(\frac{2}{4+\sqrt3}\right)\right.$$

$$+4\left(\frac{2}{5}\right)+\frac{1}{2})$$

$$\approx \frac{\pi}{18}(\,6.9290\,)\approx 1.2093\ \text{。}$$

事實上，$\displaystyle\int_0^\pi \frac{1}{2+\sin x}\,dx = 1.2092$ 。

7. 利用下式：

$$\pi = 4\int_0^1 \frac{1}{1+x^2}\,dx\ ,$$

及辛浦森法則，將區間 $[\,0\,,\,1\,]$ 分作 6 等分，來求 π 的近似值。

解　　$\displaystyle \pi = 4\,\text{Tan}^{-1}\,1 = 4\int_0^1 \frac{1}{1+x^2}\,dx$

$$\approx 4\left(\frac{\dfrac{1}{6}}{3}(\,1+4\left(\frac{36}{37}\right)+2\left(\frac{9}{10}\right)+4\left(\frac{4}{5}\right)+2\left(\frac{9}{13}\right)+4\left(\frac{36}{61}\right)+\frac{1}{2}\right)$$

$$\approx \frac{2}{9}(\,14.1372\,)\approx 3.141591781\ ,$$

事實上，$\pi \approx 3.141592654\cdots$ 。

8-8

1. 證明定理 8-7 。

證　設 $a \neq 1$ ，則

$$\int_1^\infty \frac{1}{x^p}\,dx = \lim_{a\to\infty}\int_1^a \frac{1}{x^p}\,dx = \lim_{a\to\infty}\left(\left.\frac{x^{1-p}}{1-p}\right|_1^a\right)$$

$$= \lim_{a\to\infty}\left(\frac{a^{1-p}}{1-p}-\frac{1}{1-p}\right) = \begin{cases} 0-\dfrac{1}{1-p}=\dfrac{1}{p-1} & \text{當 } p>1\ , \\[2mm] \infty\ , & \text{當 } p<1\ , \end{cases}$$

又當 $p=1$ 時

$$\int_1^\infty \frac{1}{x}\,dx = \lim_{a\to\infty}\int_1^a \frac{1}{x}\,dx = \lim_{a\to\infty}\ \ln a = \infty\ ,$$

故知定理得證。

2. 證明定理 8-8 。

證　設 $a \neq 1$ ，則

$$\int_0^1 \frac{1}{x^p}\,dx = \lim_{a \to 0^+} \int_a^1 \frac{1}{x^p}\,dx = \lim_{a \to 0^+} \frac{x^{1-p}}{1-p}\Big|_a^1$$

$$= \lim_{a \to 0^+} \left(\frac{1}{1-p} - \frac{a^{1-p}}{1-p} \right) = \begin{cases} \infty , & \text{當 } p > 1 , \\[2mm] \dfrac{1}{1-p} , & \text{當 } p < 1 , \end{cases}$$

又當 $p = 1$ 時

$$\int_0^1 \frac{1}{x}\,dx = \lim_{a \to 0^+} \int_a^1 \frac{1}{x}\,dx = \lim_{a \to 0^+} \ln\left(\frac{1}{a}\right) = \infty ,$$

故知定理得證。

3. 證明下面混合型廣義積分對任意 p 均爲發散：

$$\int_0^\infty \frac{1}{x^p}\,dx 。$$

證 因爲當 $p > 1$ 時，

$$\int_0^1 \frac{1}{x^p}\,dx \quad 爲發散， \qquad \int_1^\infty \frac{1}{x^p}\,dx \quad 爲收斂，$$

故知

$$\int_0^\infty \frac{1}{x^p}\,dx \quad 爲發散；$$

又當 $p < 1$ 時，

$$\int_0^1 \frac{1}{x^p}\,dx \quad 爲收斂， \qquad \int_1^\infty \frac{1}{x^p}\,dx \quad 爲發散，$$

故知

$$\int_0^\infty \frac{1}{x^p}\,dx \quad 爲發散；$$

而當 $p = 1$ 時，

$$\int_0^1 \frac{1}{x}\,dx = \infty , \qquad \int_1^\infty \frac{1}{x}\,dx = \infty ,$$

故知

$$\int_0^\infty \frac{1}{x}\,dx = \infty ，爲發散。$$

4. 設 $\displaystyle\int_a^\infty f(x)\,dx$ 及 $\displaystyle\int_{-\infty}^a f(x)\,dx$ 均爲收斂，證明對任意實數 b 而言，$\displaystyle\int_b^\infty f(x)\,dx$

及 $\displaystyle\int_{-\infty}^b f(x)\,dx$ 亦均爲收斂，且

$$\int_a^\infty f(x)\,dx + \int_{-\infty}^a f(x)\,dx = \int_b^\infty f(x)\,dx + \int_{-\infty}^b f(x)\,dx \,\text{。}$$

解 易知

$$\int_b^\infty f(x)\,dx = \lim_{m\to\infty} \int_b^m f(x)\,dx$$

$$= \lim_{m\to\infty} \left(\int_b^a f(x)\,dx + \int_a^m f(x)\,dx \right)$$

$$= \int_b^a f(x)\,dx + \int_a^\infty f(x)\,dx \,,$$

$$\int_{-\infty}^b f(x)\,dx = \lim_{k\to-\infty} \int_k^b f(x)\,dx$$

$$= \lim_{k\to-\infty} \left(\int_k^a f(x)\,dx + \int_a^b f(x)\,dx \right)$$

$$= \int_{-\infty}^a f(x)\,dx + \int_a^b f(x)\,dx \,,$$

故得

$$\int_{-\infty}^b f(x)\,dx + \int_b^\infty f(x)\,dx$$

$$= \int_{-\infty}^a f(x)\,dx + \int_a^b f(x)\,dx + \int_b^a f(x)\,dx + \int_a^\infty f(x)\,dx$$

$$= \int_{-\infty}^a f(x)\,dx + \int_a^\infty f(x)\,dx$$

5. 設 $\displaystyle\int_{-\infty}^\infty f(x)\,dx$ 為收斂，證明：

$$\int_{-\infty}^\infty f(x)\,dx = \lim_{t\to\infty} \int_{-t}^t f(x)\,dx \,\text{。}$$

解 $\displaystyle\int_{-\infty}^\infty f(x)\,dx$ 為收斂

$\Rightarrow$ $\displaystyle\int_{-\infty}^a f(x)\,dx$ 與 $\displaystyle\int_a^\infty f(x)\,dx$ 均收斂

$\Rightarrow$ $\displaystyle\lim_{m\to\infty} \int_{-m}^a f(x)\,dx$ 及 $\displaystyle\lim_{m\to\infty} \int_a^m f(x)\,dx$ 均存在

$\Rightarrow$ $\displaystyle\int_{-\infty}^a f(x)\,dx + \int_a^\infty f(x)\,dx = \lim_{m\to\infty} \int_{-m}^a f(x)\,dx + \lim_{m\to\infty} \int_a^m f(x)\,dx$

$$= \lim_{m \to \infty} \int_{-m}^{m} f(x) \, dx$$

故知

$$\int_{-\infty}^{\infty} f(x) \, dx = \lim_{m \to \infty} \int_{-m}^{m} f(x) \, dx \, .$$

6. 設 $\displaystyle\lim_{t \to \infty} \int_{-t}^{t} f(x) \, dx$ 存在，則 $\displaystyle\int_{-\infty}^{\infty} f(x) \, dx$ 是否必爲收斂？若是，則證明之，若否，

則舉出反例。

解 $\displaystyle\lim_{t \to \infty} \int_{-t}^{t} f(x) \, dx$ 存在時，$\displaystyle\int_{-\infty}^{\infty} f(x) \, dx$ 未必爲收斂。譬如

若 $f(x) = x$，則

$$\lim_{t \to \infty} \int_{-t}^{t} f(x) \, dx = \lim_{t \to \infty} \int_{-t}^{t} x \, dx = \lim_{t \to \infty} 0 = 0 \, ,$$

但對任一 $a \in R$ 而言，

$$\int_{a}^{\infty} x \, dx \ \ \text{及} \ \ \int_{-\infty}^{a} f(x) \, dx \ \ \text{均爲發散}，$$

故知 $\displaystyle\int_{-\infty}^{\infty} x \, dx$ 爲發散。

下面各題中之廣義積分是否爲收斂？若是，則求其值：（7～21）

7. $\displaystyle\int_{1}^{\infty} \frac{1}{x^{\frac{3}{2}}} \, dx$

解 $p = \dfrac{3}{2} > 1$，故知所求廣義積分爲收斂，且

$$\int_{1}^{\infty} \frac{1}{x^{\frac{3}{2}}} \, dx = \lim_{m \to \infty} \int_{1}^{m} \frac{1}{x^{\frac{3}{2}}} \, dx = \lim_{m \to \infty} \left(\left. \frac{-2}{x^{\frac{1}{2}}} \right|_{1}^{m} \right) = 2 \, .$$

8. $\displaystyle\int_{0}^{\infty} \frac{x}{1 + x^2} \, dx$

解 $\displaystyle\int_{0}^{\infty} \frac{x}{1 + x^2} \, dx = \lim_{m \to \infty} \int_{0}^{m} \frac{x}{1 + x^2} \, dx = \lim_{m \to \infty} \int_{0}^{m} \frac{1}{2} \cdot \frac{d(1 + x^2)}{1 + x^2}$

$$= \lim_{m \to \infty} \frac{1}{2} \ln(1 + x^2) \Big|_{0}^{m} = \lim_{m \to \infty} \frac{1}{2} \ln(1 + m^2) = \infty,$$

故知所求廣義積分爲發散。

9. $\displaystyle\int_{2}^{\infty} \frac{1}{(x-1)^2} \, dx$

解 $\displaystyle\int_2^\infty \frac{1}{(x-1)^2}\,dx = \lim_{m\to\infty}\int_2^m \frac{1}{(x-1)^2}\,d(x-1) = \lim_{m\to\infty}\left(\frac{-1}{x-1}\right)\Big|_2^m$

$\displaystyle = \lim_{m\to\infty}\left(\frac{-1}{m-1}+1\right) = 1$ 。

10. $\displaystyle\int_1^\infty e^{-\frac{x}{2}}\,dx$

解 $\displaystyle\int_1^\infty e^{-\frac{x}{2}}\,dx = \lim_{m\to\infty}\int_1^m (-2)\,e^{-\frac{x}{2}}\,d\left(-\frac{x}{2}\right) = \lim_{m\to\infty}\left(-2e^{-\frac{x}{2}}\right)\Big|_1^m$

$\displaystyle = \lim_{m\to\infty}\left(-2e^{\frac{-m}{2}}+2e^{-\frac{1}{2}}\right) = 2e^{-\frac{1}{2}} = \frac{2}{\sqrt{e}}$ 。

11. $\displaystyle\int_{-\infty}^{-3} \frac{1}{\sqrt{3-2x}}\,dx$

解 $\displaystyle\int_{-\infty}^{-3} \frac{dx}{\sqrt{3-2x}} = \lim_{k\to-\infty}\int_k^{-3} \frac{-d(3-2x)}{2\sqrt{3-2x}} = \lim_{k\to-\infty}\left(-\sqrt{3-2x}\right)\Big|_k^{-3}$

$\displaystyle = \lim_{k\to-\infty}\left(-3+\sqrt{3-2k}\right) = \infty$,

故知所求廣義積分爲發散。

12. $\displaystyle\int_{-\infty}^\infty \frac{e^x}{1+e^x}\,dx$

解 因爲

$$\int_0^\infty \frac{e^x}{1+e^x}\,dx = \lim_{m\to\infty}\int_0^m \frac{d(e^x+1)}{1+e^x} = \lim_{m\to\infty}\ln(1+e^x)\Big|_0^m$$

$$= \lim_{m\to\infty}\left(\ln(1+e^m)-\ln 2\right) = \infty,$$

故知 $\displaystyle\int_{-\infty}^\infty \frac{e^x}{1+e^x}$ 爲發散。

13. $\displaystyle\int_2^\infty \frac{1}{x^2-1}\,dx$

解 $\displaystyle\int_2^\infty \frac{dx}{x^2-1} = \lim_{m\to\infty}\int_2^m \frac{dx}{x^2-1} = \lim_{m\to\infty}\left(\frac{1}{2}\ln\left|\frac{x-1}{x+1}\right|\Big|_2^m\right)$

$\displaystyle = \lim_{m\to\infty}\left(\frac{1}{2}\ln\left|\frac{m-1}{m+1}\right|-\frac{1}{2}\ln\frac{1}{3}\right) = \frac{1}{2}\ln 3$ 。

14. $\displaystyle\int_3^\infty \frac{1}{x\,\ln^2 x}\,dx$

解 $\displaystyle\int_3^\infty \frac{dx}{x\,\ln^2 x} = \lim_{m\to\infty}\int_3^m \frac{1}{x\,\ln^2 x}\,dx = \lim_{m\to\infty}\int_3^m \frac{d\ln x}{\ln^2 x}$

$$= \lim_{m \to \infty} \frac{-1}{\ln x} \Big|_3^m = \lim_{m \to \infty} (\frac{1}{\ln 3} - \frac{1}{\ln m}) = \frac{1}{\ln 3} \text{。}$$

15. $\displaystyle\int_{-\infty}^{\infty} \frac{1}{e^x + e^{-x}} dx$

解 $\displaystyle\int_{-\infty}^{\infty} \frac{1}{e^x + e^{-x}} dx = \lim_{m \to \infty} (\int_0^m \frac{dx}{e^x + e^{-x}}) + \lim_{k \to -\infty} (\int_k^0 \frac{dx}{e^x + e^{-x}})$

$$= \lim_{m \to \infty} \int_0^m \frac{e^x}{1 + e^{2x}} dx + \lim_{k \to -\infty} \int_k^0 \frac{e^x}{1 + e^{2x}} dx$$

$$= \lim_{m \to \infty} \int_0^m \frac{d e^x}{1 + e^{2x}} + \lim_{k \to -\infty} \int_k^0 \frac{d e^x}{1 + e^{2x}}$$

$$= \lim_{m \to \infty} \mathrm{Tan}^{-1} e^x \Big|_0^m + \lim_{k \to -\infty} \mathrm{Tan}^{-1} e^x \Big|_k^0$$

$$= \lim_{m \to \infty} (\mathrm{Tan}^{-1} e^m - \frac{\pi}{4}) + \lim_{k \to -\infty} (\frac{\pi}{4} - \mathrm{Tan}^{-1} e^k)$$

$$= (\frac{\pi}{2} - \frac{\pi}{4}) + (\frac{\pi}{4} - 0) = \frac{\pi}{4} + \frac{\pi}{4} = \frac{\pi}{2} \text{。}$$

16. $\displaystyle\int_0^3 \frac{1}{\sqrt{3-x}} dx$

解 $\displaystyle\int_0^3 \frac{1}{\sqrt{3-x}} dx = \lim_{a \to 3^-} (\int_0^a \frac{-d(3-x)}{\sqrt{3-x}})$

$$= \lim_{a \to 3^-} (-2\sqrt{3-x}) \Big|_0^a = \lim_{a \to 3^-} (-2\sqrt{3-a} + 2\sqrt{3}) = 2\sqrt{3} \text{。}$$

17. $\displaystyle\int_0^3 \frac{1}{(x-3)^2} dx$

解 $\displaystyle\int_0^3 \frac{dx}{(x-3)^2} = \lim_{a \to 3^-} \int_0^a \frac{d(x-3)}{(x-3)^2} = \lim_{a \to 3^-} \frac{-1}{x-3} \Big|_0^a$

$$= \lim_{a \to 3^-} (\frac{1}{3} - \frac{1}{a-3}) = \infty,$$

故所求廣義積分爲發散。

18. $\displaystyle\int_0^1 \frac{e^{\sqrt{x}}}{\sqrt{x}} dx$

解 $\displaystyle\int_0^1 \frac{e^{\sqrt{x}}}{\sqrt{x}} dx = \lim_{a \to 0^+} \int_a^1 \frac{e^{\sqrt{x}}}{\sqrt{x}} dx = \lim_{a \to 0^+} \int_a^1 2 e^{\sqrt{x}} d\sqrt{x}$

$$= \lim_{a \to 0^+} (2 e^{\sqrt{x}} \Big|_a^1) = \lim_{a \to 0^+} 2(e - e^{\sqrt{a}}) = 2(e-1) \text{。}$$

19. $\displaystyle\int_{-2}^{0} \frac{1}{\sqrt{4-x^2}}\, dx$

解　$\displaystyle\int_{-2}^{0} \frac{dx}{\sqrt{4-x^2}} = \lim_{a\to-2+} \int_{a}^{0} \frac{dx}{\sqrt{4-x^2}} = \lim_{a\to-2+} \left(\mathrm{Sin}^{-1} \frac{x}{2} \Big|_{a}^{0} \right)$

$\displaystyle = \lim_{a\to-2+} \left(-\mathrm{Sin}^{-1} \frac{a}{2} \right) = -\mathrm{Sin}^{-1}(-1) = -\left(\frac{-\pi}{2} \right) = \frac{\pi}{2}$ 。

20. $\displaystyle\int_{-2}^{0} \frac{x}{\sqrt{4-x^2}}\, dx$

解　$\displaystyle\int_{-2}^{0} \frac{x}{\sqrt{4-x^2}}\, dx = \lim_{a\to-2+} \int_{a}^{0} \frac{\left(\dfrac{-1}{2}\right) d(4-x^2)}{\sqrt{4-x^2}} = \lim_{a\to-2+} \left(-\sqrt{4-x^2} \Big|_{a}^{0} \right)$

$\displaystyle = \lim_{a\to-2+} \left(\sqrt{4-a^2} - 2 \right) = -2$ 。

21. $\displaystyle\int_{0}^{\frac{\pi}{2}} \frac{1}{1-\cos x}\, dx$

解　$\displaystyle\int_{0}^{\frac{\pi}{2}} \frac{1}{1-\cos x}\, dx = \lim_{a\to0+} \int_{a}^{\frac{\pi}{2}} \frac{1+\cos x}{1-\cos^2 x}\, dx$

$\displaystyle = \lim_{a\to0+} \int_{a}^{\frac{\pi}{2}} \frac{1}{\sin^2 x} + \frac{\cos x}{\sin^2 x}\, dx$

$\displaystyle = \lim_{a\to0+} \left(\int_{a}^{\frac{\pi}{2}} \csc^2 x\, dx + \int_{a}^{\frac{\pi}{2}} \frac{1}{\sin^2 x}\, d\sin x \right)$

$\displaystyle = \lim_{a\to0+} \left((-\cot x) \Big|_{a}^{\frac{\pi}{2}} + \left(\frac{-1}{\sin x} \right) \Big|_{a}^{\frac{\pi}{2}} \right)$

$\displaystyle = \lim_{a\to0+} \left(\cot a - 1 + \csc a \right) = \infty ,$

故知所求廣義積分爲發散 。

於下列各題中，求各方程式圖形所圍之區域的面積：（ 1 ～ 10 ）

1. $y = x^2 - 3$, $y = 2x$

解 $y = x^2 - 3$ 和 $y = 2x$ 之交點的橫坐標滿足下式

$$x^2 - 2x - 3 = 0 \text{ , } (x-3)(x+1) = 0 \text{ , }$$

故知 $x = -1$, 3 , 而所求區域面積爲

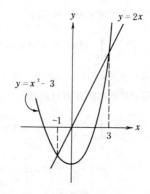

$$\int_{-1}^{3} 2x - x^2 + 3\,dx = (x^2 - \frac{x^3}{3} + 3x) \Big|_{-1}^{3}$$

$$= (9-1) - \frac{1}{3}(27+1) + 3(3+1)$$

$$= \frac{32}{3} \text{ 。}$$

2. $y = 2x$, $y = x^3$

解 $y = 2x$ 與 $y = x^3$ 二者交點的橫坐標，滿足下面方程式：

$$2x = x^3 \text{ , } x(x^2-2) = 0 \text{ , } x = 0 \text{ , } \pm\sqrt{2} \text{ , }$$

而所求區域面積爲

$$\int_{-\sqrt{2}}^{0} x^3 - 2x\,dx + \int_{0}^{\sqrt{2}} 2x - x^3\,dx$$

$$= (\frac{x^4}{4} - x^2) \Big|_{-\sqrt{2}}^{0} + (x^2 - \frac{x^4}{4}) \Big|_{0}^{\sqrt{2}} = 1 + 1 = 2 \text{ 。}$$

3. $y + x^2 = 6$, $y + 2x - 3 = 0$

解 $y + x^2 = 6$ 與 $y + 2x - 3 = 0$ 二者的交點橫坐標滿足下面方程式：

$$x^2 - 6 = 2x - 3 \text{ , } x^2 - 2x - 3 = 0 \quad (x-3)(x+1) = 0 \text{ , }$$

$$x = -1 \text{ , } 3 \text{ , }$$

故所求區域面積爲

$$\int_{-1}^{3} 6 - x^2 - 3 + 2x\,dx = \int_{-1}^{3} -x^2 + 2x + 3\,dx = (-\frac{x^3}{3} + x^2 + 3x) \Big|_{-1}^{3}$$

$$= \frac{-1}{3}(27+1) + (9-1) + 3(4) = \frac{32}{3} \text{ 。}$$

4. $y = x^2$, $y = \sqrt{x}$

解 $y = x^2$ 與 $y = \sqrt{x}$ 之交點橫坐標滿足下式：

$$x^2 - \sqrt{x} = 0 \text{ , } x = 0 \text{ , } 1 \text{ , }$$

故所求區域面積爲

$$\int_0^1 \sqrt{x} - x^2 \, dx = \left(\frac{2}{3} x^{\frac{3}{2}} - \frac{x^3}{3} \right) \bigg|_0^1 = \frac{2}{3} - \frac{1}{3} = \frac{1}{3} \text{。}$$

5. $y = 3x^2$，$y = x^3$

解 $y = 3x^2$ 與 $y = x^3$ 二者交點的橫坐標滿足下式：

$$3x^2 = x^3 \text{，} x = 0 \text{，} 3 \text{，}$$

故所求區域面積爲

$$\int_0^3 3x^2 - x^3 \, dx = \left(x^3 - \frac{x^4}{4} \right) \bigg|_0^3 = \frac{27}{4} \text{。}$$

6. $y = x^5 + 1$，$x = -2$，$x = 1$，$y = 0$

解 易知所求區域面積爲

$$\int_{-2}^{-1} -(x^5 + 1) \, dx + \int_{-1}^{1} x^5 + 1 \, dx$$

$$= -\left(\frac{x^6}{6} + x \right) \bigg|_{-2}^{-1} + \left(\frac{x^5}{6} + x \right) \bigg|_{-1}^{1} = \frac{19}{2} + \frac{7}{3} = \frac{71}{6} \text{。}$$

7. $y = x\sqrt{x^2 - 9}$，$x = 5$，$y = 0$

解 因爲 $y = x\sqrt{x^2 - 9}$ 的圖形在 $x \in (-3, 3)$ 上無意義，而在 $x \geqq 3$ 時 $y \geqq 0$，在 $x \leqq -3$ 時，$y \leqq 0$，但能與 $y = 0$ 及 $x = 5$ 圍成的區域僅在 $x \in [3, 5]$ 上，故所求區域的面積爲

$$\int_3^5 x\sqrt{x^2 - 9} \, dx = \frac{1}{2} \int_3^5 \sqrt{x^2 - 9} \, d(x^2 - 9)$$

$$= \frac{1}{2} \cdot \frac{2}{3} (x^2 - 9)^{\frac{3}{2}} \bigg|_3^5 = \frac{1}{3}(64 - 0) = \frac{64}{3} \text{。}$$

8. $\sqrt{x} + \sqrt{y} = 1$，$x = 0$，$y = 0$

解 因爲須 $x \geqq 0$，$y \geqq 0$ 時，式子 $\sqrt{x} + \sqrt{y} = 1$ 才有意義，

此時 $y = (1 - \sqrt{x})^2 = 1 + x - 2\sqrt{x}$，而圖形如右：

故所求區域面積爲

$$\int_0^1 1 + x - 2\sqrt{x} \, dx$$

$$= \left(x + \frac{x^2}{2} - \frac{4}{3} x^{\frac{3}{2}} \right) \bigg|_0^1 = \frac{1}{6} \text{。}$$

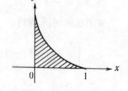

9. $y = x^2 - 4x + 5$，$x + y = 15$，$5x - y = 3$

解 所求區域圖形如下頁：

而 $y = x^2 - 4x + 5$ 與 $5x - y = 3$ 的交點橫坐標爲

$$x = 1 \text{，} 8 \text{，} y = x^2 - 4x + 5 \text{ 與 } x + y = 15 \text{ 的交點橫坐標爲}$$

$$x = -2 \text{，} 5 \text{，} x + y = 15 \text{ 與 } 5x - y = 3 \text{ 交點，}$$

其中 $y = x^2 - 4x + 5$，$x + y = 15$ 及 $5x - y = 3$ 所圍包含拋物線頂點的區域面積為

$$\int_1^3 (5x - 3) - (x^2 - 4x + 5)\, dx + \int_3^5 (15 - x) - (x^2 - 4x + 5)\, dx$$

$$= \int_1^3 -x^2 + 9x - 8\, dx + \int_3^5 -x^2 + 3x + 10\, dx$$

$$= \left(\frac{-x^3}{3} + \frac{9}{2} x^2 - 8x \right) \Big|_1^3 + \left(\frac{-x^3}{3} + \frac{3}{2} x^2 + 10x \right) \Big|_3^5 = \frac{68}{3}。$$

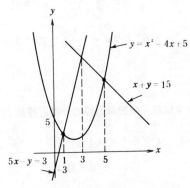

10. $y = \sin x$，$y = \cos x$，$x \in [0, 2\pi]$

解 $y = \sin x$ 與 $y = \cos x$ 在區間 $[0, 2\pi]$ 上交點的橫坐標為 $x = \frac{\pi}{4}$ 及 $\frac{5\pi}{4}$，而所求區域面積為

$$\int_{\frac{\pi}{4}}^{\frac{5\pi}{4}} \sin x - \cos x\, dx = (-\cos x - \sin x)\, \Big|_{\frac{\pi}{4}}^{\frac{5\pi}{4}} = 2\sqrt{2}。$$

11. 下圖所示的立體，乃以 x 軸及 y 軸為中心軸，而半徑為 a 的二圓柱所圍的立體在第一卦限之部分，試求它的體積。

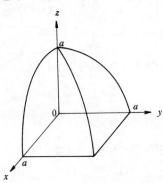

解 因爲對任一 $z_0 \in [0, a]$ 而言，平面 $z = z_0$ 與立體交於一正方形區域，其邊長爲 $\sqrt{a^2 - z_0{}^2}$，故面積爲 $a^2 - z_0{}^2$，從而知所求立體的體積爲

$$\int_0^a a^2 - z^2 \, dz = (a^2 z - \frac{z^3}{3}) \Big|_0^a = \frac{2}{3} a^3 \text{。}$$

12. 求橢圓 $\dfrac{x^2}{a^2} + \dfrac{y^2}{b^2} = 1$ 繞 x 軸旋轉而得的橢球之體積。

解 所求橢球體積爲

$$\int_{-a}^a \pi (b (\sqrt{1 - \frac{x^2}{a^2}}))^2 \, dx = \pi b^2 \int_{-a}^a 1 - \frac{x^2}{a^2} \, dx$$

$$= \pi b^2 (x - \frac{x^3}{3a^2}) \Big|_{-a}^a = \pi b^2 (2a - \frac{1}{3a^2} (2a^3))$$

$$= \frac{4}{3} \pi a b^2 \text{。}$$

13. 求下面四方程式之圖形所圍之區域繞 y 軸旋轉而得的立體之體積：

$$y = x^2 + 2, \quad y = \frac{x}{2} + 1, \quad x = 0, \quad x = 1 \text{。}$$

解 所求的立體體積爲

$$\int_0^1 \pi ((x^2 + 2)^2 - (\frac{x}{2} + 1)^2) \, dx = \int_0^1 \pi (x^4 + \frac{15}{4} x^2 - x + 3) \, dx$$

$$= \pi (\frac{x^5}{5} + \frac{5}{4} x^3 - \frac{x^2}{2} + 3x) \Big|_0^1 = \frac{79\pi}{20} \text{。}$$

14. 求方程式 $y = 2x - x^2$ 之圖形和 x 軸所圍區域繞 y 軸旋轉而得的立體之體積。

解 所求立體的體積爲

$$\int_0^2 2\pi x (2x - x^2) \, dx = 2\pi \int_0^2 2x^2 - x^3 \, dx$$

$$= 2\pi (\frac{2x^3}{3} - \frac{x^4}{4}) \Big|_0^2 = 2\pi (\frac{16}{3} - 4) = \frac{8\pi}{3} \text{。}$$

15. 求餘弦函數圖形和 x 軸所圍的區域

$$A = \{ (x, y) \mid 0 \leqq y \leqq \cos x, \ x \in [0, \frac{\pi}{2}] \}$$

繞 y 軸旋轉而得的旋轉體的體積。

解 所求餘弦函數和 x 軸所圍區域

$$A = \{ (x, y) \mid 0 \leqq y \leqq \cos x, \ x \in [0, \frac{\pi}{2}] \}$$

繞 y 軸旋轉而得的旋轉體的體積爲

$$\int_0^{\frac{\pi}{2}} 2\pi x \cos x\, dx = 2\pi \int_0^{\frac{\pi}{2}} x \cos x\, dx$$

$$= 2\pi \left(x \sin x \, \bigg|_0^{\frac{\pi}{2}} - \int_0^{\frac{\pi}{2}} \sin x\, dx \right) = 2\pi \left(\frac{\pi}{2} \right) + 2\pi \left(\cos x \right) \bigg|_0^{\frac{\pi}{2}}$$

$$= \pi^2 - 2\pi \; \text{。}$$

9-2

沿 x 軸移動一物體，使之從點 a 到點 b，若使用的力 F 爲物體所在位置 x 之函數，於下列各情況下，求所作的功：（ 1～2 ）

1. $F(x) = x^2 - 2x + 4$, $[\, a\, , \, b\,] = [\, 1\, , \, 3\,]$

解 所作的功爲

$$\int_1^3 x^2 - 2x + 4\, dx = \left(\frac{x^3}{3} - x^2 + 4x \right) \bigg|_1^3 = \frac{26}{3} - 8 + 8 = \frac{26}{3} \; \text{。}$$

2. $F(x) = 10 - 3x + 2x^2$, $[\, a\, , \, b\,] = [\, -1\, , \, 2\,]$

解 所作的功爲

$$\int_{-1}^2 10 - 3x + 2x^2\, dx = \left(10x - \frac{3}{2}x^2 + \frac{2}{3}x^3 \right) \bigg|_{-1}^2 = 30 - \frac{9}{2} + 6 = \frac{63}{2} \; \text{。}$$

於下列各題中，令 r 表彈簧的自然長度（吋），而 s 表引伸彈簧 t 吋所須的力（磅），求將彈簧從 u 吋引伸至 v 吋所須作的功：（ 3～4 ）

3. $r = 4$, $s = 10$, $t = 1$, $u = 4$, $v = 6$ 。

解 因爲 $s(x) = kx$，由已知條件得

$$10 = s(1) = k , \quad k = 10 ,$$

故知 $s(x) = 10x$ 。從而所求之功爲

$$w = \int_{4-4}^{6-4} 10x\, dx = \int_0^2 10x\, dx = 5x^2 \, \bigg|_0^2 = 20 \; (\text{吋·磅})$$

4. $r = 6$, $s = 100$, $t = \dfrac{1}{2}$, $u = 6$, $v = 7$ 。

解 因爲 $s(x) = kx$，由已知條件得

$$100 = s\left(\frac{1}{2} \right) = \frac{1}{2}k , \quad k = 200 ,$$

從而知所求之功爲

$$w = \int_{6-6}^{7-6} 200x\, dx = \int_0^1 200x\, dx = 100x^2 \, \bigg|_0^1 = 100 \; (\text{吋·磅})$$

5. 一彈簧的自然長度爲10吋，而將之壓縮2吋須用10磅的力，問將彈簧從自然長度壓成5吋長須作多少功？

解 因爲 $s(x)=kx$ ，由已知條件得

$$10=s(2)=2k, \quad k=5,$$

從而知所求之功爲

$$w=\int_0^{10-5}5x\,dx=\int_0^5 5x\,dx=\frac{5x^2}{2}\bigg|_0^5=\frac{125}{2}\quad(\text{吋 - 磅})$$

6. 一錨重1000磅，錨鏈重每呎3磅。若拋錨時，錨在船下20呎處，問起錨須作多少功？

解 當起錨 x 呎時，總重爲

$$F(x)=1000+(20-x)\times 3=1060-3x,$$

故知起錨所作的功爲

$$\int_0^{20}1060-3x\,dx=(1060x-\frac{3x^2}{2})\bigg|_0^{20}=20600\quad(\text{呎 - 磅})。$$

7. 證明一圓區域的重心爲這圓的圓心。

解 設圓區域由圓 $x^2+y^2=1$ 決定，且圓的重心爲 $C(\overline{x},\overline{y})$ ，則因其面積爲 π ，故由定義知

$$\overline{x}=\frac{1}{\pi}\int_{-1}^1 x\sqrt{1-x^2}\,dx=0, \quad \overline{y}=\frac{1}{\pi}\int_{-1}^1 y\sqrt{1-y^2}\,dy=0,$$

即知圓區域的重心爲圓心。

8. 求區域 $S=\{(x,y)\mid x^2\leqq y\leqq 1+\frac{x}{2}\}$ 的重心。

解 首先，S 的面積爲

$$\int_{-\frac{1}{2}}^1 1+\frac{x}{2}-x^2\,dx=(x+\frac{x^2}{4}-\frac{x^3}{3})\bigg|_{-\frac{1}{2}}^1=\frac{21}{16}。$$

設 S 的重心爲 $C(\overline{x},\overline{y})$ ，則

$$\overline{x}=\frac{16}{21}\int_{-\frac{1}{2}}^1 x(1+\frac{x}{2}-x^2)\,dx=\frac{16}{21}\int_{-\frac{1}{2}}^1(x+\frac{x^2}{2}-x^3)\,dx$$

$$=\frac{16}{21}(\frac{x^2}{2}+\frac{x^3}{6}-\frac{x^4}{4})\bigg|_{-\frac{1}{2}}^1=\frac{1}{4},$$

$$\overline{y}=\frac{16}{21}(\int_0^{\frac{1}{4}}2\sqrt{y}\,dy+\int_{\frac{1}{4}}^1\sqrt{y}-2y+2\,dy)$$

$$= \frac{16}{21} \left(\frac{4}{3} y^{\frac{3}{2}} \Big|_0^{\frac{1}{4}} + \left(\frac{2}{3} y^{\frac{3}{2}} - y^2 + 2y \right) \Big|_{\frac{1}{4}}^1 \right)$$

$$= \frac{16}{21} \left(\frac{1}{6} + \frac{55}{48} \right) = 1 \ ,$$

即所求 S 的重心爲 $\left(\frac{1}{4} , 1 \right)$。

9. 於坐標平面上，求 $A(a_1, a_2)$，$B(b_1, b_2)$，$C(c_1, c_2)$ 三點所定的三角形區域的重心。

解 爲使問題簡化起見，可設三角形的三頂點爲

$(0, 0)$，$(a_1, 0)$，(b_1, b_2)

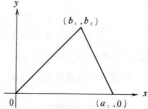

可知三角形面積爲 $s = \frac{1}{2} a_1 b_2$

設此三角形的重心爲 $C(\overline{x}, \overline{y})$，則

$$\overline{x} = \frac{1}{s} \left(\int_0^{b_1} x \left(\frac{b_2}{b_1} x \right) dx + \int_{b_1}^{a_1} x \left(\frac{b_2}{b_1 - a_1} (x - a_1) \right) dx \right)$$

$$= \frac{2}{a_1 b_2} \left(\frac{b_2}{b_1} \cdot \frac{x^3}{3} \Big|_0^{b_1} + \frac{b_2}{b_1 - a_1} \left(\frac{x^3}{3} - \frac{a_1}{2} x^2 \right) \Big|_{b_1}^{a_1} \right)$$

$$= \frac{2}{a_1 b_2} \left(\frac{1}{3} b_1^2 b_2 + \frac{a_1 b_1 b_2}{6} + \frac{a_1^2 b_2}{6} - \frac{b_1^2 b_2}{3} \right)$$

$$= \frac{2}{a_1 b_2} \left(\frac{a_1 b_1 b_2}{6} + \frac{a_1^2 b_2}{6} \right) = \frac{1}{3} (a_1 + b_1) \ ,$$

$$\overline{y} = \frac{1}{s} \int_0^{b_2} y \left(\frac{b_1 - a_1}{b_2} y + a_1 - \frac{b_1}{b_2} y \right) dy$$

$$= \frac{2}{a_1 b_2} \int_0^{b_2} y \left(a_1 - \frac{a_1}{b_2} y \right) dy$$

$$= \frac{2}{a_1 b_2} \left(\frac{a_1 y^2}{2} \Big|_0^{b_2} - \frac{a_1}{b_2} \left(\frac{y^3}{3} \right) \Big|_0^{b_2} \right)$$

$$= \frac{2}{a_1 b_2} \left(\frac{a_1 b_2^2}{2} - \frac{a_1 b_2^2}{3} \right) = \frac{b_2}{3} \ 。$$

事實上，以 (a_1, a_2)，(b_1, b_2)，(c_1, c_2) 爲三頂點之三角形的重心爲

$\left(\frac{1}{3} (a_1 + b_1 + c_1) , \frac{1}{3} (a_2 + b_2 + c_2) \right)$。

10. 設一圓區域的圓心爲 (b, b)，半徑爲 a，且這圓區域和直線 $L: x + y = 1$ 不相交，求這圓區域繞直線 L 旋轉而得的環體的體積。

解 這圓區域的面積為 πa^2 ，而其重心（ b , b ）到直線 $x+y=1$ 的距離為

$\dfrac{1}{\sqrt{2}}\,|\,2b-1\,|$ ，故由帕卜斯定理知，所求環體的體積為

$$2\pi\cdot(\dfrac{1}{\sqrt{2}}\,|\,2b-1\,|)\cdot\pi a^2=\sqrt{2}\,\pi^2 a^2\,|\,2b-1\,|。$$

11. 利用帕卜斯定理，求一三角形區域繞它的一邊旋轉而得的旋轉體的體積。

解 設三角形的三頂點為（ 0 , 0 ），（ a , 0 ），（ b , c ），且繞 x 軸旋轉。則因此三

角形區域的重心為（ $\dfrac{1}{3}(a+b)$, $\dfrac{c}{3}$ ），故由帕卜斯定理知，所求體積為

$$v=2\pi(\dfrac{c}{3})(\dfrac{1}{2}ac)=\dfrac{\pi}{3}ac^2。$$

12. 於一水池中，將一 2 公尺立方的密閉箱子浸入水中，使箱子的一面和池面平齊，求垂直於池面的一面所受的液壓。

解 因水的重量密度為 $w=9800$（ 牛頓／m^3 ），故依題意知所求液壓為

$$w\int_0^2 2y\,dy=wy^2\,\Big|_0^2=4w=4\times9800=39200（牛頓）。$$

13. 將上題的箱子固定在池面下 1 公尺處，仍使箱子的一面平行於池面，求垂直於池面的一面所受的液壓。

解 所求液壓為

$$w\int_1^3 2y\,dy=wy^2\,\Big|_1^3=8w=78400（牛頓）。$$

14. 設一游泳池呈長方體的形狀，它的長寬和深分別為 50 公尺，25 公尺及 2.5 公尺，當注滿水時，長的側壁所受的液壓為何？

解 所求液壓為

$$w\int_0^{2.5} 50y\,dy=w(25y^2)\,\Big|_0^{2.5}=\dfrac{625}{4}w（牛頓）。$$

15. 一水族館之水箱的觀賞窗呈半徑 1 公尺的圓形，窗頂在水箱水面下 0.5 公尺的地方，求這觀賞窗所受的液壓。

解 所求液壓為

$$\int_{0.5}^{2.5} wy(2\sqrt{1-(y-1.5)^2})\,dy \qquad（令 y=1.5+\mathrm{Sin}\,t）$$

$$=2w\int_{-\frac{\pi}{2}}^{\frac{\pi}{2}}(1.5+\sin t)\cos^2 t\,dt$$

$$= 2w \int_{-\frac{\pi}{2}}^{\frac{\pi}{2}} 1.5 \cos^2 t + \sin t \cos^2 t \, dt$$

$$= 2w \int_{-\frac{\pi}{2}}^{\frac{\pi}{2}} \frac{1.5 \, (\, 1 + \cos 2t \,)}{2} \, dt - 2w \int_{-\frac{\pi}{2}}^{\frac{\pi}{2}} \cos^2 t \, d \cos t$$

$$= 1.5w \, (\, t + \frac{1}{2} \sin 2t \,) \, \bigg|_{-\frac{\pi}{2}}^{\frac{\pi}{2}} - \frac{2}{3} w \cos^3 t \, \bigg|_{-\frac{\pi}{2}}^{\frac{\pi}{2}}$$

$$= 1.5w \, (\, \pi \,) = 1.5w\pi \, （牛頓）。$$

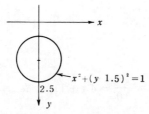

$x^2 + (y \ 1.5)^2 = 1$

2.5

16. 一水道的攔水閘呈等腰三角形，頂角朝下，高 1 公尺，底 1.5 公尺，當水道的水滿到閘頂時，閘門所受的液壓為何？

解 所求液壓為

$$\int_0^1 w \, y \, (\, 1.5 \, (\, 1 - y \,) \,) \, dy$$

$$= 1.5w \int_0^1 y - y^2 \, dy$$

$$= 1.5w \, (\, \frac{y^2}{2} - \frac{y^3}{3} \,) \, \bigg|_0^1 = \frac{w}{4} \, （牛頓）。$$

9-3

1. 設某公司生產物品 x 單位的邊際成本為

$$MC(\, x \,) = \frac{x^3}{60} - x + 615 \, ,$$

固定成本為 1,000 元，試求生產 30 單位物品的總成本。

解 因為邊際成本為 $MC(\, x \,) = \frac{x^3}{60} - x + 615$ ，故總成本為

$$TC(\, x \,) = \frac{x^4}{240} - \frac{x^2}{2} + 615x + k \, ,$$

由於固定成本爲 $TC(0) = 1000$ ，故知 $k = 1000$ ，即得

$$TC(x) = \frac{x^4}{240} - \frac{x^2}{2} + 615\,x + 1000 \ ,$$

從而知生產 30 單位的總成本爲

$$TC(30) = 22375 \ (\ \bar{\pi}\ ) \ .$$

2. 設生產某物品 x 單位的邊際收入和邊際成本，分別如下面函數所示：

$$MR(x) = 150 - x \ , \quad MC(x) = \frac{x^2}{10} - 4\,x + 110 \ ,$$

又已知生產 30 單位的總成本爲 4,000 元。

(i) 此生產的固定成本爲何？

(ii) 何以 $R(0) = 0$ ？

(iii) 淨利函數爲何？

(iv) 求能獲最大淨利的生產量。

解 (i) 由於生產的邊際成本爲 $MC(x) = \frac{x^2}{10} - 4\,x + 110$ ，故

$$TC(x) = \frac{x^3}{30} - 2\,x^2 + 110\,x + k \ .$$

因生產 30 單位的總成本爲

$$4000 = TC(30) = 2400 + k \ , \quad k = 1600 \ ,$$

而所求固定成本爲

$$TC(0) = 1600 \ .$$

(ii) 因爲沒有生產時，自無收入，故 $R(0) = 0$ 。

(iii) 由邊際收入 $MR(x) = 150 - x$ ，故知總收入爲

$$R(x) = 150\,x - \frac{x^2}{2} + k \ ,$$

而因 $R(0) = 0$ ，故知 $k = 0$ ，而得 $R(x) = 150\,x - \frac{x^2}{2}$ 。從而知淨利函數爲

$$NP(x) = R(x) - TC(x)$$

$$= (\ 150\,x - \frac{x^2}{2}\ ) - (\ \frac{x^3}{30} - 2\,x^2 + 110\,x + 1600\ )$$

$$= -\frac{x^3}{30} + \frac{3}{2}\,x^2 + 40\,x - 1600 \ .$$

(iv) 由於

$$NP'(x) = -\frac{x^2}{10} + 3\,x + 40 = \frac{-1}{10}\,(\ x^2 - 30\,x - 400\ )$$

$$= \frac{-1}{10} (x - 40) (x + 10)$$

且由下表

x		40	
$NP'(x)$	+		−

知 $x = 40$ 時有最大淨利。

3. 設資金股票於時間為 t 時的淨投資率為

$$RNI(t) = 0.76 \, t^{\frac{1}{8}} + 1.2 , \qquad (單位為仟元)$$

試問第九年中資金股票的增額為何？

解 依題意知，第 9 年中資金股票的增額為

$$\int_9^{10} RNI(t) \, dt = \int_9^{10} (0.76 \, t^{\frac{1}{8}} + 1.2) \, dt$$

$$= (0.76 \left(\frac{8}{9} \right) t^{\frac{9}{8}} + 1.2 \, t) \Big|_9^{10}$$

$$= 0.676 \times (13.335 - 11.845) + 1.2$$

$$= 2.207 （仟元） = 2207 （元）。$$

4. 設所得額為 Y 時的邊際稅率（參考第 5-1 節習題第 5 題）為

$$MTR(Y) = \frac{\sqrt[4]{Y}}{40} ,$$

若所得額為 10,000 元時的應納稅款為 2,000 元，問所得額為 160,000 元時的應納稅款為何？

解 因為邊際稅率為

$$MTR(Y) = \frac{\sqrt[4]{Y}}{40} ,$$

故知應納稅款為

$$T(Y) = \int MTR(Y) \, dY = \frac{Y^{\frac{5}{4}}}{50} + k ,$$

由已知條件知

$$2000 = T(10000) = 2000 + k , \quad k = 0$$

即知 $T(Y) = \dfrac{Y^{\frac{5}{4}}}{50}$，故所得為 160000 元時的應納稅額為

$$T(160000) = \frac{(160000)^{\frac{5}{4}}}{50} = 32000 （元）。$$

5. 某一物品當前的賣價為 40,000 元，設 x 年後的增值率為每年 $3,000+180\sqrt{x}$ 元，問

   (i) 四年後其值增加多少？

   (ii) 一年後其值增加多少？何以此值較一年後之年終價值的成長率為小？

解 (i) 因為增值率為 $3000+180\sqrt{x}$，故 x 年後的增值為

$$V(x)=\int 3000+180\sqrt{x}\,dx=3000x+120x^{\frac{3}{2}}+k\,,$$

由已知條件知

$$0=V(0)=k\,,$$

故得 x 年後的增值為

$$V(x)=3000x+120x^{\frac{3}{2}}\,,$$

從而知四年後其值增加

$$V(4)=3000(4)+120(8)=12960\,(\text{元})\,。$$

  (ii) 一年後其值增加

$$V(1)=3000+120=3120\,,$$

而一年後之年終價值成長率為

$$3000+180\sqrt{1}=3180\,,$$

即知一年後真正的增值，較增值率為小，這是在這年當中，任何一刻的增值率沒有一年後時的增值率的大，譬如在第三個月時的增值率為

$$3000+180\sqrt{\frac{1}{4}}=3090<3180\,。$$

6. 某公司生產 x 單位物品時的邊際成本為

$$MC(x)=50+\frac{630}{x^{2}}\,,$$

試求於生產 30 單位產品後，再生產 5 單位產品所需的成本。

解 所求成本為

$$\int_{30}^{35}MC(x)\,dx=\int_{30}^{35}50+\frac{630}{x^{2}}\,dx=\left(50x-\frac{630}{x}\right)\Big|_{30}^{35}=256\,(\text{元})\,。$$

7. 某國家於 1950 年後 t 年的人口成長率為每年

$$g(t)=\frac{e^{\frac{t}{40}}}{2}\,,\qquad\qquad(\text{單位為百萬人})$$

   (i) 估計 1960 年時，此國人口的成長率。

   (ii) 此國從 1950 年至 1960 年中，人口約增多少？

解 (i) 於 1960 年時，此國人口成長率為

$$g(10) = \frac{e^{0.25}}{2} = \frac{1.2840}{2} = 0.6420 \ ,$$

即每年增 64 萬 2 千人。

(ii) 此國從 1950 年至 1960 年間，人口約增

$$\int_0^{10} \frac{1}{2} e^{\frac{t}{40}} \, dt = 20 \, e^{\frac{t}{40}} \, \bigg|_0^{10} = 20(1.2840 - 1) = 5.680 \ (\text{百萬人}) \ ,$$

即約增五百六十八萬人。

8. 某一第三世界國家，於 1970 年後 t 年的淨投資率為每年

$$RNI(t) = 200 + 50 \, t \ , \qquad (\text{單位為百萬美元})$$

試求 1975 至 1980 年所增加的資金股票總數。

解 所求增加的資金股票總數為

$$\int_5^{10} 200 + 50 \, t \, dt = (200 \, t + 25 \, t^2) \, \bigg|_5^{10} = 2875 \ ,$$

即 28 億 7 千 5 百萬元。

9. 設淨投資率於時間 t 時為 $RNI(t) = t \sqrt{t^2 + 1}$（仟元），求第一年中增加的資金股票總數。

解 所求增加的資金股票總數為

$$\int_0^1 t \sqrt{t^2 + 1} \, dt = \frac{1}{2} \int_0^1 (t^2 + 1)^{\frac{1}{2}} \, d(t^2 + 1)$$

$$= \frac{1}{3} (t^2 + 1)^{\frac{3}{2}} \, \bigg|_0^1 = \frac{1}{3} (2\sqrt{2} - 1) \ .$$

10. 設某一裝備於時間 $t \in [0, 3]$（年）期間的折舊率為 $g(t) = 1 - \frac{t^2}{9}$（單位為 10 萬元），分別求這裝備於半年、一年、一年半及二年後的折舊。

解 於 $t \in [0, 3]$ 年時的折舊為

$$f(t) = \int_0^t g(x) dx = \int_0^t 1 - \frac{x^2}{9} \, dx = x - \frac{x^3}{27} \, \bigg|_0^t = t - \frac{t^3}{27} \ ,$$

故知半年、一年、一年半及二年後的折舊為

$$f(\frac{1}{2}) = \frac{107}{216} \ , \ f(1) = \frac{26}{27} \ , \ f(\frac{3}{2}) = \frac{11}{8} \ , \ f(2) = \frac{46}{27} \ .$$

11. 設某一裝備於時間 $t \in [0, 6]$（年）期間的折舊率為 $g(t) = \sqrt{10 - t}$（單位為萬元），若六年後這裝備需要 5,000 元的大翻修，求這六年中這一裝備的平均開銷。

解 所求的平均開銷為每年

$$\frac{1}{6} (5000 + 10000 \int_0^6 \sqrt{10 - t} \, dt)$$

$$= \frac{1}{6} (5000 + 10000 (\frac{2}{3} (10^{\frac{3}{2}} - 8)))$$

$$\approx \frac{1}{6} (5000 + 10000 \times \frac{2}{3} (31.6 - 8)) \approx 27081 (\text{元}) 。$$

12. 若例 5 中 $g(t) = 100 \, t^{\frac{2}{3}}$ 且 $C = 400$，求最佳的翻修時機。

解 由題意知，平均開銷爲每年

$$k(t) = \frac{h(t)}{t} = \frac{1}{t} (400 + \int_{0}^{t} 100 \, x^{\frac{2}{3}} \, dx)$$

$$= \frac{1}{t} (400 + (60 \, x^{\frac{5}{3}}) \Big|_{0}^{t}) = \frac{400 + 60 \, t^{\frac{5}{3}}}{t} ,$$

因爲

　　t 爲最佳翻修時機

　　$\Longleftrightarrow \quad k(t) = 100 \, t^{\frac{2}{3}}$

　　$\Longleftrightarrow \quad \frac{1}{t} (400 + 60 \, t^{\frac{5}{3}}) = 100 \, t^{\frac{2}{3}}$

　　$\Longleftrightarrow \quad t^{\frac{5}{3}} = 10$

　　$\Longleftrightarrow \quad t = 10^{\frac{3}{5}} \approx 3.981 (\text{年}) ,$

即約爲第四年時翻修爲最佳。

13. 某公司購得一部機器，使得 t 年後每年的收入率爲

$$R'(t) = 60 - \frac{25 \, t}{9} , \qquad (\text{單位爲仟元})$$

而維持修護費率爲

$$M'(t) = t^{2} + 3 , \qquad (\text{單位爲仟元})$$

(i) 公司決定維持修護費用超過收入的 90% 時，得出售此機器，問此機器何時出售？

(ii) 計算此機器爲此公司造成的總淨利。

解 (i) 當 $M(t) = 0.9 \, R(t)$ 時要出售機器，但

　　　$M(t) = 0.9 \, R(t) \quad \Rightarrow \quad M'(t) = 0.9 \, R'(t)$

　　　$\Rightarrow \quad t^{2} + 3 = 0.9 (60 - \frac{25 \, t}{9}) = 54 - 2.5 \, t$

　　　$\Rightarrow \quad 2 \, t^{2} + 5 \, t - 102 = 0$

　　　$\Rightarrow \quad (2 \, t + 17) (t - 6) = 0$

　　　$\Rightarrow \quad t = 6 ,$

即知於第六年時須賣出。

(ii) 此機率造成的總利潤爲

$$NP(6) = \int_0^6 R'(t) - M'(t) dt = \int_0^6 (60 - \frac{25}{9} t) - (t^2 + 3) dt$$

$$= \int_0^6 57 - \frac{25}{9} t - t^2 dt = (57 t - \frac{25}{18} t^2 - \frac{t^3}{3}) \Big|_0^6$$

$$= 220 \ (千元) \ 。$$

14. 設某產品的需求與供應函數分別如下所示：

$$x = D(p) = p^2 - 10p + 25 \ , \ x = S(p) = p^2 + 5p \ ,$$

試求消費者的剩餘及生產者的剩餘。

解 由於 p 爲均衡價格 $\Longleftrightarrow S(p) = D(p)$。由

$$S(p) = D(p)$$

$$\Longleftrightarrow \quad p^2 + 5p = p^2 - 10p + 25$$

$$\Longleftrightarrow \quad p = \frac{5}{3} \ 。$$

又由

$$S(p) = 0 \quad \Rightarrow \quad p = 0 \ , D(p) = 0 \quad \Rightarrow \quad p = 5$$

故知所求消費者的剩餘爲

$$CS = \int_{\frac{5}{3}}^5 p^2 - 10p + 25 \, dp = \frac{1000}{81} \ 。$$

而所求生產者剩餘爲

$$PS = \int_0^{\frac{5}{3}} p^2 + 5p \, dp = \frac{1375}{162} \ 。$$

15. 如上題，但需求及供應函數則如下：

$$x = D(p) = 36 - \frac{p^2}{4} \ , \ x = S(p) = 5p - 20 \ 。$$

解 因爲

$$S(p) = D(p) \quad \Rightarrow \quad 5p - 20 = 36 - \frac{p^2}{4} \quad \Rightarrow \quad p^2 + 20p - 224 = 0$$

$$\Rightarrow \quad (p - 8)(p + 28) = 0 \quad \Rightarrow \quad p = 8 \ ,$$

$$D(p) = 0 \quad \Rightarrow \quad p = 12 \ , \quad S(p) = 0 \quad \Rightarrow \quad p = 4 \ ,$$

故知所求消費者剩餘爲

$$CS = \int_8^{12} 36 - \frac{p^2}{4} \, dp = \frac{128}{3} \ 。$$

而所求生產者剩餘爲

$$PS = \int_4^8 5p - 20 \, dp = 40 \text{ 。}$$

16. 若某投資於往後五年中的第 t 年時，可造成每年 $2000 - 50 t$（單位爲仟元）的連續所得率。設以名利率爲 10% 之連續複利計算，求此投資之所得的現值。

解 此投資在五年中的所得現值爲

$$\int_0^5 e^{-0.1t} (2000 - 5t) \, dt$$

$$= 2000 \int_0^5 e^{-0.1t} \, dt - 5 \int_0^5 t \, e^{-0.1t} \, dt$$

$$= 2000 (10 - 10 e^{-0.5}) - 5 (-10 t e^{-0.1t} \Big|_0^5 + 10 \int_0^5 e^{-0.1t} \, dt)$$

$$= 20000 (1 - e^{-0.5}) + 10 (5 e^{-0.5}) - 500 (1 - e^{-0.5})$$

$$= 19500 - 19450 e^{-0.5} \approx 19500 - 19450 (0.6065)$$

$$= 6565.74 \text{ 。}$$

17. 某公司正考慮以 $5,000,000$ 元租用一倉庫6年，此投資可獲每年 $720,000$ 元之所得率。此公司要求其投資之報酬以名利率 12% 之連續複利計算。

(i) 求出由此項租用而得的獲利之現值。

(ii) 若此公司於6年期滿後，可以權利金 $3,600,000$ 元轉租此倉庫，求此筆款項的現值。

(iii) 租用此倉庫是否划算？

解 (i) 所得率爲 $720,000$ 之連續6年所得，以名利率 12% 計算，的所得現值爲

$$\int_0^6 e^{-0.12t} (720000) \, dt = 720000 \left(\frac{-100}{12} e^{-\frac{12}{100}t} \Big|_0^6 \right)$$

$$= -6000000 (e^{-0.72} - 1) = -6000000 (0.4868 - 1)$$

$$= 3079200 \text{（元）}$$

(ii) $3,600,000$ 元之現值爲

$$3600000 \, e^{-0.12 \times 6} = 3600000 \, e^{-0.72}$$

$$= 3600000 \times 0.4868 = 1752480 \text{（元）}$$

(iii) 由於轉租權利金及獲利的總現值爲

$$3079200 + 1752480 = 4831680 \text{（元）}$$

較所需的投資 $5,000,000$ 元爲少，故知租用此倉庫並不划算。

18. 某公司購得一部可使用 10 年的機器，此機器可造成每年 $500,000$ 元的收入率，而其維修費率則爲每年 $M'(t) = 48,000 \, e^{0.2t}$ 元。設此公司要求其投資報酬以名利率 8% 的連續複利計算。

(i) 求此機器造成的淨連續所得的現值。

(ii) 若此機器的購買及裝置成本爲2,600,000元，而十年後的殘值爲400,000元，問購買此機器是否合乎公司的政策？

解 (i) 此機器造成的淨連續所得現值爲

$$\int_0^{10} e^{-0.08t} (500000 - 48000 e^{0.2t}) \, dt$$

$$= 500000 \int_0^{10} e^{-0.08t} \, dt - 48000 \int_0^{10} e^{0.12t} \, dt$$

$$= 500000 \left(-\frac{100}{8} e^{-0.08t} \right) \Big|_0^{10} - 48000 \left(\frac{100}{12} e^{0.12t} \right) \Big|_0^{10}$$

$$= 500000 \left(\frac{25}{2} \right) (1 - e^{-0.8}) - 400000 (e^{1.2} - 1)$$

$$= 6650000 - 6250000 (0.4493) - 400000 (3.3201)$$

$$= 2513835 \ (元)$$

(ii) 殘值 400,000 的現值爲

$$400000 \, e^{-0.8} = 400000 (0.4493) = 179720 \ (元)$$

故知淨所得與殘值的現值總和爲 2,693,555 (元)，較裝置及購買費用 2,600,000 元爲大，故購買此機器合乎公司政策。

19. 一投資的最佳經濟生命（optimal economic life），乃是使此投資的淨現值爲最大的期間

(i) 設 x 爲一投資的最佳經濟生命，證明：

$$R'(x) - M'(x) = r S(x) - S'(x) \ ,$$

其中 $R'(t)$，$M'(t)$，$S(t)$ 分別表投資 t 年後之收入率，維持修護率及殘值，而 r 表連續複利的名利率。

(ii) 設某公司對某種投資而言，有

$$R'(t) = 3000 \ , \ M'(t) = 375 + 300 t \ , \ S(t) = \frac{8000}{t} \ ,$$

且 $t \geq 2$，$r = 0.1$，試求此投資的最佳經濟生命。

解 (i) 因爲投資 x 年的投資淨現值爲

$$NP(x) = \int_0^x (R'(t) - M'(t)) \, e^{-rt} \, dt + S(x) \, e^{-rx} - C \ ,$$

故知

$$\frac{d}{dx} NP(x) = (R'(x) - M'(x)) \, e^{-rx} + S'(x) \, e^{-rx} - r S(x) \, e^{-rx} \ ,$$

由於最佳經濟生命 x 必滿足 $\dfrac{d}{dx} NP(x) = 0$，從而知

$$\frac{d}{dx}NP(x) = 0 \quad \Rightarrow \quad R(x) - M(x) = rS(x) - S'(x) \text{。}$$

(ii) 由於

$$R'(x) - M'(x) = rS(x) - S'(x)$$

$$\Rightarrow \quad 3000 - 375 - 300x = 0.1\left(\frac{8000}{x}\right) + \frac{8000}{x^2}$$

$$\Rightarrow \quad 12x^3 - 105x^2 + 32x + 320 = 0$$

$$\Rightarrow \quad (x-8)(12x^2 - 9x - 40) = 0$$

易知 $x = 8$ 時，$NP(x)$ 有最大值，亦即所求最佳經濟生命爲 8 年。

20. 設所得率爲每年 C 元，連續 x 年。證明此連續所得以名利率 r 複利計算時，其現值爲

$$P = \frac{C(1 - e^{-rx})}{r} \text{。}$$

解 所得稅率爲常數 C，連續 x 年，在名利率爲 r 的連續複利的情況下，其現值爲

$$P = \int_0^x Ce^{-rt} dt = \frac{C(1 - e^{-rx})}{r} \text{。}$$

21. 設某商品的需求函數 $x = D(p)$ 於任意價格 p 時均爲正，若 $p = a$ 爲市場價格，則消費者的剩餘定義爲廣義積分：

$$\int_a^\infty D(p) \, dp \text{。}$$

設一商品的供給函數與需求函數分別爲

$$S(p) = 9p - 8 \text{ , } D(p) = \frac{80}{\sqrt{(p+2)^3}} \text{ ,}$$

試證 $p = 2$ 爲市場價格，並求消費者的剩餘。

解 市場價格 p 滿足下式：

$$S(p) = D(p) \Longleftrightarrow 9p - 8 = \frac{80}{\sqrt{(p+2)^3}}$$

因爲

$$S(2) = 10 = D(2) \text{ ,}$$

故知 $p = 2$ 爲市場價格，而此時消費者剩餘爲

$$CS = \int_2^\infty \frac{80}{\sqrt{(p+2)^3}} \, dp$$

$$= \lim_{m \to \infty} \int_2^m \frac{80}{\sqrt{(p+2)^3}} \, d(p+2)$$

$$= \lim_{m \to \infty} \left(-160 \frac{1}{\sqrt{2+p}} \, \bigg|_2^m \right)$$

$$= \lim_{m \to \infty} (80 - \frac{160}{\sqrt{2+m}}) = 80 \; 。$$

22. 課文中，我們定義於時間為 t 的所得率為 $f(t)$，名利率為 r 之 x 年連續所得之現值為

$$\int_0^x e^{-rt} f(t) \, dt \; 。$$

很自然地，其永久連續所得（ perpetual income stream ）之現值可定義為廣義積分

$$\int_0^{\infty} e^{-rt} f(t) \, dt \; 。$$

今設 $f(t) = 100 + 3000 \, e^{-\frac{t}{2}}$，$r = 0.1$，試求永久連續所得的現值。

解 所求所得率為 $f(t) = 100 + 3000 \, e^{-\frac{t}{2}}$，名利率為 $r = 0.1$ 時的永久連續所得的現值為

$$\int_0^{\infty} e^{-0.1t} (100 + 3000 \, e^{-\frac{t}{2}}) \, dt$$

$$= \int_0^{\infty} 100 \, e^{-0.1t} + 3000 \, e^{-0.6t} \, dt$$

$$= \lim_{m \to \infty} \int_0^m 100 \, e^{-0.1t} + 3000 \, e^{-0.6t} \, dt$$

$$= \lim_{m \to \infty} (-1000 \, e^{-0.1t} - 5000 \, e^{-0.6t}) \Big|_0^m$$

$$= \lim_{m \to \infty} (6000 - 1000 \, e^{-0.1m} - 5000 \, e^{-0.6m})$$

$$= 6000 \; 。$$

10-1

1. 設 $f(x,y)=\dfrac{x^2y}{x+y+1}$ ，求 $f(1,-1)$ ，$f(0,3)$ 及 $f(4,3)$ 之值。

解 因為

$$f(x,y)=\frac{x^2y}{x+y+1} \quad ,$$

故得 $f(1,-1)=-1$ ， $f(0,3)=0$ ， $f(4,3)=6$ 。

2. 下面各題中，函數 f 的定義域為何？

(i) $f(x,y)=x^2+y^2+1$

(ii) $f(x,y)=xe^{y+1}$

(iii) $f(x,y)=\dfrac{x}{\sqrt{x^2+y^2+1}}$

(iv) $f(x,y)=\ln(1-x^2-y^2)$

(v) $f(x,y)=\dfrac{y}{\sqrt{x^2+y^2}}$

(vi) $f(x,y)=\sqrt{4-xy}$

解 (i) $f(x,y)=x^2+y^2+1$ 的定義域為 R^2 。

(ii) $f(x,y)=xe^{y+1}$ 的定義域為 R^2 。

(iii) $f(x,y)=\dfrac{x}{\sqrt{x^2+y^2+1}}$ 的定義域為 R^2 。

(iv) $f(x,y)=\ln(1-x^2-y^2)$ 的定義域為 $\{(x,y)\mid x^2+y^2\leq 1\}$ 。

(v) $f(x,y)=\dfrac{y}{\sqrt{x^2+y^2}}$ 的定義域為 $R^2-\{(0,0)\}$ 。

(vi) $f(x,y)=\sqrt{4-xy}$ 的定義域為 $\{(x,y)\mid xy\leq 4\}$ 。

3. 設 $f(x,y)$ 為一生產函數，

(a)若對任意 $t>0$ ，均有 $f(tx,ty)=tf(x,y)$ ，則稱 f 顯示常數規模收益（constant returns to scale）；

(b)若對任意 $t>1$ ，均有 $f(tx,ty)<tf(x,y)$ ，則稱 f 顯示遞減規模收益（decreasing returns to scale）；

(c)若對任意 $t>1$ ，均有 $f(tx,ty)>tf(x,y)$ ，則稱 f 顯示遞增規模收益（increasing returns to scale）。

試將下面各生產函數分類：

(i) $f(x,y)=4xy$

(ii) $f(x,y) = 6x^{\frac{1}{2}}y^{\frac{1}{2}}$

(iii) $f(x,y) = 8x^{\frac{1}{3}}y^{\frac{1}{3}}$

解 (i) 因為 $f(x,y) = 4xy$，

$$f(tx,ty) = 4t^2xy > t(4xy) = tf(x,y)，對 t > 1 恆成立，$$

故 $f(x,y) = 4xy$ 為遞增規模收益。

(ii) 對 $f(x,y) = 6x^{\frac{1}{2}}y^{\frac{1}{2}}$ 而言，因

$$f(tx,ty) = 6t^{\frac{1}{2}}x^{\frac{1}{2}}t^{\frac{1}{2}}y^{\frac{1}{2}} = t(6x^{\frac{1}{2}}y^{\frac{1}{2}}) = tf(x,y)，$$

故 $f(x,y) = 6x^{\frac{1}{2}}y^{\frac{1}{2}}$ 為常數規模收益。

(iii) 對 $f(x,y) = 8x^{\frac{1}{3}}y^{\frac{1}{3}}$ 而言，因

$$f(tx,ty) = 8t^{\frac{2}{3}}x^{\frac{1}{3}}y^{\frac{1}{3}} < tf(x,y)，對 t > 1 均成立，$$

故 $f(x,y) = 8x^{\frac{1}{3}}y^{\frac{1}{3}}$ 為遞減規模收益。

4. 某一電視機製造公司每月的固定成本為 $400,000$ 元，其一部彩色電視機的製造成本為 $8,000$ 元，黑白電視機的製造成本為 $3,200$ 元，試求其聯合成本函數。

解 設製造彩色電視 x 部，黑白電視 y 部，則聯合成本函數為

$$TC(x,y) = 400000 + 8000x + 3200y。$$

5. 上題中，若彩色電視機的售價為 p_1 元，黑白電視機的售價為 p_2 元，則每月的銷售量分別為：

$$x = 600 - \frac{p_1}{40} \qquad y = 80 - \frac{p_2}{80}，$$

求聯合收入函數，及聯合淨利函數。又若 $p_1 = 14,400$ 元，$p_2 = 4,800$ 元，則淨利為何？

解 易知聯合收入函數為

$$R(p_1,p_2) = xp_1 + yp_2 = (600 - \frac{p_1}{40})p_1 + (80 - \frac{p_2}{80})p_2$$

$$= 600p_1 + 80p_2 - \frac{p_1^2}{40} - \frac{p_2^2}{80}，$$

而聯合成本函數為

$$TC(p_1,p_2) = 400000 + 8000(600 - \frac{p_1}{40}) + 3200(80 - \frac{p_2}{80})$$

$$= 5456000 - 200p_1 - 40p_2，$$

故知聯合淨利函數為

$$NP(p_1, p_2) = R(p_1, p_2) - TC(p_1, p_2)$$

$$= 800 p_1 + 120 p_2 - \frac{p_1^2}{40} - \frac{p_2^2}{80} - 5456000 \ 。$$

又當 $p_1 = 14400$，$p_2 = 4800$ 元時，則淨利爲

$$NP(14400, 4800) = 1168000 （元）。$$

6. 如第 4、5 題，若政府徵收每部電視機 25％ 的銷售稅，則此公司於 $p_1 = 14,400$ 元，$p_2 = 4,800$ 元的情況下的淨利爲何？

解 因爲每部電視機需繳 25％ 的銷售稅，故收入函數成爲

$$R(p_1, p_2) = x\left(\frac{3}{4} p_1\right) + y\left(\frac{3}{4} p_2\right)$$

$$= \left(600 - \frac{p_1}{40}\right)\left(\frac{3}{4} p_1\right) + \left(80 - \frac{p_2}{80}\right)\left(\frac{3}{4} p_2\right)$$

$$= 450 p_1 - \frac{3 p_1^2}{160} + 60 p_2 - \frac{3 p_2^2}{320} \ ,$$

故而聯合淨利函數爲

$$NP(p_1, p_2) = R(p_1, p_2) - TC(p_1, p_2)$$

$$= 650 p_1 - \frac{3 p_1^2}{160} + 100 p_2 - \frac{3 p_2^2}{320} - 5456000 \ ,$$

故當 $p_1 = 14400$，$p_2 = 4800$ 時，淨利爲

$$NP(14400, 4800) = 280000 （元）。$$

7. 某公司生產 A，B 兩種產品，售價分別爲 p_1 與 p_2，而每週銷售量分別爲

$$x = 900 - 31 p_1 + 2 p_2，\quad y = 5 p_1 - 10 p_2 \ ,$$

(i) 問此二產品爲替代商品抑爲補充商品？

(ii) 若此公司希望銷售 A 產品 150 單位，B 產品 30 單位，問各對應售價爲何？

解 (i) 互爲替代商品。

(ii) 希望 $x = 150$，$y = 30$，則知

$$\begin{cases} 31 p_1 - 2 p_2 = 750 \\ 5 p_1 - 10 p_2 = 30 \end{cases}$$

解之，得 $p_1 = 24.8$，$p_2 = 9.4$。

8. 上題中，若 $x = 450 - 9 p_1 - 2 p_2$，$y = 900 - p_1 - 3 p_2$，則

(i) 二商品爲替代商品抑爲補充商品？

(ii) 若希望銷售 A 產品 40 單位，B 產品 600 單位，則二者的售價應如何？

(iii) 將二者的售價表爲銷售量的函數。

解 (i) 互爲補充商品。

(ii) 希望 $x = 40$，$y = 600$，則知

$$\begin{cases} 9 p_1 + 2 p_2 = 410 , \\ p_1 + 3 p_2 = 300 , \end{cases}$$

解之，得 $p_1 = 25.2$ ， $p_2 = 91.6$ 。

(iii) $\begin{cases} x = 450 - 9 p_1 - 2 p_2 \\ y = 900 - p_1 - 3 p_2 \end{cases} \Rightarrow \begin{cases} 9 p_1 + 2 p_2 = 450 - x \\ p_1 + 3 p_2 = 900 - y \end{cases}$

解之，得 $p_1 = -18 - \dfrac{1}{25} (3x - 2y)$ ， $p_2 = 306 + \dfrac{1}{25} (x - 9y)$ 。

於下面各題中，對應於所給的 c 值，作出函數 f 的等高線：（ 9～14 ）

9. $f(x,y) = 2x + y + 1$ ， $c = 0$ ， 1 ， -2 ， -4

解 $f(x,y) = 2x + y + 1$ ， $c = 0$ ， 1 ， -2 ， -4 的等高線爲下面左圖：

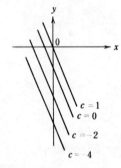 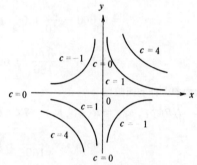

10. $f(x,y) = xy$ ， $c = 0$ ， 1 ， -1 ， 4

解 $f(x,y) = xy$ ， $c = 0$ ， 1 ， -1 ， 4 的等高線爲上面右圖。

11. $f(x,y) = \dfrac{y^2}{x}$ ， $c = 0$ ， 1 ， -1 ， 2

解 $f(x,y) = \dfrac{y^2}{x}$ ， $c = 0$ ， 1 ， -1 ， 2 的等高線爲下面左圖：

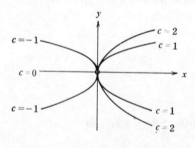 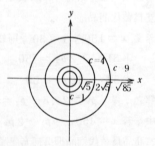

12. $f(x,y) = \sqrt{x^2 + y^2 - 4}$ ， $c = 0$ ， 1 ， 4 ， 9

解 $f(x,y) = \sqrt{x^2 + y^2 - 4}$ ， $c = 0$ ， 1 ， 4 ， 9 的等高線爲同心圓，半徑分別爲 2 ， $\sqrt{5}$ ， $2\sqrt{5}$ ， $\sqrt{85}$ ，如上右圖。

13. $f(x,y) = 2x^2 + y^2$ ， $c = 0$ ， 1 ， 4 ， 9

解 $f(x,y)=2x^2+y^2$，$c=0$，1，4，9的等高線，分別為原點及三個橢圓，如下頁左圖：

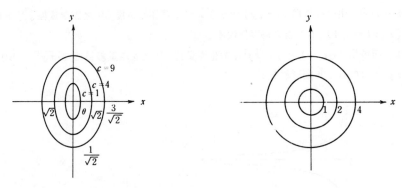

14. $f(x,y)=\exp(x^2+y^2)$，$c=1$，e，e^4，e^{16}

解 因為 $f(x,y)=\exp(x^2+y^2)$，故

$$f(x,y)=1 \iff x^2+y^2=0 ,$$

$$f(x,y)=e \iff x^2+y^2=1 ,$$

$$f(x,y)=e^4 \iff x^2+y^2=4 ,$$

$$f(x,y)=e^{16} \iff x^2+y^2=16 ,$$

從而知 $c=1$，e，e^4，e^{16} 的等高線為如上右圖的同心圓（包括原點）。

15. 設某公司之生產函數為 $f(x,y)=5\sqrt{xy}$，試作產量為100之等產量線。並求在 $(x,y)=(25,16)$ 處之邊際替代率。

解 因為生產函數為 $f(x,y)=5\sqrt{xy}$，其產量為 100 的等產量線為曲線

$$5\sqrt{xy}=100 , \quad \sqrt{xy}=20 , \quad xy=400$$

且其中 x，y 正號，其圖形如下：

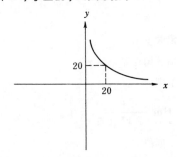

而因

$$xy=400 \;\Rightarrow\; y+x\frac{dy}{dx}=0 \;\Rightarrow\; \frac{dy}{dx}=\frac{-y}{x} \;\Rightarrow\; \frac{-dy}{dx}=\frac{y}{x}$$

$$\Rightarrow\; \frac{-dy}{dx}\bigg|_{(25,16)}=\frac{16}{25}$$

即得在 $(x,y)=(25,16)$ 處的邊際替代率爲 $\dfrac{16}{25}$ 。

16. 設某公司之生產函數爲 $f(x,y)=5\sqrt[3]{xy^2}$ ，試作產量爲 50 之等產量線 。並求在 $(x,y)=(40,5)$ 處之邊際替代率 。

解 生產函數爲 $f(x,y)=5\sqrt[3]{xy^2}$ ，故生產量爲 50 之等產量線爲 $5\sqrt[3]{xy^2}=50$ ，
$xy^2=1000$ ，其圖形如下：

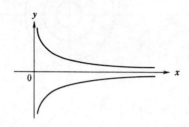

因 $xy^2=1000$ $\Rightarrow$ $y^2+2xy\dfrac{dy}{dx}=0$ $\Rightarrow$ $\dfrac{-dy}{dx}=\dfrac{y}{2x}$ ，故知

$(x,y)=(40,5)$ 處的邊際替代率爲

$$\dfrac{-dy}{dx}\bigg|_{(40,5)}=\dfrac{1}{16}\ 。$$

10-2

於下面各題中 ，對應於所給的趨近方式 ，求出各極根：（ 1～2 ）

1. $\displaystyle\lim_{(x,y)\to(0,0)}\dfrac{xy}{2x^2+3y^2}$

(i) 沿著 x 軸   (ii) 沿著 y 軸

(iii) 沿著直線 $2y=3x$ (iv) 沿著拋物線 $y=x^2$

解 (i) $(x,y)\to(0,0)$ ，沿著 x 軸 ，則

$$\lim_{(x,y)\to(0,0)}\dfrac{xy}{2x^2+3y^2}=\lim_{x\to0}\dfrac{0}{2x^2+0}=0\ 。$$

(ii) $(x,y)\to(0,0)$ ，沿著 y 軸 ，則

$$\lim_{(x,y)\to(0,0)}\dfrac{xy}{2x^2+3y^2}=\lim_{y\to0}\dfrac{0}{0+3y^2}=0\ 。$$

(iii) $(x,y)\to(0,0)$ ，沿著直線 $2y=3x$ ，則

$$\lim_{(x,y)\to(0,0)} \frac{xy}{2x^2+3y^2} = \lim_{x\to 0} \frac{x\left(\frac{3}{2}x\right)}{2x^2+3\left(\frac{3}{2}x\right)^2}$$

$$= \lim_{x\to 0} \frac{\frac{3}{2}x^2}{\left(2+\frac{27}{4}\right)x^2} = \frac{6}{35} \ 。$$

(iv)（ x , y ）→（ 0 , 0 ），沿著拋物線 $y=x^2$ ，則

$$\lim_{(x,y)\to(0,0)} \frac{xy}{2x^2+3y^2} = \lim_{x\to 0} \frac{x(x^2)}{2x^2+3(x^2)^2} = \lim_{x\to 0} \frac{x}{2+3x^2} = 0$$

2. $\displaystyle\lim_{(x,y)\to(0,0)} \frac{x^2-y^2}{2x^2+y^2}$

(i) 沿著 x 軸   (ii) 沿著 y 軸

(iii) 沿著直線 $2y=3x$ (iv) 沿著拋物線 $y=x^2$

解   (i)（ x , y ）→（ 0 , 0 ），沿著 x 軸，則

$$\lim_{(x,y)\to(0,0)} \frac{x^2-y^2}{2x^2+y^2} = \lim_{x\to 0} \frac{x^2-0}{2x^2+0} = \frac{1}{2} \ 。$$

(ii)（ x , y ）→（ 0 , 0 ），沿著 y 軸，則

$$\lim_{(x,y)\to(0,0)} \frac{x^2-y^2}{2x^2+y^2} = \lim_{y\to 0} \frac{0-y^2}{0+y^2} = -1 \ 。$$

(iii)（ x , y ）→（ 0 , 0 ），沿著直線 $2y=3x$ ，則

$$\lim_{(x,y)\to(0,0)} \frac{x^2-y^2}{2x^2+y^2} = \lim_{x\to 0} \frac{x^2-\frac{9}{4}x^2}{2x^2+\frac{9}{4}x^2} = \frac{1-\frac{9}{4}}{2+\frac{9}{4}} = \frac{-5}{17} \ 。$$

(iv)（ x , y ）→（ 0 , 0 ），沿著拋物線 $y=x^2$ ，則

$$\lim_{(x,y)\to(0,0)} \frac{x^2-y^2}{2x^2+y^2} = \lim_{x\to 0} \frac{x^2-x^4}{2x^2+x^4} = \lim_{x\to 0} \frac{1-x^2}{2+x^2} = \frac{1}{2} \ 。$$

於下面各題中，說明各極限不存在：（ 3～4 ）

3. $\displaystyle\lim_{(x,y)\to(0,0)} \frac{xy}{2x^2+y^2}$

解   因為（ x , y ）→（ 0 , 0 ），沿著 x 軸時，

$$\lim_{(x,y)\to(0,0)} \frac{xy}{2x^2+y^2} = 0 \ ,$$

而 (x , y) → (0 , 0) ，沿著 $x = y$ 時，

$$\lim_{(x,y)\to(0\cdot0)} \frac{xy}{2x^2+y^2} = \lim_{x\to0} \frac{x^2}{3x^2} = \frac{1}{3} ，$$

二者的極限不相等，故知

$$\lim_{(x,y)\to(0,0)} \frac{xy}{2x^2+y^2} \text{不存在。}$$

4. $\displaystyle\lim_{(x,y)\to(0,0)} \frac{x^4+y^2}{x^2-y^2}$

解 因爲 (x , y) → (0 , 0) ，沿著 x 軸時，

$$\lim_{(x,y)\to(0,0)} \frac{x^4+y^2}{x^2-y^2} = \lim_{x\to0} \frac{x^4}{x^2} = 0 ，$$

而 (x , y) → (0 , 0) ，沿著 y 軸時，

$$\lim_{(x,y)\to(0,0)} \frac{x^4+y^2}{x^2-y^2} = \lim_{y\to0} \frac{y^2}{-y^2} = -1 ，$$

二者的極限不相等，故知

$$\lim_{(x,y)\to(0,0)} \frac{x^4+y^2}{x^2-y^2} \text{不存在。}$$

於下面各題中，各極限是不是存在？若是存在，則求出極限：（ 5～8 ）

5. $\displaystyle\lim_{(x,y)\to(0,0)} \frac{x^2-y^2}{x+y}$

解 $\displaystyle\lim_{(x,y)\to(0,0)} \frac{x^2-y^2}{x+y} = \lim_{(x,y)\to(0,0)} (x-y) = 0 。$

6. $\displaystyle\lim_{(x,y)\to(1,1)} \frac{x+y}{x^2-y^2}$

解 $\displaystyle\lim_{(x,y)\to(1,1)} \frac{x+y}{x^2-y^2} = \lim_{(x,y)\to(1,1)} \frac{1}{x-y}$ 不存在，因其分母極限爲 0 ，而分子

極限爲 1 。

7. $\displaystyle\lim_{(x,y)\to(0,0)} \frac{\sin(x-y)}{1+\sqrt{x^2+y^2}}$

解 $\displaystyle\lim_{(x,y)\to(0,0)} \frac{\sin(x-y)}{1+\sqrt{x^2+y^2}} = \frac{0}{1} = 0 。$

8. $\displaystyle\lim_{(x,y)\to(0,0)} x \ln(x+y)$

解 設 $\{ (x,y) \mid x , y > 0 \}$ 爲定義域。因 x , $y \to 0$ 時，$x+y$ 必小於 1 ，而此時 $\ln(x+y) < 0$ 。由於

$$-(x+y) < x < (x+y),$$

故知

$$(x+y)\ln(x+y) < x\ln(x+y) < -(x+y)\ln(x+y),$$

由於

$$\lim_{t \to 0} t \ln t = \lim_{t \to 0} \frac{\ln t}{\dfrac{1}{t}} = \lim_{t \to 0} \frac{\dfrac{1}{t}}{\dfrac{-1}{t^2}} = 0,$$

故知 $\displaystyle\lim_{(x,y) \to (0,0)} (x+y)\ln(x+y) = 0$，而由挾擠原理可知

$$\lim_{(x,y) \to (0,0)} x \ln(x+y) = 0。$$

9. 設 $f(x,y) = \dfrac{x^2 - y^2}{2x^2 + y^2}$，求 $\displaystyle\lim_{y \to 0}\lim_{x \to 0} f(x,y)$，$\displaystyle\lim_{x \to 0}\lim_{y \to 0} f(x,y)$ 及

$\displaystyle\lim_{(x,y) \to (0,0)} f(x,y)$。

解 因為

$$f(x,y) = \frac{x^2 - y^2}{2x^2 + y^2},$$

故知

$$\lim_{y \to 0}\lim_{x \to 0} f(x,y) = \lim_{y \to 0}\left(\lim_{x \to 0} \frac{x^2 - y^2}{2x^2 + y^2}\right) = \lim_{y \to 0}\left(\frac{-y^2}{y^2}\right) = -1,$$

$$\lim_{x \to 0}\lim_{y \to 0} f(x,y) = \lim_{x \to 0}\left(\lim_{y \to 0} \frac{x^2 - y^2}{2x^2 + y^2}\right) = \lim_{x \to 0}\left(\frac{x^2}{2x^2}\right) = \frac{1}{2},$$

從而知 $\displaystyle\lim_{(x,y) \to (0,0)} f(x,y)$ 不存在。

10. 設

$$f(x,y) = \begin{cases} \dfrac{xy^2}{x^2 + y^4} & , (x,y) \neq (0,0) \\ 0 & , (x,y) = (0,0)。 \end{cases}$$

求 $\displaystyle\lim_{y \to 0}\lim_{x \to 0} f(x,y)$ 及 $\displaystyle\lim_{x \to 0}\lim_{y \to 0} f(x,y)$。又對任意常數 m 來說，沿著直線

$y = mx$，求極限 $\displaystyle\lim_{(x,y) \to (0,0)} f(x,y)$，又 $\displaystyle\lim_{(x,y) \to (0,0)} f(x,y)$ 是不是存在？何

故？

解 因為

$$f(x,y) = \begin{cases} \dfrac{xy^2}{x^2 + y^4} & , (x,y) \neq (0,0) \\ 0 & , (x,y) = (0,0), \end{cases}$$

故知

$$\lim_{y \to 0} \lim_{x \to 0} f(x,y) = \lim_{y \to 0} (\lim_{x \to 0} \frac{x\,y^2}{x^2 + y^4}) = \lim_{y \to 0} (\frac{0}{y^4}) = 0 \; ,$$

$$\lim_{x \to 0} \lim_{y \to 0} f(x,y) = \lim_{x \to 0} (\lim_{y \to 0} \frac{x\,y^2}{x^2 + y^4}) = \lim_{x \to 0} (\frac{0}{x^2}) = 0 \; ,$$

於 $(x,y) \to (0,0)$,沿著直線 $y = mx$,則

$$\lim_{(x,y) \to (0,0)} f(x,y) = \lim_{x \to 0} f(x,mx) = \lim_{x \to 0} \frac{m^2 x^3}{x^2 + m^4 x^4}$$

$$= \lim_{x \to 0} \frac{m^2 x}{1 + m^2 x^2} = 0 \; ,$$

若 $(x,y) \to (0,0)$,沿著 $x = y^2$,則

$$\lim_{(x,y) \to (0,0)} f(x,y) = \lim_{y \to 0} f(y^2,y) = \lim_{y \to 0} \frac{y^2 \cdot y^2}{y^4 + y^4} = \frac{1}{2} \; ,$$

由上知

$$\lim_{(x,y) \to (0,0)} f(x,y) \; \text{不存在} \, 。$$

於下面各題中,函數 f 是不是爲連續函數?試說明之:(11 ~ 17)

11. $f(x,y) = 1$

解 $f(x,y) = 1$ 爲常數函數,故爲連續函數。

12. $f(x,y) = x^4 + \sqrt{y^2 + 1}$

解 $f(x,y) = x^4 + \sqrt{y^2 + 1}$ 爲代數函數,故爲連續函數。

13. $f(x,y) = \dfrac{x + y}{x^2 + y^2}$

解 $f(x,y) = \dfrac{x + y}{x^2 + y^2}$ 爲代數函數,故爲連續函數,但 $\displaystyle\lim_{(x,y) \to (0,0)} f(x,y)$ 不存在。

14. $f(x,y) = \begin{cases} \dfrac{x^2 y}{x^2 + y^2} & ,\; (x,y) \neq (0,0) \\[2mm] 0 & ,\; (x,y) = (0,0) \end{cases}$ 。

解 因爲

$$0 < \left| \frac{y^3}{x^2 + y^2} \right| = \frac{|y|}{\dfrac{x^2}{y^2} + 1} < |y|$$

而由 $\displaystyle\lim_{(x,y) \to (0,0)} |y| = 0$,及挾擠原理知

$$\lim_{(x,y) \to (0,0)} \left| \frac{y^3}{x^2 + y^2} \right| = 0$$

$$\lim_{(x,y)\to(0,0)} \frac{y^3}{x^2+y^2} = 0 \;,$$

$$\lim_{(x,y)\to(0,0)} \frac{x^2 y}{x^2+y^2} = \lim_{(x,y)\to(0,0)} \frac{(x^2+y^2)y - y^3}{x^2+y^2}$$

$$= \lim_{(x,y)\to(0,0)} (y - \frac{y^3}{x^2+y^2}) = 0 - 0 = 0 = f(0,0) \;,$$

故知 $f(x,y)$ 在 $(0,0)$ 爲連續，又對 $(x,y) \neq (0,0)$ 而言，由於 f 爲代數函數，故爲連續。從上面討論知 f 爲連續函數。

15. $f(x,y) = \begin{cases} \dfrac{x-y}{|x|+|y|} & ,(x,y)\neq(0,0) \\ 0 & ,(x,y)=(0,0)\;. \end{cases}$

解 易知 $(x,y) \to (0,0)$ ，沿著直線 $x=y$ 時，

$$\lim_{(x,y)\to(0,0)} f(x,y) = 0 \;,$$

而若 $(x,y) \to (0,0)$ ，沿著直線 $y = \dfrac{x}{2}$ ，且 $x \to 0^+$ ，則

$$\lim_{(x,y)\to(0,0)} f(x,y) = \lim_{x\to 0^+} \frac{x - \dfrac{x}{2}}{x + \dfrac{x}{2}} = \frac{1}{3} \;,$$

故知 $\lim_{(x,y)\to(0,0)} f(x,y)$ 不存在 ，

即知 $f(x,y)$ 在 $(0,0)$ 不爲連續 ，而 f 不爲連續函數 。

16. $f(x,y) = \begin{cases} \dfrac{\sin(x^2+y^2)}{x^2+y^2} & ,(x,y)\neq(0,0) \\ 1 & ,(x,y)=(0,0)\;. \end{cases}$

解 對 $(x,y)\neq(0,0)$ 而言，因 $\sin(x^2+y^2)$ 及 x^2+y^2 均爲連續函數，故知 f 在 $(x,y)\neq(0,0)$ 均爲連續。又因 $\lim_{t\to 0} \dfrac{\sin t}{t} = 1$ ，故知

$$\lim_{(x,y)\to(0,0)} \frac{\sin(x^2+y^2)}{x^2+y^2} = 1 = f(0,0) \;,$$

從而知 f 在 $(0,0)$ 亦爲連續，而知 f 爲連續函數。

17. $f(x,y) = \begin{cases} \dfrac{\sin(x^2-y^2)}{x^2+y^2} & ,(x,y)\neq(0,0) \\ 1 & ,(x,y)=(0,0)\;. \end{cases}$

解 因爲 $(x,y) \to (0,0)$ ，沿著 $y=x$ ，則

$$\lim_{(x,y) \to (0,0)} f(x,y) = \lim_{x \to 0} f(x,x) = 0 \neq f(0,0)$$

即知 f 在（ 0 , 0 ）不爲連續，故知 f 不爲連續函數。

10-3

於下面各題中，求 f_1 , f_2 ：（ $1 \sim 6$ ）

1. $f(x,y) = \dfrac{y^3 + xy^2 + x^3}{\sqrt{xy}}$

解 因爲 $f(x,y) = \dfrac{y^3 + xy^2 + x^3}{\sqrt{xy}} = (\ x^{-\frac{1}{2}} y^{\frac{5}{2}} + x^{\frac{1}{2}} y^{\frac{3}{2}} + x^{\frac{5}{2}} y^{-\frac{1}{2}}\ )$

故得

$$f_1(x,y) = -\frac{1}{2} x^{-\frac{3}{2}} y^{\frac{5}{2}} + \frac{1}{2} x^{-\frac{1}{2}} y^{\frac{3}{2}} + \frac{5}{2} x^{\frac{3}{2}} y^{-\frac{1}{2}}$$

$$= \frac{1}{2} (\ \frac{-y^3 + xy^2 + 5x^3}{\sqrt{x^3 y}}\ )$$

$$f_2(x,y) = \frac{5}{2} x^{-\frac{1}{2}} y^{\frac{3}{2}} + \frac{3}{2} x^{\frac{1}{2}} y^{\frac{1}{2}} - \frac{1}{2} x^{\frac{5}{2}} y^{-\frac{3}{2}}$$

$$= \frac{1}{2} (\ \frac{5y^3 + 3xy^2 - x^2}{\sqrt{xy^3}}\ ) \text{。}$$

2. $f(x,y) = \dfrac{x^2}{y} + \dfrac{2\sqrt[3]{y}}{x}$

解 因爲 $f(x,y) = x^2 y^{-1} + 2 x^{-1} y^{\frac{1}{3}}$ ，故得

$$f_1(x,y) = 2xy^{-1} - 2x^{-2} y^{\frac{1}{3}} = \frac{2x^3 - 2y^{\frac{4}{3}}}{x^2 y} \quad ,$$

$$f_2(x,y) = -x^2 y^{-2} + \frac{2}{3} x^{-1} y^{-\frac{2}{3}} = \frac{-3x^3 + 2y^{\frac{4}{3}}}{3xy^2} \text{。}$$

3. $f(x,y) = \operatorname{Tan}^{-1} (\ \dfrac{x^2}{\sqrt{y}}\ )$

解 因爲 $f(x,y) = \operatorname{Tan}^{-1} (\ x^2 y^{-\frac{1}{2}}\ )$ ，故得

$$f_1(x,y) = \frac{1}{1 + (\ x^2 y^{-\frac{1}{2}}\ )^2} \ (\ \frac{\partial}{\partial x} (\ x^2 y^{-\frac{1}{2}}\ )\ )$$

$$= \frac{y}{x^4 + y} \ (\ 2xy^{-\frac{1}{2}}\ ) = \frac{2x\sqrt{y}}{x^4 + y} \quad ,$$

$$f_2(x,y) = \frac{y}{x^4 + y} \left(\frac{\partial}{\partial y} \left(x^2 y^{-\frac{1}{2}} \right) \right)$$

$$= \frac{y}{x^4 + y} \left(\frac{-1}{2} x^2 y^{-\frac{3}{2}} \right) = \frac{-x^2}{2\sqrt{y}(x^4 + y)} \text{ 。}$$

4. $f(x,y) = \cos\left(\ln\sqrt{x^2 + y^2} \right)$

解 因爲 $f(x,y) = \cos\left(\ln\sqrt{x^2 + y^2} \right) = \cos\left(\frac{1}{2}\ln(x^2 + y^2) \right)$ ，故得

$$f_1(x,y) = -\sin\left(\ln\sqrt{x^2 + y^2} \right) \left(\frac{x}{x^2 + y^2} \right)$$

$$= \frac{-x}{x^2 + y^2} \sin\left(\ln\sqrt{x^2 + y^2} \right) \text{ 。}$$

$$f_2(x,y) = -\sin\left(\ln\sqrt{x^2 + y^2} \right) \left(\frac{y}{x^2 + y^2} \right)$$

$$= \frac{-y}{x^2 + y^2} \sin\left(\ln\sqrt{x^2 + y^2} \right) \text{ 。}$$

5. $f(x,y) = \dfrac{xy - 3}{x + 2y}$

解 因爲 $f(x,y) = (xy - 3)(x + 2y)^{-1}$ ，故得

$$f_1(x,y) = y(x + 2y)^{-1} - (xy - 3)(x + 2y)^{-2} (1)$$

$$= \frac{2y^2 + 3}{(x + 2y)^2} \text{ 。}$$

$$f_2(x,y) = x(x + 2y)^{-1} - (xy - 3)(x + 2y)^{-2} (2)$$

$$= \frac{x^2 + 6}{(x + 2y)^2} \text{ 。}$$

6. $f(x,y) = x^2 e^{\sqrt{xy}}$

解 因爲 $f(x,y) = x^2 e^{\sqrt{xy}}$ ，故得

$$f_1(x,y) = 2x e^{\sqrt{xy}} + x^2 e^{\sqrt{xy}} \cdot \left(\frac{\sqrt{y}}{2\sqrt{x}} \right) = x e^{\sqrt{xy}} \left(2 + \frac{1}{2}\sqrt{xy} \right) \text{ 。}$$

$$f_2(x,y) = x^2 e^{\sqrt{xy}} \left(\frac{\sqrt{x}}{2\sqrt{y}} \right) \text{ 。}$$

7. 設 $f(x,y) = y^x + \ln(x + y^2)$ ，求 $f_1(-1,2)$ ， $f_2(x-y, x+y^2+1)$ 。

解 因爲 $f(x,y) = y^x + \ln(x + y^2)$ ，故得

$$f_1(x,y) = y^x \ln y + \frac{1}{x + y^2} \text{ ，}$$

$$f_2(x,y) = xy^{x-1} + \frac{2y}{x+y^2} \ ,$$

從而得

$$f_1(-1,2) = 2^{-1}\ln 2 + \frac{1}{-1+4} = \frac{1}{3} + \ln\sqrt{2} \ 。$$

$$f_2(x-y,x+y^2+1) = (x-y)(x+y^2+1)^{x-y-1} + \frac{2(x+y^2+1)}{(x-y)+(x+y^2+1)^2} \ 。$$

8. 設 $f(x,y,z) = x^2\ln yz + ze^{x+yz} - \sin xyz$ ，求 f_1 ， f_3 ， f_{13} ， f_{312} 。

解 因爲

$$f(x,y,z) = x^2\ln yz + ze^{x+yz} - \sin xyz \ ,$$

故得

$$f_1 = 2x\ln yz + ze^{x+yz} - yz\cos xyz \ ,$$

$$f_{13} = \frac{2x}{z} + e^{x+yz} + yze^{x+yz} - y\cos xyz + xy^2z\sin xyz \ ,$$

$$f_3 = \frac{x^2}{z} + e^{x+yz} + yze^{x+yz} - xy\cos xyz \ ,$$

$$\begin{aligned}
f_{312} = f_{132} &= ze^{x+yz} + ze^{x+yz} + yz^2e^{x+yz} - \cos xyz + xyz\sin xyz \\
&\quad + 2xyz\sin xyz + x^2y^2z^2\cos xyz \\
&= (2z+yz^2)\,e^{x+yz} + 3xyz\sin xyz + (x^2y^2z^2-1)\cos xyz \ 。
\end{aligned}$$

9. 設 $xy+yz+zx=1$ ，求 $\dfrac{\partial z}{\partial x}$ 及 $\dfrac{\partial z}{\partial y}$ 。

解 易知

$$xy+yz+zx=1 \quad \Rightarrow \quad \frac{\partial}{\partial x}(xy+yz+zx) = \frac{\partial}{\partial x}(1)$$

$$\Rightarrow \quad y + (x+y)\frac{\partial z}{\partial x} + z = 0$$

$$\Rightarrow \quad \frac{\partial z}{\partial x} = \frac{-(y+z)}{x+y} \ ,$$

同理， $\dfrac{\partial z}{\partial y} = \dfrac{-(x+z)}{x+y}$ 。

10. 設 $u = x^u + u^y$ ，求 $\dfrac{\partial u}{\partial x}$ 及 $\dfrac{\partial u}{\partial y}$ 。

解 $u = x^u + u^y \quad \Rightarrow \quad \dfrac{\partial u}{\partial x} = \dfrac{\partial}{\partial x}(x^u + u^y)$

$$\Rightarrow \quad \frac{\partial u}{\partial x} = x^u \left(\frac{u}{x} + (\ln x) \frac{\partial u}{\partial x} \right) + y u^{y-1} \frac{\partial u}{\partial x}$$

$$\Rightarrow \quad \frac{\partial u}{\partial x} = \frac{u\, x^{u-1}}{1 - x^u \ln x - y u^{y-1}} \ ,$$

$$u = x^u + u^y \quad \Rightarrow \quad \frac{\partial u}{\partial y} = \frac{\partial}{\partial y} (x^u - u^y)$$

$$\Rightarrow \quad \frac{\partial u}{\partial y} = x^u (\ln x) \frac{\partial u}{\partial y} - u^y \left(\ln u + \frac{y}{u} \frac{\partial u}{\partial y} \right)$$

$$\Rightarrow \quad \frac{\partial u}{\partial y} = \frac{- u^y \ln u}{1 - x^u \ln x - y u^{y-1}} \ \circ$$

11. 設 $u = x^2 + 4 y^2$ ，證明：$x \left(\dfrac{\partial u}{\partial x} \right) + y \left(\dfrac{\partial u}{\partial y} \right) = 2u$ 。

解 $u = x^2 + 4 y^2 \quad \Rightarrow \quad \dfrac{\partial u}{\partial x} = 2x \ , \ \dfrac{\partial u}{\partial y} = 8y$

$$\Rightarrow \quad x \frac{\partial u}{\partial x} + y \frac{\partial u}{\partial y} = 2 x^2 + 8 y^2 = 2 (x^2 + 4 y^2) = 2u \ \circ$$

12. 設 $z = \dfrac{x^2 y^2}{x + y}$ ，證明：$x \left(\dfrac{\partial z}{\partial x} \right) + y \left(\dfrac{\partial z}{\partial y} \right) = 3z$ 。

解 $z = \dfrac{x^2 y^2}{x + y} \quad \Rightarrow \quad \dfrac{\partial z}{\partial x} = \dfrac{2 x y^2 (x + y) - x^2 y^2}{(x + y)^2} = \dfrac{x^2 y^2 + 2 x y^3}{(x + y)^2}$

$$\frac{\partial z}{\partial y} = \frac{x^2 y^2 + 2 x^3 y}{(x + y)^2} \ ,$$

$$\Rightarrow \quad x \frac{\partial z}{\partial x} + y \frac{\partial z}{\partial y} = \frac{x^3 y^2 + 2 x^2 y^3 + x^2 y^3 + 2 x^3 y^2}{(x + y)^2}$$

$$= \frac{x^2 y^2 (x + y) + 2 x^2 y^2 (y + x)}{(x + y)^2}$$

$$= \frac{3 x^2 y^2}{x + y} = 3z \ \circ$$

13. 設 $u = \dfrac{x z + y^2}{y z}$ ，證明：$x \left(\dfrac{\partial u}{\partial x} \right) + y \left(\dfrac{\partial u}{\partial y} \right) + z \left(\dfrac{\partial u}{\partial z} \right) = 0$ 。

解 因 $u = \dfrac{x z + y^2}{y z} = x y^{-1} + y z^{-1}$ ，故知

$$\frac{\partial u}{\partial x} = y^{-1} \ , \quad \frac{\partial u}{\partial y} = - x y^{-2} + z^{-1} \ , \quad \frac{\partial u}{\partial z} = - y z^{-2} \ ,$$

故知

$$x \frac{\partial u}{\partial x} + y \frac{\partial u}{\partial y} + z \frac{\partial u}{\partial z} = x\,y^{-1} + (-x\,y^{-1} + y\,z^{-1}) + (-y\,z^{-1}) = 0 \ .$$

14. 設 $z = \cos(x+y) + \cos(x-y)$，證明：$\dfrac{\partial^2 z}{\partial x^2} - \dfrac{\partial^2 z}{\partial y^2} = 0$ 。

解 因 $z = \cos(x+y) + \cos(x-y) = 2\cos x \cos y$，故

$$\frac{\partial z}{\partial x} = -2\sin x \cos y \ , \quad \frac{\partial^2 z}{\partial x^2} = -2\cos x \cos y \ ,$$

$$\frac{\partial z}{\partial y} = -2\cos x \sin y \ , \quad \frac{\partial^2 z}{\partial y^2} = -2\cos x \cos y \ ,$$

故知

$$\frac{\partial^2 z}{\partial x^2} - \frac{\partial^2 z}{\partial y^2} = 0 \ .$$

15. 設 $u = \ln \sqrt{x^2 + y^2}$，證明：$\dfrac{\partial^2 u}{\partial x^2} + \dfrac{\partial^2 u}{\partial y^2} = 0$ 。

解 因 $u = \ln \sqrt{x^2 + y^2} = \dfrac{1}{2}\ln(x^2 + y^2)$，故得

$$\frac{\partial u}{\partial x} = \frac{x}{x^2 + y^2} \ , \quad \frac{\partial^2 u}{\partial x^2} = \frac{x^2 + y^2 - x(2x)}{(x^2 + y^2)^2} = \frac{y^2 - x^2}{(x^2 + y^2)^2}$$

$$\frac{\partial u}{\partial y} = \frac{y}{x^2 + y^2} \ , \quad \frac{\partial^2 u}{\partial y^2} = \frac{x^2 - y^2}{(x^2 + y^2)^2} \ ,$$

卽知

$$\frac{\partial^2 u}{\partial x^2} + \frac{\partial^2 u}{\partial y^2} = 0 \ .$$

16. 設 $u = \mathrm{Tan}^{-1}\left(\dfrac{y}{x}\right)$，證明：$\dfrac{\partial^2 u}{\partial x^2} + \dfrac{\partial^2 u}{\partial y^2} = 0$ 。

解 因爲 $u = \mathrm{Tan}^{-1}\left(\dfrac{y}{x}\right)$，故知

$$\frac{\partial u}{\partial x} = \frac{-\dfrac{y}{x^2}}{1 + \left(\dfrac{y}{x}\right)^2} = \frac{-y}{x^2 + y^2} \ , \quad \frac{\partial^2 u}{\partial x^2} = \frac{2xy}{(x^2 + y^2)^2} \ ,$$

$$\frac{\partial u}{\partial y} = \frac{\dfrac{1}{x}}{1 + \left(\dfrac{y}{x}\right)^2} = \frac{x}{x^2 + y^2} \ , \quad \frac{\partial^2 u}{\partial y^2} = \frac{-2xy}{(x^2 + y^2)^2} \ ,$$

即得

$$\frac{\partial^2 u}{\partial x^2} + \frac{\partial^2 u}{\partial y^2} = 0 。$$

17. 設 $f(x,y) = x^2 y^5 \sin(x+y) + 3xe^{xy}$ ，求 df 。

解 因爲 $f(x,y) = x^2 y^5 \sin(x+y) + 3xe^{xy}$ ，故知

$$df = f_1 dx + f_2 dy = (2xy^5 \sin(x+y) + x^2 y^5 \cos(x+y)$$
$$+ 3e^{xy}(1+xy)) dx + (5x^2 y^2 \sin(x+y)$$
$$+ x^2 y^5 \cos(x+y) + 3x^2 e^{xy}) dy 。$$

18. 設 $f(x,y) = y^x \cos xy + yz^x + x \ln x^y$ ，求 df 。

解 因爲 $f(x,y) = y^x \cos xy + yz^x + x \ln x^y$
$$= y^x \cos xy + yz^x + xy \ln x ，$$

故知

$$df = f_1 dx + f_2 dy = (y^x \ln y \cos xy - y^{x+1} \sin xy + yz^x \ln z + y \ln x$$
$$+ y) dx + (xy^{x-1} \cos xy - xy^x \sin xy + z^x$$
$$+ x \ln x) dy 。$$

19. 利用 $df \approx \triangle f$ 之性質，求下面二數之近似值：

    (i) $\sqrt[3]{(2.01)^2 (1.99)^4}$ (ii) $\sqrt{(3.12)^2 + (3.95)^2}$

解   (i) 令 $f(x,y) = x^{\frac{2}{3}} y^{\frac{4}{3}}$ ，$(x_0, y_0) = (2,2)$ ，$\triangle x = 0.01$ ，

     $\triangle y = -0.01$ ，則 $f_1 = \frac{2}{3} x^{\frac{-1}{3}} y^{\frac{4}{3}}$ ，$f_2 = \frac{4}{3} x^{\frac{2}{3}} y^{\frac{1}{3}}$ ，故知

$$\sqrt[3]{(2.01)^2 (1.99)^4} = f(x_0 + \triangle x, y_0 + \triangle y)$$
$$\approx f(x_0, y_0) + f_1(x_0, y_0) \triangle x + f_2(x_0, y_0) \triangle y$$
$$= 2^2 + \frac{2}{3}(2)(0.01) + \frac{4}{3}(2)(-0.01)$$
$$= 4 - \frac{4}{3}(0.01) \approx 3.9867 。$$

     (ii) 令 $f(x,y) = (x^2 + y^2)^{\frac{1}{2}}$ ，$(x_0, y_0) = (3,4)$ ，$\triangle x = 0.12$ ，$\triangle y = -0.05$ ，

     則 $f_1 = \dfrac{x}{(x^2 + y^2)^{\frac{1}{2}}}$ ，$f_2 = \dfrac{y}{(x^2 + y^2)^{\frac{1}{2}}}$ ，故知

$$\sqrt{(3.12)^2 + (3.95)^2} = f(x_0 + \triangle x, y_0 + \triangle y)$$
$$\approx f(x_0, y_0) + f_1(x_0, y_0) \triangle x + f_2(x_0, y_0) \triangle y$$
$$= 5 + \frac{3}{5}(0.12) + \frac{4}{5}(-0.05) = 5.032 。$$

20. 設某公司的生產函數為 $f(x,y)=3x^{\frac{2}{3}}y^{\frac{1}{3}}$，求 $x=8$，$y=125$ 時之邊際生產性。又生產因素 x 增加 3 單位，生產因素 y 減少 10 單位時，估計生產量的變動情形。

解 因為生產函數為 $f(x,y)=3x^{\frac{2}{3}}y^{\frac{1}{3}}$，故於 $x=8$，$y=125$ 時，第一生產因素的邊際生產性為

$$f_1(8,125)=2x^{\frac{-1}{3}}y^{\frac{1}{3}}\Big|_{(8,125)}=5,$$

而第二生產因素的邊際生產性為

$$f_2(8,125)=x^{\frac{2}{3}}y^{\frac{-2}{3}}\Big|_{(8,125)}=\frac{4}{25}。$$

於 x 增加 3 單位，y 減少 10 單位的生產量之變動為

$$f(8+3,125-10)-f(8,125)\approx f_1(8,125)\cdot 3+f_2(8,125)\cdot(-10)$$

$$=5\cdot 3+\frac{4}{25}(-10)=15-\frac{8}{5},$$

即約增加 13 單位。

21. 下面二題中，生產函數為 $f(x,y)$，試求在 (a,b) 處二生產因素的邊際替代率。

(i) $f(x,y)=x^2+2y^2$，$(a,b)=(3,2)$。

(ii) $f(x,y)=xy^3$，$(a,b)=(4,1)$。

解 (i) 因 $f(x,y)=x^2+2y^2$，故其等生產曲線

$$x^2+2y^2=c$$

上之一點 $(3,2)$ 處二生產因素的邊際替代率為

$$\frac{-dy}{dx}\Big|_{(3,2)}=\frac{x}{2y}\Big|_{(3,2)}=\frac{3}{4}。$$

(ii) 因 $f(x,y)=xy^3$，故其等生產曲線

$$xy^3=c$$

上之一點 $(4,1)$ 處，二生產因素的邊際替代率為

$$\frac{-dy}{dx}\Big|_{(4,1)}=\frac{y}{3x}\Big|_{(4,1)}=\frac{1}{12}。$$

22. 某公司發現，若投入 x 元於產品發展研究，投入 y 元於產品廣告，則每年利益可增加

$$f(x,y)=2x+5y+\frac{xy}{100}-\frac{x^2}{50}-\frac{y^2}{200}。$$

今設此公司目前投入 100 元於產品發展研究，200 元於產品廣告。問是否有需要增加投入產品發展研究？何故？

解 因為 $f(x,y)=2x+5y+\dfrac{xy}{100}-\dfrac{x^2}{50}-\dfrac{y^2}{200}$，故

$$f_1(x,y) = 2 + \frac{y}{100} - \frac{x}{25},$$

$$f_1(100,200) = 2 + \frac{200}{100} - \frac{100}{25} = 0,$$

可知若再投入 $\triangle x$ 於研究發展時，利益的增加爲

$$f(100+\triangle x,200) \approx f(100,200) + f_1(100,200)\triangle x = f(100,200)$$

因而知沒有需要再增加投入研究發展，因爲利益幾乎沒有增加。

10-4

於下面各題中，求 $\dfrac{\partial z}{\partial x}$ 及 $\dfrac{\partial z}{\partial y}$：（1〜4）

1. $z = e^u \sin uv$ ， $u = xy^2$ ， $v = \ln(xy)$

解 因爲 $z = e^u \sin uv$ ， $u = xy^2$ ， $v = \ln xy$ ，故由連鎖律知

$$\frac{\partial z}{\partial x} = \frac{\partial z}{\partial u} \cdot \frac{\partial u}{\partial x} + \frac{\partial z}{\partial v} \cdot \frac{\partial v}{\partial x}$$

$$= e^u(\sin uv + v \cos uv)y^2 + ue^u \cos uv \left(\frac{1}{x}\right),$$

$$\frac{\partial z}{\partial y} = \frac{\partial z}{\partial u} \cdot \frac{\partial u}{\partial y} + \frac{\partial z}{\partial v} \cdot \frac{\partial v}{\partial y}$$

$$= e^u(\sin uv + v \cos uv)(2xy) + ue^u \cos uv \left(\frac{1}{y}\right)。$$

2. $z = \sqrt{s^2 + t^2}$ ， $s = e^{xy}$ ， $t = \sqrt{xy}$

解 因爲 $z = \sqrt{s^2 + t^2}$ ， $s = e^{xy}$ ， $t = \sqrt{xy} = x^{\frac{1}{2}}y^{\frac{1}{2}}$ ，故知

$$\frac{\partial z}{\partial x} = \frac{\partial z}{\partial s} \cdot \frac{\partial s}{\partial x} + \frac{\partial z}{\partial t} \cdot \frac{\partial t}{\partial x}$$

$$= \frac{s}{\sqrt{s^2 + t^2}}(ye^{xy}) + \frac{t}{\sqrt{s^2 + t^2}}\left(\frac{1}{2}x^{\frac{-1}{2}}y^{\frac{1}{2}}\right)$$

$$= \frac{1}{\sqrt{s^2 + t^2}}\left(sye^{xy} + \frac{1}{2}y\right),$$

$$\frac{\partial z}{\partial y} = \frac{1}{\sqrt{s^2 + t^2}}\left(sxe^{xy} + \frac{1}{2}x\right)。$$

3. $z = uv^2w$ ， $u = 3x + y^2$ ， $v = 5x - 2y$ ， $w = \sqrt{x + 2y}$

解 因爲 $z = uv^2w$ ， $u = 3x + y^2$ ， $v = 5x - 2y$ ， $w = \sqrt{x + 2y}$ ，故得

$$\frac{\partial z}{\partial x} = \frac{\partial z}{\partial u} \cdot \frac{\partial u}{\partial x} + \frac{\partial z}{\partial v} \cdot \frac{\partial v}{\partial x} + \frac{\partial z}{\partial w} \cdot \frac{\partial w}{\partial x}$$

$$= v^2 w(3) + 2uvw(5) + uv^2 \left(\frac{1}{2\sqrt{x+2y}} \right)$$

$$= 3v^2 w + 10uvw + \frac{uv^2}{2\sqrt{x+2y}} ,$$

$$\frac{\partial z}{\partial y} = \frac{\partial z}{\partial u} \cdot \frac{\partial u}{\partial y} + \frac{\partial z}{\partial v} \cdot \frac{\partial v}{\partial y} + \frac{\partial z}{\partial w} \cdot \frac{\partial w}{\partial y}$$

$$= v^2 w(2y) + 2uvw(-2) + uv^2 \left(\frac{1}{\sqrt{x+2y}} \right)$$

$$= 2yv^2 w - 4uvw + \frac{uv^2}{\sqrt{x+2y}} \ 。$$

4. $z = u^2 + v^2 - w$, $u = e^{x+y}$, $v = xy$, $w = \dfrac{y}{x}$

解 因為 $z = u^2 + v^2 - w$, $u = e^{x+y}$, $v = xy$, $w = \dfrac{y}{x}$,故得

$$\frac{\partial z}{\partial x} = \frac{\partial z}{\partial u} \cdot \frac{\partial u}{\partial x} + \frac{\partial z}{\partial v} \cdot \frac{\partial v}{\partial x} + \frac{\partial z}{\partial w} \cdot \frac{\partial w}{\partial x}$$

$$= 2u \left(e^{x+y} \right) + 2v(y) + (-1)\left(\frac{-y}{x^2} \right)$$

$$= 2ue^{x+y} + 2yv + \frac{y}{x^2} \ 。$$

$$\frac{\partial z}{\partial y} = \frac{\partial z}{\partial u} \cdot \frac{\partial u}{\partial y} + \frac{\partial z}{\partial v} \cdot \frac{\partial v}{\partial y} + \frac{\partial z}{\partial w} \cdot \frac{\partial w}{\partial y}$$

$$= 2u \left(e^{x+y} \right) + 2v(x) + (-1)\left(\frac{1}{x} \right)$$

$$= 2ue^{x+y} + 2xv - \frac{1}{x} \ 。$$

於下面各題中,求 $\dfrac{dz}{dx}$:(5～6)

5. $z = u^3 + v^2$, $u = xe^x$, $v = x^2 e^{-3x}$

解 因為 $z = u^3 + v^2$, $u = xe^x$, $v = x^2 e^{-3x}$,故得

$$\frac{dz}{dx} = \frac{\partial z}{\partial u} \cdot \frac{du}{dx} + \frac{\partial z}{\partial v} \cdot \frac{dv}{dx}$$

$$= 3u^2 \left(e^x + xe^x \right) + 2v \left(2xe^{-3x} - 3x^2 e^{-3x} \right)$$

$$= 3u^2 e^x \, (\, 1 + x \,) + 2vxe^{-3x} \, (\, 2 - 3x \,) \, \text{。}$$

6. $z = e^{u+v} \, , \, u = x^4 \, , \, v = \sqrt{x^3 + 1}$

解 因為 $z = e^{u+v} \, , \, u = x^4 \, , \, v = \sqrt{x^3 + 1}$ ，故得

$$\frac{dz}{dx} = \frac{\partial z}{\partial u} \cdot \frac{du}{dx} + \frac{\partial z}{\partial v} \cdot \frac{dv}{dx}$$

$$= e^{u+v} \, (\, 4x^3 \,) + e^{u+v} \, (\frac{3x^2}{2\sqrt{x^3 + 1}})$$

$$= x^2 e^{u+v} \, (\, 4x + \frac{3}{2\sqrt{x^3 + 1}}) \, \text{。}$$

於下面各題的隱函數中，求 $\dfrac{\partial z}{\partial x}$ 及 $\dfrac{\partial z}{\partial y}$ ：（7～8）

7. $x^2 z + y^2 z + x^3 y - 10z = 0$

解 $x^2 z + y^2 z + x^3 y - 10z = 0$

$$\Rightarrow \quad \frac{\partial}{\partial x} \, (\, x^2 z + y^2 z + x^3 y - 10z \,) = \frac{\partial}{\partial x} \, (\, 0 \,)$$

$$\Rightarrow \quad 2xz + x^2 \frac{\partial z}{\partial x} + y^2 \frac{\partial z}{\partial x} + 3x^2 y - 10 \frac{\partial z}{\partial x} = 0$$

$$\Rightarrow \quad \frac{\partial z}{\partial x} = \frac{-(\, 2xz + 3x^2 y \,)}{x^2 + y^2 - 10} \, ,$$

$$x^2 z + y^2 z + x^3 y - 10z = 0$$

$$\Rightarrow \quad \frac{\partial}{\partial y} \, (\, x^2 z + y^2 z + x^3 y - 10z \,) = \frac{\partial}{\partial y} \, (\, 0 \,)$$

$$\Rightarrow \quad x^2 \frac{\partial z}{\partial y} + 2yz + y^2 \frac{\partial z}{\partial y} + x^3 - 10 \frac{\partial z}{\partial y} = 0$$

$$\Rightarrow \quad \frac{\partial z}{\partial y} = \frac{-(\, 2yz + x^3 \,)}{x^2 + y^2 - 10} \, \text{。}$$

8. $xe^{yz} + ye^{xz} + xyz = 0$

解 $xe^{yz} + ye^{xz} + xyz = 0$

$$\Rightarrow \quad \frac{\partial}{\partial x} \, (\, xe^{yz} + ye^{xz} + xyz \,) = 0$$

$$\Rightarrow \quad e^{yz} + xye^{yz} \frac{\partial z}{\partial x} + ye^{xz} \, (\, z + x \frac{\partial z}{\partial x}) + y \, (\, z + x \frac{\partial z}{\partial x}) = 0$$

$$\Rightarrow \quad \frac{\partial z}{\partial x} = \frac{-(\, e^{yz} + yze^{xz} + yz \,)}{xye^{yz} + xye^{xz} + xy} = \frac{-(\, e^{yz} + yze^{xz} + yz \,)}{xy \, (\, e^{yz} + e^{xz} + 1 \,)} \, , \quad \text{.}$$

同理可知

$$\frac{\partial z}{\partial y} = \frac{-(e^{xz} + xze^{yz} + xz)}{xy(e^{xz} + e^{yz} + 1)} \quad 。$$

9. 設 $u = f(x, y)$ ，$x = r\cos\theta$ ，$y = r\sin\theta$ ，證明：

$$(\frac{\partial u}{\partial r})^2 + \frac{1}{r^2} \cdot (\frac{\partial u}{\partial \theta})^2 = (\frac{\partial u}{\partial x})^2 + (\frac{\partial u}{\partial y})^2 \quad 。$$

解 因爲 $u = f(x, y)$ ，$x = r\cos\theta$ ，$y = r\sin\theta$ ，故得

$$\frac{\partial u}{\partial r} = \frac{\partial u}{\partial x}\frac{\partial x}{\partial r} + \frac{\partial u}{\partial y}\frac{\partial y}{\partial r}$$

$$= \frac{\partial u}{\partial x}(\cos\theta) + \frac{\partial u}{\partial y}(\sin\theta) \quad ,$$

$$\frac{\partial u}{\partial \theta} = \frac{\partial u}{\partial x}\frac{\partial x}{\partial \theta} + \frac{\partial u}{\partial y}\frac{\partial y}{\partial \theta}$$

$$= \frac{\partial u}{\partial x}(-r\sin\theta) + \frac{\partial u}{\partial y}(r\cos\theta) \quad ,$$

從而知

$$(\frac{\partial u}{\partial r})^2 + \frac{1}{r^2}(\frac{\partial u}{\partial \theta})^2$$

$$= (\frac{\partial u}{\partial x}(\cos\theta) + \frac{\partial u}{\partial y}(\sin\theta))^2 + (\frac{\partial u}{\partial x}(-\sin\theta) + \frac{\partial u}{\partial y}(\cos\theta))^2$$

$$= (\frac{\partial u}{\partial x})^2(\cos^2\theta + \sin^2\theta) + (\frac{\partial u}{\partial y})^2(\sin^2\theta + \cos^2\theta)$$

$$= (\frac{\partial u}{\partial x})^2 + (\frac{\partial u}{\partial y})^2 \quad 。$$

10. 設 $z = f(x, y)$ ，$x = u\cos\theta - v\sin\theta$ ，$y = u\sin\theta + v\cos\theta$ ，其中 θ 爲一常數，證明：

$$(\frac{\partial f}{\partial u})^2 + (\frac{\partial f}{\partial v})^2 = (\frac{\partial f}{\partial x})^2 + (\frac{\partial f}{\partial y})^2 \quad 。$$

解 因爲 $z = f(x, y)$ ，$x = u\cos\theta - v\sin\theta$ ，$y = u\sin\theta + v\cos\theta$ ，故得

$$\frac{\partial f}{\partial u} = \frac{\partial f}{\partial x}\frac{\partial x}{\partial u} + \frac{\partial f}{\partial y}\frac{\partial y}{\partial u}$$

$$= \frac{\partial f}{\partial x}(\cos\theta) + \frac{\partial f}{\partial y}(\sin\theta) \quad ,$$

$$\frac{\partial f}{\partial v} = \frac{\partial f}{\partial x}\frac{\partial x}{\partial v} + \frac{\partial f}{\partial y}\frac{\partial y}{\partial v}$$

$$= \frac{\partial f}{\partial x}(-\sin\theta) + \frac{\partial f}{\partial y}(\cos\theta),$$

從而得

$$(\frac{\partial f}{\partial u})^2 + (\frac{\partial f}{\partial v})^2$$

$$= (\frac{\partial f}{\partial x})^2 (\cos^2\theta + \sin^2\theta) + (\frac{\partial f}{\partial y})^2 (\sin^2\theta + \cos^2\theta)$$

$$= (\frac{\partial f}{\partial x})^2 + (\frac{\partial f}{\partial y})^2 \,\,。$$

11. 設 $u = x^2 + y^2 + z^2$, $x = r\sin\phi\cos\theta$, $y = r\sin\phi\sin\theta$, $z = r\cos\phi$,

求 $\frac{\partial u}{\partial r}$, $\frac{\partial u}{\partial \theta}$, $\frac{\partial u}{\partial \phi}$ 。

解 因為 $u = x^2 + y^2 + z^2$, $x = r\sin\phi\cos\theta$, $y = r\sin\phi\sin\theta$, $z = r\cos\phi$, 故

$$\frac{\partial u}{\partial r} = \frac{\partial u}{\partial x}\frac{\partial x}{\partial r} + \frac{\partial u}{\partial y}\frac{\partial y}{\partial r} + \frac{\partial u}{\partial z}\frac{\partial z}{\partial r}$$

$$= 2x(\sin\phi\cos\theta) + 2y(\sin\phi\sin\theta) + 2z(\cos\phi)$$

$$= 2(r\sin^2\phi\cos^2\theta) + 2(r\sin^2\phi\sin^2\theta) + 2r\cos^2\phi$$

$$= 2r(\sin^2\phi(\cos^2\theta + \sin^2\theta) + \cos^2\phi)$$

$$= 2r(\sin^2\phi + \cos^2\phi) = 2r,$$

$$\frac{\partial u}{\partial \theta} = \frac{\partial u}{\partial x}\frac{\partial x}{\partial \theta} + \frac{\partial u}{\partial y}\frac{\partial y}{\partial \theta} + \frac{\partial u}{\partial z}\frac{\partial z}{\partial \theta}$$

$$= 2x(-r\sin\phi\sin\theta) + 2y(r\sin\phi\cos\theta) + 2z(0)$$

$$= -2x(r\sin\phi\sin\theta) + 2y(r\sin\phi\cos\theta)$$

$$= 2(-r^2\sin^2\phi\cos\theta\sin\theta) + 2(r^2\sin^2\phi\sin\theta\cos\theta) = 0,$$

$$\frac{\partial u}{\partial \phi} = \frac{\partial u}{\partial x}\frac{\partial x}{\partial \phi} + \frac{\partial u}{\partial y}\frac{\partial y}{\partial \phi} + \frac{\partial u}{\partial z}\frac{\partial z}{\partial \phi}$$

$$= 2x(r\cos\phi\cos\theta) + 2y(r\cos\phi\sin\theta) + 2z(-r\sin\phi)$$

$$= 2r(r\sin\phi\cos\phi\cos^2\theta) + 2r(r\sin\phi\cos\phi\sin^2\theta)$$

$$\quad + 2r(-r\cos\phi\sin\phi)$$

$$= 2r^2\sin\phi\cos\phi(\cos^2\theta + \sin^2\theta) - 2r^2\cos\phi\sin\phi$$

$$= 0 \,\,。$$

12. 設 u , x , y , z 如上題，試將下面二式表為 r , θ , ϕ 的函數：

(i) $(\frac{\partial u}{\partial x})^2 + (\frac{\partial u}{\partial y})^2 + (\frac{\partial u}{\partial z})^2$

(ii) $\frac{\partial^2 u}{\partial x^2} + \frac{\partial^2 u}{\partial y^2} + \frac{\partial^2 u}{\partial z^2}$

解 (i) $(\dfrac{\partial u}{\partial x})^2 + (\dfrac{\partial u}{\partial y})^2 + (\dfrac{\partial u}{\partial z})^2$

$$= (2x)^2 + (2y)^2 + (2z)^2$$

$$= 4(r^2 \sin^2\phi \cos^2\theta + r^2 \sin^2\phi \sin^2\theta + r^2 \cos^2\phi)$$

$$= 4(r^2 \sin^2\phi(\cos^2\theta + \sin^2\theta) + r^2 \cos^2\phi)$$

$$= 4(r^2(\sin^2\phi + \cos^2\phi)) = 4r^2 \text{ 。}$$

(ii) $\dfrac{\partial^2 u}{\partial x^2} = \dfrac{\partial}{\partial x}(\dfrac{\partial u}{\partial x}) = \dfrac{\partial}{\partial x}(2x) = 2$, $\dfrac{\partial^2 u}{\partial y^2} = 2$, $\dfrac{\partial^2 u}{\partial z^2} = 2$, 故

$$\dfrac{\partial^2 u}{\partial x^2} + \dfrac{\partial^2 u}{\partial y^2} + \dfrac{\partial^2 u}{\partial z^2} = 2 + 2 + 2 = 6 \text{ 。}$$

13. 設 f 為一單變數可微分函數，並令 $z = x^2 + xf(xy)$ ，證明：

$$x \cdot \dfrac{\partial z}{\partial x} - y \cdot \dfrac{\partial z}{\partial y} = z + x^2 \text{ 。}$$

解 因為 $z = x^2 + xf(xy)$ ，故知

$$\dfrac{\partial z}{\partial x} = 2x + f(xy) + xyf'(xy)$$

$$\dfrac{\partial z}{\partial y} = x^2 f'(xy) \text{ , }$$

從而知

$$x(\dfrac{\partial z}{\partial x}) - y(\dfrac{\partial z}{\partial y})$$

$$= x(2x + f(xy) + xyf'(xy)) - x^2 yf'(xy)$$

$$= 2x^2 + xf(xy) + x^2 yf'(xy) - x^2 yf'(xy)$$

$$= 2x^2 + xf(xy) = x^2 + (x^2 + xf(xy))$$

$$= x^2 + z \text{ 。}$$

14. 設 $z = f(x-y, y-x)$ ，證明：$\dfrac{\partial z}{\partial x} + \dfrac{\partial z}{\partial y} = 0$ 。

解 因為 $z = f(x-y, y-x)$ ，故

$$\dfrac{\partial z}{\partial x} = f_1(x-y, y-x) + f_2(x-y, y-x)(-1)$$

$$= f_1(x-y, y-x) - f_2(x-y, y-x) \text{ , }$$

$$\dfrac{\partial z}{\partial y} = f_1(x-y, y-x)(-1) + f_2(x-y, y-x)$$

$$= f_2(x-y, y-x) - f_1(x-y, y-x) \text{ , }$$

從而得

$$\therefore \quad \frac{\partial z}{\partial x} + \frac{\partial z}{\partial y} = 0 \quad 。$$

15. 設 $z = yf(x^2 - y^2)$ ，證明 ： $y \cdot \dfrac{\partial z}{\partial x} + x \cdot \dfrac{\partial z}{\partial y} = \dfrac{xz}{y}$ 。

解 因為 $z = yf(x^2 - y^2)$ ，故知

$$\frac{\partial z}{\partial x} = yf'(x^2 - y^2)(2x) \ , \quad \frac{\partial z}{\partial y} = f(x^2 - y^2) + yf'(x^2 - y^2)(-2y) \ ,$$

故得

$$y\left(\frac{\partial z}{\partial x}\right) + x\left(\frac{\partial z}{\partial y}\right)$$

$$= 2xy^2 f'(x^2 - y^2) + xf(x^2 - y^2) - 2xy^2 f'(x^2 - y^2)$$

$$= xf(x^2 - y^2) = \frac{xz}{y} \quad 。$$

10-5

於下列各題中，求函數 f 的相對極值和鞍點的所在（若有的話）： （1～8）

1. $f(x,y) = x^2 + xy + y^2 - 6x$

解 因為 $f(x,y) = x^2 + xy + y^2 - 6x$ ，故知

$$f_1(x,y) = 2x + y - 6 \ , \quad f_2(x,y) = x + 2y \ , \quad f_{12}(x,y) = 1 \ ,$$

$$f_{11}(x,y) = 2 \ , \quad f_{22} = 2 \ ,$$

由於

$$\begin{cases} f_1(x,y) = 0 \\ f_2(x,y) = 0 \end{cases} \Rightarrow \begin{cases} 2x + y = 6 \\ x + 2y = 0 \end{cases} \Rightarrow \quad x = 4 \ , \ y = -2 \ ,$$

而 $f_{12}{}^2 - f_{11}f_{22} = 1 - 4 = -3 < 0$ ， $f_{11} > 0$ ，故知 $(4,-2)$ 為 f 的相對極小點。

2. $f(x,y) = x^2 + xy - 2x - 1$

解 因為 $f(x,y) = x^2 + xy - 2x - 1$ ，故知

$$f_1(x,y) = 2x + y - 2 \ , \ f_2(x,y) = x \ ,$$

$$f_{12} = 1 \ , \ f_{11} = 2 \ , \ f_{22} = 0 \ ,$$

由於

$$\begin{cases} f_1(x,y) = 0 \\ f_2(x,y) = 0 \end{cases} \Rightarrow \begin{cases} 2x + y = 2 \\ x = 0 \end{cases} \Rightarrow \quad x = 0 \ , \ y = 2$$

而 $f_{12}{}^2 - f_{11}f_{22} = 1 > 0$ ，故知 $(0,2)$ 為 f 的鞍點。

3. $f(x,y) = x^3 + 2xy + y^2 - 4x - 3y + 1$

解 因為 $f(x,y) = x^3 + 2xy + y^2 - 4x - 3y + 1$ ，故知

$$f_1(x,y) = 3x^2 + 2y - 4 , \quad f_2(x,y) = 2x + 2y - 3 ,$$

$$f_{12}(x,y) = 2 , \quad f_{11}(x,y) = 6x , \quad f_{22}(x,y) = 2 ,$$

由於

$$\begin{cases} f_1(x,y) = 0 \\ f_2(x,y) = 0 \end{cases} \Rightarrow \begin{cases} 3x^2 + 2y = 4 \\ 2x + 2y = 3 \end{cases}$$

$$\Rightarrow (x,y) \in \{ (1, \frac{1}{2}) , (\frac{-1}{3}, \frac{11}{6}) \}$$

並由下表：

(x,y)	$f_{12}{}^2 - f_{11}f_{22}$	f_{11}	
$(1, \frac{1}{2})$	-8	6	極小
$(\frac{-1}{3}, \frac{11}{6})$	8		鞍點

即知 $(1, \frac{1}{2})$ 為極小點，而 $(\frac{-1}{3}, \frac{11}{6})$ 為鞍點。

4. $f(x,y) = x^2 - xy + y^4 + 2$

解 因為 $f(x,y) = x^2 - xy + y^4 + 2$ ，故知

$$f_1(x,y) = 2x - y , \quad f_2(x,y) = -x + 4y^3 ,$$

$$f_{12}(x,y) = -1 , \quad f_{11}(x,y) = 2 , \quad f_{22}(x,y) = 12y^2 ,$$

由於

$$\begin{cases} f_1(x,y) = 0 \\ f_2(x,y) = 0 \end{cases} \Rightarrow \begin{cases} 2x - y = 0 \\ -x + 4y^3 = 0 \end{cases}$$

$$\Rightarrow (x,y) \in \{ (0,0) , (\frac{1}{4\sqrt{2}}, \frac{1}{2\sqrt{2}}) , (\frac{-1}{4\sqrt{2}}, \frac{-1}{2\sqrt{2}}) \}$$

並由下表：

(x,y)	$f_{12}{}^2 - f_{11}f_{22}$	f_{11}	
$(0,0)$	1		鞍點
$(\frac{1}{4\sqrt{2}}, \frac{1}{2\sqrt{2}})$	-2	2	極小
$(\frac{-1}{4\sqrt{2}}, \frac{-1}{2\sqrt{2}})$	-2	2	極小

即知 $(0,0)$ 為 f 的鞍點， $(\frac{1}{4\sqrt{2}}, \frac{1}{2\sqrt{2}})$ ， $(\frac{-1}{4\sqrt{2}}, \frac{-1}{2\sqrt{2}})$ 則均為 f 的極小點。

5. $f(x,y) = x^3 - 3xy - y^3$

解 因為 $f(x,y) = x^3 - 3xy - y^3$ ，故知

$$f_1(x,y)=3x^2-3y \quad , \quad f_2(x,y)=-3x-3y^2 \quad ,$$

$$f_{12}(x,y)=-3 \quad , \quad f_{11}(x,y)=6x \quad , \quad f_{22}(x,y)=-6y \quad ,$$

由於

$$\begin{cases} f_1(x,y)=0 \\ f_2(x,y)=0 \end{cases} \Rightarrow \begin{cases} x^2-y=0 \\ x+y^2=0 \end{cases} \Rightarrow (x,y)\in\{(0,0),(-1,1)\}$$

並由下表：

(x,y)	$f_{12}{}^2-f_{11}f_{22}$	f_{11}	
$(0,0)$	9		鞍點
$(-1,1)$	-27	-6	極大

即知$(0,0)$爲f的鞍點，而$(-1,1)$爲f的極大點。

6. $f(x,y)=3y^3-x^2y+x$

解 因爲$f(x,y)=3y^3-x^2y+x$，故知

$$f_1(x,y)=-2xy+1 \quad , \quad f_2(x,y)=9y^2-x^2 \quad ,$$

$$f_{12}(x,y)=-2x \quad , \quad f_{11}(x,y)=-2y \quad , \quad f_{22}=18y \quad ,$$

由於

$$\begin{cases} f_1(x,y)=0 \\ f_2(x,y)=0 \end{cases} \Rightarrow \begin{cases} -2xy+1=0 \\ 9y^2-x^2=0 \end{cases}$$

$$\Rightarrow (x,y)\in\{(\frac{3}{\sqrt{6}},\frac{1}{\sqrt{6}}),(\frac{-3}{\sqrt{6}},\frac{-1}{\sqrt{6}})\}$$

並由下表：

(x,y)	$f_{12}{}^2-f_{11}f_{22}$	
$(\frac{3}{\sqrt{6}},\frac{1}{\sqrt{6}})$	12	鞍點
$(\frac{-3}{\sqrt{6}},\frac{-1}{\sqrt{6}})$	12	鞍點

即知$(\frac{3}{\sqrt{6}},\frac{1}{\sqrt{6}})$及$(\frac{-3}{\sqrt{6}},\frac{-1}{\sqrt{6}})$均爲$f$的鞍點。

7. $f(x,y)=y^2-6y\cos x-3$

解 因爲$f(x,y)=y^2-6y\cos x-3$，故知

$$f_1(x,y)=6y\sin x \quad ; \quad f_2(x,y)=2y-6\cos x \quad ,$$

$$f_{12}(x,y)=6\sin x \quad , \quad f_{11}(x,y)=6y\cos x \quad , \quad f_{22}(x,y)=2 \quad ,$$

由於

$$\begin{cases} f_1(x,y)=0 \\ f_2(x,y)=0 \end{cases} \Rightarrow \begin{cases} 6y\sin x=0 \\ 2y-6\cos x=0 \end{cases}$$

$$\Rightarrow \quad (x,y) \in \{(2k\pi,3),(k\pi+\frac{\pi}{2},0),$$

$$((2k+1)\pi,-3)\}$$

因為

$$f_{12}{}^2 - f_{11}f_{22} = 36\sin^2 x - 12y\cos x$$

若 (x,y) 滿足 $f_1 = 0$ 及 $f_2 = 0$ ，則因 $y = 3\cos x$ ，故

$$f_{12}{}^2 - f_{11}f_{22} = 36(1-\cos^2 x) - 4y(3\cos x)$$

$$= 36 - 4(3\cos x)^2 - 4y^2$$

$$= 36 - 8y^2 \ ,$$

故 $y=0$ 時，$f_{12}{}^2 - f_{11}f_{22} > 0$ ，即知 $(k\pi+\frac{\pi}{2},0)$ 均為鞍點，而當 $y = \pm 3$ 時，

$$f_{12}{}^2 - f_{11}f_{22} = 36 - 72 = -36 < 0 \ ，而此時$$

$$f_{11} = 6y\cos x = 2y^2 > 0$$

即知 $(2k\pi,3)$ 及 $((2k+1)\pi,-3)$ 均為極小點。

8. $f(x,y) = xye^{-(x+y)}$

解 因為 $f(x,y) = xye^{-(x+y)}$ ，故知

$$f_1(x,y) = ye^{-(x+y)} - xye^{-(x+y)} = ye^{-(x+y)}(1-x)$$

$$f_2(x,y) = xe^{-(x+y)}(1-y) \ ,$$

$$f_{12}(x,y) = e^{-(x+y)}(1-x) - y(1-x)e^{-(x+y)} = (1-x)e^{-(x+y)}(1-y)$$

$$f_{11}(x,y) = -ye^{-(x+y)} - y((1-x)e^{-(x+y)}) = -ye^{-(x+y)}(2-x)$$

$$f_{22}(x,y) = -x(2-y)e^{-(x+y)} \ ,$$

由於

$$\begin{cases} f_1(x,y) = 0 \\ f_2(x,y) = 0 \end{cases} \Rightarrow \begin{cases} y(1-x) = 0 \\ x(1-y) = 0 \end{cases} \Rightarrow \quad (x,y) \in \{(0,0),(1,1)\}$$

並由下表：

(x,y)	$f_{12}{}^2 - f_{11}f_{22}$	
$(0,0)$	1	鞍點
$(1,1)$	e^{-4}	鞍點

即知 $(0,0)$ ，$(1,1)$ 均為 f 的鞍點。

9. 要製作一個容積為 500 立方公分的長方形無蓋盒子，為使製作材料最省，問這盒子的長寬高各為何？

解 設此盒的長寬高分別為 x ，y ，z 公分，則由題意知 $xyz = 500$ 。其表面積為

$$A = xy + 2xz + 2yz \ 。$$

由於

$$\frac{\partial A}{\partial x} = y + 2z + 2x\frac{\partial z}{\partial x} + 2y\frac{\partial z}{\partial x}$$

$$\frac{\partial A}{\partial y} = x + 2z + 2y\frac{\partial z}{\partial y} + 2x\frac{\partial z}{\partial y}$$

由條件（隱函數） $xyz = 500$ 知

$$yz + xy\frac{\partial z}{\partial x} = 0 \ , \quad \frac{\partial z}{\partial x} = \frac{-z}{x} \ ,$$

$$xz + xy\frac{\partial z}{\partial y} = 0 \ , \quad \frac{\partial z}{\partial y} = \frac{-z}{y} \ ,$$

故得

$$\frac{\partial A}{\partial x} = y + 2z + 2(-z) + 2y\left(\frac{-z}{x}\right) = y - \frac{2yz}{x} \ ,$$

$$\frac{\partial A}{\partial y} = x + 2z + 2(-z) + 2x\left(\frac{-z}{y}\right) = x - \frac{2xz}{y} \ ,$$

由於

$$\begin{cases} \dfrac{\partial A}{\partial x} = 0 \\[2mm] \dfrac{\partial A}{\partial y} = 0 \end{cases} \Rightarrow \begin{cases} y = \dfrac{2yz}{x} \\[2mm] x = \dfrac{2xz}{y} \end{cases} \Rightarrow \quad x = y = 2z$$

由 $xyz = 500$ 知 $z = 5$ ， $x = y = 10$ 時有最省的材料。

10. 某公司生產 A 、 B 兩種產品， A 產品生產 x 單位時的售價爲 $P_1 = 16 - x^2$ ， B 產品生產 y 單位時的售價爲 $P_2 = 8 - 2y$ ，而其聯合成本爲 $C(x, y) = 10 + 4x + 2y$ 。問 A 、 B 各生產多少時可得最大的淨利？

解 由題意知淨利函數爲

$$NP(x, y) = (16 - x^2)x + (8 - 2y)y - (10 + 4x + 2y)$$
$$= -x^3 - 2y^2 + 12x + 6y - 10 \ ,$$

由於

$$\frac{\partial NP}{\partial x} = -3x^2 + 12 \ , \quad \frac{\partial NP}{\partial y} = -4y + 6$$

$$\frac{\partial^2 NP}{\partial y\partial x} = 0 \ , \quad \frac{\partial^2 NP}{\partial x^2} = -6x \ , \quad \frac{\partial^2 NP}{\partial y^2} = -4$$

故知 $x = 2$ ， $y = \dfrac{3}{2}$ 時有最大淨利。

11. 要製作一個容積爲 12 立方公尺的長方形無蓋盒子，若底部材料的單位成本爲側面材料的單位成本的 3 倍，爲使製作材料成本最省，問這盒子的長寬高各爲何？

解 設這盒子的長寬高分別爲 x , y , z 公尺,則 $xyz=12$ 。

設側面材料的單位面積成本爲 1 ,則底部的單位面積成本爲 3 ,故製作成本爲

$$C = 3xy + 2xz + 2yz \text{ 。}$$

由於

$$\frac{\partial C}{\partial x} = 3y + 2z + 2x\frac{\partial z}{\partial x} + 2y\frac{\partial z}{\partial x} \text{ ,}$$

$$\frac{\partial C}{\partial y} = 3x + 2x\frac{\partial z}{\partial y} + 2z + 2y\frac{\partial z}{\partial y} \text{ ,}$$

由條件 $xyz=12$ 知 $\dfrac{\partial z}{\partial x} = \dfrac{-z}{x}$, $\dfrac{\partial z}{\partial y} = -\dfrac{z}{y}$,故知

$$\frac{\partial C}{\partial x} = 3y + 2z + 2(-z) + 2y\left(\frac{-z}{x}\right) = 3y - \frac{2yz}{x} \text{ ,}$$

$$\frac{\partial C}{\partial y} = 3x + 2x\left(\frac{-z}{y}\right) + 2z + 2(-z) = 3x - \frac{2xz}{y} \text{ ,}$$

由於

$$\begin{cases} \dfrac{\partial C}{\partial x} = 0 \\ \dfrac{\partial C}{\partial y} = 0 \end{cases} \Rightarrow \begin{cases} 3yx = 2yz \\ 3xy = 2xz \end{cases} \Rightarrow x = y = \frac{2}{3}z \text{ ,}$$

由 $xyz=12$ 知 $z=3$, $x=y=2$ 爲使製作成本爲最小的形狀。

12. 某汽車商行發現一至四月間,每月在電視上的廣告時間 x 單位時間,與汽車銷售量 y 之間的關係,如下表所示:

月　份	一	二	三	四
x	3	4	6	3
y	21	27	36	23

(i) 求上列數據之最小平方廻歸直線。

(ii) 若此商行決定五月中的廣告時間爲 4 單位,試估計其在五月中的銷售量。

解 (i) 所求最小平方廻歸直線爲

$$\begin{vmatrix} x & y & 1 \\ \Sigma x_i & \Sigma y_i & \Sigma 1 \\ \Sigma x_i^2 & \Sigma x_i y_i & \Sigma x_i \end{vmatrix} = 0 \text{ , } \begin{vmatrix} x & y & 1 \\ 16 & 107 & 4 \\ 70 & 456 & 16 \end{vmatrix} = 0$$

$$-112x + 24y - 194 = 0$$

$$56x - 12y + 97 = 0$$

(ii) 若五月中廣告時間爲 4 單位,則估計銷售量爲

$$y = \frac{1}{12} \ (\ 56 \times 4 + 97\ ) \approx 27 \ 。$$

13. 某商品在四至八月間的銷售量 y 與其售價 x 之間有下表的關係：

月　　份	四	五	六	七	八
x	90	80	70	60	50
y	200	240	300	350	420

（ⅰ）求上列數據之最小平方廻歸直線。

（ⅱ）試估計銷售量爲 400 之價格。

解 （ⅰ）數據 $\{\ (\ 90\ ,\ 200\ )\ ,\ (\ 80\ ,\ 240\ )\ ,\ (\ 70\ ,\ 300\ )\ ,\ (\ 60\ ,\ 350\ )\ ,\ (\ 50\ ,\ 420\ )\ \}$ 的
最小平方廻歸直線爲

$$\begin{vmatrix} x & y & 1 \\ 350 & 1510 & 5 \\ 25500 & 100200 & 350 \end{vmatrix} = 0 \ ,$$

$$27500\,x + 5000\,y - 3435000 = 0 \ ,$$

$$11\,x + 2\,y - 1374 = 0 \ 。$$

（ⅱ）當 $y = 400$ 時，$x = \dfrac{(\ 1374 - 800\ )}{11} = 52\,\dfrac{2}{11}\ 。$

14. 函數 $f(\ x\ ,\ y\ ) = -2\,x + 3\,y$ 在下面不等式組的圖形上是否有極大和極小值？若有，則
求出之：

$$1 \leqq x + y \leqq 6 \ ,$$

$$-2 \leqq x - y \leqq 3 \ ,$$

$$x - y + 2 \geqq 0 \ ,$$

$$0 \leqq x \leqq 4 \ ,$$

$$0 \leqq y \leqq 3 \ 。$$

解 下面不等式組的圖形如右：

$$1 \leqq x + y \leqq 6$$

$$-2 \leqq x - y \leqq 3$$

$$x + y + 2 \geqq 0$$

$$0 \leqq x \leqq 4$$

$$0 \leqq y \leqq 3$$

因爲目標函數 $f(\ x\ ,\ y\ ) = -2\,x + 3\,y$

的等高線斜率爲 $\dfrac{2}{3}$，故知極大點爲

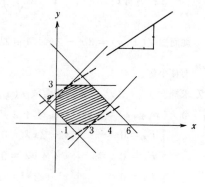

$(1\ ,\ 3)$，極小點爲 $(3\ ,\ 0)$，即

$$\max f = f(\ 1\ ,\ 3\ ) = 7 \ ,$$

$$\min f = f(3,0) = -6 \text{。}$$

15. 求雙曲線 $xy = 4$ 上使一次函數 $f(x,y) = 5x + 2y - 1$ 的值爲最小的點。

解 求出雙曲線上切線斜率爲 $\dfrac{-5}{2}$ 的點。由

$$xy = 4 \quad \Rightarrow \quad y + x\frac{dy}{dx} = 0 \quad \Rightarrow \quad \frac{dy}{dx} = \frac{-y}{x} \text{,}$$

故切線斜率爲 $\dfrac{-5}{2}$ 的點，滿足

$$\frac{-5}{2} = \frac{dy}{dx} = \frac{-y}{x} \text{,} \quad 5x - 2y = 0 \text{,}$$

代入 $xy = 4$ ，得

$$x\left(\frac{5}{2}x\right) = 4 \text{,} \quad 5x^2 = 8 \text{,} \quad x = \pm\sqrt{\frac{8}{5}} \text{,}$$

可知 $f(x,y) = 5x + 2y - 1$ 在點 $\left(-\sqrt{\dfrac{8}{5}}, -\sqrt{10}\right)$ 有極小值。

16. 求橢圓 $3x^2 + y^2 = 9$ 上使一次函數 $f(x,y) = 3x - 2y + 4$ 的值爲最大和最小的點。

解 $\quad 3x^2 + y^2 = 9 \quad \Rightarrow \quad 6x + 2y\dfrac{dy}{dx} = 0 \quad \Rightarrow \quad \dfrac{dy}{dx} = \dfrac{-3x}{y} \text{,}$

橢圓上切線斜率爲 $\dfrac{3}{2}$ 的點，滿足

$$\frac{3}{2} = \frac{dy}{dx} = \frac{-3x}{y} \text{,} \quad 2x + y = 0 \text{,}$$

代入橢圓方程式，得

$$3x^2 + 4x^2 = 9 \text{,} \quad x = \pm\sqrt{\frac{9}{7}} = \pm\frac{3}{\sqrt{7}} \text{,}$$

從而知 $f(x,y) = 3x - 2y + 4$ 在點 $\left(\dfrac{3}{\sqrt{7}}, \dfrac{-6}{\sqrt{7}}\right)$ 有極大值，在點 $\left(\dfrac{-3}{\sqrt{7}}, \dfrac{6}{\sqrt{7}}\right)$

有極小值。

17. 求橢圓 $x^2 + 2y^2 = 2$ 上使函數 $f(x,y) = xy$ 的值爲最大的點。

解 令 $F(x,y,\lambda) = xy + \lambda(x^2 + 2y^2 - 2)$ ，則

$$\begin{cases} F_x = 0 \\ F_y = 0 \\ F_\lambda = 0 \end{cases} \Rightarrow \begin{cases} y + 2x\lambda = 0 \\ x + 4y\lambda = 0 \\ x^2 + 2y^2 = 2 \end{cases}$$

$$\Rightarrow \quad (x, y, \lambda) \in \{(1, \frac{\pm 1}{\sqrt{2}}, \frac{\mp \sqrt{2}}{4}), (-1, \frac{\pm 1}{\sqrt{2}}, \frac{\pm \sqrt{2}}{4})\}$$

故知 $f(x, y)$ 之最大值爲

$$f(1, \frac{1}{\sqrt{2}}) = f(-1, \frac{-1}{\sqrt{2}}) = \frac{1}{\sqrt{2}} \text{。}$$

18. 某一紙業公司擁有兩家工廠，第一家工廠每日可產高級紙 2 噸，中級紙 1 噸，低級紙 8 噸，而其維持費用爲每日 4,000 元；第二家工廠每日可生產高級紙 7 噸，中級紙 1 噸，低級紙 2 噸，而其維持費爲每日 8,000 元。今這家公司接獲訂單須生產高級紙 20 噸，中級紙 5 噸，低級紙 16 噸，問這家公司的兩個工廠各須工作幾天，始可達成供應而成本最小？

解 設第一家工廠工作 x 天，第二家工廠工作 y 天，則此一問題的數學模型如下：

min $\quad 4000x + 8000y$

s.t. $\quad 2x + 7y \geqq 20$

$\qquad x + y \geqq 5$

$\qquad 8x + 2y \geqq 16$

$\qquad x, y \geqq 0$

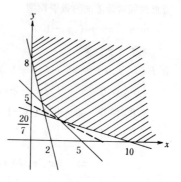

由於上述不等式組的點之圖形如右：

故知最小成本的生產方式爲直線 $x + y = 5$ 及 $2x + 7y = 20$ 的交點 $(3, 2)$，即第一工廠工作 3 天，第二工廠工作 2 天，可達成供應而成本最小。

19. 某化學公司要將 A，B，C 三種化學物品混合製成 1,000 磅的特種混合劑。由於品質的要求，混合劑中 A 不能超過 300 磅，B 不能少於 150 磅，而 C 則至少需要 200 磅。設 A，B，C 每磅價格分別爲 200 元、240 元及 280 元。問 A，B，C 各用幾磅可使成本最低？

解 設以 x，y，z 磅的 A，B，C 三種化學物混合製成，則依題意，此問題的數學模型如下：

min $\quad 200x + 240y + 280z$

s.t. $\quad x + y + z = 1000$

$\qquad x \leqq 300$

$\qquad y \geqq 150$

$\qquad z \geqq 200$

$\qquad x, y, z \geqq 0$

在這問題中有三個變數，不便直接以圖形求解，但因 $z = 1000 - x - y$，故代入而得等價的數學模型如下：

$$\min \quad -80x - 40y + 280000$$
$$s.t. \quad x \leqq 300$$
$$y \geqq 150$$
$$x + y \leqq 800$$
$$x , y \geqq 0$$

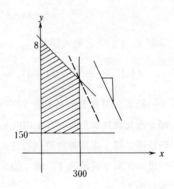

滿足不等式組的點之圖形如右：

因爲目標函數的等高線斜率爲－2，故知

於 $(x, y) = (300, 500)$ 處有最小目標

值，從而知最佳的組合是 A，B，C 分別用

300磅，500磅及200磅。

20. 求拋物線 $y = x^2$ 上和點 $(0, 1)$ 爲最接近的點。

解 所求的問題是下面的數學模型

$$\min \quad x^2 + (y-1)^2$$
$$s.t. \quad y = x^2$$

令 $F(x, y, \lambda) = x^2 + (y-1)^2 + \lambda(y-x^2)$，則

$$\begin{cases} F_x = 0 \\ F_y = 0 \\ F_\lambda = 0 \end{cases} \Rightarrow \begin{cases} 2x - 2x\lambda = 0 \\ 2(y-1) + \lambda = 0 \\ y = x^2 \end{cases}$$

$$\Rightarrow \quad (x, y, \lambda) \in \{(0, 0, 2), (\pm\frac{1}{\sqrt{2}}, \frac{1}{2}, 1)\}$$

對目標函數 $f(x, y) = x^2 + (y-1)^2$ 而言

$$f(0, 0) = 1 , \quad f(\pm\frac{1}{\sqrt{2}}, \frac{1}{2}) = \frac{3}{4} ,$$

故知拋物線上 $(\pm\frac{1}{\sqrt{2}}, \frac{1}{2})$ 與 $(0, 1)$ 最爲接近。

21. 設三正數的和爲9，求乘積的最大值。

解 設三正數爲 x，y，z，則本題的數學模型爲

$$\max \quad xyz$$
$$s.t. \quad x + y + z = 9$$
$$x , y , z > 0$$

令 $F(x, y, z, \lambda) = xyz + \lambda(x + y + z - 9)$，則知

$$\begin{cases} F_x = 0 \\ F_y = 0 \\ F_z = 0 \\ F_\lambda = 0 \end{cases} \Rightarrow \begin{cases} yz + \lambda = 0 \\ xz + \lambda = 0 \\ xy + \lambda = 0 \\ x + y + z = 9 \end{cases} \Rightarrow \quad x = y = z = 3 , \lambda = -9$$

故知最大值爲 27 。

22. 設三正數 x , y , z 滿足下式： $2xy + 3yz + zx = 72$ ，求乘積的最大值。

解 依題意知模型爲

$$\max \quad xyz$$

$$s.t. \quad 2xy + 3yz + zx = 72$$

$$x , y , z > 0$$

令 $F(x,y,z,\lambda) = xyz + \lambda(2xy + 3yz + zx - 72)$ ，則知

$$\begin{cases} F_x = 0 \\ F_y = 0 \\ F_z = 0 \\ F_\lambda = 0 \end{cases} \Rightarrow \begin{cases} yz + (2y+z)\lambda = 0 \\ xz + (3z+2x)\lambda = 0 \\ xy + (x+3y)\lambda = 0 \\ 2xy + 3yz + zx = 72 \end{cases}$$

$$\Rightarrow xyz = -(2y+z)x\lambda = -(3z+2x)y\lambda = -(x+3y)z\lambda$$

因爲 $\lambda = 0$ 時，必知 x , y , z 中至少有二者爲 0 ，而 $2xy + 3yz + zx = 72$ 即不能滿足，故知 $\lambda \ne 0$ ，從而知

$$(2y+z)x = (3z+2x)y = (x+3y)z$$

$$x = 3y , \quad z = 2y ,$$

代入條件 $2xy + 3yz + zx = 72$ ，得 $y = 2$, $x = 6$, $z = 4$ ，而所求最大值爲

$$xyz = 48 。$$

23. 設球面 $x^2 + y^2 + z^2 = 1$ 上的一點 (x,y,z) 處的溫度爲 $T(x,y,z) = 100x^2yz°C$ ，求這球上溫度最高和最低的所在。

解 所求問題爲

$$\max(\min) \quad 100x^2yz$$

$$s.t. \quad x^2 + y^2 + z^2 = 1$$

令 $F(x,y,z,\lambda) = 100x^2yz + \lambda(x^2 + y^2 + z^2 - 1)$ ，則知

$$\begin{cases} F_x = 0 \\ F_y = 0 \\ F_z = 0 \\ F_\lambda = 0 \end{cases} \Rightarrow \begin{cases} 200xyz + 2x\lambda = 0 \\ 100x^2z + 2y\lambda = 0 \\ 100x^2y + 2z\lambda = 0 \\ x^2 + y^2 + z^2 = 1 \end{cases}$$

由上知

$$200x^2yz = -2x^2\lambda = -4y^2\lambda = -4z^2\lambda$$

若 $\lambda = 0$ ，則目標值爲 0 ，若 $\lambda \ne 0$ ，則 $x^2 = 2y^2 = 2z^2$

代入 $x^2 + y^2 + z^2 = 1$ 知 $4y^2 = 1$ ， $y = \pm\dfrac{1}{2}$, $z = \pm\dfrac{1}{2}$, $x = \pm\dfrac{1}{\sqrt{2}}$ ，而知目標函數 $f(x,y,z) = 100x^2yz$ 的最大值和最小值分別爲

$$f(\pm\frac{1}{\sqrt{2}},\frac{1}{2},\frac{1}{2})=100\,(\frac{1}{2})\,(\frac{1}{2}\cdot\frac{1}{2})=\frac{25}{2}\ ,$$

$$f(\pm\frac{1}{\sqrt{2}},\pm\frac{1}{2},\mp\frac{1}{2})=\frac{-25}{2}\ 。$$

24. 設曲線 C 爲曲面 $xyz=-1$ 和平面 $x+y+z=1$ 的交線，求 C 上和坐標系之原點相距最近和最遠的點。

解 所求問題爲

$$\max(\min)\quad f(x,y,z)=x^2+y^2+z^2$$
$$s.t.\qquad xyz=-1$$
$$\qquad\qquad x+y+z=1$$

令 $F(x,y,z,\lambda,\mu)=x^2+y^2+z^2+\lambda(xyz+1)+\mu(x+y+z-1)$ ，則知

$$\begin{cases}F_x=0\\F_y=0\\F_z=0\\F_\lambda=0\\F_\mu=0\end{cases}\Rightarrow\begin{cases}2x+\lambda yz+\mu=0\\2y+\lambda xz+\mu=0\\2z+\lambda xy+\mu=0\\xyz=-1\\x+y+z=1\end{cases}$$

從而知

$$-\mu=2x+\lambda yz=2y+\lambda xz=2z+\lambda xy$$
$$2(x-y)=\lambda z(x-y)$$
$$2(y-z)=\lambda x(y-z)$$
$$2(x-z)=\lambda y(x-z)$$

若 $x=y$ ，則由 $xyz=-1$ 知 $z=\dfrac{-1}{x^2}$ ，再由 $x+y+z=1$ 知

$$x+x+\frac{-1}{x^2}=1\ ,\quad 2x^3-x^2-1=0$$

$$(x-1)(2x^2+x+1)=0\ ,\quad x=1\ ,$$

從而得 $y=1$, $z=-1$, $\mu=0$, $\lambda=2$ ，換言之，可知

(x,y,z,λ,μ) 滿足 $F_x=F_y=F_z=F_\lambda=F_\mu=0$

$\Rightarrow\ (x,y,z,\lambda,\mu)\in\{(1,1,-1,2,0),(1,-1,1,2,0),(-1,1,1,2,0)\}$

對這些點而言目標值均爲 3 。又因點 $(\dfrac{1+\sqrt{33}}{4},\dfrac{1-\sqrt{33}}{4},\dfrac{1}{2})$ 爲 C 上之一點，

且其目標函數值爲

$$(\frac{1}{4}(1+\sqrt{33}))^2+(\frac{1}{4}(1-\sqrt{33}))^2+\frac{1}{4}=\frac{72}{16}=\frac{9}{2}>3\ ,$$

故知 $(x,y,z)\in\{(1,1,-1),(1,-1,1),(-1,1,1)\}$ 爲 C 上與原點距離最近

的點，而 C 上則無與原點最遠的點。

25. 設曲線 C 爲曲面 $x^2 + y^2 = z^2$ 和平面 $x + y - z + 1 = 0$ 的交線，求 C 上和坐標系之原點相距最近和最遠的點。

解 所求問題爲

$$\max(\min) \quad f(x, y, z) = x^2 + y^2 + z^2$$

$$s.t. \qquad x^2 + y^2 = z^2$$

$$\qquad\qquad x + y - z + 1 = 0$$

令 $F(x, y, z, \lambda, \mu) = x^2 + y^2 + z^2 + \lambda(x^2 + y^2 - z^2) + \mu(x + y - z + 1)$，則

$$\begin{cases} F_x = 0 \\ F_y = 0 \\ F_z = 0 \\ F_\lambda = 0 \\ F_\mu = 0 \end{cases} \Rightarrow \begin{cases} 2x + 2x\lambda + \mu = 0 \\ 2y + 2y\lambda + \mu = 0 \\ 2z + 2z\lambda - \mu = 0 \\ x^2 + y^2 = z^2 \\ x + y - z + 1 = 0 \end{cases}$$

由上知

$$-u = 2x(1 + \lambda) = 2y(1 + \lambda) = 2z(\lambda - 1)$$

若 $1 + \lambda = 0$ 則 $\mu = 0$，$\lambda = -1$，而 $z = 0$ 從而 $x = y = 0$，與 $x + y - z + 1 = 0$ 不合，故知 $1 + \lambda \neq 0$，從而知 $x = y$ 代入 $x + y - z + 1 = 0$ 得 $z = 2x + 1$ 代入 $x^2 + y^2 = z^2$ 得

$$2x^2 = (2x + 1)^2, \quad 2x^2 + 4x + 1 = 0$$

$$x = -1 \pm \frac{\sqrt{2}}{2} = y, \quad z = -1 \pm \sqrt{2},$$

因爲

$$f(-1 + \frac{\sqrt{2}}{2}, -1 + \frac{\sqrt{2}}{2}, -1 + \sqrt{2}) = 2(3 - 2\sqrt{2}),$$

$$f(-1 - \frac{\sqrt{2}}{2}, -1 - \frac{\sqrt{2}}{2}, -1 - \sqrt{2}) = 2(3 + 2\sqrt{2}),$$

故知 C 上與原點最近的點爲 $(-1 + \frac{\sqrt{2}}{2}, -1 + \frac{\sqrt{2}}{2}, -1 + \sqrt{2})$，而與原點最遠的點爲 $(-1 - \frac{\sqrt{2}}{2}, -1 - \frac{\sqrt{2}}{2}, -1 - \sqrt{2})$。

11-1

1. 利用極限的性質，證明定理 11-1 。

解 因為 f 在 D 上為可積分，故

$$\iint_D f(x,y)\,ds = \lim_{\|\triangle\| \to 0} \left(\sum_{i=1}^{n} f(x_i,y_i)\triangle s_i \right) ,$$

從而知 kf 在 D 上的黎曼和之極限

$$\lim_{\|\triangle\| \to 0} \sum_{i=1}^{n} kf(x_i,y_i)\triangle s_i = \lim_{\|\triangle\| \to 0} \left(k \sum_{i=1}^{n} f(x_i,y_i)\triangle s_i \right)$$

$$= k \iint_D f(x,y)\,ds \; 。$$

2. 利用極限的性質，證明定理 11-2 。

解 因為 f，g 在 D 上為可積分，故

$$\iint_D f(x,y)\,ds = \lim_{\|\triangle\| \to 0} \left(\sum_{i=1}^{n} f(x_i,y_i)\triangle s_i \right)$$

$$\iint_D g(x,y)\,ds = \lim_{\|\triangle\| \to 0} \left(\sum_{i=1}^{n} g(x_i,y_i)\triangle s_i \right) ,$$

從而知

$$\lim_{\|\triangle\| \to 0} \sum_{i=1}^{n} (f(x_i,y_i)+g(x_i,y_i))\triangle s_i$$

$$= \lim_{\|\triangle\| \to 0} \left(\sum_{i=1}^{n} f(x_i,y_i)\triangle s_i + \sum_{i=1}^{n} g(x_i,y_i)\triangle s_i \right)$$

$$= \lim_{\|\triangle\| \to 0} \sum_{i=1}^{n} f(x_i,y_i)\triangle s_i + \lim_{\|\triangle\| \to 0} \sum_{i=1}^{n} g(x_i,y_i)\triangle s_i$$

$$= \iint_D f(x,y)\,ds + \iint_D g(x,y)\,ds \; 。$$

3. 設函數 $f(x,y)$，$g(x,y)$ 在平面區域 D 上都為可積分，且 $f(x,y) \leqq g(x,y)$，$(x,y) \in D$，證明：

$$\iint_D f(x,y)\,ds \leqq \iint_D g(x,y)\,ds \; 。$$

解 因為 $f(x,y)-g(x,y) \leqq 0$，$(x,y) \in D$，故

$$\Sigma (f(x_i,y_i)-g(x_i,y_i))\triangle s_i \leqq 0 ,$$

從而知

$$\lim_{\|\triangle\|\to 0} \sum_{i=1}^{n} (f(x_i, y_i) - g(x_i, y_i)) \triangle s_i \leqq 0 ,$$

即知

$$\iint_D (f(x, y) - g(x, y)) ds \leqq 0 ,$$

$$\iint_D f(x, y) ds - \iint_D g(x, y) ds \leqq 0 ,$$

$$\iint_D f(x, y) ds \leqq \iint_D g(x, y) ds 。$$

4. 設函數 $f(x, y)$ 在平面區域 D 上為連續，則 $|f(x, y)|$ 在 D 上也為連續，利用定理 11-1，11-2，11-4，證明：

$$\left| \iint_D f(x, y) ds \right| \leqq \iint_D |f(x, y)| ds 。$$

解 因為

$$-|f(x, y)| \leqq f(x, y) \leqq |f(x, y)|$$

故由上題知

$$-\iint_D |f(x, y)| ds \leqq \iint_D f(x, y) ds \leqq \iint_D |f(x, y)| ds$$

$$\left| \iint_D f(x, y) ds \right| \leqq \iint_D |f(x, y)| ds 。$$

11-2

求下面各題中迭次積分之值：（1～8）

1. $\displaystyle\int_0^1 \int_0^x y \, dy \, dx$

解 $\displaystyle\int_0^1 \int_0^x y \, dy \, dx = \int_0^1 (\frac{1}{2} y^2) \Big|_0^x dx = \int_0^1 \frac{1}{2} x^2 dx = \frac{1}{6} x^3 \Big|_0^1 = \frac{1}{6} 。$

2. $\displaystyle\int_1^2 \int_0^{y^2} x y^2 \, dx \, dy$

解 $\displaystyle\int_1^2 \int_0^{y^2} x y^2 \, dx \, dy = \int_1^2 y^2 (\frac{x^2}{2}) \Big|_0^{y^2} dy = \int_1^2 \frac{1}{2} y^6 dy = \frac{1}{14} y^7 \Big|_1^2$

$$= \frac{1}{14} (2^7 - 1) = \frac{127}{14} 。$$

3. $\displaystyle\int_0^1 \int_0^{\sqrt{1-x^2}} y \, dy \, dx$

解 $\displaystyle\int_0^1\int_0^{\sqrt{1-x^2}} y\,dy\,dx = \int_0^1\left(\frac{1}{2}\,y^2\right)\Big|_0^{\sqrt{1-x^2}}\,dx = \int_0^1\frac{1}{2}\,(1-x^2)\,dx$

$\displaystyle = \frac{1}{2}\left(x-\frac{x^3}{3}\right)\Big|_0^1 = \frac{1}{3}\,.$

4. $\displaystyle\int_4^9\int_0^x \sqrt{x-y}\,dy\,dx$

解 $\displaystyle\int_4^9\int_0^x \sqrt{x-y}\,dy\,dx = \int_4^9\int_0^x -\sqrt{x-y}\,d(x-y)\,dx = \int_4^9 -\frac{2}{3}\,(x-y)^{\frac{3}{2}}\Big|_0^x\,dx$

$\displaystyle = \frac{2}{3}\int_4^9 x^{\frac{3}{2}}\,dx = \frac{2}{3}\cdot\frac{2}{5}\,x^{\frac{5}{2}}\Big|_4^9 = \frac{4}{15}\,(3^5-2^5) = \frac{844}{15}\,.$

5. $\displaystyle\int_0^1\int_0^{3y} \sqrt{x+y}\,dx\,dy$

解 $\displaystyle\int_0^1\int_0^{3y} \sqrt{x+y}\,dx\,dy = \int_0^1\int_0^{3y} \sqrt{x+y}\,d(x+y)\,dy = \int_0^1\frac{2}{3}\,(x+y)^{\frac{3}{2}}\Big|_0^{3y}\,dy$

$\displaystyle = \frac{2}{3}\int_0^1 8y^{\frac{3}{2}}-y^{\frac{3}{2}}\,dy = \frac{14}{3}\int_0^1 y^{\frac{3}{2}}\,dy = \frac{28}{15}\,y^{\frac{5}{2}}\Big|_0^1 = \frac{28}{15}\,.$

6. $\displaystyle\int_0^{\frac{\pi}{6}}\int_{\frac{\pi}{3}}^y \sin x\,dx\,dy$

解 $\displaystyle\int_0^{\frac{\pi}{6}}\int_{\frac{\pi}{3}}^y \sin x\,dx\,dy = \int_0^{\frac{\pi}{6}} -\cos x\Big|_{\frac{\pi}{3}}^y\,dy = \int_0^{\frac{\pi}{6}} -\cos y + \frac{1}{2}\,dy$

$\displaystyle = (-\sin y + \frac{1}{2}\,y)\Big|_0^{\frac{\pi}{6}} = \frac{\pi}{12}-\frac{1}{2}\,.$

7. $\displaystyle\int_0^{\ln 3}\int_0^x e^{2x+3y}\,dy\,dx$

解 $\displaystyle\int_0^{\ln 3}\int_0^x e^{2x+3y}\,dy\,dx = \int_0^{\ln 3} e^{2x}\int_0^x e^{3y}\,dy\,dx = \int_0^{\ln 3}\frac{1}{3}\,e^{2x}\,(e^{3y})\Big|_0^x\,dx$

$\displaystyle = \frac{1}{3}\int_0^{\ln 3} e^{2x}\,(e^{3x}-1)\,dx = \frac{1}{3}\int_0^{\ln 3} e^{5x}-e^{2x}\,dx = \frac{1}{3}\,(\frac{1}{5}\,e^{5x}-\frac{1}{2}\,e^{2x})\Big|_0^{\ln 3}$

$\displaystyle = \frac{1}{3}\,(\frac{1}{5}\,(3^5-1)-\frac{1}{2}\,(3^2-1)) = \frac{74}{5}\,.$

8. $\displaystyle\int_{\frac{\pi}{4}}^{\frac{\pi}{2}}\int_1^{\cos\theta} r\sin\theta\,dr\,d\theta$

解 $\displaystyle \int_{\frac{\pi}{4}}^{\frac{\pi}{2}} \int_{1}^{\cos\theta} r\,\sin\theta\,dr\,d\theta = \int_{\frac{\pi}{4}}^{\frac{\pi}{2}} \sin\theta \int_{1}^{\cos\theta} r\,dr\,d\theta$

$$= \int_{\frac{\pi}{4}}^{\frac{\pi}{2}} \sin\theta\,(\frac{1}{2}r^2)\,\Big|_{1}^{\cos\theta}\,d\theta = \frac{1}{2}\int_{\frac{\pi}{4}}^{\frac{\pi}{2}} \sin\theta\,\cos^2\theta - \sin\theta\,d\theta$$

$$= \frac{1}{2}(-\frac{1}{3}\cos^3\theta + \cos\theta)\,\Big|_{\frac{\pi}{4}}^{\frac{\pi}{2}} = \frac{1}{2}(\frac{1}{3}\cdot\frac{1}{2\sqrt{2}} - \frac{1}{\sqrt{2}}) = \frac{-5}{12\sqrt{2}}\,\text{。}$$

求下面各題中二重積分 $\displaystyle\iint_D f(x,y)\,ds$ 之值:(9～12)

9. $f(x,y) = x^3 + 2xy^2$, $D = \{(x,y) \mid x\in[1,2]\,,\,y\in[0,3]\}$。

解 因為 $f(x,y) = x^3 + 2xy^2$, $D = \{(x,y) \mid x\in[1,2]\,,\,y\in[0,3]\}$
故得

$$\iint_D f(x,y)\,ds = \int_0^3\int_1^2 x^3 + 2xy^2\,dx\,dy = \int_0^3 (\frac{x^4}{4} + x^2y^2)\,\Big|_1^2\,dy$$

$$= \int_0^3 (4 - \frac{1}{4}) + 3y^2\,dy = (\frac{15}{4}y + y^3)\,\Big|_0^3 = \frac{45}{4} + 27 = \frac{153}{4}\,\text{。}$$

10. $f(x,y) = 1 + xy$, $D = \{(x,y) \mid 0\le y\le x^3\,,\,x\in[0,2]\}$。

解 因為 $f(x,y) = 1 + xy$, $D = \{(x,y) \mid 0\le y\le x^3\,,\,x\in[0,2]\}$, 故

$$\iint_D f(x,y)\,ds = \int_0^2\int_0^{x^3} 1 + xy\,dy\,dx = \int_0^2 (y + \frac{x}{2}y^2)\,\Big|_0^{x^3}\,dx$$

$$= \int_0^2 x^3 + \frac{1}{2}x^7\,dx = (\frac{1}{4}x^4 + \frac{1}{16}x^8)\,\Big|_0^2 = 4 + 16 = 20\,\text{。}$$

11. $f(x,y) = \dfrac{x}{\sqrt{y}}$, $D = \{(x,y) \mid 0\le y\le 1-x^2\,,\,x\in[-1,1]\}$。

解 因為 $f(x,y) = \dfrac{x}{\sqrt{y}}$, $D = \{(x,y) \mid 0\le y\le 1-x^2\,,\,x\in[-1,1]\}$, 故

$$\iint_D f(x,y)\,ds = \int_{-1}^1\int_0^{1-x^2} \frac{x}{\sqrt{y}}\,dy\,dx = \int_{-1}^1 (2xy^{\frac{1}{2}})\,\Big|_0^{1-x^2}\,dx$$

$$= \int_{-1}^1 2x\sqrt{1-x^2}\,dx = -\int_{-1}^1 \sqrt{1-x^2}\,d(1-x^2) = -(\frac{2}{3}(1-x^2)^{\frac{3}{2}})\,\Big|_{-1}^1$$

$$= 0\,\text{。}$$

12. $f(x,y) = x + 2xy$, D 為直線 $x - y = 1$ 和拋物線 $x + 1 = y^2$ 所圍的區域。

解 因為 D 為下頁圖所示的區域,而 $f(x,y) = x + 2xy$, 故知

$$\iint_D f(x,y)\,ds = \int_{-1}^{2}\int_{y^2-1}^{y+1} x + 2xy\,dx\,dy = \int_{-1}^{2}\left(\frac{x^2}{2} + x^2 y\right)\Bigg|_{y^2-1}^{y+1}\,dy$$

$$= \int_{-1}^{2}\frac{1}{2}(3y^2 + 2y - y^4) + (3y^3 + 2y^2 - y^5)\,dy$$

$$= \int_{-1}^{2}\frac{7}{2}y^2 + y - \frac{1}{2}y^4 + 3y^3 - y^5\,dy$$

$$= \left(\frac{7}{6}y^3 + \frac{1}{2}y^2 - \frac{1}{10}y^5 + \frac{3}{4}y^4 - \frac{1}{6}y^6\right)\Bigg|_{-1}^{2}$$

$$= \frac{7}{6}(8+1) + \frac{1}{2}(4-1) - \frac{1}{10}(32+1) + \frac{3}{4}(16-1) - \frac{1}{6}(64-1)$$

$$= \frac{189}{20}\text{ 。}$$

於下面二題中：(1)求出迭次積分的值，(2)將所給的迭次積分表為二重積分，並作出二重積分的積分區域 D，(3)將二重積分表為迭次積分，但積分的次序和所給的次序不同，並據以求出它的值。

13. $\displaystyle\int_{0}^{1}\int_{y}^{y^2}\sqrt{x}\,y\,dx\,dy$

解 $\displaystyle\int_{0}^{1}\int_{y}^{y^2}\sqrt{x}\,y\,dx\,dy = \int_{0}^{1}y\left(\frac{2}{3}x^{\frac{3}{2}}\right)\Bigg|_{y}^{y^2}\,dy = \int_{0}^{1}\frac{2}{3}\left(y^4 - y^{\frac{5}{2}}\right)\,dy$

$$= \frac{2}{3}\left(\frac{1}{5}y^5 - \frac{2}{7}y^{\frac{7}{2}}\right)\Bigg|_{0}^{1} = \frac{2}{3}\left(\frac{1}{5} - \frac{2}{7}\right) = \frac{-2}{35}\text{ 。}$$

$$\int_{0}^{1}\int_{y}^{y^2}\sqrt{x}\,y\,dx\,dy = -\int_{0}^{1}\int_{y^2}^{y}\sqrt{x}\,y\,dx\,dy = -\iint_D \sqrt{x}\,y\,ds\,,$$

其中 $D = \{(x,y)\mid y^2 \leqq x \leqq y,\ y\in[0,1]\}$，故知

$$-\iint_D \sqrt{x}\,y\,ds = -\int_{0}^{1}\int_{x}^{\sqrt{x}}\sqrt{x}\,y\,dy\,dx = -\int_{0}^{1}\sqrt{x}\left(\frac{y^2}{2}\right)\Bigg|_{x}^{\sqrt{x}}\,dx$$

$$= -\int_{0}^{1}\frac{1}{2}\left(x^{\frac{3}{2}} - x^{\frac{5}{2}}\right)\,dx = -\frac{1}{2}\left(\frac{2}{5}x^{\frac{5}{2}} - \frac{2}{7}x^{\frac{7}{2}}\right)\Bigg|_{0}^{1} = \frac{-1}{2}\left(\frac{2}{5} - \frac{2}{7}\right)$$

$$= \frac{-2}{35} \text{。}$$

14. $\int_0^1 \int_x^{3x} x^2 y + x y^2 \, dy \, dx$

解 $\int_0^1 \int_x^{3x} x^2 y + x y^2 \, dy \, dx = \int_0^1 \left(x^2 \left(\frac{y^2}{2} \right) + x \left(\frac{y^3}{3} \right) \right) \Big|_x^{3x} dx$

$= \int_0^1 4 x^4 + \frac{26}{3} x^4 \, dx = \int_0^1 \frac{38}{3} x^4 \, dx = \frac{38}{3} \cdot \frac{x^5}{5} \Big|_0^1 = \frac{38}{15} \text{。}$

$$\int_0^1 \int_x^{3x} x^2 y + x y^2 \, dy \, dx = \iint_D x^2 y + x y^2 \, ds \text{,}$$

其中 $D = \{ (x, y) \mid x \leqq y \leqq 3x \, , \, x \in [0, 1] \}$。從而

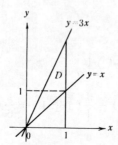

$$\iint_D x^2 y + x y^2 \, ds$$

$$= \int_0^1 \int_{\frac{y}{3}}^y x^2 y + x y^2 \, dx \, dy + \int_1^3 \int_{\frac{y}{3}}^1 x^2 y + x y^2 \, dx \, dy$$

$$= \int_0^1 y \left(\frac{x^3}{3} \right) \Big|_{\frac{y}{3}}^y + y^2 \left(\frac{x^2}{2} \right) \Big|_{\frac{y}{3}}^y \, dy + \int_1^3 y \left(\frac{x^3}{3} \right) \Big|_{\frac{y}{3}}^1 + y^2 \left(\frac{x^2}{2} \right) \Big|_{\frac{y}{3}}^1 \, dy$$

$$= \int_0^1 \frac{26}{81} y^4 + \frac{4}{9} y^4 \, dy + \int_1^3 \frac{y}{3} - \frac{y^4}{81} + \frac{y^2}{2} - \frac{y^4}{18} \, dy$$

$$= \frac{62}{81} \int_0^1 y^4 \, dy + \int_1^3 \frac{y}{3} + \frac{y^2}{2} - \frac{11}{162} y^4 \, dy$$

$$= \frac{62}{81} \left(\frac{y^4}{5} \right) \Big|_0^1 + \left(\frac{y^2}{6} + \frac{y^3}{6} - \frac{11}{162} \cdot \frac{y^5}{5} \right) \Big|_1^3$$

$$= \frac{62}{405} + \frac{34}{6} - \frac{1331}{405} = \frac{17}{3} - \frac{1269}{405} = \frac{765}{135} - \frac{423}{135} = \frac{342}{135} = \frac{38}{15} \text{。}$$

改變下面二題中迭次積分的積分次序，但不必積分。

15. $\displaystyle\int_0^{\frac{1}{\sqrt{2}}}\int_y^{\sqrt{1-y^2}} f(x,y)\,dx\,dy$

解 $\displaystyle\int_0^{\frac{1}{\sqrt{2}}}\int_y^{\sqrt{1-y^2}} f(x,y)\,dx\,dy = \iint_D f(x,y)\,ds$

其中 $D = \{ (x,y) \mid y \leqq x \leqq \sqrt{1-y^2} \ , \ y \in [0, \frac{1}{\sqrt{2}}] \}$ ，如下圖所示：

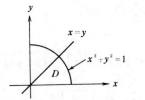

故知

$$\int_0^{\frac{1}{\sqrt{2}}}\int_y^{\sqrt{1-y^2}} f(x,y)\,dx\,dy = \iint_D f(x,y)\,ds$$

$$= \int_0^{\frac{1}{\sqrt{2}}}\int_0^x f(x,y)\,dy\,dx + \int_{\frac{1}{\sqrt{2}}}^1 \int_0^{\sqrt{1-x^2}} f(x,y)\,dy\,dx \ 。$$

16. $\displaystyle\int_0^{2\sqrt[3]{2}}\int_{\frac{x^2}{4}}^{\sqrt{x}} f(x,y)\,dy\,dx$

解 $\displaystyle\int_0^{2\sqrt[3]{2}}\int_{\frac{x^2}{4}}^{\sqrt{x}} f(x,y)\,dy\,dx = \iint_D f(x,y)\,ds$

其中 $D = \{ (x,y) \mid \frac{x^2}{4} \leqq y \leqq \sqrt{x} \ , \ x \in [0, 2\sqrt[3]{2}] \}$ ，如下圖所示：

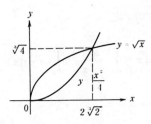

故知

$$\int_0^{2\sqrt[3]{2}}\int_0^x f(x,y)\,dy\,dx = \iint_D f(x,y)\,ds = \int_0^{\sqrt[3]{4}}\int_{y^2}^{2\sqrt{y}} f(x,y)\,dx\,dy \ 。$$

求下面二題的值：

17. $\displaystyle\int_0^{\frac{1}{2}}\int_{2x}^1 \exp(y^2)\,dy\,dx$

解 $\displaystyle\int_0^{\frac{1}{2}}\int_{2x}^1 \exp(y^2)\,dy\,dx = \iint_D \exp(y^2)\,ds$,

其中 $D=\{(x,y)\mid 2x\leqq y\leqq 1\ ,\ x\in[0,\frac{1}{2}]\}$, 故得

$$\int_0^{\frac{1}{2}}\int_{2x}^1 \exp(y^2)\,dy\,dx = \int_0^1\int_0^{\frac{y}{2}} \exp(y^2)\,dx\,dy = \int_0^1 \exp(y^2)\int_0^{\frac{y}{2}} dx\,dy$$

$$=\frac{1}{2}\int_0^1 y\exp(y^2)\,dy = \frac{1}{4}\int_0^1 \exp(y^2)\,d(y^2) = \frac{1}{4}\exp(y^2)\bigg|_0^1$$

$$=\frac{1}{4}(e-1)\ \text{。}$$

18. $\displaystyle\int_0^1\int_y^1 \frac{\sin x}{x}\,dx\,dy$

解 $\displaystyle\int_0^1\int_y^1 \frac{\sin x}{x}\,dx\,dy = \iint_D \frac{\sin x}{x}\,ds$

其中 $D=\{(x,y)\mid y\leqq x\leqq 1\}$, 如下圖所示：

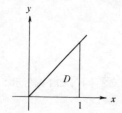

故知

$$\int_0^1\int_y^1 \frac{\sin x}{x}\,dx\,dy = \int_0^1\int_0^x \frac{\sin x}{x}\,dy\,dx = \int_0^1 \frac{\sin x}{x}\int_0^x dy\,dx$$

$$=\int_0^1 \sin x\,dx = -\cos x\bigg|_0^1 = 1-\cos 1\ \text{。}$$

11-3

利用轉換爲極坐標，求下面各迭次積分之值：（1～4）

1. $\displaystyle\int_0^3 \int_0^y \sqrt{x^2 + y^2}\ dx\ dy$

解 $\displaystyle\int_0^3 \int_0^y \sqrt{x^2 + y^2}\ dx\ dy = \iint_D \sqrt{x^2 + y^2}\ ds$,

其中 $D = \{\ (x,y)\ |\ 0 \leqq x \leqq y\ ,\ y \in [\ 0\ ,\ 3\ ]\ \}$ ，如下圖所示：

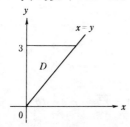

將 D 表爲極坐標平面區域，則

$$D = \{\ (r,\theta)\ |\ 0 \leqq r \leqq 3\csc\theta\ ,\ \theta \in [\ \frac{\pi}{4}\ ,\ \frac{\pi}{2}\ ]\ \}$$

故知

$$\iint_D \sqrt{x^2 + y^2}\ ds = \int_{\frac{\pi}{4}}^{\frac{\pi}{2}} \int_0^{3\csc\theta} r \cdot r\ dr\ d\theta = \int_{\frac{\pi}{4}}^{\frac{\pi}{2}} \frac{1}{3}(r^3)\ \Big|_0^{3\csc\theta}\ d\theta$$

$$= 9 \int_{\frac{\pi}{4}}^{\frac{\pi}{2}} \csc^3\theta\ d\theta = 9\ (\ \frac{-1}{2}\csc\theta\cot x\ \Big|_{\frac{\pi}{4}}^{\frac{\pi}{2}} + \frac{1}{2} \int_{\frac{\pi}{4}}^{\frac{\pi}{2}} \csc\theta\ )\quad （公式 59）$$

$$= \frac{-9}{2}(\ 0 - \sqrt{2}\ ) + \frac{9}{2}(\ \ln\ |\ \csc x - \cot x\ |\ )\ \Big|_{\frac{\pi}{4}}^{\frac{\pi}{2}}$$

$$= \frac{9\sqrt{2}}{2} + \frac{9}{2}(\ \ln(\ 1 - 0\ ) - \ln\ |\ \sqrt{2} - 1\ |\ )$$

$$= \frac{9}{2}(\ \sqrt{2} - \ln(\ \sqrt{2} - 1\ )\ )\ 。$$

2. $\displaystyle\int_0^2 \int_0^{\sqrt{4-x^2}} \sqrt{4 - x^2 - y^2}\ dy\ dx$

解 $\displaystyle\int_0^2 \int_0^{\sqrt{4-x^2}} \sqrt{4 - x^2 - y^2}\ dy\ dx = \iint_D \sqrt{4 - x^2 - y^2}\ ds$

其中 $D = \{\ (x,y)\ |\ 0 \leqq y \leqq \sqrt{4 - x^2}\ ,\ x \in [\ 0\ ,\ 2\ ]\ \}$ ，如下頁圖所示。將之表爲極坐標平面的區域，則

$$D = \{\ (r,\theta)\ |\ 0 \leqq r \leqq 2\ ,\ \theta \in [\ 0\ ,\ \frac{\pi}{2}\ ]\ \}$$

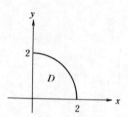

故知

$$\int_0^2 \int_0^{\sqrt{4-x^2}} \sqrt{4-x^2-y^2}\, ds = \int_0^{\frac{\pi}{2}} \int_0^2 \sqrt{4-r^2}\cdot r\, dr\, d\theta$$

$$= \frac{-1}{2}\int_0^{\frac{\pi}{2}} \frac{2}{3}(4-r^2)^{\frac{3}{2}}\Big|_0^2 d\theta = \frac{-1}{3}(-8)\int_0^{\frac{\pi}{2}} d\theta = \frac{4\pi}{3}\,\text{。}$$

3. $\displaystyle\int_0^1 \int_0^{\sqrt{1-x^2}} \cos(x^2+y^2)\, dy\, dx$

解 $\displaystyle\int_0^1 \int_0^{\sqrt{1-x^2}} \cos(x^2+y^2)\, dy\, dx$

$$= \int_0^{\frac{\pi}{2}} \int_0^1 \cos(r^2)\, r\, dr\, d\theta = \frac{1}{2}\int_0^{\frac{\pi}{2}} (\sin r^2)\Big|_0^1 d\theta$$

$$= \frac{\sin 1}{2}\int_0^{\frac{\pi}{2}} d\theta = \frac{\pi(\sin 1)}{4}\,\text{。}$$

4. $\displaystyle\int_0^1 \int_0^{\sqrt{1-y^2}} \exp\sqrt{x^2+y^2}\, dx\, dy$

解 $\displaystyle\int_0^1 \int_0^{\sqrt{1-y^2}} \exp\sqrt{x^2+y^2}\, dx\, dy$

$$= \int_0^{\frac{\pi}{2}} \int_0^1 (\exp r)\, r\, dr\, d\theta = \left(\int_0^1 e^r\, r\, dr\right)\int_0^{\frac{\pi}{2}} d\theta$$

$$= \frac{\pi}{2}\left(re^r\Big|_0^1 - \int_0^1 e^r\, dr\right) = \frac{\pi}{2}(e-(e-1)) = \frac{\pi}{2}\,\text{。}$$

於下面各題中求重積分 $\displaystyle\iint_D f(x,y)\, ds$ 之值：（5～11）

5. $f(x,y) = \dfrac{1}{\sqrt{1-x^2-y^2}}$, $D=\{(x,y) \mid x^2+y^2 \leqq a^2,\ 0<a<1\}$

$-\,280\,-$

解 因為 $f(x,y) = \dfrac{1}{\sqrt{1-x^2-y^2}}$ ，$D = \{(x,y) \mid x^2+y^2 \leqq a \, , \, 0 < a < 1\}$

故知

$$\iint_D f(x,y)\,ds = \int_0^{2\pi}\int_0^a \frac{r}{\sqrt{1-r^2}}\,dr\,d\theta = \int_0^a \frac{r}{\sqrt{1-r^2}}\,dr \int_0^{2\pi} d\theta$$

$$= 2\pi\left(-\sqrt{1-r^2}\;\Big|_0^a\right) = 2\pi\left(1-\sqrt{1-a^2}\right) \text{ 。}$$

6. $f(x,y) = \exp(-(x^2+y^2))$ ，$D = \{(x,y) \mid 1 \leqq x^2+y^2 \leqq 4\}$

解 因為 $f(x,y) = \exp(-(x^2+y^2))$ ，$D = \{(x,y) \mid 1 \leqq x^2+y^2 \leqq 4\}$ ，故知

$$\iint_D f(x,y)\,ds = \int_0^{2\pi}\int_1^2 \exp(-r^2)\,r\,dr\,d\theta$$

$$= \left(\int_0^{2\pi} d\theta\right)\left(\int_1^2 \exp(-r^2)\,r\,dr\right) = 2\pi\left(\frac{-1}{2}\exp(-r^2)\;\Big|_1^2\right)$$

$$= -\pi\left(e^{-4}-e^{-1}\right) = \pi\left(e^{-1}-e^{-4}\right) \text{ 。}$$

7. $f(x,y) = x$ ，$D = \{(x,y) \mid x^2+y^2 \leqq x\}$

解 因為 $f(x,y) = x$ ，$D = \{(x,y) \mid x^2+y^2 \leqq x\}$

故知

$$\iint_D f(x,y)\,ds$$

$$= \int_{-\frac{\pi}{2}}^{\frac{\pi}{2}}\int_0^{\cos\theta} r\cos\theta \cdot r\,dr\,d\theta$$

$$= \int_{-\frac{\pi}{2}}^{\frac{\pi}{2}}\cos\theta\int_0^{\cos\theta} r^2\,dr\,d\theta = \int_{-\frac{\pi}{2}}^{\frac{\pi}{2}}\frac{1}{3}\cos^4\theta\,d\theta$$

$$= \frac{1}{3}\int_{-\frac{\pi}{2}}^{\frac{\pi}{2}}\left(\frac{1+\cos 2\theta}{2}\right)^2 d\theta = \frac{1}{12}\int_{-\frac{\pi}{2}}^{\frac{\pi}{2}} 1+2\cos 2\theta + \cos^2 2\theta\,d\theta$$

$$= \frac{1}{12}(\theta+\sin 2\theta)\;\Big|_{-\frac{\pi}{2}}^{\frac{\pi}{2}} + \frac{1}{12}\int_{-\frac{\pi}{2}}^{\frac{\pi}{2}}\frac{1+\cos 4\theta}{2}\,d\theta$$

$$= \frac{\pi}{12} + \frac{1}{24}\left(\theta+\frac{1}{4}\sin 4\theta\right)\;\Big|_{-\frac{\pi}{2}}^{\frac{\pi}{2}} = \frac{\pi}{12} + \frac{\pi}{24} = \frac{\pi}{8} \text{ 。}$$

8. $f(x,y) = y^2$ ，$D = \{(x,y) \mid x^2+y^2 \leqq 2y\}$

解 因爲 $f(x,y)=y^2$，$D=\{(x,y)\mid x^2+y^2\leqq 2y\}$

故知

$$\iint_D f(x,y)\,ds$$

$$=\int_0^\pi\int_0^{2\sin\theta}(r^2\sin^2\theta)\,r\,dr\,d\theta$$

$$=\int_0^\pi(\sin^2\theta)(\frac{r^4}{4}\Big|_0^{2\sin\theta})\,d\theta$$

$$=4\int_0^\pi\sin^6\theta\,d\theta=4\int_0^\pi(\frac{1-\cos 2\theta}{2})^3\,d\theta$$

$$=\frac{1}{2}\int_0^\pi 1-3\cos 2\theta+3\cos^2 2\theta-\cos^3 2\theta\,d\theta$$

$$=\frac{1}{2}(\theta-\frac{3}{2}\sin 2\theta-\frac{1}{2}\sin 2\theta+\frac{1}{6}\sin^3 2\theta)\Big|_0^\pi+\frac{3}{2}\int_0^\pi\frac{1+\cos 4\theta}{2}\,d\theta$$

$$=\frac{\pi}{2}+\frac{3}{4}(\theta+\frac{1}{4}\sin 4\theta)\Big|_0^\pi=\frac{\pi}{2}+\frac{3}{4}\pi=\frac{5\pi}{4}\ \text{。}$$

9. $f(x,y)=\dfrac{x}{\sqrt{x^2+y^2}}$，$D=\{(x,y)\mid x^2+y^2\leqq 2y\}$

解 因爲 $f(x,y)=\dfrac{x}{\sqrt{x^2+y^2}}$，$D=\{(x,y)\mid x^2+y^2\leqq 2y\}$，故知

$$\iint_D f(x,y)\,ds=\int_0^\pi\int_0^{2\sin\theta}\frac{r\cos\theta}{r}\cdot r\,dr\,d\theta$$

$$=\int_0^\pi\int_0^{2\sin\theta}\cos\theta(\frac{r^2}{2})\Big|_0^{2\sin\theta}\,d\theta=2\int_0^\pi\sin^2\theta\cos\theta\,d\theta$$

$$=\frac{2}{3}\sin^3\theta\Big|_0^\pi=0\ \text{。}$$

10. $f(x,y)=\sqrt{x^2+y^2}$，D 爲極坐標方程式 $r=3+\cos\theta$ 所圍的區域。

解 因爲 $f(x,y)=\sqrt{x^2+y^2}$，D 爲極坐標方程式 $r=3+\cos\theta$ 所圍，

故知

$$\iint_D f(x,y)\,ds=\int_{-\pi}^\pi\int_0^{3+\cos\theta}r^2\,dr\,d\theta=\int_{-\pi}^\pi\frac{1}{3}(3+\cos\theta)^3\,d\theta$$

$$=\int_{-\pi}^\pi 9+9\cos\theta+3\cos^2\theta+\frac{1}{3}\cos^3\theta\,d\theta$$

$$=(9\theta+9\sin\theta+\frac{1}{3}(\sin\theta-\frac{1}{3}\sin^3\theta))\Big|_{-\pi}^\pi+\frac{3}{2}\int_{-\pi}^\pi 1+\cos 2\theta\,d\theta$$

$$= 18\pi + \frac{3}{2}\left(\theta + \frac{1}{2}\sin 2\theta\right)\Big|_{-\pi}^{\pi} = 21\pi \text{ 。}$$

11. $f(x,y) = x^2 + y^2$ ，D 爲極坐標方程式 $r = 2(1 + \sin\theta)$ 所圍的區域。

解 因爲 $f(x,y) = x^2 + y^2$ ，D 爲極坐標方程式 $r = 2(1 + \sin\theta)$ 所圍，

故知

$$\iint_D f(x,y)\,ds = \int_{-\frac{\pi}{2}}^{\frac{3\pi}{2}} \int_0^{2(1+\sin\theta)} r^3\,dr\,d\theta = \int_{-\frac{\pi}{2}}^{\frac{3\pi}{2}} \frac{1}{4}(2 + 2\sin\theta)^4\,d\theta$$

$$= 4 \int_{-\frac{\pi}{2}}^{\frac{3\pi}{2}} 1 + 4\sin\theta + 6\sin^2\theta + 4\sin^3\theta + \sin^4\theta\,d\theta$$

$$= 4\left(\theta - 4\cos\theta - 4\cos\theta + \frac{4}{3}\cos^3\theta\right)\Big|_{-\frac{\pi}{2}}^{\frac{3\pi}{2}} + 12\int_{-\frac{\pi}{2}}^{\frac{3\pi}{2}} 1 - \cos 2\theta\,d\theta$$

$$+ \int_{-\frac{\pi}{2}}^{\frac{3\pi}{2}} (1 - \cos 2\theta)^2\,d\theta$$

$$= 8\pi + 12\left(\theta - \frac{1}{2}\sin 2\theta\right)\Big|_{-\frac{\pi}{2}}^{\frac{3\pi}{2}} + (\theta - \sin 2\theta)\Big|_{-\frac{\pi}{2}}^{\frac{3\pi}{2}} + \frac{1}{2}\int_{-\frac{\pi}{2}}^{\frac{3\pi}{2}} 1 - \cos 4\theta\,d\theta$$

$$= 8\pi + 24\pi + 2\pi + \frac{1}{2}\left(\theta - \frac{1}{4}\sin 4\theta\right)\Big|_{-\frac{\pi}{2}}^{\frac{3\pi}{2}} = 34\pi + \pi = 35\pi \text{ 。}$$

11-4

1. 求曲面 $z = x^3 y^3$ 之下，平面 $z = 0$ 以上在區域 $D = \{(x,y) \mid 0 \le x \le y \le 1\}$ 上之部分的立體的體積。

解 所求立體的體積爲

$$\iint_D x^3 y^3\,ds = \int_0^1 \int_0^y x^3 y^3\,dx\,dy = \int_0^1 y^3 \left(\frac{x^4}{4}\right)\Big|_0^y\,dy = \int_0^1 \frac{1}{4} y^7\,dy$$

$$= \frac{1}{32} y^8 \Big|_0^1 = \frac{1}{32} \text{ 。}$$

2. 求平面 $\frac{x}{4} + \frac{y}{3} + \frac{z}{5} = 1$ 以下，xy 平面上：x 軸，$x = y$ 及 $x + y = 2$ 三直線所圍

的區域 D 以上的立體之體積。

解 所求立體的體積爲

$$\iint_D 5\left(1-\frac{x}{4}-\frac{y}{3}\right)ds$$

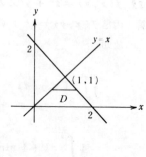

$$=\int_0^1\int_y^{2-y}5\left(1-\frac{x}{4}-\frac{y}{3}\right)dx\,dy$$

$$=\int_0^1 5\left(\left(1-\frac{y}{3}\right)x-\frac{x^2}{8}\right)\Big|_y^{2-y}\,dy$$

$$=5\int_0^1\frac{2}{3}\left(3-4y+y^2\right)-\frac{1}{8}\left(4-4y\right)dy$$

$$=5\left(2y-\frac{4}{3}y^2+\frac{2}{9}y^3-\frac{y}{2}+\frac{y^2}{4}\right)\Big|_0^1=\frac{115}{36}\text{。}$$

3. 求橢圓拋物面 $z=8-2x^2-y^2$ 之下，平面 $z=0$ 以上之部分的立體的體積。

解 橢圓拋物面 $z=8-2x^2-y^2$ 與 xy 平面交於橢圓 $2x^2+y^2=8$ ，故所求體積爲

$$\iint_D 8-2x^2-y^2\,ds$$

$$=\int_{-2}^2\int_{-\sqrt{8-2x^2}}^{\sqrt{8-2x^2}}8-2x^2-y^2\,dy\,dx$$

$$=\int_{-2}^2\left(\left(8-2x^2\right)y-\frac{1}{3}y^3\right)\Big|_{-\sqrt{8-2x^2}}^{\sqrt{8-2x^2}}dx$$

$$=\int_{-2}^2\frac{4}{3}\left(8-2x^2\right)^{\frac{3}{2}}dx$$

$$=\frac{4}{3}\left(2\sqrt{2}\right)\int_{-2}^2\left(4-x^2\right)^{\frac{3}{2}}dx$$

$$=\frac{8\sqrt{2}}{3}\left(\frac{x}{4}\left(4-x^2\right)^{\frac{3}{2}}\Big|_{-2}^2+\frac{3\times4}{4}\int_{-2}^2\sqrt{4-x^2}\,dx\right)\qquad（公式41）$$

$$=8\sqrt{2}\int_{-2}^2\sqrt{4-x^2}\,dx$$

$$=8\sqrt{2}\left(\frac{x}{2}\sqrt{4-x^2}+\frac{4}{2}\operatorname{Sin}^{-1}\frac{x}{2}\right)\Big|_{-2}^2\qquad（公式38）$$

$$=16\sqrt{2}\left(\operatorname{Sin}^{-1}1-\operatorname{Sin}^{-1}(-1)\right)=16\sqrt{2}\,\pi\text{。}$$

4. 求圓柱 $x^2+y^2=1$ 和球 $x^2+y^2+z^2=4$ 所圍立體的體積。

解 設 $D=\{(x,y)\mid x^2+y^2\leqq1,\ x,\ y\geqq0\}$ ，則所求立體的體積爲

$$8\iint_D\sqrt{4-x^2-y^2}\,ds=8\int_0^{\frac{\pi}{2}}\int_0^1\sqrt{4-r^2}\,r\,dr\,d\theta$$

$$= 8 \left(\int_0^{\frac{\pi}{2}} d\theta \right) \left(\int_0^1 \sqrt{4-r^2}\ r\ dr \right) = 4\pi \left(\frac{-1}{3} (4-r^2)^{\frac{3}{2}} \Big|_0^1 \right)$$

$$= 4\pi \left(\frac{8}{3} - \frac{1}{3} (3\sqrt{3}) \right) = \frac{4\pi}{3} (8 - 3\sqrt{3}) \ 。$$

5. 求旋轉拋物面 $z = x^2 + y^2$ 以下，平面 $z = 0$ 以上，在圓柱 $x^2 + y^2 = 2y$ 之內部的立體體積。

解 設 D 為 $x^2 + y^2 = 2y$ 所圍之圓區域，此圓區域的極坐標方程式為 $r = 2 \sin \theta$ ，易知所求立體的體積為

$$\iint_D x^2 + y^2\ ds = \int_0^{\pi} \int_0^{2\sin\theta} r^2 \cdot r\ dr\ d\theta = \int_0^{\pi} \frac{1}{4} (2 \sin \theta)^4\ d\theta$$

$$= 4 \int_0^{\pi} \left(\frac{1 - \cos 2\theta}{2} \right)^2 d\theta = \int_0^{\pi} 1 - 2 \cos 2\theta + \frac{1 + \cos 4\theta}{2}\ d\theta$$

$$= \left(\frac{3}{2} \theta - \sin 2\theta + \frac{1}{8} \sin 4\theta \right) \Big|_0^{\pi} = \frac{3\pi}{2} \ 。$$

6. 利用二重積分，求極坐標方程式所表的圓：$r = 4 \cos \theta$ 以內，而在圓：$r = \cos \theta$ 以外的區域的面積。

解 所求區域的面積為

$$\int_{-\frac{\pi}{2}}^{\frac{\pi}{2}} \int_{\cos\theta}^{4\cos\theta} r\ dr\ d\theta = \int_{-\frac{\pi}{2}}^{\frac{\pi}{2}} \left(\frac{r^2}{2} \right) \Big|_{\cos\theta}^{4\cos\theta} d\theta = \int_{-\frac{\pi}{2}}^{\frac{\pi}{2}} \frac{15}{2} \cos^2 \theta\ d\theta$$

$$= \frac{15}{4} \int_{-\frac{\pi}{2}}^{\frac{\pi}{2}} (1 + \cos 2\theta)\ d\theta = \frac{15}{4} \left(\theta + \frac{1}{2} \sin 2\theta \right) \Big|_{-\frac{\pi}{2}}^{\frac{\pi}{2}} = \frac{15}{4} \pi \ 。$$

7. 利用二重積分，求心臟線 $r = 1 + \cos \theta$ 以內，而在圓：$r = \frac{1}{2}$ 以外的區域的面積。

解 所求面積之區域如下圖所示：

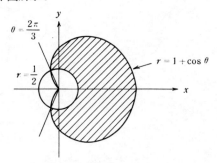

故知所求面積為

$$\int_{-\frac{2\pi}{3}}^{\frac{2\pi}{3}}\int_{\frac{1}{2}}^{1+\cos\theta} r\,dr\,d\theta = \int_{-\frac{2\pi}{3}}^{\frac{2\pi}{3}} \left(\frac{1}{2}r^2\right)\Bigg|_{\frac{1}{2}}^{1+\cos\theta} d\theta$$

$$= \frac{1}{2}\int_{-\frac{2\pi}{3}}^{\frac{2\pi}{3}} \frac{3}{4}+2\cos\theta+\cos^2\theta\,d\theta$$

$$= \frac{1}{2}\left(\frac{3}{4}\theta+2\sin\theta\right)\Bigg|_{-\frac{2\pi}{3}}^{\frac{2\pi}{3}} + \frac{1}{4}\int_{-\frac{2\pi}{3}}^{\frac{2\pi}{3}} 1+\cos 2\theta\,d\theta$$

$$= \frac{1}{2}\left(\pi+2\sqrt{3}\right)+\frac{1}{4}\left(\theta+\frac{1}{2}\sin 2\theta\right)\Bigg|_{-\frac{2\pi}{3}}^{\frac{2\pi}{3}}$$

$$= \frac{1}{2}\left(\pi+2\sqrt{3}\right)+\frac{1}{4}\left(\frac{4\pi}{3}+\frac{1}{2}(-\sqrt{3})\right)$$

$$= \frac{5\pi}{6}+\frac{7\sqrt{3}}{8}\ _\circ$$

12-1

1. 利用本節例 1 前之符號，證明下面二式：

(i) $\displaystyle\sum_{i=1}^{m}\sum_{j=1}^{n}(a_{ij}-\overline{x_i})^2 = \sum_{i=1}^{m}\sum_{j=1}^{n}a_{ij}{}^2 - \frac{1}{n}\sum_{i=1}^{m}T_i{}^2$ 。

(ii) $\displaystyle\sum_{i=1}^{m}\sum_{j=1}^{n}(a_{ij}-\overline{x})^2 = \sum_{i=1}^{m}n(\overline{x_i}-\overline{x})^2 + \sum_{i=1}^{m}\sum_{j=1}^{n}(a_{ij}-\overline{x_i})^2$ 。

解 (i) $\displaystyle\sum_{i=1}^{m}\sum_{j=1}^{n}(a_{ij}-\overline{x_i})^2 = \sum_{i=1}^{m}\sum_{j=1}^{n}(a_{ij}{}^2 - 2a_{ij}\overline{x_i} + \overline{x_i}{}^2)$

$$= \sum_{i=1}^{m}\sum_{j=1}^{n}a_{ij}{}^2 - 2\sum_{i=1}^{m}\overline{x_i}(\sum_{j=1}^{n}a_{ij}) + \sum_{i=1}^{m}\sum_{j=1}^{n}\overline{x_i}{}^2$$

$$= \sum_{i=1}^{m}\sum_{j=1}^{n}a_{ij}{}^2 - 2\sum_{i=1}^{m}(\frac{T_i}{n}\cdot T_i) + \sum_{i=1}^{m}n\overline{x_i}{}^2$$

$$= \sum_{i=1}^{m}\sum_{j=1}^{n}a_{ij}{}^2 - \frac{2}{n}\sum_{i=1}^{m}T_i{}^2 + \sum_{i=1}^{m}n(\frac{T_i}{n})^2$$

$$= \sum_{i=1}^{m}\sum_{j=1}^{n}a_{ij}{}^2 - \frac{1}{n}\sum_{i=1}^{m}T_i{}^2 \text{ 。}$$

(ii) $\displaystyle\sum_{i=1}^{m}\sum_{j=1}^{n}(a_{ij}-\overline{x})^2 = \sum_{i=1}^{m}\sum_{j=1}^{n}(a_{ij}-\overline{x_i}+\overline{x_i}-\overline{x})^2$

$$= \sum_{i=1}^{m}\sum_{j=1}^{n}(a_{ij}-\overline{x_i})^2 + 2\sum_{i=1}^{m}\sum_{j=1}^{n}(a_{ij}-\overline{x_i})(\overline{x_i}-\overline{x}) + \sum_{i=1}^{m}\sum_{j=1}^{n}(\overline{x_i}-\overline{x})^2,$$

其中間一項

$$2\sum_{i=1}^{m}\sum_{j=1}^{n}(a_{ij}-\overline{x_i})(\overline{x_i}-\overline{x})$$

$$= 2\sum_{i=1}^{m}((\overline{x_i}-\overline{x})\sum_{j=1}^{n}(a_{ij}-\overline{x_i}))$$

$$= 2\sum_{i=1}^{m}((\overline{x_i}-\overline{x})(\sum_{j=1}^{n}a_{ij}-\sum_{j=1}^{n}\overline{x_i}))$$

$$= 2\sum_{i=1}^{m}((\overline{x_i}-\overline{x})(T_i-n\overline{x_i}))$$

$$= 2\sum_{i=1}^{m}((\overline{x_i}-\overline{x})(T_i-T_i)) = 0 ,$$

故知

$$\sum_{i=1}^{m}\sum_{j=1}^{n}(a_{ij}-\overline{x})^2 = \sum_{i=1}^{m}\sum_{j=1}^{n}(a_{ij}-\overline{x_i})^2 + n\sum_{i=1}^{m}(\overline{x_i}-\overline{x})^2 \text{ 。}$$

於下面各題中，求 $\triangle a_k$ 及 $\triangle^{-1} a_k$：（2～7）

2. $a_k = (4k-3)(4k+1)(4k+5)$

解　因 $a_k = (4k-3)(4k+1)(4k+5) = (4k+5)^{(3)}$，故

$$\triangle a_k = \triangle(4k+5)^{(3)} = 3(4k+5)^{(2)}(4) = 12(4k+5)(4k+1)$$

$$\triangle^{-1} a_k = \frac{1}{16}(4k+5)^{(4)} = \frac{1}{16}(4k+5)(4k+1)(4k-3)(4k-7)。$$

3. $a_k = (3k-5)(3k+1)(3k+4)$

解　因爲

$$a_k = (3k-5)(3k+1)(3k+4) = ((3k-2)-3)(3k+1)(3k+4)$$
$$= (3k-2)(3k+1)(3k+4) - 3(3k+1)(3k+4)$$
$$= (3k+4)^{(3)} - 3(3k+4)^{(2)}，$$

故知

$$\triangle a_k = 9(3k+4)^{(2)} - 18(3k+4) = 9(3k+4)(3k+1) - 18(3k+4)，$$

$$\triangle^{-1} a_k = \frac{1}{12}(3k+4)^{(4)} - \frac{1}{3}(3k+4)^{(3)}。$$

4. $a_k = k^4$

解　因爲由綜合除法知

$$a_k = k^4 = k^{(4)} + 6k^{(3)} + 7k^{(2)} + k，$$

故得

$$\triangle k^4 = 4k^{(3)} + 18k^{(2)} + 14k + 1$$

$$\triangle^{-1} k^4 = \frac{1}{5}k^{(5)} + \frac{3}{2}k^{(4)} + \frac{7}{3}k^{(3)} + \frac{k^{(2)}}{2}。$$

$$
\begin{array}{llll}
1 & 0 & 0 & 0,0 \\
 & 1 & 1 & 1 \quad \lfloor 1 \\
\hline
1 & 1 & 1,1 \\
 & 2 & 6 \quad \lfloor 2 \\
\hline
1 & 3,7 \\
 & 3 \quad \lfloor 3 \\
\hline
1,6
\end{array}
$$

5. $a_k = k^5 - 3k^3 + k - 7$

解　由綜合除法知

$$a_k = k^5 - 3k^3 + k - 7$$
$$= k^{(5)} + 10k^{(4)} + 22k^{(3)} + 6k^{(2)} - k - 7，$$

故知

$$\triangle a_k = 5k^{(4)} + 40k^{(3)} + 66k^{(2)} + 12k - 1$$

$$\triangle^{-1} a_k = \frac{1}{6}k^{(6)} + 2k^{(5)} + \frac{11}{2}k^{(4)} + 2k^{(3)} - \frac{1}{2}k^{(2)} - 7k。$$

$$
\begin{array}{lllll}
1 & 0 & -3 & 0 & 1,-7 \\
 & 1 & 1 & -2 & -2 \quad \lfloor 1 \\
\hline
1 & 1 & -2 & -2,-1 \\
 & 2 & 6 & 8 \quad \lfloor 2 \\
\hline
1 & 3 & 4,6 \\
 & 3 & 18 \quad \lfloor 3 \\
\hline
1 & 6,22 \\
 & 4 \quad \lfloor 4 \\
\hline
1,10
\end{array}
$$

6. $a_k = \dfrac{1}{(4k-3)(4k+1)(4k+5)}$

解　因爲

$$a_k = \frac{1}{(4k-3)(4k+1)(4k+5)} = \frac{1}{(4k-3)^{[3]}}，$$

故知

$$\triangle a_k = \frac{-12}{(4k-3)^{[4]}} = \frac{-12}{(4k-3)(4k+1)(4k+5)(4k+9)}$$

$$\triangle^{-1} a_k = \frac{-1}{8} \frac{1}{(4k-3)^{[2]}} = \frac{-1}{8(4k-3)(4k+1)} \ 。$$

7. $a_k = \dfrac{1}{k^2-1}$

解 因為

$$a_k = \frac{1}{k^2-1} = \frac{1}{(k-1)(k+1)} = \frac{(k-1)+1}{(k-1)k(k+1)}$$

$$= \frac{1}{k(k+1)} + \frac{1}{(k-1)k(k+1)} = \frac{1}{k^{[2]}} + \frac{1}{(k-1)^{[3]}} \ ,$$

故知

$$\triangle a_k = \frac{-2}{k^{[3]}} + \frac{-3}{(k-1)^{[4]}}$$

$$\triangle^{-1} a_k = \frac{-1}{k} + \frac{-1}{2(k-1)^{[2]}} \ 。$$

求下面各題中級數之和：（ 8 ～ 16 ）

8. $1 \cdot 3 + 2 \cdot 5 + 3 \cdot 7 + \cdots + 115 \cdot 231$

解 $1 \cdot 3 + 2 \cdot 5 + 3 \cdot 7 + \cdots + 115 \cdot 231 = \displaystyle\sum_{k=1}^{115} k(2k+1)$

$$= \sum_{k=1}^{115} (2k^2+k) = \sum_{k=1}^{115} (2k^{(2)}+3k) = \triangle^{-1}(2k^{(2)}+3k) \Big]_1^{116}$$

$$= \frac{2}{3} k^{(3)} + \frac{3}{2} k^{(2)} \Big]_1^{116} = \frac{2}{3}(116 \cdot 115 \cdot 114) + \frac{3}{2}(116 \cdot 115) = 1033850 \ 。$$

9. $1 \cdot 5 + 3 \cdot 8 + 5 \cdot 11 + \cdots + 21 \cdot 35$

解 $1 \cdot 5 + 3 \cdot 8 + 5 \cdot 11 + \cdots + 21 \cdot 35 = \displaystyle\sum_{k=1}^{11} (2k-1)(3k+2)$

$$= \sum_{k=1}^{11} (6k^2+k-2) = \sum_{k=1}^{11} (6k^{(2)}+7k-2)$$

$$= \triangle^{-1}(6k^{(2)}+7k-2) \Big]_1^{12} = 2k^{(3)} + \frac{7}{2} k^{(2)} -2k \Big]_1^{12}$$

$$= 2(12 \cdot 11 \cdot 10) + \frac{7}{2}(12 \cdot 11) - 2(12-1) = 3080 \ 。$$

10. $1^2 \cdot 2 + 2^2 \cdot 3 + 3^2 \cdot 4 + \cdots + 20^2 \cdot 21$

解 $1^2 \cdot 2 + 2^2 \cdot 3 + 3^2 \cdot 4 + \cdots + 20^2 \cdot 21 = \sum\limits_{k=1}^{20} k^2 (k+1)$

$$= \sum\limits_{k=1}^{20} (k^3 + k^2) = \sum\limits_{k=1}^{20} (k^{(3)} + 4k^{(2)} + 2k)$$

$$= \triangle^{-1} (k^{(3)} + 4k^{(2)} + 2k) \Big]_1^{21} = \frac{1}{4} k^{(4)} + \frac{4}{3} k^{(3)} + k^{(2)} \Big]_1^{21}$$

$$= \frac{1}{4} (21 \cdot 20 \cdot 19 \cdot 18) + \frac{4}{3} (21 \cdot 20 \cdot 19) + (21 \cdot 20) = 46970 \text{ 。}$$

11. $1 + 2x + 3x^2 + 4x^3 + \cdots + (n+1)x^n$

解 令 $1 + 2x + 3x^2 + 4x^3 + \cdots + (n+1)x^n = s$ ，則

$$xs = x + 2x^2 + 3x^3 + \cdots + nx^n + (n+1)x^{n+1}$$

故知

$$s - xs = 1 + x + x^2 + \cdots + x^n - (n+1)x^{n+1}$$

$$(1-x)s = \frac{1 - x^{n+1}}{1-x} - (n+1)x^{n+1} ,$$

$$s = \frac{1 - x^{n+1}}{(1-x)^2} - \frac{(n+1)x^{n+1}}{1-x} \text{ 。}$$

12. $1 + 3x + 5x^2 + 4x^3 + \cdots + (2n+1)x^n$

解 $1 + 3x + 5x^2 + 7x^3 + \cdots + (2n+1)x^n = \sum\limits_{k=0}^{n} (2k+1)x^k$

$$= \sum\limits_{k=0}^{n} (k + (k+1))x^k = \sum\limits_{k=0}^{n} kx^k + \sum\limits_{k=0}^{n} (k+1)x^k$$

$$= x \sum\limits_{k=0}^{n} kx^{k-1} + \sum\limits_{k=0}^{n} (k+1)x^k$$

$$= x (1 + 2x + 3x^2 + \cdots + nx^{n-1}) + (1 + 2x + 3x^2 + \cdots + (n+1)x^n)$$

$$= x \left(\frac{1 - x^n}{(1-x)^2} - \frac{nx^n}{1-x} \right) + \left(\frac{1 - x^{n+1}}{(1-x)^2} - \frac{(n+1)x^{n+1}}{1-x} \right)$$

$$= \frac{1 + x - 2x^{n+1}}{(1-x)^2} - \frac{(2n+1)x^{n+1}}{1-x} \text{ 。}$$

13. $\dfrac{1}{1 \cdot 3} + \dfrac{1}{3 \cdot 5} + \cdots + \dfrac{1}{(2n-1) \cdot (2n+1)}$

解 $\dfrac{1}{1 \cdot 3} + \dfrac{1}{3 \cdot 5} + \cdots + \dfrac{1}{(2n-1)(2n+1)} = \sum\limits_{k=1}^{n} \dfrac{1}{(2k-1)^{[2]}}$

$$= \triangle^{-1} \frac{1}{(2k-1)^{[2]}} \Big]_1^{n+1} = \frac{-1}{2} \frac{1}{2k-1} \Big]_1^{n+1} = \frac{1}{2} \left(1 - \frac{1}{2n+1} \right) \text{ 。}$$

14. $\dfrac{1}{1\cdot3\cdot5}+\dfrac{1}{3\cdot5\cdot7}+\cdots+\dfrac{1}{(2n-1)\cdot(2n+1)\cdot(2n+3)}$

解 $\dfrac{1}{1\cdot3\cdot5}+\dfrac{1}{3\cdot5\cdot7}+\cdots+\dfrac{1}{(2n-1)(2n+1)(2n+3)}=\sum\limits_{k=1}^{n}\dfrac{1}{(2k-1)^{[3]}}$

$$=\Delta^{-1}\dfrac{1}{(2k-1)^{[3]}}\Bigg]_{1}^{n+1}=\dfrac{-1}{4}\dfrac{1}{(2k-1)^{[2]}}\Bigg]_{1}^{n+1}=\dfrac{-1}{4}\dfrac{1}{(2k-1)(2k+1)}\Bigg]_{1}^{n+1}$$

$$=\dfrac{-1}{4}\left(\dfrac{1}{(2n+1)(2n+3)}-\dfrac{1}{1\cdot3}\right)=\dfrac{1}{12}-\dfrac{1}{4(2n+1)(2n+3)}\text{。}$$

15. $\dfrac{1}{1\cdot2\cdot4}+\dfrac{1}{2\cdot3\cdot5}+\cdots+\dfrac{1}{n\cdot(n+1)\cdot(n+3)}$

解 $\dfrac{1}{1\cdot2\cdot4}+\dfrac{1}{2\cdot3\cdot5}+\cdots+\dfrac{1}{n(n+1)(n+3)}=\sum\limits_{k=1}^{n}\dfrac{1}{k(k+1)(k+3)}$

$$=\sum\limits_{k=1}^{n}\dfrac{k+2}{k(k+1)(k+2)(k+3)}$$

$$=\sum\limits_{k=1}^{n}\dfrac{1}{(k+1)(k+2)(k+3)}+\sum\limits_{k=1}^{n}\dfrac{2}{k(k+1)(k+2)(k+3)}$$

$$=\sum\limits_{k=1}^{n}\dfrac{1}{(k+1)^{[3]}}+2\sum\limits_{k=1}^{n}\dfrac{1}{k^{[4]}}=\Delta^{-1}\dfrac{1}{k^{[3]}}\Bigg]_{1}^{n+1}+2\Delta^{-1}\dfrac{1}{k^{[4]}}\Bigg]_{1}^{n+1}$$

$$=\dfrac{-1}{2(k+1)^{[2]}}\Bigg]_{1}^{n+1}+\dfrac{-2}{3k^{[3]}}\Bigg]_{1}^{n+1}$$

$$=\dfrac{1}{12}-\dfrac{1}{2(n+2)(n+3)}+\dfrac{1}{9}-\dfrac{2}{3(n+1)(n+2)(n+3)}$$

$$=\dfrac{7}{36}-\dfrac{3n+7}{6(n+1)(n+2)(n+3)}\text{。}$$

16. $\dfrac{1}{1}+\dfrac{1}{1+2}+\dfrac{1}{1+2+3}+\cdots+\dfrac{1}{1+2+3+\cdots+n}$

解 $\dfrac{1}{1}+\dfrac{1}{1+2}+\dfrac{1}{1+2+3}+\cdots+\dfrac{1}{1+2+3+\cdots+n}$

$$=\sum\limits_{k=1}^{n}\dfrac{1}{1+2+\cdots+k}=\sum\limits_{k=1}^{n}\dfrac{1}{\dfrac{1}{2}k(k+1)}=\sum\limits_{k=1}^{n}\dfrac{2}{k(k+1)}=\sum\limits_{k=1}^{n}\dfrac{2}{k^{[2]}}$$

$$=2\Delta^{-1}\dfrac{1}{k^{[2]}}\Bigg]_{1}^{n+1}=\dfrac{-2}{k}\Bigg]_{1}^{n+1}=2-\dfrac{2}{n+1}\text{。}$$

12-2

於下面各題中，求 $\lim\limits_{k \to \infty} a_k$ ：（ 1～23 ）

1. $a_k = 3 - \dfrac{2}{k^2}$

解 $\lim\limits_{k \to \infty} a_k = \lim\limits_{k \to \infty} (3 - \dfrac{2}{k^2}) = 3$ 。

2. $a_k = k + \dfrac{1}{k}$

解 $\lim\limits_{k \to \infty} a_k = \lim\limits_{k \to \infty} (k + \dfrac{1}{k}) = \infty$ 。

3. $a_k = \dfrac{2 - 3k}{4k + 5}$

解 $\lim\limits_{k \to \infty} a_k = \lim\limits_{k \to \infty} \dfrac{2 - 3k}{4k + 5} = \lim\limits_{k \to \infty} \dfrac{\dfrac{2}{k} - 3}{4 + \dfrac{5}{k}} = \dfrac{-3}{4}$ 。

4. $a_k = \dfrac{k + (-1)^k}{k}$

解 $\lim\limits_{k \to \infty} a_k = \lim\limits_{k \to \infty} (\dfrac{k + (-1)^k}{k}) = \lim\limits_{k \to \infty} (1 + \dfrac{(-1)^k}{k}) = 1 + 0 = 1$ 。

5. $a_k = 3^k + (-3)^k$

解 $\lim\limits_{k \to \infty} a_k = \lim\limits_{k \to \infty} (3^k + (-3)^k)$ ，因爲

$$a_k = \{ 0 , 2 (3^2) , 0 , 2 (3^4) , 0 , 2 (3^6) , \cdots\cdots \}$$

即

$$a_k = \begin{cases} 0 & , k \text{爲奇數} , \\ 2 (3^k) & , k \text{爲偶數} , \end{cases}$$

故知 $\lim\limits_{k \to \infty} a_k$ 不存在。

6. $a_k = \dfrac{2 k^2 - 5k + 1}{(3k - 1)^2}$

解 $\lim\limits_{k \to \infty} a_k = \lim\limits_{k \to \infty} \dfrac{2 k^2 - 5k + 1}{(3k - 1)^2} = \lim\limits_{k \to \infty} \dfrac{2 - \dfrac{5}{k} + \dfrac{1}{k^2}}{(3 - \dfrac{1}{k})^2} = \dfrac{2}{9}$ 。

7. $a_k = \dfrac{1-k^3}{(2+k+k^2)^2}$

解 $\lim\limits_{k\to\infty} a_k = \lim\limits_{k\to\infty} \dfrac{1-k^3}{(2+k+k^2)^2} = \lim\limits_{k\to\infty} \dfrac{\dfrac{1}{k^4}-\dfrac{1}{k}}{(\dfrac{2}{k^2}+\dfrac{1}{k}+1)^2} = \dfrac{0}{1} = 0 \text{ 。}$

8. $a_k = \dfrac{(1+k+k^2)^3}{(5-k)^5}$

解 $\lim\limits_{k\to\infty} a_k = \lim\limits_{k\to\infty} \dfrac{(1+k+k^2)^3}{(5-k)^5} = \lim\limits_{k\to\infty} \dfrac{k^6(\dfrac{1}{k^2}+\dfrac{1}{k}+1)^3}{k^5(\dfrac{5}{k}-1)^5}$

$= \lim\limits_{k\to\infty} \dfrac{k(\dfrac{1}{k^2}+\dfrac{1}{k}+1)^3}{(\dfrac{5}{k}-1)^5} = \infty \text{ 。}$

9. $a_k = (\sin^2 30° + \cos^2 30°)^k$

解 $\lim\limits_{k\to\infty} (\sin^2 30° + \cos^2 30°)^k = \lim\limits_{k\to\infty} 1^k = \lim\limits_{k\to\infty} 1 = 1 \text{ 。}$

10. $a_k = \dfrac{\sqrt{4k^3+k+1}}{k^2}$

解 $\lim\limits_{k\to\infty} a_k = \lim\limits_{k\to\infty} \dfrac{\sqrt{4k^3+k+1}}{k^2} = \lim\limits_{k\to\infty} \dfrac{\sqrt{\dfrac{4}{k}+\dfrac{1}{k^3}+\dfrac{1}{k^4}}}{1} = \dfrac{0}{1} = 0 \text{ 。}$

11. $a_k = \dfrac{k}{\sqrt{k^2+k}-k}$

解 $\lim\limits_{k\to\infty} a_k = \lim\limits_{k\to\infty} \dfrac{k}{\sqrt{k^2+k}-k} = \lim\limits_{k\to\infty} \dfrac{k(\sqrt{k^2+k}+k)}{(k^2+k)-k^2}$

$= \lim\limits_{k\to\infty} (\sqrt{k^2+k}+k) = \infty \text{ 。}$

12. $a_k = (2\sin 45° \cos 45°)^k$

解 $\lim\limits_{k\to\infty} a_k = \lim\limits_{k\to\infty} (2\sin 45° \cos 45°)^k = \lim\limits_{k\to\infty} (\sin 90°)^k = \lim\limits_{k\to\infty} 1^k = 1 \text{ 。}$

13. $a_k = \dfrac{1+(-1)^k}{k}$

解 因為 $0 \le 1+(-1)^k \le 2$ ，且 $\lim\limits_{k\to\infty} \dfrac{2}{k} = 0$ ，故由挾擠原理知

$$\lim_{k \to \infty} a_k = \lim_{k \to \infty} \frac{1 + (-1)^k}{k} = 0 \text{ 。}$$

14. $a_k = \dfrac{4^k}{1 + 4^k}$

解 $\displaystyle \lim_{k \to \infty} \frac{4^k}{1 + 4^k} = \lim_{k \to \infty} \frac{1}{(\frac{1}{4})^k + 1} = \frac{1}{0 + 1} = 1$ 。

15. $a_k = \dfrac{k\,(\cos 60°)^k}{k^2 + 1}$

解 $\displaystyle \lim_{k \to \infty} a_k = \lim_{k \to \infty} \frac{k\,(\cos 60°)^k}{k^2 + 1} = \lim_{k \to \infty} \frac{\frac{1}{k}(\frac{1}{2})^k}{1 + \frac{1}{k^2}} = \frac{0}{1} = 0$ 。

16. $a_k = \dfrac{2^k}{3^k}$

解 $\displaystyle \lim_{k \to \infty} a_k = \lim_{k \to \infty} \frac{2^k}{3^k} = \lim_{k \to \infty} \left(\frac{2}{3}\right)^k = 0$ 。

17. $a_k = \dfrac{3^k}{(-2)^{2k}}$

解 $\displaystyle \lim_{k \to \infty} a_k = \lim_{k \to \infty} \frac{3^k}{(-2)^{2k}} = \lim_{k \to \infty} \frac{3^k}{4^k} = \lim_{k \to \infty} \left(\frac{3}{4}\right)^k = 0$ 。

18. $a_k = 3^k + 3^{-k}$

解 因爲 $\displaystyle \lim_{k \to \infty} 3^k = \infty$，$\displaystyle \lim_{k \to \infty} (3^{-k}) = \lim_{k \to \infty} \left(\frac{1}{3}\right)^k = 0$，故知

$$\lim_{k \to \infty} a_k = \lim_{k \to \infty} (3^k + 3^{-k}) = \infty \text{ 。}$$

19. $a_k = \sqrt{3}^k\, 2^{-k}$

解 $\displaystyle \lim_{k \to \infty} a_k = \lim_{k \to \infty} \sqrt{3}^k\, 2^{-k} = \lim_{k \to \infty} \left(\frac{\sqrt{3}}{2}\right)^k = 0$ 。

20. $a_k = \dfrac{5^{1-k}}{6^{1-k}}$

解 因爲

$$a_k = \frac{5^{1-k}}{6^{1-k}} = \left(\frac{5}{6}\right)^{1-k} = \frac{5}{6}\left(\frac{5}{6}\right)^{-k} = \frac{5}{6}\left(\frac{6}{5}\right)^k$$

故知

$$\lim_{k \to \infty} a_k = \lim_{k \to \infty} \frac{5^{1-k}}{6^{1-k}} = \infty \text{ 。}$$

21. $a_k = (1 - \sin 20°)^k$

解 因為 $0 < 1 - \sin 20° < 1$ ，故知

$$\lim_{k \to \infty} a_k = \lim_{k \to \infty} (1 - \sin 20°)^k = 0 \text{ 。}$$

22. $a_k = \dfrac{k^3}{(k+1)(k-2)} - \dfrac{k^3}{k(k+1)}$

解

$$\lim_{k \to \infty} a_k = \lim_{k \to \infty} \left(\frac{k^3}{(k+1)(k-2)} - \frac{k^3}{k(k+1)} \right) = \lim_{k \to \infty} \frac{k^3(k-(k-2))}{k(k+1)(k-2)}$$

$$= \lim_{k \to \infty} \frac{2k^3}{k(k+1)(k-2)} = \lim_{k \to \infty} \frac{2}{(1+\frac{1}{k})(1-\frac{2}{k})} = 2 \text{ 。}$$

23. $a_k = \dfrac{4^k + 2^k}{3^k}$

解 因為 $\lim\limits_{k \to \infty} \left(\dfrac{2^k}{3^k} \right) = \lim\limits_{k \to \infty} \left(\dfrac{2}{3} \right)^k = 0$ ， $\lim\limits_{k \to \infty} \left(\dfrac{4^k}{3^k} \right) = \lim\limits_{k \to \infty} \left(\dfrac{4}{3} \right)^k = \infty$

故知 $\lim\limits_{k \to \infty} a_k = \lim\limits_{k \to \infty} \left(\dfrac{4^k + 2^k}{3^k} \right) = \infty$ 。

24. 設 $a_1 = \sqrt{2}$ ， $a_{k+1} = \sqrt{2 + a_k}$ ， $k \in N$ ，證明 $\{ a_k \}$ 為一遞增數列，且 2 為其上界（即知其為一收斂數列），求 $\lim\limits_{k \to \infty} a_k$ 之值。

解 設 $a_n < a_{n+1}$ ，則

$$a_{n+1} = \sqrt{2 + a_n} < \sqrt{2 + a_{n+1}} = a_{n+2} ,$$

又 $a_1 = \sqrt{2} < \sqrt{2 + \sqrt{2}} = \sqrt{2 + a_1} = a_2$ ，由數學歸納法原理知 $\{ a_k \}$ 為一增數列。

顯然 $a_1 = \sqrt{2} < 2$ ，設 $a_k < 2$ 則

$$2 + a_k < 2 + 2 , \quad a_{k+1} = \sqrt{2 + a_k} < \sqrt{2 + 2} = 2 ,$$

亦由數學歸納法原理知 2 為 $\{ a_k \}$ 的上界，從而知 $\lim\limits_{k \to \infty} a_k$ 存在，設其值為 L ，即知

$$L = \lim_{k \to \infty} a_{k+1} = \lim_{k \to \infty} \sqrt{2 + a_k} = \sqrt{2 + L} ,$$

故得

$$L^2 - L - 2 = 0 , \quad (L - 2)(L + 1) = 0$$

由於 $a_k > 0$ ，故知 $L > 0$ ，從而知 $L = 2$ 。

12-3

1. 證明定理 12-15 。

解 令 $S_n = \sum\limits_{k=1}^{n} c\,a_k$ ，$T_n = \sum\limits_{k=1}^{n} (\,a_k + b_k\,)$ 。因為 $\Sigma\,a_k$ ，$\Sigma\,b_k$ 均為收斂，故知

$$\lim_{n\to\infty} \sum_{k=1}^{n} a_k = \sum_{k=1}^{\infty} a_k \ , \quad \lim_{n\to\infty} \sum_{k=1}^{n} b_k = \sum_{k=1}^{\infty} b_k \ 。$$

從而知

$$\lim_{n\to\infty} S_n = \lim_{n\to\infty} \sum_{k=1}^{n} c\,a_k = \lim_{n\to\infty} (\,c \sum_{k=1}^{n} a_k\,) = c \sum_{k=1}^{\infty} a_k \ ,$$

$$\lim_{n\to\infty} T_n = \lim_{n\to\infty} \sum_{k=1}^{n} (\,a_k + b_k\,) = \lim_{n\to\infty} (\,\sum_{k=1}^{n} a_k + \sum_{k=1}^{n} b_k\,)$$

$$= \sum_{k=1}^{\infty} a_k + \sum_{k=1}^{\infty} b_k \ 。$$

2. 證明公差不為 0 的無窮等差級數必為發散。

解 設 $\Sigma\,a_k$ 為無窮等差級數，若公差為 d ，則

$$a_k = a_1 + (\,k-1\,) d \ ,$$

因為 $d \neq 0$ ，故 $\lim\limits_{k\to\infty} a_k = \lim\limits_{k\to\infty} (\,a_1 + (\,k-1\,) d\,) = \begin{cases} \infty & ，當 d > 0 \ , \\ -\infty & ，當 d < 0 \ , \end{cases}$

從而知 $\lim\limits_{k\to\infty} a_k \neq 0$ ，故由定理 12-14 知，$\Sigma\,a_k$ 為發散。

下面各題中的級數是否收斂？若為收斂，則求其和：（ 3～13 ）

3. $\dfrac{1}{\sqrt{2}+1} + \dfrac{1}{\sqrt{3}+\sqrt{2}} + \cdots + \dfrac{1}{\sqrt{n+1}+\sqrt{n}} + \cdots$

解 所予級數的第 n 個部份和為

$$S_n = \sum_{k=1}^{n} \frac{1}{\sqrt{k+1}+\sqrt{k}} = \sum_{k=1}^{n} \frac{\sqrt{k+1}-\sqrt{k}}{(\sqrt{k+1})^2 - (\sqrt{k})^2} = \sum_{k=1}^{n} (\sqrt{k+1}-\sqrt{k})$$

$$= \sqrt{n+1} - 1$$

故知 $\lim\limits_{n\to\infty} S_n = \infty$ ，即 $\Sigma \dfrac{1}{\sqrt{k+1}+\sqrt{k}}$ 為發散。

4. $\sin \pi + \sin 2\pi + \sin 3\pi + \cdots + \sin n\pi + \cdots$

解 所予級數的第 n 個部份和為

$$S_n = \sum_{k=1}^{n} \sin k\pi = 0 \ ,$$

故知 $\lim\limits_{n\to\infty} S_n = 0$ ，即 $\sum\limits_{k=1}^{\infty} \sin k\pi = 0$ ，爲收斂。

5. $\cos \pi + \cos 2\pi + \cos 3\pi + \cdots + \cos n\pi + \cdots$

解 所予級數的第 k 項爲

$$\cos k\pi = \begin{cases} 1 & \text{，當 } k \text{ 爲偶數，} \\ -1 & \text{，當 } k \text{ 爲奇數，} \end{cases}$$

故知 $\lim\limits_{k\to\infty} \cos k\pi \neq 0$ ，即知所予級數爲發散。

6. $\log \dfrac{1}{2} + \log \dfrac{2}{3} + \cdots + \log \dfrac{n}{n+1} + \cdots$

解 所予級數的第 n 個部份和爲

$$S_n = \sum_{k=1}^{n} \log\left(\frac{k}{k+1}\right) = \sum_{k=1}^{n} (\log k - \log(k+1)) = -\log(n+1)$$

故知 $\lim\limits_{n\to\infty} S_n = \lim\limits_{n\to\infty}(-\log(n+1)) = -\infty$ ，而 $\sum \log\left(\dfrac{k}{k+1}\right)$ 爲發散。

7. $\dfrac{1}{1\cdot 2\cdot 3} + \dfrac{1}{2\cdot 3\cdot 4} + \cdots + \dfrac{1}{n(n+1)(n+2)} + \cdots$

解 所予級數的第 n 個部份和爲

$$S_n = \sum_{k=1}^{n} \frac{1}{k(k+1)(k+2)} = \sum_{k=1}^{n} \frac{1}{k^{[3]}} = \triangle^{-1} \left.\frac{1}{k^{[3]}}\right]_1^{n+1}$$

$$= \left.\frac{-1}{2}\cdot\frac{1}{k^{[2]}}\right]_1^{n+1} = \frac{1}{4} - \frac{1}{2(n+1)(n+2)} ,$$

從而知

$$\lim_{n\to\infty} S_n = \lim_{n\to\infty}\left(\frac{1}{4} - \frac{1}{2(n+1)(n+2)}\right) = \frac{1}{4} ,$$

即得

$$\sum_{k=1}^{\infty} \frac{1}{k(k+1)(k+2)} = \frac{1}{4} 。$$

8. $\dfrac{1}{1\cdot 3} + \dfrac{1}{2\cdot 4} + \cdots + \dfrac{1}{n(n+2)} + \cdots$

解 所予級數的第 n 個部份和爲

$$S_n = \sum_{k=1}^{n} \frac{1}{k(k+2)} = \sum_{k=1}^{n} \frac{k+1}{k(k+1)(k+2)}$$

$$= \sum_{k=1}^{n}\left(\frac{1}{(k+1)^{[2]}} + \frac{1}{k^{[3]}}\right) = \triangle^{-1}\left(\frac{1}{(k+1)^{[2]}} + \frac{1}{k^{[3]}}\right)\Bigg]_1^{n+1}$$

$$= \left(\frac{-1}{k+1} + \frac{-1}{2k^{[2]}} \right) \Bigg]_1^{n+1} = \left(\frac{1}{2} - \frac{1}{n+2} \right) + \left(\frac{1}{4} - \frac{1}{2(n+1)(n+2)} \right)$$

從而得

$$\lim_{n\to\infty} S_n = \lim_{n\to\infty} \left(\frac{3}{4} - \frac{1}{n+2} - \frac{1}{2(n+1)(n+2)} \right) = \frac{3}{4},$$

即得

$$\sum_{k=1}^{\infty} \frac{1}{k(k+2)} = \frac{3}{4}。$$

9. $\dfrac{1}{1 \cdot 3 \cdot 5} + \dfrac{1}{3 \cdot 5 \cdot 7} + \cdots + \dfrac{1}{(2n-1)(2n+1)(2n+3)} + \cdots$

解 所予級數的第 n 個部份和為

$$S_n = \sum_{k=1}^{n} \frac{1}{(2k-1)(2k+1)(2k+3)},$$

由習題 $12-1$ 第 14 題知，$S_n = \dfrac{1}{12} - \dfrac{1}{4(2n+1)(2n+3)}$，故知

$$\lim_{n\to\infty} S_n = \lim_{n\to\infty} \left(\frac{1}{12} - \frac{1}{4(2n+1)(2n+3)} \right) = \frac{1}{12},$$

即得

$$\sum_{k=1}^{\infty} \frac{1}{(2k-1)(2k+1)(2k+3)} = \frac{1}{12}。$$

10. $\dfrac{1}{3} + \dfrac{1}{8} + \dfrac{1}{15} + \cdots + \dfrac{1}{n^2-1} + \cdots$

解 所予級數的第 n 個部份和為

$$S_n = \sum_{k=1}^{n-1} \frac{1}{(k+1)^2 - 1} = \sum_{k=1}^{n-1} \frac{1}{k(k+2)}$$

由第 8 題知

$$\sum_{k=1}^{\infty} \frac{1}{k(k+2)} = \frac{3}{4}。$$

11. $1 + \dfrac{1}{3} + \dfrac{1}{6} + \dfrac{1}{10} + \cdots + \dfrac{1}{1+2+\cdots+n} + \cdots$

解 所予級數的第 n 個部份和為（習題 $12-1$，第 16 題）

$$S_n = 1 + \frac{1}{3} + \cdots + \frac{1}{1+2+\cdots+n} = 2 - \frac{2}{n+1}$$

故知 $\lim\limits_{n\to\infty} S_n = \lim\limits_{n\to\infty} \left(2 - \dfrac{2}{n+1} \right) = 2$，即知

$$1 + \frac{1}{3} + \frac{1}{6} + \cdots + \frac{1}{1+2+\cdots+n} + \cdots = 2 \text{。}$$

12. $\dfrac{2+3}{6} + \dfrac{2^2+3^2}{6^2} + \dfrac{2^3+3^3}{6^3} + \cdots + \dfrac{2^n+3^n}{6^n} + \cdots$

解 所予級數的第 n 個部分和爲

$$S_n = \sum_{k=1}^{n} \frac{2^k+3^k}{6^k} = \sum_{k=1}^{n} \frac{2^k}{6^k} + \sum_{k=1}^{n} \frac{3^k}{6^k} \text{,}$$

故知

$$\sum_{k=1}^{\infty} \frac{2^k+3^k}{6^k} = \sum_{k=1}^{\infty} \left(\frac{1}{3}\right)^k + \sum_{k=1}^{\infty} \left(\frac{1}{2}\right)^k = \frac{1}{2} + 1 = \frac{3}{2} \text{。}$$

13. $\dfrac{5+3}{4} + \dfrac{5^2+3^2}{4^2} + \dfrac{5^3+3^3}{4^3} + \cdots + \dfrac{5^n+3^n}{4^n} + \cdots$

解 所予級數的第 n 項爲

$$a_n = \frac{5^n+3^n}{4^n} = \left(\frac{5}{4}\right)^n + \left(\frac{3}{4}\right)^n$$

故知 $\lim\limits_{n\to\infty} a_n = \infty$ ，從而知所予級數爲發散。

於下列各題的無窮等比級數中，決定使級數收斂的 x 之範圍，並求級數的和：（14～17）

14. $1 - \dfrac{x}{3} + \dfrac{x^2}{9} - \dfrac{x^3}{27} + \cdots + \left(-\dfrac{x}{3}\right)^{n-1} + \cdots$

解 級數

$$1 - \frac{x}{3} + \frac{x^2}{9} - \frac{x^3}{27} + \cdots + \left(\frac{-x}{3}\right)^{n-1} + \cdots$$

爲一無窮等比級數，公比爲 $\dfrac{-x}{3}$ ，故知此級數爲收斂的充要條件爲 $\left|\dfrac{x}{3}\right| < 1$ ，即

$-3 < x < 3$ ，此時級數的和爲

$$S = \frac{1}{1 - \dfrac{-x}{3}} = \frac{3}{x+3} \text{。}$$

15. $2 + \dfrac{4}{x} + \dfrac{8}{x^2} + \dfrac{16}{x^3} + \cdots + \dfrac{2^n}{x^{n-1}} + \cdots$

解 級數

$$2 + \frac{4}{x} + \frac{8}{x^2} + \cdots + \frac{2^n}{x^{n-1}} + \cdots$$

為無窮等比級數，公比為 $\dfrac{2}{x}$，其為收斂的充要條件為 $\left|\dfrac{2}{x}\right| < 1$，即 $|x| > 2$，亦

即 $x > 2$ 或 $x < -2$。此時其和為

$$S = \dfrac{2}{1 - \dfrac{2}{x}} = \dfrac{2x}{x-2}。$$

16. $x + x(3-x) + x^2(3-x)^2 + \cdots + x^n(3-x)^n + \cdots$

解 級數

$$x + x(3-x) + x^2(3-x)^2 + \cdots + x^n(3-x)^n + \cdots$$

除第一項外，成一無窮等比級數，公比為 $x(3-x)$，其為收斂的充要條件為

$$|x(3-x)| < 1$$

$$\Longleftrightarrow \quad -1 < 3x - x^2 < 1$$

$$\Longleftrightarrow \quad x^2 - 3x - 1 < 0 \quad \text{且} \quad x^2 - 3x + 1 > 0$$

$$\Longleftrightarrow \quad \left(x - \dfrac{3+\sqrt{13}}{2}\right)\left(x - \dfrac{3-\sqrt{13}}{2}\right) < 0 \quad \text{且} \quad \left(x - \dfrac{3+\sqrt{5}}{2}\right)\left(x - \dfrac{3-\sqrt{5}}{2}\right) > 0$$

$$\Longleftrightarrow \quad x \in \left(\dfrac{3-\sqrt{13}}{2}, \dfrac{3-\sqrt{5}}{2}\right) \cup \left(\dfrac{3+\sqrt{5}}{2}, \dfrac{3+\sqrt{13}}{2}\right)$$

此時級數的和為

$$S = x + \dfrac{x(3-x)}{1 - x(3-x)} = \dfrac{x^3 - 4x^2 + 4x}{x^2 - 3x + 1}。$$

17. $x^2 + \dfrac{x^2}{1+x^2} + \dfrac{x^2}{(1+x^2)^2} + \cdots + \dfrac{x^2}{(1+x^2)^{n-1}} + \cdots$

解 級數

$$x^2 + \dfrac{x^2}{1+x^2} + \dfrac{x^2}{(1+x^2)^2} + \cdots + \dfrac{x^2}{(1+x^2)^{n-1}} + \cdots$$

為一無窮等比級數，公比為 $\dfrac{1}{1+x^2} \in (0, 1)$，故知此級數對任意 x 均為收斂，其和

為

$$S = x^2 \left(\dfrac{1}{1 - \dfrac{1}{1+x^2}}\right) = 1 + x^2。$$

12-4

於下列各題中，判斷級數的斂散性。

1. $\sum \dfrac{1}{\sqrt{3k+2}}$

解 因為 $\lim\limits_{k\to\infty} \dfrac{\dfrac{1}{\sqrt{3k+1}}}{\dfrac{1}{\sqrt{k}}} = \lim\limits_{k\to\infty} \dfrac{\sqrt{k}}{\sqrt{3k+1}} = \lim\limits_{k\to\infty} \dfrac{1}{\sqrt{3+\dfrac{1}{k}}} = \dfrac{1}{\sqrt{3}}$ ，

且 $\sum \dfrac{1}{\sqrt{k}}$ 為發散，故知 $\sum \dfrac{1}{\sqrt{3k+1}}$ 為發散。

2. $\sum \dfrac{2k-1}{3k^3+k^2+2}$

解 因為 $\lim\limits_{k\to\infty} \dfrac{\dfrac{2k-1}{3k^3+k^2+2}}{\dfrac{1}{k^2}} = \lim\limits_{k\to\infty} \dfrac{k^2(2k-1)}{3k^3+k^2+2} = \lim\limits_{k\to\infty} \dfrac{2-\dfrac{1}{k}}{3+\dfrac{1}{k}+\dfrac{2}{k^3}} = \dfrac{2}{3}$ ，

且 $\sum \dfrac{1}{k^2}$ 為收斂，故知 $\sum \dfrac{2k-1}{3k^3+k^2+2}$ 為收斂。

3. $\sum \dfrac{2k+3}{k^2+2}$

解 因為

$$\lim\limits_{k\to\infty} \dfrac{\dfrac{2k+3}{k^2+2}}{\dfrac{1}{k}} = \lim\limits_{k\to\infty} \dfrac{k(2k+3)}{k^2+2} = 2 ，$$

且 $\sum \dfrac{1}{k}$ 為發散，故知 $\sum \dfrac{2k+3}{k^2+2}$ 為發散。

4. $\sum \sin \dfrac{k\pi}{2}$

解 因為 $\lim\limits_{k\to\infty} \sin \dfrac{k\pi}{2}$ 不存在，故知 $\sum \sin \dfrac{k\pi}{2}$ 為發散。

5. $\sum \dfrac{k}{3^k}$

解 因爲

$$\lim_{k \to \infty} \frac{\dfrac{k}{3^k}}{\dfrac{1}{k^2}} = \lim_{k \to \infty} \frac{k^3}{3^k} = 0 \ ,$$

且 $\sum \dfrac{1}{k^2}$ 爲收斂，故知 $\sum \dfrac{k}{3^k}$ 爲收斂。

6. $\sum \dfrac{\ln k}{\ln (k+2)}$

解 因爲

$$\lim_{k \to \infty} a_k = \lim_{k \to \infty} \frac{\ln k}{\ln (k+2)} = 1 \neq 0 \ ,$$

故知 $\sum \dfrac{\ln k}{\ln (k+2)}$ 爲發散。

7. $\sum \dfrac{k}{e^k}$

解 因爲

$$\lim_{k \to \infty} \frac{\dfrac{k}{e^k}}{\dfrac{1}{k^2}} = \lim_{k \to \infty} \frac{k^3}{e^k} = 0 \ ,$$

且 $\sum \dfrac{1}{k^2}$ 爲收斂，故知 $\sum \dfrac{k}{e^k}$ 爲收斂。

8. $\sum \dfrac{2k + \sin^2 k}{3k^2}$

解 因爲 $\sum \dfrac{\sin^2 k}{3k^2}$ 的一般項 $0 \leqq \dfrac{\sin^2 k}{3k^2} \leqq \dfrac{1}{3k^2}$ ，而 $\sum \dfrac{1}{3k^2}$ 爲收斂，故 $\sum \dfrac{\sin^2 k}{3k^2}$ 爲收斂。而 $\sum \dfrac{2k}{3k^2} = \sum \dfrac{2}{3k}$ 爲發散，從而知 $\sum \dfrac{2k + \sin^2 k}{3k^2}$ 爲發散。

9. $\sum \dfrac{1}{2^k k!}$

解 對級數 $\sum a_k = \sum \dfrac{1}{2^k k!}$ 而言，因

$$\lim_{k \to \infty} \frac{a_{k+1}}{a_k} = \lim_{k \to \infty} \frac{2^k k!}{2^{k+1}(k+1)!} = \lim_{k \to \infty} \frac{1}{2(k+1)} = 0 < 1 \ ,$$

故知 $\Sigma \dfrac{1}{2^k k!}$ 爲收斂。

10. $\Sigma \dfrac{\cos^2 k}{k^{\frac{3}{2}}}$

解 因爲

$$0 \leqq \frac{\cos^2 k}{k^{\frac{3}{2}}} \leqq \frac{1}{k^{\frac{3}{2}}} \quad ,$$

且 $\Sigma \dfrac{1}{k^{\frac{3}{2}}}$ 爲收斂，故知 $\Sigma \dfrac{\cos^2 k}{k^{\frac{3}{2}}}$ 爲收斂。

11. $\Sigma \dfrac{\ln k}{k\, 2^k}$

解 因爲

$$\lim_{k \to \infty} \frac{\dfrac{\ln k}{k\, 2^k}}{\dfrac{1}{2^k}} = \lim_{k \to \infty} \frac{\ln k}{k} = 0 \quad ,$$

且 $\Sigma \dfrac{1}{2^k}$ 爲收斂，故知 $\Sigma \dfrac{\ln k}{k\, 2^k}$ 爲收斂。

12. $\Sigma \dfrac{(2k)!}{(k!)^2}$

解 因爲對級數 $\Sigma a_k = \Sigma \dfrac{(2k)!}{(k!)^2}$ 而言

$$\lim_{k \to \infty} \frac{a_{k+1}}{a_k} = \lim_{k \to \infty} \left(\frac{(2k+2)!}{((k+1)!)^2} \cdot \frac{(k!)^2}{(2k)!} \right)$$

$$= \lim_{k \to \infty} \frac{(2k+2)(2k+1)}{(k+1)^2} = 4 > 1 \quad ,$$

故知 $\Sigma \dfrac{(2k)!}{(k!)^2}$ 爲發散。

13. $\Sigma \dfrac{k^k}{(k+2)^k}$

解 因爲

$$\lim_{x \to \infty} \left(\frac{x}{x+2} \right)^x = \lim_{x \to \infty} \exp\left(x \ln \frac{x}{x+2} \right)$$

$$= \exp \left(\lim_{x \to \infty} \frac{\ln \dfrac{x}{x+2}}{\dfrac{1}{x}} \right) = \exp \left(\lim_{x \to \infty} \frac{\dfrac{x+2}{x} \cdot \dfrac{2}{(x+2)^2}}{\dfrac{-1}{x^2}} \right)$$

$$= \exp(-2) = e^{-2} \, ,$$

故知 $\displaystyle\lim_{k \to \infty} (\frac{k}{k+2})^k = e^{-2} \neq 0$ ，從而知 $\Sigma (\dfrac{k}{k+2})^k$ 爲發散。

14. $\Sigma \dfrac{k!}{k!+k}$

解 因爲對級數 $\Sigma a_k = \Sigma \dfrac{k!}{k!+k}$ 而言，

$$\lim_{k \to \infty} a_k = \lim_{k \to \infty} \frac{k!}{k!+k} = \lim_{k \to \infty} \frac{1}{1+\dfrac{1}{(k-1)!}} = 1 \neq 0 \, ,$$

故知 $\Sigma \dfrac{k!}{k!+k}$ 爲發散。

15. $\Sigma \dfrac{k!}{e^k}$

解 因爲對級數 $\Sigma a_k = \Sigma \dfrac{k!}{e^k}$ 而言，

$$\lim_{k \to \infty} \frac{a_{k+1}}{a_k} = \lim_{k \to \infty} (\frac{(k+1)!}{e^{k+1}} \cdot \frac{e^k}{k!}) = \lim_{k \to \infty} \frac{k+1}{e} = \infty \, ,$$

故知 $\Sigma \dfrac{k!}{e^k}$ 爲發散。

16. $\Sigma \dfrac{1 \cdot 3 \cdot \cdots \cdot (2k-1)}{4 \cdot 7 \cdot \cdots \cdot (3k+1)}$

解 因爲對級數 $\Sigma a_k = \Sigma \dfrac{1 \cdot 3 \cdot \cdots \cdot (2k-1)}{4 \cdot 7 \cdot \cdots \cdot (3k-1)}$ 而言，

$$\lim_{k \to \infty} \frac{a_{k+1}}{a_k} = \lim_{k \to \infty} (\frac{1 \cdot 3 \cdot \cdots \cdot (2k-1)(2k+1)}{4 \cdot 7 \cdot \cdots \cdot (3k+1)(3k+4)} \cdot \frac{4 \cdot 7 \cdot \cdots \cdot (3k+1)}{1 \cdot 3 \cdot \cdots \cdot (2k-1)})$$

$$= \lim_{k \to \infty} \frac{2k+1}{3k+4} = \frac{2}{3} < 1 \, ,$$

故知 $\Sigma \dfrac{1 \cdot 3 \cdot \cdots \cdot (2k-1)}{4 \cdot 7 \cdot \cdots \cdot (3k+1)}$ 爲收斂。

12-5

判斷下面各題中的級數之斂散性。若爲收斂，則是否爲絕對收斂：（ 1～10 ）

1. $\sum \dfrac{(-1)^{n+1}}{\sqrt{3n+1}}$

解 由交錯級數審斂法知 $\sum a_k = \sum \dfrac{(-1)^{k+1}}{\sqrt{3k+1}}$ 爲收斂，但因 $\sum |a_k| = \sum \dfrac{1}{\sqrt{3k+1}}$ 爲發散，故知 $\sum a_k$ 爲條件收斂。

2. $\sum \dfrac{(-1)^{n+1}}{n3^n}$

解 對級數 $\sum a_n = \sum \dfrac{(-1)^{n+1}}{n3^n}$ 而言，因爲

$$\sum |a_n| = \sum \dfrac{1}{n3^n} ,$$

而由於

$$\lim_{n \to \infty} \dfrac{a_{n+1}}{a_n} = \lim_{n \to \infty} \dfrac{n3^n}{(n+1)3^{n+1}} = \lim_{n \to \infty} \dfrac{n}{3(n+1)} = \dfrac{1}{3} < 1 ,$$

故知 $\sum |a_n|$ 爲收斂，即 $\sum a_n = \sum \dfrac{(-1)^{n+1}}{n3^n}$ 爲絕對收斂。

3. $\sum \dfrac{(-1)^{n+1} n}{n^3 + 2}$

解 對級數 $\sum a_n = \sum \dfrac{(-1)^{n+1} n}{n^3 + 2}$ 而言，因爲

$$\sum |a_n| = \sum \dfrac{n}{n^3 + 2} ,$$

而由於

$$\lim_{n \to \infty} \dfrac{\dfrac{n}{n^3 + 2}}{\dfrac{1}{n^2}} = \lim_{n \to \infty} \dfrac{n^3}{n^3 + 2} = 1 ,$$

且 $\sum \dfrac{1}{n^2}$ 爲收斂，故知 $\sum \dfrac{n}{n^3 + 2}$ 爲收斂，即知 $\sum \dfrac{(-1)^{n+1} n}{n^3 + 2}$ 爲絕對收斂。

4. $\sum \dfrac{(-1)^{n+1} (\ln n)}{n}$

解 由於

$$\lim_{x \to \infty} \frac{\ln x}{x} = 0 \ ,$$

故知 $\lim\limits_{n \to \infty} \dfrac{\ln n}{n} = 0$。而因

$$D \frac{\ln x}{x} = \frac{1 - \ln x}{x^2} < 0 \qquad \text{當} \quad x > e$$

故知 $\left\{ \dfrac{\ln n}{n} \right\}_{n=3}^{\infty}$ 爲遞減數列，由交錯級數審斂法知

$$\sum a_n = \sum \frac{(-1)^{n+1} \ln n}{n} \text{ 爲收斂}$$

又因

$$\lim_{n \to \infty} \frac{\dfrac{\ln n}{n}}{\dfrac{1}{n}} = \lim_{n \to \infty} \ln n = \infty \ ,$$

且 $\sum \dfrac{1}{n}$ 爲發散，故知 $\sum |a_n| = \sum \dfrac{\ln n}{n}$ 爲發散，從而知

$$\sum \frac{(-1)^{n+1} \ln n}{n} \text{ 爲條件收斂。}$$

5. $\sum \dfrac{(-1)^{n+1}}{n \ln n}$

解 易知 $\lim\limits_{n \to \infty} \dfrac{1}{n \ln n} = 0$，又因

$$D \frac{1}{x \ln x} = \frac{-(\ln x + 1)}{(x \ln x)^2} < 0 \ , \quad \text{當} \ x > e$$

故知 $\left\{ \dfrac{1}{n \ln n} \right\}_{n=3}^{\infty}$ 爲遞減數列。由交錯級數審斂法知

$$\sum a_n = \sum \frac{(-1)^{n+1}}{n \ln n} \text{ 爲收斂。}$$

由於

$$\int_2^{\infty} \frac{dx}{x \ln x} = \lim_{m \to \infty} \int_2^m \frac{dx}{x \ln x} = \lim_{m \to \infty} (\ln \ln x) \Big|_2^m$$

$$= \lim_{m \to \infty} (\ln \ln m - \ln \ln 2) = \infty \ ,$$

從而知

$$\Sigma \mid a_n \mid = \Sigma \frac{1}{n \ln n} \text{ 爲發散 },$$

即知 $\Sigma \dfrac{(-1)^{n+1}}{n \ln n}$ 爲條件收斂。

6. $\Sigma \dfrac{(-1)^{n+1} 4^n}{3^n}$

解 因爲 $\lim\limits_{n \to \infty} \dfrac{4^n}{3^n} = \infty$ ，故知 $\lim\limits_{n \to \infty} \dfrac{(-1)^{n+1} 4^n}{3^n} \neq 0$ ，即知

$\Sigma \dfrac{(-1)^{n+1} 4^n}{3^n}$ 爲發散。

7. $\Sigma \dfrac{\cos n\pi}{n+2}$

解 $\Sigma \dfrac{\cos n\pi}{n+2} = \dfrac{-1}{3} + \dfrac{1}{4} - \dfrac{1}{5} + \dfrac{1}{6} - \dfrac{1}{7} + \cdots$

爲收斂交錯級數，而 $\Sigma \mid \dfrac{\cos n\pi}{n+2} \mid = \dfrac{1}{3} + \dfrac{1}{4} + \dfrac{1}{5} + \cdots$ 爲發散，

故知 $\Sigma \dfrac{\cos n\pi}{n+2}$ 爲條件收斂。

8. $\Sigma \dfrac{(-1)^n n^3}{e^n}$

解 對 $\Sigma a_n = \Sigma \dfrac{(-1)^n n^3}{e^n}$ 而言，$\Sigma \mid a_n \mid = \Sigma \dfrac{n^3}{e^n}$。由於

$$\lim_{n \to \infty} \mid \frac{a_{n+1}}{a_n} \mid = \lim_{n \to \infty} \frac{(n+1)^3 e^n}{n^3 e^{n+1}} = \lim_{n \to \infty} \frac{(n+1)^3}{n^3 e} = \frac{1}{e} < 1 \ ,$$

故知 $\Sigma \mid a_n \mid$ 爲收斂，即知 $\Sigma \dfrac{(-1)^n n^3}{e^n}$ 爲絕對收斂。

9. $\Sigma \dfrac{(-1)^{n+1}}{\sqrt[n]{n}}$

解 因爲

$$\lim_{x \to \infty} x^{\frac{1}{x}} = \lim_{x \to \infty} \exp(\frac{\ln x}{x}) = \exp(\lim_{x \to \infty} \frac{\ln x}{x}) = \exp 0 = 1 \ ,$$

故知 $\lim\limits_{n \to \infty} \sqrt[n]{n} = 1$ ，從而知 $\Sigma \dfrac{(-1)^{n+1}}{\sqrt[n]{n}}$ 爲發散。

10. $\sum \dfrac{n!}{(-n)^n}$

解　對級數 $\sum a_n = \sum \dfrac{n!}{(-n)^n}$ 而言，考慮 $\sum |a_n| = \dfrac{n!}{n^n}$

由於

$$\lim_{n \to \infty} \left| \frac{a_{n+1}}{a_n} \right| = \lim_{n \to \infty} \left(\frac{(n+1)!}{(n+1)^{n+1}} \cdot \frac{n^n}{n!} \right) = \lim_{n \to \infty} \left(\frac{n}{n+1} \right)^n$$

考慮極限

$$\lim_{n \to \infty} \left(\frac{x}{x+1} \right)^x = \lim_{x \to \infty} \exp \left(x \ln \frac{x}{x+1} \right)$$

$$= \exp \left(\lim_{x \to \infty} \frac{\ln \dfrac{x}{x+1}}{\dfrac{1}{x}} \right) = \exp \left(\lim_{n \to \infty} \frac{\dfrac{x+1}{x} \cdot \dfrac{1}{(1+x)^2}}{\dfrac{-1}{x^2}} \right)$$

$$= \exp(-1) = e^{-1} ,$$

故知

$$\lim_{n \to \infty} \left| \frac{a_{n+1}}{a_n} \right| = \lim_{n \to \infty} \left(\frac{n}{n+1} \right)^n = e^{-1} < 1 ,$$

即故 $\sum \dfrac{n!}{(-n)^n}$ 爲絕對收斂。

計算下面各題中之級數和的近似值，使誤差小於 0.01 。

11. $\displaystyle\sum_{n=1}^{\infty} \frac{(-1)^{n+1}}{n5^n}$

解　仿第 2 題，可由交錯級數審斂法知 $\sum \dfrac{(-1)^{n+1}}{n5^n}$ 爲收斂，且知

$$\left| \sum \frac{(-1)^{n+1}}{n5^n} - \sum_{k=1}^{n} \frac{(-1)^{k+1}}{k5^k} \right| < \frac{1}{(n+1)5^{n+1}}$$

由於

$$\frac{1}{(n+1)5^{n+1}} < 0.01 \iff (n+1)5^{n+1} > 100$$

取 $n=2$ 時，即已滿足，故知以

$$\sum_{n=1}^{2} \frac{(-1)^{n+1}}{n5^n} = \frac{1}{5} - \frac{1}{50} = \frac{9}{50}$$

爲級數和的近似值，誤差小於 0.01 。

12. $\displaystyle\sum_{n=1}^{\infty} \frac{(-1)^{n+1}}{10\,n}$

解 因爲

$$\frac{1}{10\,n} < 0.01 \iff n > 10$$

故知取 $\displaystyle\sum_{n=1}^{9} \frac{(-1)^{n+1}}{10\,n}$ 爲級數和的近似時，誤差小於 0.01 。

13. $\displaystyle\sum_{n=1}^{\infty} \frac{(-1)^{n+1}}{n^3}$

解 因爲

$$\frac{1}{n^3} < 0.01 \iff n^3 > 100 \iff n \geq 5$$

故知取 $\displaystyle\sum_{n=1}^{4} \frac{(-1)^{n+1}}{n^3}$ 爲級數和的近似時，誤差小於 0.01 。

14. $\displaystyle\sum_{n=1}^{\infty} \frac{(-1)^{n+1}\,n}{(2n+1)!}$

解 因爲

$$\frac{n}{(2n+1)!} < 0.01 \iff (2n+1)! > 100\,n \iff n \geq 3$$

故知取 $\displaystyle\sum_{n=1}^{2} \frac{(-1)^{n+1}\,n}{(2n+1)!} = \frac{1}{3!} - \frac{2}{5!} = \frac{9}{60} = \frac{3}{20}$ 爲級數和的近似值，則誤差小於

$$\frac{2}{7!} = \frac{1}{2520} \quad 。$$

12-6

求下面各題的冪級數之收斂區間：

1. $\sum k^2 (x-1)^k$

解 對冪級數 $\sum c_k (x-a)^k = \sum k^2 (x-1)^k$ 而言，因爲

$$\lim_{k \to \infty} \left| \frac{c_{k+1}}{c_k} \right| = \lim_{k \to \infty} \frac{(k+1)^2}{k^2} = 1 ,$$

故知收斂半徑爲 1 。又於 $x = 0$, 2 而言，級數爲

$$\sum (-1)^k k^2 , \ \sum k^2$$

均爲發散，故知 $\sum k^2 (x-1)^k$ 的收斂區間爲 $(0, 2)$ 。

2. $\displaystyle\sum \frac{(-1)^{k+1}(x+1)^k}{3k+2}$

解 對冪級數 $\displaystyle\sum c_k(x-a)^k = \sum \frac{(-1)^{k+1}(x+1)^k}{3k+2}$ 而言，因爲

$$\lim_{k\to\infty}\left|\frac{c_{k+1}}{c_k}\right| = \lim_{k\to\infty}\frac{3k+1}{3k+5} = 1 \; ,$$

故知收斂半徑爲 1。又於 $x=-2$，0 而言，級數

$$\sum \frac{(-1)^{k+1}(-1)^k}{3k+2} = \sum \frac{(-1)^{2k+1}}{3k+2} = \sum \frac{-1}{3k+1} \text{ 爲發散，}$$

$$\sum \frac{(-1)^{k+1}}{3k+2} \text{ 爲收斂交錯級數，}$$

故知 $\displaystyle\sum \frac{(-1)^{k+1}(x+1)^k}{3k+2}$ 的收斂區間爲 $(-2,0]$。

3. $\displaystyle\sum \frac{kx^k}{k^3+1}$

解 對冪級數 $\displaystyle\sum c_k(x-a)^k = \sum \frac{kx^k}{k^3+1}$ 而言，因爲

$$\lim_{k\to\infty}\left|\frac{c_{k+1}}{c_k}\right| = \lim_{k\to\infty}\left(\frac{k+1}{(k+1)^3+1}\cdot\frac{k^3+1}{k}\right) = 1 \; ,$$

故知收斂半徑爲 1。又於 $x=-1$，1 而言，級數爲

$$\sum \frac{(-1)^k k}{k^3+1} \quad 及 \quad \sum \frac{k}{k^3+1}$$

均爲收斂，故知 $\displaystyle\sum \frac{kx^k}{k^3+1}$ 的收斂區間爲 $[-1,1]$。

4. $\displaystyle\sum \frac{(-1)^{k+1}x^k}{\ln(k+1)}$

解 對冪級數 $\displaystyle\sum c_k(x-a)^k = \sum \frac{(-1)^{k+1}x^k}{\ln(k+1)}$ 而言，因爲

$$\lim_{k\to\infty}\left|\frac{c_{k+1}}{c_k}\right| = \lim_{k\to\infty}\frac{\ln(k+1)}{\ln(k+2)} = 1 \; ,$$

故知收斂半徑爲 1。又於 $x=-1$ 時，級數爲

$$\sum \frac{(-1)^{k+1}(-1)^k}{\ln(k+1)} = \sum \frac{(-1)^{2k+1}}{\ln(k+1)} = \sum \frac{-1}{\ln(k+1)}$$

由於

$$\lim_{k \to \infty} \frac{\dfrac{1}{\ln(k+1)}}{\dfrac{1}{k}} = \lim_{k \to \infty} \frac{k}{\ln(k+1)} = \infty ,$$

且 $\Sigma \dfrac{1}{k}$ 為發散，故知 $\Sigma \dfrac{-1}{\ln(k+1)}$ 為發散。於 $x=1$ 時，級數為

$$\Sigma \frac{(-1)^{k+1}}{\ln(k+1)}$$

為收斂的交錯級數。從而知 $\Sigma \dfrac{(-1)^{k+1} x^k}{\ln(k+1)}$ 的收斂區間為 $(-1 , 1]$。

5. $\Sigma \dfrac{(-1)^{n+1}}{n \ln n}$

解 對冪級數 $\Sigma c_k (x-a)^k = \Sigma \dfrac{(-1)^{k+1} x^k}{k \ln k}$ 而言，因為

$$\lim_{k \to \infty} \left| \frac{c_{k+1}}{c_k} \right| = \lim_{k \to \infty} \frac{k \ln k}{(k+1) \ln(k+1)} = 1 ,$$

故知收斂半徑為 1。於 $x=-1$ 時，級數為

$$\Sigma \frac{(-1)^{k+1} (-1)^k}{k \ln k} = \Sigma \frac{-1}{k \ln k} \text{為發散（見習題 } 12-5 \text{ 第 } 5 \text{ 題）}$$

而 $x=1$ 時，級數為 $\Sigma \dfrac{(-1)^{k+1}}{k \ln k}$ 為收斂交錯級數，故知 $\Sigma \dfrac{(-1)^{k+1} x^k}{k \ln k}$ 的收斂區

間為 $(-1 , 1]$。

6. $\Sigma \dfrac{4^k (x+3)^k}{3^{k+1}}$

解 對冪級數 $\Sigma c_k (x-a)^k = \Sigma \dfrac{4^k}{3^{k+1}} (x+3)^k$ 而言，因為

$$\lim_{k \to \infty} \left| \frac{c_{k+1}}{c_k} \right| = \lim_{k \to \infty} \frac{4^{k+1}}{3^{k+2}} \cdot \frac{3^{k+1}}{4^k} = \lim_{k \to \infty} \frac{4}{3} = \frac{4}{3} ,$$

故知收斂半徑為 $\dfrac{3}{4}$。於 $x = -3 - \dfrac{3}{4} = \dfrac{-15}{4}$ 時，級數為

$$\Sigma \frac{4^k}{3^{k+1}} (\frac{-3}{4})^k = \Sigma \frac{(-1)^k}{3} \text{為發散，}$$

於 $x = -3 + \dfrac{3}{4} = \dfrac{-9}{4}$ 時，級數為

$$\Sigma \frac{4^k}{3^{k+1}} (\frac{3}{4})^k = \Sigma (\frac{1}{3}) \text{ 爲發散},$$

故知 $\Sigma \dfrac{4^k}{3^{k+1}} (x+3)^k$ 的收斂區間爲 $(\dfrac{-15}{4}, \dfrac{-9}{4})$ 。

7. $\Sigma \dfrac{(k+1)(x-2)^k}{5^k}$

解 對冪級數 $\Sigma c_k (x-a)^k = \Sigma \dfrac{k+1}{5^k} (x-2)^k$ 而言，因爲

$$\lim_{k \to \infty} \left| \frac{c_{k+1}}{c_k} \right| = \lim_{k \to \infty} (\frac{k+2}{5^{k+1}} \cdot \frac{5^k}{k+1}) = \frac{1}{5},$$

故知收斂半徑爲 5 。於 $x = 2-5 = -3$ 時，級數爲

$$\Sigma \frac{k+1}{5^k} (-5)^k = \Sigma (-1)^k (k+1) \text{ 爲發散},$$

於 $x = 2+5 = 7$ 時，級數爲

$$\Sigma \frac{k+1}{5^k} 5^k = \Sigma (k+1) \text{ 爲發散},$$

故知 $\Sigma \dfrac{k+1}{5^k} (x-2)^k$ 的收斂區間爲 $(-3, 7)$ 。

8. $\Sigma \dfrac{\ln k}{e^k} \cdot (x-e)^k$

解 對冪級數 $\Sigma c_k (x-a)^k = \Sigma \dfrac{\ln k}{e^k} \cdot (x-e)^k$ 而言，因爲

$$\lim_{k \to \infty} \left| \frac{c_{k+1}}{c_k} \right| = \lim_{k \to \infty} \frac{\ln(k+1)}{e^{k+1}} \cdot \frac{e^k}{\ln k} = \frac{1}{e},$$

故知收斂半徑爲 e 。於 $x = e-e = 0$ 時，級數爲

$$\Sigma \frac{\ln k}{e^k} (-e)^k = \Sigma (-1)^k \ln k \text{ 爲發散},$$

於 $x = 2e$ 時，級數爲

$$\Sigma \frac{\ln k}{e^k} e^k = \Sigma \ln k \text{ 爲發散},$$

故知 $\Sigma \dfrac{\ln k}{e^k} \cdot (x-e)^k$ 的收斂區間爲 $(0, 2e)$ 。

9. $\Sigma (k+1)! \dfrac{(x-5)^k}{10^k}$

解 對冪級數 $\Sigma c_k (x-a)^k = \Sigma \dfrac{(k+1)!}{10^k}(x-5)^k$ 而言，因為

$$\lim_{k\to\infty}\left|\frac{c_{k+1}}{c_k}\right| = \lim_{k\to\infty}\left(\frac{(k+2)!}{10^{k+1}}\cdot\frac{10^k}{(k+1)!}\right) = \lim_{k\to\infty}\frac{k+2}{10} = \infty ,$$

故知收斂半徑為 0，而 $\Sigma \dfrac{(k+1)!}{10^k}(x-5)^k$ 僅在 $x=5$ 為收斂，在 $x\neq 5$ 時均為

發散。

10. $\Sigma \dfrac{k!\,x^k}{(-k)^k}$

解 對冪級數 $\Sigma c_k (x-a)^k = \Sigma \dfrac{k!}{(-k)^k}x^k$ 而言，因為

$$\lim_{k\to\infty}\left|\frac{c_{k+1}}{c_k}\right| = \lim_{k\to\infty}\left(\frac{(k+1)!}{(k+1)^{k+1}}\cdot\frac{k^k}{k!}\right) = \lim_{k\to\infty}\left(\frac{k}{k+1}\right)^k = e^{-1} ,$$

故知收斂半徑為 e。於 $x=-e$ 時，級數為

$$\Sigma \frac{k!}{(-1)^k k^k}(-e)^k = \Sigma \frac{k!}{k^k}e^k$$

由所謂的 Stirling 公式（超出範圍）知當 $k\to\infty$ 時

$$\frac{k!}{k^k}e^k \to \sqrt{2\pi k} ,\ \text{故知}\ \Sigma \frac{k!}{k^k}e^k\ \text{為發散。}$$

而於 $x=e$ 時，級數為

$$\Sigma \frac{(-1)^k e^k}{k^k}\ \text{亦為發散，即知}\ \Sigma \frac{k!}{(-k)^k}x^k\ \text{的收斂區間為}\ (-e,e)。$$

11. $\Sigma \dfrac{(x-1)^k}{(k!)^2}$

解 對冪級數 $\Sigma c_k (x-a)^k = \Sigma \dfrac{(x-1)^k}{(k!)^2}$ 而言，因為

$$\lim_{k\to\infty}\left|\frac{c_{k+1}}{c_k}\right| = \lim_{k\to\infty}\frac{(k!)^2}{((k+1)!)^2} = \lim_{k\to\infty}\frac{1}{(k+1)^2} = 0 ,$$

故知收斂半徑為 ∞，即知 $\Sigma \dfrac{(x-1)^k}{(k!)^2}$ 的收斂區間為 $(-\infty,\infty)$。

12. $\Sigma \dfrac{(x+3)^k}{5^k(2k+1)}$

解 對冪級數 $\Sigma c_k (x-a)^k = \Sigma \dfrac{(x+3)^k}{5^k(2k+1)}$ 而言，因為

$$\lim_{k\to\infty}\left|\frac{c_{k+1}}{c_k}\right| = \lim_{k\to\infty}\frac{5^k(2k+1)}{5^{k+1}(2k+3)} = \frac{1}{5} ,$$

故知收斂半徑爲 5 。於 $x=-8$ 時，級數爲

$$\sum \frac{(-5)^k}{5^k(2k+1)} = \sum \frac{(-1)^k}{2k+1} \text{ 爲收斂交錯級數 , }$$

於 $x=2$ 時，級數爲

$$\sum \frac{5^k}{5^k(2k+1)} = \sum \frac{1}{2k+1} \text{ 爲發散 , }$$

故知 $\sum \dfrac{(x+3)^k}{5^k(2k+1)}$ 的收斂區間爲 $[-8 , 2)$ 。

13. $\sum (\mathrm{Tan}^{-1} k) x^k$

解 對冪級數 $\sum c_k (x-a)^k = \sum (\mathrm{Tan}^{-1} k) x^k$ 而言 , 因爲

$$\lim_{k \to \infty} \left| \frac{c_{k+1}}{c_k} \right| = \lim_{k \to \infty} \frac{\mathrm{Tan}^{-1}(k+1)}{\mathrm{Tan}^{-1}(k)} = \lim_{k \to \infty} \frac{\dfrac{1}{1+(k+1)^2}}{\dfrac{1}{1+k^2}} = 1 ,$$

故知收斂半徑爲 1 。於 $x=1$, -1 時 , 因爲

$$\lim_{k \to \infty} \mathrm{Tan}^{-1} k = \frac{\pi}{2} ,$$

故 $\sum \mathrm{Tan}^{-1} k$ 及 $\sum (-1)^k \mathrm{Tan}^{-1} k$ 均爲發散。從而知 $\sum (\mathrm{Tan}^{-1} k) x^k$ 的收斂區間爲 $(-1 , 1)$ 。

14. $\sum \dfrac{(-1)^k (2k-1)^{(k)} x^k}{(3k)^{(k)}}$

解 對冪級數

$$\sum c_k (x-a)^k = \sum \frac{(-1)^k (2k-1)^{(k)} x^k}{(3k)^{(k)}}$$

$$= \sum \frac{(-1)^k (2k-1)(2k-3) \cdots 5 \cdot 3 \cdot 1}{3k(3(k-1)) \cdots (3 \cdot 2)(3 \cdot 1)} x^k$$

$$= \sum \frac{(-1)^k (2k-1)(2k-3) \cdots 5 \cdot 3 \cdot 1}{3^k k!} x^k$$

$$= \sum \frac{(-1)^k (2k-1)!}{2^{k-1} 3^k (k-1)! \, k!} x^k$$

而言 ,

$$\lim_{k \to \infty} \left| \frac{c_{k+1}}{c_k} \right| = \lim_{k \to \infty} \frac{(2k+1)(2k-1) \cdots 5 \cdot 3 \cdot 1}{3^{k+1}(k+1)!} \cdot \frac{3^k k!}{(2k-1) \cdots 5 \cdot 3 \cdot 1}$$

$$= \lim_{k \to \infty} \frac{2k+1}{3(k+1)} = \frac{2}{3} ,$$

故知收斂半徑為 $\dfrac{3}{2}$ 。

12-7

1. 設冪級數 $\Sigma\, c_k\,(\,x-a\,)^k$ 的收斂半徑 $r > 0$ ，而函數 f 為此冪級數所表的函數，證明：

$$c_k = \frac{f^{(k)}\,(\,a\,)}{k\,!}\; 。$$

解 依題意，對收斂區間中任一 x 而言，

$$f(\,x\,) = \Sigma\, c_n\,(\,x-a\,)^n\; 。$$

故知

$$f^{(k)}\,(\,x\,) = \sum_{n=k}^{\infty} n\,(\,n-1\,)\cdots(\,n-k+1\,)\, c_n\,(\,x-a\,)^{n-k-k}$$

從而知

$$f^{(k)}\,(\,a\,) = k\,(\,k-1\,)\cdots 3\cdot 2\cdot 1\, c_k = k\,!\, c_k\;,\;,$$

$$c_k = \frac{f^{(k)}\,(\,a\,)}{k\,!}\; 。$$

2. 令

$$f(x) = \sum_{k=0}^{\infty} \frac{(-1)^k\, x^{2k+1}}{(\,2k+1\,)!}\;,\quad g(x) = \sum_{k=0}^{\infty} \frac{(-1)^k\, x^{2k}}{(\,2k\,)!}\;,$$

直接對冪級數微分，證明：$f'(\,x\,) = g(x)$ ，$g'(\,x\,) = -f(\,x\,)$ 。

解 因為

$$f(x) = \sum_{k=0}^{\infty} \frac{(-1)^k}{(\,2k+1\,)!}\, x^{2k+1}\;,\quad g(\,x\,) = \sum_{k=0}^{\infty} \frac{(-1)^k\, x^{2k}}{(\,2k\,)!}$$

故知

$$f'(x) = D \sum_{k=0}^{\infty} \frac{(-1)^k}{(\,2k+1\,)!}\, x^{2k+1} = \sum_{k=0}^{\infty} D\, \frac{(-1)^k}{(\,2k+1\,)!}\, x^{2k+1}$$

$$= \sum_{k=0}^{\infty} \frac{(-1)^k}{(\,2k\,)!}\, x^{2k} = g(x)\;,$$

$$g'(x) = D \sum_{k=0}^{\infty} \frac{(-1)^k\, x^{2k}}{(\,2k\,)!} = \sum_{k=1}^{\infty} D\, \frac{(-1)^k\, x^{2k}}{(\,2k\,)!} = \sum_{k=1}^{\infty} \frac{(-1)^k\, x^{2k-1}}{(\,2k-1\,)!}$$

$$= \sum_{t=0}^{\infty} \frac{(-1)^{t+1}\, x^{2t+1}}{(\,2t+1\,)!}\quad (\text{其中 } k = t+1)$$

$$= -\sum_{t=0}^{\infty} \frac{(-1)^t\, x^{2t+1}}{(\,2t+1\,)!} = -f(\,x\,)\; 。$$

求下列各題的函數 f 在 $x=a$ 處的泰勒級數：（ 3～5 ）

3. $f(x)=e^x$, $a=-1$

解 因為 $f(x)=e^x$ ，故 $f^{(k)}(x)=e^x$ 。而 f 在 $a=-1$ 處的泰勒級數為

$$\sum_{n=0}^{\infty} \frac{f^{(n)}(a)}{n!} (x-a)^n = \sum_{n=0}^{\infty} \frac{e^{-1}}{n!} (x+1)^n = e^{-1} \sum_{n=0}^{\infty} \frac{(x+1)^n}{n!} 。$$

4. $f(x)=\sin x$, $a=\dfrac{\pi}{2}$

解 因為 $f(x)=\sin x$ ，故

$$f'(x)=\cos x , f''(x)=-\sin x , f'''(x)=-\cos x , f^{(4)}(x)=\sin x ,$$

從而知

$$f^{(4k)}(x)=\sin x , f^{(4k+1)}(x)=\cos x , f^{(4k+2)}(x)=-\sin x ,$$

$$f^{(4k+3)}(x)=-\cos x ,$$

而 f 在 $a=\dfrac{\pi}{2}$ 處的泰勒級數為

$$\sum_{n=0}^{\infty} \frac{f^{(n)}(a)}{n!} (x-a)^n$$

$$= \sin\frac{\pi}{2}+\cos(\frac{\pi}{2})(x-\frac{\pi}{2})-\frac{\sin\frac{\pi}{2}}{2!}(x-\frac{\pi}{2})^2-\frac{\cos\frac{\pi}{2}}{3!}(x-\frac{\pi}{2})^3$$

$$+\frac{\sin\frac{\pi}{2}}{4!}(x-\frac{\pi}{2})^4\cdots$$

$$= 1-\frac{1}{2!}(x-\frac{\pi}{2})^2+\frac{1}{4!}(x-\frac{\pi}{2})^4-\frac{1}{6!}(x-\frac{\pi}{2})^6+\cdots$$

5. $f(x)=\sin(2x+\dfrac{\pi}{3})$, $a=0$

解 因為 $f(x)=\sin(2x+\dfrac{\pi}{3})$ ，故

$$f'(x)=2\cos(2x+\frac{\pi}{3}) , f''=-4\sin(2x+\frac{\pi}{3}) ,$$

$$f'''=-8\cos(2x+\frac{\pi}{3}) , f^{(4)}=16\sin(2x+\frac{\pi}{3}) , \cdots$$

從而知 f 在 $a=0$ 處的泰勒級數為

$$\sum_{n=0}^{\infty} \frac{f^{(n)}(a)}{n!} (x-a)^n = \sin\frac{\pi}{3}+(2\cos\frac{\pi}{3})x+\frac{1}{2!}(-4\sin\frac{\pi}{3})x^2$$

$$+ \frac{1}{3!}\left(-8\cos\frac{\pi}{3}\right)x^3 + \frac{1}{4!}\left(16\sin\frac{\pi}{3}\right)x^4 + \cdots$$

$$= \frac{\sqrt{3}}{2} + x - \sqrt{3}\,x^2 - \frac{2}{3}x^3 + \frac{\sqrt{3}}{3}x^4 - \cdots$$

6. 求下面定積分的近似值，並估算其誤差：$\displaystyle\int_0^1 e^{-x^2}dx$。

解 因為

$$e^{-x^2} = \sum_{k=0}^{\infty} \frac{(-x^2)^k}{k!} = 1 - x^2 + \frac{x^4}{2} - \frac{x^6}{6} + \frac{x^8}{24} - \frac{x^{10}}{120} + \cdots$$

從而知

$$\int_0^1 e^{-x^2}\,dx = \int_0^1 1 - x^2 + \frac{x^4}{2} - \frac{x^6}{6} + \frac{x^8}{24} - \frac{x^{10}}{120} + \cdots dx$$

$$= \left(x - \frac{x^3}{3} + \frac{x^5}{10} - \frac{x^7}{42} + \frac{x^9}{216} - \frac{x^{11}}{1320} + \cdots\right)\Big|_0^1$$

$$= 1 - \frac{1}{3} + \frac{1}{10} - \frac{1}{42} + \frac{1}{216} - \frac{1}{1320} + \cdots$$

即若取

$$\int_0^1 e^{-x^2}\,dx \approx 1 - \frac{1}{3} + \frac{1}{10} - \frac{1}{42} + \frac{1}{216}\ ,$$

則誤差 $|E| < \dfrac{1}{1320}$。

7. 求下面定積分的近似值，並估算其誤差：$\displaystyle\int_0^{\frac{1}{3}} \frac{1}{1+x^6}\,dx$。

解 因為

$$\frac{1}{1+x^6} = \frac{1}{1-(-x^6)} = 1 - x^6 + x^{12} - x^{18} + x^{24} - \cdots$$

故知

$$\int_0^{\frac{1}{3}} \frac{dx}{1+x^6} = \int_0^{\frac{1}{3}} 1 - x^6 + x^{12} - x^{18} + x^{24} - \cdots dx$$

$$= \left(x - \frac{x^7}{7} + \frac{x^{13}}{13} - \frac{x^{19}}{19} + \frac{x^{25}}{25} - \cdots\right)\Big|_0^{\frac{1}{3}}$$

$$= \frac{1}{3} - \frac{1}{7}\left(\frac{1}{3}\right)^7 + \frac{1}{13}\left(\frac{1}{3}\right)^{13} - \frac{1}{19}\left(\frac{1}{3}\right)^{19} + \frac{1}{25}\left(\frac{1}{3}\right)^{25} - \cdots$$

即若取

$$\int_0^{\frac{1}{3}} \frac{dx}{1+x^6} \approx \frac{1}{3} - \frac{1}{7} (\frac{1}{3})^7 + \frac{1}{13} (\frac{1}{3})^{13} - \frac{1}{19} (\frac{1}{3})^{19} \ ,$$

則誤差小於 $\frac{1}{25} (\frac{1}{3})^{25}$ 。

8. 求下面定積分的近似值，並估算其誤差：$\displaystyle\int_0^{\frac{1}{2}} \mathrm{Tan}^{-1} x^2 \, dx$ 。

解 因為

$$\mathrm{Tan}^{-1} x = \int \frac{dx}{1+x^2} = \int 1 - x^2 + x^4 - x^6 + x^8 - \cdots dx$$

$$= x - \frac{x^3}{3} + \frac{x^5}{5} - \frac{x^7}{7} + \frac{x^9}{9} - \cdots$$

故知

$$\mathrm{Tan}^{-1} x^2 = x^2 - \frac{x^6}{3} + \frac{x^{10}}{5} - \frac{x^{14}}{7} + \cdots$$

從而知

$$\int_0^{\frac{1}{2}} \mathrm{Tan}^{-1} x^2 \, dx = \int_0^{\frac{1}{2}} x^2 - \frac{x^6}{3} + \frac{x^{10}}{5} - \frac{x^{14}}{7} + \cdots dx$$

$$= (\frac{x^3}{3} - \frac{x^7}{21} + \frac{x^{11}}{55} - \frac{x^{15}}{105} + \cdots) \ \bigg|_0^{\frac{1}{2}}$$

$$= \frac{1}{3} (\frac{1}{2})^3 - \frac{1}{21} (\frac{1}{2})^7 + \frac{1}{55} (\frac{1}{2})^{11} - \frac{1}{105} (\frac{1}{2})^{15} + \cdots$$

即知若取 $\displaystyle\int_0^{\frac{1}{2}} \mathrm{Tan}^{-1} x^2 \, dx = \frac{1}{3} (\frac{1}{2})^3 - \frac{1}{21} (\frac{1}{2})^7$

則誤差小於 $\frac{1}{55} (\frac{1}{2})^{11}$ 。